普通高等教育农业农村部“十四五”规划教材

渔业导论

（第二版）

陈新军　周应祺　主编

科学出版社
北京

内 容 简 介

渔业导论是一门专门为涉农、涉海高校开设的水产类素质教育课程，主要内容包括渔业、渔业资源及其产业的概念与基本特点，中国渔业和世界渔业的发展历史及其现状，捕捞学、渔业资源学、水产增养殖学、水产品贮藏与加工学、渔业信息学、渔业经济学和人工智能渔业学等学科的概述，以及渔业蓝色增长、碳汇渔业、全球环境变化与渔业等国际研究热点问题。

本教材适合作为海洋渔业科学与技术专业、水产养殖专业等水产和渔业相关专业本科生的教材，也可供需要了解渔业基本知识的有关人员参考。

图书在版编目（CIP）数据

渔业导论 / 陈新军，周应祺主编. -- 2版. -- 北京 ：科学出版社，2025. 6. --（普通高等教育农业农村部“十四五”规划教材）. -- ISBN 978-7-03-082114-0

Ⅰ. S9

中国国家版本馆 CIP 数据核字第 20256W1C36 号

责任编辑：刘 丹 赵萌萌 / 责任校对：严 娜

责任印制：肖 兴 / 封面设计：金舵手世纪

科学出版社 出版

北京东黄城根北街 16 号

邮政编码：100717

http://www.sciencep.com

天津市新科印刷有限公司印刷

科学出版社发行 各地新华书店经销

*

2018 年 9 月第 一 版 开本：787 × 1092 1/16

2025 年 6 月第 二 版 印张：15 3/4

2025 年 6 月第七次印刷 字数：413 000

定价：76.00 元

（如有印装质量问题，我社负责调换）

《渔业导论》（第二版）编委会

主　　编　陈新军　周应祺

编　　委（以姓氏笔画为序）

马旭洲（上海海洋大学）

王学锋（广东海洋大学）

王锡昌（上海海洋大学）

吴开军（上海海洋大学）

汪之和（上海海洋大学）

宋利明（上海海洋大学）

陆化杰（上海海洋大学）

陈新军（上海海洋大学）

周应祺（上海海洋大学）

钱卫国（浙江海洋大学）

前　　言

党的二十大报告明确提出“树立大食物观，发展设施农业，构建多元化食物供给体系”“加快发展方式绿色转型”。渔业作为重要的食物生产领域，需要从更高层面、更广维度来认识其在保障国家食物安全中的作用，要多途径开发渔业空间和潜力，向江河湖海要食物，为全方位夯实粮食安全根基提供有力支撑。同时，渔业发展要坚持生态优先、绿色发展，形成同资源环境承载力相匹配的生产结构，促进渔业资源保护和水域环境修复，保护水生生物多样性，提升生态系统稳定性。

渔业导论是一门水产类的素质教育课程，适用于海洋渔业科学与技术专业、水产养殖专业等水产和渔业相关专业本科生使用。通过学习该课程，能够初步了解渔业资源与渔业产业特点、渔业资源养护和管理的基本原理；了解全球渔业资源的基本情况和世界渔业的发展现状与趋势；了解中国渔业发展历史、资源现状及渔业发展政策与措施；初步了解各主要渔业学科的发展历史及现状和研究内容，从而为今后从事水产领域的学习、科研和工作等打下基础。

随着水产学科发展的需要及科学技术研究手段和水平的提高，水产科学也在不断发展与进步。基于上述认识，我们修订了本教材。本教材共分为7章。第一章为绪论，重点介绍渔业的定义与特征，渔业导论的内容与学科体系，以及渔业在国民经济和社会中的作用。第二章为渔业资源、环境与发展，重点介绍人口、自然资源与环境，特别是渔业资源的自然特性，描述经济增长与渔业管理的关系，介绍现代渔业经济增长方式，尤其是渔业在现代社会中的作用。第三章为世界渔业，主要介绍了世界渔业发展现状，世界主要渔业资源和渔区划分，世界渔产品贸易及国际渔业管理现状与趋势等。第四章为中国渔业，主要介绍了中国渔业在国民经济中的地位和作用，中国渔业的自然环境与资源及中国渔业的发展简况和现状等。第五章为主要渔业学科概述，重点介绍捕捞学、渔业资源学、水产增养殖学、水产品贮藏与加工学、渔业信息学、渔业经济学，新增了人工智能渔业学，并对其内容进行了统一规范。第六章为可持续发展与渔业蓝色增长，介绍可持续发展理论、渔业资源可持续利用基本理论，重点描述了渔业可持续发展的国际行动——蓝色增长，以及碳汇渔业等。第七章为全球环境变化与渔业，重点描述了全球环境变化与渔业的关系，探讨了全球气候变化对水产养殖业的影响，以及气候变化影响海洋渔业情况下的粮食安全脆弱性评价。

本教材适用于水产领域及其相关专业的本科教学，也可作为研究生、干部培训、成人教育等的参考用书。在教材的编写过程中，力求把国内外最新的研究成果补充到新版教材中，力图与国际接轨以适应专业发展的需要，并对上一版有关内容进行了压缩，对数据进行了更新，但因篇幅、参考资料及编写人员的水平有限，教材中仍有诸多不当之处，恳请读者指正。

编　者

2025年6月

《渔业导论》（第二版）教学课件申请单

凡使用本书作为授课教材的高校主讲教师，可获赠教学课件一份。欢迎通过以下两种方式之一与我们联系。

1. 关注微信公众号“科学 EDU”申请教学课件

扫码关注 →“样书课件”→“科学教育平台”

2. 填写以下表格，扫描或拍照后发送至联系人邮箱

<table>
<tr><td colspan="2">姓名：</td><td colspan="2">职称：</td><td>职务：</td></tr>
<tr><td colspan="2">手机：</td><td colspan="2">邮箱：</td><td>学校及院系：</td></tr>
<tr><td colspan="3">本门课程名称：</td><td colspan="2">本门课程选课人数：</td></tr>
<tr><td colspan="5">您对本书的评价及修改建议：</td></tr>
</table>

联系人：刘丹　编辑　　电话：010-64004576　　邮箱：liudan@mail.sciencep.com

目　　录

| 第一章 |

绪　　论

本章资源

渔业在国民经济和社会中具有举足轻重的地位。本章重点阐述渔业的定义与分类、渔业资源及产业特点，如渔业资源具可再生、流动等特性，产业有季节性、地域性等特点。同时，介绍了渔业导论课程，涵盖课程定位、研究内容、学科体系与相关内容及学习渔业导论的目的与意义，让读者了解渔业全貌及发展规律。最后，重点强调了渔业在国民经济和社会中的作用，其为人们提供了丰富的蛋白质，对促进国民经济发展、增加财政和外汇收入、提高社会就业率意义重大，提高了大家对专业知识的基础认知。

第一节　渔业的定义与特征

一、渔业的定义与分类

1. 渔业的定义　　在中国、日本、韩国等亚洲国家和地区，习惯将“渔业”（fishery）称为“水产业”（product industry）。按《中国农业百科全书》的定义，“水产业”是指“人们利用水域中生物机制的物质转化功能，通过捕捞、增养殖和加工，以取得水产品的社会产业部门。在我国，广义的水产业还包括渔船修造、渔具和渔用仪器装备的设计制造、渔港建筑和规划、渔需物资供应，以及水产品的保鲜加工、贮藏、运销、培育、收获、加工水生生物资源的产业”。在《水产辞典》中，“渔业”是指“以栖息、繁殖在海洋和内陆水域中的水产经济动植物为开发对象，进行合理采捕、人工增养殖，以及加工利用的综合性产业”。在中国，水产业属于大农业的范畴，是农业的组成部分和重要产业之一。

但是，在欧洲等西方国家和地区，习惯上，“渔业”是指捕捞业和水产品加工业，将捕捞、加工、贮藏和运销等产业链作为一个完整的产业对待，是指开发和利用自然水生生物资源，并以终端消费者为服务目标的产业组合，故用“fishing industry”表述。同时，他们将水产养殖看成农业的副业，没有专门列为产业。

长期以来，联合国粮食及农业组织（FAO）设置的渔业委员会（Committee on Fisheries，COFI），主要关注和协调各国与捕捞有关的活动。因此，习惯上提及“海洋渔业”时，往往指海洋捕捞生产及相关的水产品加工业，而海水养殖并不包括在内。直到 20 世纪末，全球水产养殖业迅速发展，产量和产值不断上升，水产养殖的产品对人类社会的蛋白质贡献和经济贡献越来越大，FAO 渔业委员会于 2001 年设立水产养殖分委员会（Sub-Committee on Aquaculture-COFI/FAO）。进入 21 世纪以来，海水养殖产业迅速发展，产量大幅度增加，在海洋渔业中所占的比例越来越高，养殖品种（也包括传统的捕捞对象）对人类社会的发展有重要的贡献，因此，国际社会习惯以“渔业与水产养殖”（fisheries and aquaculture）来表达。从 1994 年开始，FAO 每两年发布一本“The state of world fisheries and aquaculture”报告，到 2024 年已累计发布 16 本。

在我国的农业与农村发展和改革中，渔业对促进农村产业结构调整、增加农民收入、保障食物安全、优化国民膳食结构和提高农产品出口竞争力，以及助力新农村建设等方面作用卓著。我国水产品总量自 1989 年起一直位居世界第一，约占全球总产量的 1/3，其中我国水产养殖的产量约占全球水产养殖产量的 2/3。进入 21 世纪，我国渔业生产的结构进行了重大改革，渔业增长方式从产量增长型转向质量与效益并重、资源可持续利用与生态环境保护协调发展，促进了我国渔业的高质量发展。

2. 渔业的分类　水产业（渔业）是国民经济的组成部分。随着海洋和内陆水域渔业资源开发规模的扩大，以及全球人口的不断增加，水产品已成为人们优质动物蛋白的重要来源之一，同时也为化工、医药等工业提供了原料，为畜牧业提供了饲料。

按我国的习惯和行政管理的结构，结合世界各国渔业发展状况，渔业可分为水产捕捞业、水产养殖业、水产增殖业、水产品加工业和休闲渔业等五大产业。

（1）水产捕捞业（fishing industry，fish capturing industry）　是在海洋和内陆水域中捕捞自然生长的经济动物的生产事业，包括海洋捕捞业和内陆水域捕捞业。它是世界渔业中最主要的组成部分，20 世纪 50 年代其产量占世界水产总产量（不含藻类）的 95%，到 21 世纪初仍约占 70%。随着水产养殖产量的不断上升，水产捕捞产量所占比例不断下降，2020 年捕捞产量比例下降到 51%。占地球表面积约 2/3 的海洋历来是捕捞的主要场所，世界海洋捕捞产量一般占总渔获量的 90%左右，内陆水域捕捞量占 10%左右。海洋捕捞可分为沿岸、近海和远洋（包括外海）作业。沿岸、近海水域水生动物资源丰富，单位渔获量较大；远洋捕捞离基地远，捕捞设备和技术要求较高，生产成本较高。因此，世界各国的捕捞量主要来自沿岸和近海。

（2）水产养殖业（aquaculture industry）　是人类利用可供养殖（包括种植）的水域，按照养殖对象的生态习性和对水域环境条件的要求不同，运用水产养殖技术和设施，从事水生经济动植物养殖的生产事业，为农业生产部门之一。按水域性质不同分为海水养殖业和淡水养殖业。按养殖、种植对象，分为鱼类、虾蟹类、贝类及藻类等。中国水产养殖业历史十分悠久，最早可追溯到公元前 1142 年（殷末周初）的凿池养鱼，范蠡约在公元前 460 年著有《养鱼经》，为世界最早的养鱼文献。人类从事水产养殖的时期要比捕捞业晚。水产养殖业的出现和发展，标志着人类影响及控制水域生物资源的能力不断增强。20 世纪 50 年代，水产养殖产量占世界水产总产量（不含藻类）的比例不足 5%，以后随着水产养殖业的不断发展，其比例不断扩大，2020 年其比例达到 49%（总产量不包括藻类）。

（3）水产增殖业（aquatic enhancement industry）　是利用人工方法直接向海洋、滩涂、江河、湖泊、水库等天然水域投放鱼、虾、蟹、贝等人工繁育种苗或捕捞天然的受精卵、幼体或成体，同时采取适当的保护措施，使其自然种群得以恢复，或向特定的水域投放某些装置（如孵卵器、人工鱼礁等），再进行合理捕捞的渔业方式。按水域可分为内陆水域增殖业和海水增殖业。前者是利用池塘、湖泊、水库、稻田、江河等内陆水域，后者则是利用浅海、滩涂、港湾等海水水域。水产增殖业充分利用了天然水域中的营养物质和初级生产力等，通过合理的捕捞生产，可实现水产增殖业的可持续发展。

（4）水产品加工业（aquatic products processing industry）　由水产品贮藏加工与水产综合利用加工组成，是水产业的组成部分。前者从事水产品的冷冻、冷藏、腌制、干制、熏制、罐制及各种生熟小包装食品的贮藏和加工生产。后者从事饲料鱼粉、鱼油、鱼肝油、多烯脂肪酸制剂、藻胶、碘等各种医药化工产品的生产。该产业对促进捕捞与养殖产品的流通上市和水产资源的有效利用起着不可缺少的作用。

（5）休闲渔业（leisure fishery，recreational fisheries）　也称游乐渔业、娱乐渔业，是以休

闲娱乐和体育运动等为目的的渔业活动。休闲渔业是对渔业资源、旅游资源、环境资源和人文资源等进行优化配置，依托渔业设备、渔业生产场地、渔业产品、渔业经营活动，将旅游观光、休闲娱乐、传授渔业文化知识等与现代渔业经济相结合，综合发挥渔业与渔村休闲旅游功能，提升旅游品质。休闲渔业是第一产业的渔业生产与第三产业的旅游休闲的有机结合，有利于提高渔业的社会、生态和经济效益，满足人们日益提高的精神文化需求，属于跨部门、跨学科的新产业。在美国、日本和欧洲等发达国家和地区，休闲渔业，特别是娱乐性游钓渔业十分发达，近年来，我国的休闲渔业也迅速发展，已成为渔业的重要组成部分，并进行专门分类统计。

按作业水域可分为海洋渔业（marine fishery）和内陆渔业（inland fishery）（图 1-1）。

（1）海洋渔业　分为海水增养殖业和海洋捕捞业两部分。前者又可分为海水资源增殖业和海水养殖业。后者指从事可持续开发和合理利用海洋渔业资源的生产事业，按作业海域可分为沿岸捕捞业、近海捕捞业和远洋捕捞业。广义的现代海洋渔业，还包括渔产品的贮藏、加工、运销和贸易等。海洋渔业还可分为沿岸渔业（coastal fishery）、近海渔业（offshore fishery）、外海渔业（off-sea fishery）和远洋渔业（distant water fishery）。远洋渔业中又可分为过洋渔业和公海渔业，公海渔业也称为大洋性渔业。

（2）内陆渔业　利用内陆水域的池塘、湖泊、水库、江湖和水田等从事渔业的生产事业。它可分为内陆水域增养殖业和内陆水域捕捞业。尽管内陆水域不完全是淡水，有许多湖泊是咸水，但内陆渔业常常被俗称为淡水渔业（fresh water fishery）。

此外，海洋捕捞业也可分为商业性渔业（commercial fishery）和群众渔业（small scale fishery）或传统捕捞业（artisanal fishery）。相对于商业性渔业来说，还存在一种生计渔业（subsistence fishery），生计渔业是指捕捞的渔获物主要供家庭成员消费，少量出售换取生活必需品，有时采用以货易货的方式，赖以维持生活的渔业。在国际社会，由于生计渔业是弱势产业，因此对生计渔业中渔民的渔业权益给以了特别关注和保护，并做了许多专题研究。

习惯上，还按捕捞种类、作业方法或水域等进行渔业的分类和命名，如鱿鱼钓渔业、金枪鱼渔业、拖网渔业、围网渔业和定置网渔业等。

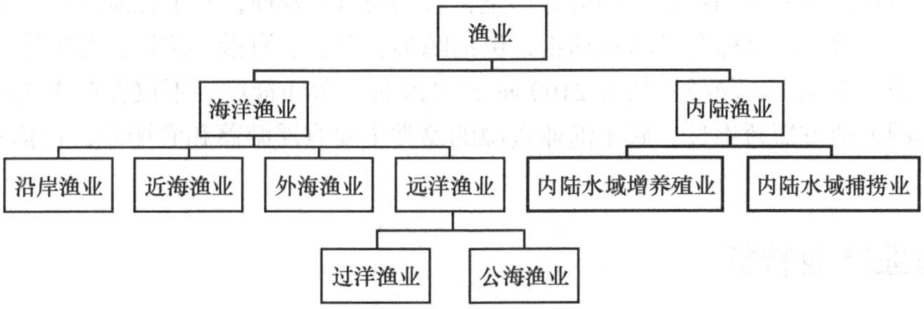

图 1-1　渔业的分类

二、渔业资源特征

渔业资源（fishery resource）也称“水产资源”，是指天然水域中，具有开发利用价值的经济动植物种类和数量的总称，也指天然水域中蕴藏并具有开发利用价值的各种经济动植物的种类和数量的总称，主要有鱼类、甲壳类、软体动物、海兽类和藻类等。渔业资源是发展水产业的物质基础。渔业资源的数量及分布会因受到自身生物学特性、水域环境条件、气候变化及人类开发利用等因素的影响而发生变化。通常，渔业资源具有以下主要特征。

1. 可再生性 渔业资源是能自行增殖的生物资源。通过生物个体或种群的繁殖、发育、生长和死亡实现新老替代，使群体不断更新和补充，并通过一定的自我调节能力达到数量上的相对稳定。这个相对稳定的值就是资源的承载力或者环境的容纳量，它受制于空间大小、生物关系和环境因子等。通过人工养殖和增殖放流等手段，也可保持或恢复渔业资源的数量。但是，如果滥渔酷捕或栖息环境变迁和破坏等，渔业资源的自我更新节律将被打破，补充群体不足以替代死亡的数量，则会导致资源的衰退甚至枯竭。

2. 流动性 大多数水产动物为了索饵、生殖、越冬等，通常要随季节进行规律性的迁移，这种迁移就是洄游，具有明显的季节性，一年四季、周而复始地进行，如溯河产卵的大麻哈鱼、降河产卵的鳗鲡、大洋性洄游的金枪鱼，以及季节性洄游的大黄鱼、小黄鱼和带鱼等。有许多种类会洄游和栖息在多个国家或地区管辖的水域内，从而产生渔业资源管理上的难题，甚至会发生一些外交事件。例如，英国脱欧期间，欧盟向英国要求在英国海域的捕鱼权问题。

3. 波动性 渔业资源是生活在水域中的生物资源，直接受到水域环境的影响，因此，全球气候和海洋环境的周期性变动，会造成渔业资源的波动。在渔业资源自身繁殖和生长过程中，生态系统中各种因素的相互影响和不稳定性，也会造成渔业资源数量上的波动。例如，秘鲁海域的秘鲁鳀（*Engraulis ringens*）在 1970 年最高产量为 1300 多万 t，而 1983 年和 1984 年分别只有 12.6 万 t 和 9.4 万 t。人类的活动和捕捞生产，也会对渔业资源的数量和结构产生影响，因此，如何合理开发和利用渔业资源是实现渔业可持续发展的重要基础性工作。

4. 隐蔽性 鱼、虾、贝、藻等渔业资源栖息在水域中，且水域环境多变，多数种类不时地到处游动，因此难以发现和统计数量。渔业资源的隐蔽性造成了渔业资源的评估、中心渔场的寻找等方面的困难，在确定种群的数量和栖息地等方面都具有很大的不确定性。

5. 种类繁多 渔业资源种类繁多，主要的门类有鱼类、甲壳动物类、软体动物类、海兽类和藻类等。①鱼类是渔业资源中数量最大的类群。全世界约有 21 700 种。主要捕捞的鱼类仅 100 多种。②甲壳动物类主要有虾、蟹类。其中，全世界虾类有 3000 多种，主要分布在海洋中；全世界蟹类有 4500 余种，中国约 800 种，其中不少种具有重要经济价值。③软体动物类主要有头足类的鱿、乌贼、章鱼，双壳类的牡蛎、贻贝等。全世界约有 10 万种，一半在海洋中，是海洋动物中最大的门类。④海兽类，又称海洋哺乳动物，包括鲸类、海豹、海獭、儒艮、海牛等，大多数被列为重点保护对象。⑤藻类，藻类植物有 2100 属 27 000 种。分布极广，不仅存在于江河湖海中，还可在积水或潮湿的地方短暂生长。属于渔业资源的藻类主要有浮游藻和底栖藻，包括紫菜、海带、硅藻等。

三、渔业产业特征

1. 因渔业资源自然特征而具有的产业特征

（1）季节性 渔业生产具有明显的季节性。对生产组织最具有影响的因素是鱼类等较长的生产周期和集中而短暂的收获期或渔汛期。这种显著的季节性，加上水产品的易腐性，就要求要具有较大的水产品集中加工能力和贮藏能力，以便及时处理和均衡上市。但是，市场要求的均衡供应与集中收获之间存在矛盾，因而造成庞大的生产能力和生产设备使用效率较低。由此可知，水产品的季节性对水产品加工贮藏能力、产业的组合和功能都提出了特殊的要求，如何优化组织提高整体效益和效率，是水产品产业链发挥最大效益所面临的主要挑战之一。

（2）地域性 这是生物物种共有的特点。不同的水域和不同的水层栖息着不同的物种。即使是同一物种，也因水域环境的不同而具有不同品质和风味，形成以地域为标记的特产。与其他农产品相比，水产品的地域性特点明显，消费者对水产品品种的需求多样化，对产地品种尤为关注。产地往往与水产品的品牌密切关联，使产品具有地理标志，如阳澄湖大闸蟹。因此，人们对水产品的地域性和产地的关注，是渔业产业发展和管理中需注意的特点。此外，从资源保护和养护管理的角度，国际渔业管理组织也提出了渔获物原产地证书制度，以及有关生物标签的要求。

（3）共享性　由于鱼类等水生生物资源在水域中迁移和洄游，甚至跨越大洋和国界，这种流动性造成了渔业资源具有公共资源的特点。由于它的流动或跨界，该资源所有权难以明晰，容易造成掠夺性捕捞，形成“谁捕捞获得，谁就拥有”的局面，也就是对公共资源的“占有就是所有”，这就是渔业资源的共享性。因此，在渔业资源管理上，为了实现渔业资源可持续利用和渔业可持续发展，要求利用该资源的各方进行合作，包括国家之间的合作和协调，这也就是目前国际上提倡的负责任渔业。但是共享性和所有权的不明晰造成开发者对资源谋求优先占有进而争夺，因此，该产业具有强烈的排他性。同时，对渔业资源信息的掌握和对资源管理与配额的控制成为其核心竞因争力。

2. 因其他非自然特征而具有的产业特征

（1）渔业是与“资源、环境、食品安全”密切相关的产业　“资源、环境、食品安全”是当今世界的热点问题，受到各国的高度关注，21 世纪以来举行了许多高峰会议和国际性讨论会。2017 年中央农村工作会议中，习近平总书记指出，“老百姓的食物需求更加多样化了，这就要求我们转变观念，树立大农业观、大食物观，向耕地草原森林海洋、向植物动物微生物要热量、要蛋白，全方位多途径开发食物资源”。渔业、资源和环境的可持续协调发展是关键的基础性问题，因此国际渔业界，包括政府、科学家和企业，通过协商，制订了一系列渔业管理国际协定，并通过加强区域性国际渔业组织的作用来落实对渔业的管理。在我国，由于渔业与资源、环境、食品安全密切相关，渔业的任何活动都受到全社会的密切关注和监督。

（2）效益的综合性　渔业资源是一种特殊的资源，它不仅可以提供优质动物蛋白质，还在水域生态系统中扮演着重要的角色，因此渔业的效益需用经济效益、生态效益、社会效益来综合衡量（图 1-2）。除与其他产业一样要追求经济效益外，还必须注重生态效益和社会效益。渔业生产的对象是一种可再生的生物资源，如果注重渔业资源的养护，则可以实现可持续发展。如果一味强调经济效益，竭泽而渔，必将造成渔业资源的衰退，以产业崩溃告终。因此，注重生态效益是符合渔业可再生的生物学特点的实践，需要在经济效益、生态效益和社会效益中寻找平衡点，这个平衡点需要根据各地的实际情况而定。

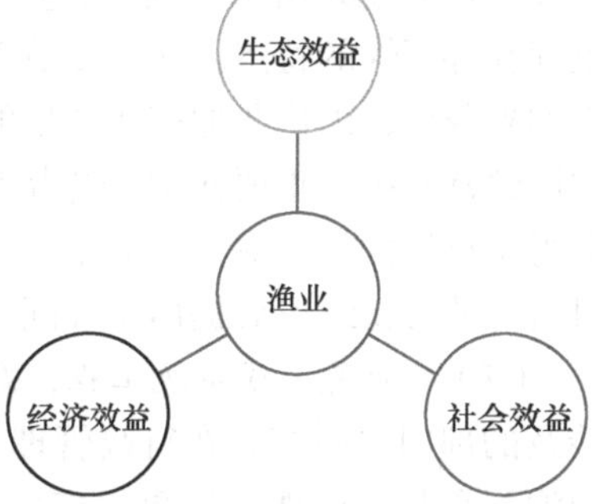

图 1-2　渔业的效益示意图

此外，鱼类等水生生物是人类食物，是优质蛋白质的重要来源。在有些地区，水产品是民众的重要食品和生活来源。渔业还提供了就业岗位，渔村和渔港往往是经济活动的聚集地。因此，渔业发展关系到民生问题，渔业发展的社会效益是需要关注的重要问题。通过实行捕捞的准入制度和养殖水域的使用权，促使渔业地区的协调发展及保护渔民的生产专属权利。从产业管理来看，渔业的产业链很长，对自然资源的直接收获、人工养育及加工利用、贮藏运销等所有环节都对综合效益有直接影响，因此，要特别注意产业链各环节之间的配合和优化，以提高综合效益。

（3）产业的后发性　渔业涉及的产业和技术类型非常广。例如，捕捞业与工程、环境、气象、生物、造船、电子仪器、通信、信息、机械装备、材料、加工利用、冷冻冷藏等密切相关，对这些领域的技术发展有很大的依赖性。若没有造船工业、机械工程和电子工业的支持，就不可能发展远洋渔业。又如，超声波探测仪、船舶、液压机械、人造合成纤维等大大提高了捕捞作业的效率。渔业的发展紧密依靠其他行业的发展而发展的特点被称为“产业的后发性”。针对渔业产业的后发性特点，需要特别注意将新的科技成果主动地引进到渔业中，这是渔业发展的重要推动力。

（4）*产品的易腐性*　由于水产品具有易腐性，产品的质量与所采取的保存手段和技术有密切关系。与其他产品相比，水产品对生产技术、储存、冷冻和物流管理都提出了特殊的要求。水产品主要作为食品消费，故产品的安全性首先需要得到保证。该安全性主要表现在：不能采用传统的产品质量抽样检查的管理办法，而是要求所有的产品百分之百可靠，符合质量标准。因此，要求对产业链的所有环节进行质量监督管理，形成完整的记录，实现具有可追溯性的生产管理体制，故又称为“档案渔业”或者“可追溯渔业”。从原料、渔获直到消费者终端的整个产业链，每个环节都需要采取必要的保鲜、保活或冷冻冷藏等技术措施。然而，鱼、虾等水生生物的多样性造成水产品的加工保存要求等因品种而异，对技术措施提出差异很大的需求。例如，供生食的金枪鱼一旦被捕获，就需要立即在船上处理，并迅速冷冻到−60℃。有些产品却要求保持鲜活状态。此外，产品的易腐性也影响了水产品的销售方式。例如，在批发拍卖水产品时，采用反向的、由高价向低价的降价竞拍，以保证水产品较快地销售，避免流拍。

（5）*产业的不稳定性*　由于渔业生产的对象是鱼类等水生生物，它们自身的变化和数量上的波动造成产业的不稳定性。环境与气候的变化也会造成栖息地变迁和资源量的波动，使得生产状况有很大差异。至今为止，渔业对自然界的依赖度仍然很高，这使该产业在生产规模、生产计划和经济效益等方面具有较大的不稳定性和较大的风险性，因此渔业投资往往具有较大的风险，如何有效规避风险和降低投机性成为渔业企业需要特别关注的事项。

（6）*渔业资源的外部性*　通常，捕捞业所享用的渔业资源是公共资源，由于产权不明晰，往往“占有就是所有”，容易造成对渔业资源掠夺式开发。因此，在渔业资源开发过程中，通常也存在外部性的特点。在大多数海洋捕捞业中，通常存在三种类型的外部性：因资源量减少而产生的外部性，因作业拥挤所产生的外部性，因捕捞渔具所产生的外部性。在我国，水产养殖业对农民致富发挥了重要作用，成为实现小康的重要途径，改革开放以来，我国水产养殖业发展较快，取得了良好的经济效益。但是，水产养殖的过度发展也给环境和生态带来严重的外部性及压力，对自身的可持续发展提出了疑问。

（7）*渔业是一项系统工程，需要进行综合管理*　通常，渔业生产的产业链较长，渔业活动涉及的部门也较多，在行政管理上，除渔业主管部门外，还涉及管理资源、环境、湿地、海洋、湖泊、食品、船舶、海事、市场、贸易、外交、海关等部门，近海渔业还涉及水利、港湾、海洋、军事等部门，所以政府部门间的协调和配合就成为重要的环节。此外，渔业的效益应考虑经济、资源、社会等三方面的协调。渔业的自然特性和共享性，使渔业成为一种“进入容易、退出难”的行业，往往聚集了弱势群体，加上历史和社会原因，如渔业从业者受教育程度不高、文化和生活习惯有特殊性，因此，在进行渔业产业结构调整时，劳动力的转移空间较小、调整难度较大。综上所述，对渔业的调整不能仅仅依靠渔业自身的力量，还需要全社会支持。渔业不能单纯地作为一个产业进行管理，而必须得到政府各部门的相关协调，进行综合管理，才能实现可持续发展。

（8）*消费者对水产品需求的多样性和习惯*　在我国，广大人民群众具有消费鲜活水产品的习惯，相比其他农畜产品，消费者更关注水产品的品种、产地、生产的季节等，具有很强烈的地域特征。另外，消费习惯随时代变迁，新一代的消费趋向会有较大改变，可以预料对加工成品或半成品的需求会逐步上升，其将成为日常消费的主流。

3. 产业发展的趋势

（1）产业结构转型 目前全球渔业处于历史性产业的转型期。在 2005 年以前，全球的渔业产量主要来自捕捞业。但是，从 1998 年开始，全球水产养殖业持续迅速发展，所占比例不断攀升，标志着渔业的产业结构开始由“猎捕型”的捕捞业向“农耕型”转变。大型海洋网箱养殖工程及陆基养殖工程的出现是 21 世纪现代渔业的标志。

（2）实现工程化管理 现代渔业的发展方向是以科技为支撑，实现工程化。工程化主要体现在生产过程和产品的标准化，贯彻质量第一和效率第一的原则。而标准化的基础是生产过程的定量控制，即数字化，数字化赋能现代渔业的全过程，将是未来发展趋势。同时，工程化还体现在产品质量的保证和食品安全及可追溯性上。

（3）注重综合效益 主要表现在渔业产业链的延伸，发挥水生生物的物质性功能，以及生态功能和文化功能等，提升渔业的综合效益。例如，休闲渔业的发展，将物质生产与文化休闲、社区发展等结合。水产品不仅仅是人类的重要食品，而且成为重要的工业原料，通过综合利用和深加工，尤其是海洋药物的开发、生物燃料和生物质的生产，提高产业的综合经济效益。远洋渔业是一种资源性产业，不仅为社会提供高品质蛋白质和食品安全保障，而且提高了就业率和国际贸易，更是一个国家和地区的海洋权益体现。因此，渔业具有重要的经济效益、生态效益、社会效益及国家权益。

第二节 渔业导论的内容与学科体系

一、渔业导论的课程定位

本课程是综合知识与素质教育类的基础课程，是为要从事渔业或与渔业相关工作的人们所开设的一门导论性课程。本课程重点介绍渔业定义与特征，渔业资源、环境与发展的关系，世界渔业和中国渔业的发展现状及历程，主要渔业学科概述，可持续发展与渔业蓝色增长的关系，以及全球环境变化与渔业的关系等。课程内容体系涵盖水产、生物、经济、管理、海洋、信息等学科，是一门典型的综合性课程。

本课程可作为全国水产高等院校的全校任选课程，同时也是海洋科学与技术、海洋管理、海洋科学、海洋资源、渔业经济、经济管理等相关涉农涉海专业的选修课程。

二、渔业导论的研究内容

本课程是导论性课程，主要由以下部分组成。

1）绪论，包括渔业的定义与特征，渔业导论的内容与学科体系，以及渔业在国民经济和社会中的作用。

2）渔业资源、环境与发展，包括人口、自然资源与环境，经济增长与渔业管理，现代渔业经济增长方式。

3）主要渔业学科概述，包括捕捞学、渔业资源学、水产增养殖学、水产品贮藏与加工学、渔业信息学、渔业经济学、人工智能渔业学等。

4）世界渔业，包括世界渔业发展现状、世界主要渔业资源和渔区划分，世界渔业生产的演变与结构变化，世界海洋捕捞业，世界水产养殖业，世界水产加工利用业，现代休闲渔业，世界渔产品贸易，国际渔业管理现状与趋势，当前世界渔业存在的主要问题和发展趋势。

5）中国渔业，包括中国渔业在国民经济中的地位和作用，中国渔业在世界渔业中的地位，中国渔业的自然环境、资源、发展简况和现状。

6）可持续发展与渔业蓝色增长，包括可持续发展理论概述，渔业资源可持续利用基本理论，渔业可持续发展的国际行动——蓝色增长，全球各海区渔业资源可持续利用评价及碳汇渔业。

7）全球环境变化与渔业，包括全球环境变化概述，主要全球环境变化事件对渔业的影响，全球气候变化与海洋生态系统，全球气候变化对水产养殖业的影响，以及气候变化影响海洋渔业下的粮食安全脆弱性评价。

三、渔业学科体系与相关内容

渔业学科：也称“水产学”或者“水产科学”，是研究水产资源的可持续开发利用规律的综合性应用学科。主要研究水产经济动植物的生长繁衍、分布、数量变动，捕捞和增养殖，水产品贮藏与加工等的理论与技术，以及有关水产生产工具和设施的设计与应用，生产的经营与管理，影响生产的自然条件和人为因素等。既具有农学的属性，又有工程、管理、经济、法学等学科的性质。其分支学科可分为捕捞学、渔业资源学、水产增养殖学、水产品贮藏与加工学、水产工程学、水产经济学和渔业管理学等。

捕捞学：也称“水产捕捞学”，是水产学分支之一，是根据捕捞对象的种类、生活习性、分布洄游等，研究捕捞工具和技术、渔场形成机制和变迁规律的应用科学，为可持续开发利用水产资源，发展水产捕捞业提供依据。可分为研究捕捞工具设计、材料性能、装配工艺的渔具学，研究捕捞对象的鱼类行为学，研究捕捞方法的渔法学，研究捕捞场所形成机制的渔场学等。

渔业资源学：也称“水产资源学”，是水产学分支之一，是研究渔业资源的生物学特征、群系及种群时空分布、移动和洄游、种群数量变动、种间关系、渔业资源评估，以及与环境因子关系等的应用性学科。其与水生生物学、鱼类学、水文学、气象学及数理统计学等学科发展密切相关，为可持续开发利用水产资源，进行捕捞生产、渔情预报、制订有关渔业管理措施提供理论依据。可分为渔业资源生物学和渔业资源评估等。

水产增养殖学：是水产学分支之一，是研究自然或人工水域中水产增殖与养殖的原理和技术，以及与水域生态环境等的应用性学科，为扩大水产增殖和养殖的品种，以及提高其质量、提高增殖效果和养殖技术等提供依据。可分为水产增殖学和水产养殖学。后者按研究内容，可分为水产动物遗传育种学、水产经济动物营养与饲料学、藻类栽培学。

水产品贮藏与加工学：是水产学分支之一，是研究水产品原料特性、保鲜与保活、贮藏与加工、综合利用等原理及加工工艺的应用科学，为提高水产品利用质量、食用价值、满足人们生活需求提供依据。可分为研究水产品原料特性的水产品原料学，研究水产生物化学特性的水产食品化学，研究水产品贮藏、加工和综合利用的水产品冷藏工艺学和水产品综合利用工艺学。

渔业信息学：是一门交叉学科，融合了信息技术、渔业科学、数学、统计学、管理学等多个学科的知识和方法，需要综合运用多个学科的理论和方法来解决渔业领域中的信息问题，它既具有自然科学的属性，又具有社会科学的特征。从自然科学角度看，它涉及对渔业资源、环境等自然现象的信息采集和分析；从社会科学角度看，它关注渔业生产、管理、经营等社会经济活动中的信息处理和应用，旨在促进渔业产业的可持续发展，实现经济效益、社会效益和生态效益的统一。渔业信息学的研究成果最终要应用于渔业生产实践，因此也具有很强的实践性。

人工智能渔业学：是一个跨学科领域，是最新发展起来的学科，其研究和应用正处于快速发展阶段，它结合了人工智能（AI）、计算机科学、海洋生物学、环境科学等多个学科的知识，旨在通过人工智能技术如机器学习、深度学习、模式识别、自然语言处理等，以及渔业科学的基础知识，提高渔业生产的效率、可持续性和智能化水平，其研究结果有利于解决当前渔业面临的资源衰退、生态环境恶化、生产效率低下等问题，对实现渔业高质量发展具有重要意义。

水产工程学：也称“渔业工程学”，是水产学分支之一，也是水产学与工程学的交叉学科，是研究水产生产的有关设施、装备、测试仪器等特性、原理、规划与设计等的应用科学。可分为渔业船舶工程学、渔港工程学、渔业机械工程、水产养殖工程、水产加工工程、海洋生物工程等。

渔业遥感学：是海洋遥感与水产学科的交叉学科，是利用海洋遥感卫星所获得的表温、水色、叶绿素、海面高度等数据，对渔业资源数量、分布和渔场等进行分析、评估和判断的一门学科。是渔业资源学、渔场学的研究手段和方法之一。因海洋遥感在瞬时可同步获得大面积海洋环境参数，及时反映海洋环境的分布特征，如锋区、涡流等，从而可初步分析和判断出鱼类等水生经济动物的分布区域，提高侦察鱼群和探索渔场的能力。

渔业经济学：是水产学分支之一，是利用经济学的基本原理，研究在人类经济活动的需求与渔业资源的供给之间矛盾的过程中，渔业资源在当前和未来的优化配置及其实现问题规律的一门学科。其是应用经济学的一个重要分支，研究对象是渔业资源和渔业资源经济问题。主要解决一个社会在目前和将来之间如何分配它的渔业资源，如何在全体社会成员中分配由资源配置决策产生的效益，分析渔业资源在配置中存在的问题及其经济原因，提出用来解决这些问题的各种方案和政策工具，并对这些方案、政策的效益、成本及其对各方面的影响进行评价。

渔业管理学：是水产学分支之一，是一门系统研究渔业管理活动及其发展规律的管理科学，是一门边缘性、交叉性、综合性的学科，也是一门实践性强的应用学科。它以渔业生产经营等涉及内容为管理和研究对象，包括渔业资源管理、渔业水域环境保护、渔业经济管理、渔民社区管理、渔港监督、渔政管理、渔船管理、渔业生产管理等。它的发展与渔业资源学、捕捞学、水产养殖学、渔业经济、食品科学、法律、海洋法、水域环境等学科的发展密切相关，同时，渔业的行业特性也决定了渔业管理学研究范围的广泛性和复杂性。

四、学习渔业导论的目的与意义

渔业导论简要讲述渔业及世界渔业现状、渔业科学内涵及其学科组成，科学技术与渔业发展等内容，是水产专业人员开展相关工作的基础课程。学习渔业导论，主要有以下几个方面的作用和意义。

1）通过对渔业导论进行学习，可充分认识到渔业资源的本质特性和渔业产业结构，以及渔业学科组成，为今后从事渔业相关工作奠定基础。

2）通过对渔业导论进行学习，可基本掌握世界渔业资源状况、中国渔业资源状况，以及世界渔业与中国渔业的发展历史和趋势，为渔业的可持续发展提供基础知识。

3）通过对渔业导论进行学习，可基本掌握科学技术是如何推动世界渔业的发展的，特别是如何推动新兴学科的发展的，如科技进步与捕捞业、科学技术与养殖业的关系等，从而为初步把握世界渔业发展格局奠定基础。

4）通过对渔业导论进行学习，可基本掌握全球各国所关注的世界渔业相关的问题主要是什么，目前国际上正在采取何种应对措施，如全球气候变化对渔业、水产养殖的影响及碳汇渔业等。

第三节 渔业在国民经济和社会中的作用

为应对当今世界最严峻的挑战之一——在气候变化、经济及金融不确定和对自然资源的竞争日益激烈的背景下，到 2050 年如何养活 90 多亿人口，国际社会于 2015 年 9 月做出了史无前例的承诺，由联合国各成员国通过了《2030 年可持续发展议程》。在《2030 年可持续发展议程》中，专门为渔业和水产养殖业对粮食安全和营养所做的贡献及其在自然资源利用方面的行为规范设定了目标，以确保在经济、社会和环境各方面实现可持续发展。

当陆上食物生产从捕猎和采集活动转变为农业活动几千年之后，水生食物生产也已从主要依赖野生水产品捕捞转变为水产养殖。2014 年是具有里程碑式意义的一年，当时水产养殖业对人类水产品消费的贡献首次超过野生水产品捕捞业。按照《2030 年可持续发展议程》设定的目标，满足人类对食用水产品不断增长的需求将是一项紧迫任务，同时也是一项艰巨挑战。

从产业分类的角度看，水产业与农业、林业、矿业、工业、商业及运输业等一样，是国民经济的产业部门之一。据中国渔业统计年鉴，2023 年我国水产品总产量为 7026.29 万 t。其中，养殖产量 5864.54 万 t，占总产量的 83.47%；捕捞产量 1161.75 万 t，占总产量的 16.53%。全国水产品人均占有量约 49.76kg（按 2023 年末全国人口 141 928 万人计算）。总产量中，海产品产量 3579.36 万 t，占总产量的 50.94%；淡水产品产量 3446.93 万 t，占总产量的 49.06%。渔业和水产养殖业是全世界几十亿人重要的食品和蛋白质来源，维持着 1/10 以上人口的生计（FAO，2024）。因此，水产业在国民经济发展中具有重要的地位和作用，主要表现在经济发展、食物安全、社会就业、外汇收入及社会稳定等几个方面。

一、渔业为人们提供丰富的蛋白质

水产业对国民经济所起的作用，主要是向国民提供食物，特别是动物性蛋白质。在畜牧业尚不发达的时期，动物性蛋白质的供给大部分依赖于水产品。水产品是保证均衡营养和良好健康状况所需蛋白质和必需微量元素的极宝贵来源。根据 FAO（2024）统计，近年来食用水产品的全球供应量持续增长。从人均消费量来看，世界人均水产品消费量已从 20 世纪 60 年代的 9.9kg 增加到 20 世纪 90 年代的 14.4kg，2013 年达到 19.7kg，2014 年进一步提高到 20kg 以上，2020 年维持在 20.2kg，到 2022 年，世界人均水产品消费量提升至 21.4kg。除产量增长外，促进消费量增长的其他因素还包括浪费量减少、利用率提高、销售渠道改良、人口增长带来的需求增长、收入提高和城市化进程加快。国际贸易也因为能给消费者带来更多选择而在其中起到了重要作用。

水产品消费量的大幅增长为全世界人民提供了更加多样化、营养更丰富的食物，从而提高了人民的膳食质量。2022 年，全球范围内水产食品提供了约 18.5%的动物蛋白，在亚洲和非洲的部分国家甚至达到 55%以上（FAO，2024）。水产品除能提供包含所有必需氨基酸的易消化、高质量的蛋白质外，还含有必需脂肪（如长链 Ω-3 脂肪酸）、各类维生素（维生素 D、维生素 A 和维生素 B）及矿物质（包括钙、碘、锌、铁和硒），尤其是在将整条鱼全部食用的情况下。即便是食用少量的水产品，也能显著加强主要以植物为主的膳食结构的营养效果，很多低收入缺粮国和最不发达国家均属此类情况。

二、渔业对促进国民经济发展有直接贡献

根据历年的中国渔业统计数据计算，我国渔业总产值占大农业的比例不断变化。1978 年约为 1.6%，1997 年已达 10.6%。渔民人均年收入也从 1978 年的 93 元增加到 1997 年的 3974 元，比农民人均收入高出 90%。2022 年，全国渔民人均纯收入达到 22 580 元。渔业已成为促进中国农村经济繁荣的重要产业，尤其是发展水产养殖业是农民脱贫致富、奔小康的有效途径之一。

据中国渔业统计年鉴，按当年价格计算，2022 年全社会渔业经济总产值为 34 564.67 亿元，其中，渔业产值 17 171.26 亿元，渔业工业和建筑业产值 7390.41 亿元，渔业流通和服务业产值 10 003.00 亿元，三个产业产值的比例约为 49.7：21.4：28.9。渔业流通和服务业产值中，休闲渔业产值 978.70 亿元。渔业产值中，海洋捕捞产值 2713.58 亿元，海水养殖产值 5237.85 亿元，淡水捕捞产值 302.93 亿元，淡水养殖产值 8623.51 亿元，水产苗种产值 931.39 亿元。

三、渔业为国家增加财政和外汇收入

国际贸易在渔业和水产养殖业中发挥着重要作用，能创造就业机会，供应食物，促进创收，推动经济增长与发展及粮食与营养安全。水产品是世界食品贸易中的最大宗商品之一。根据 FAO（2024）统计，1976～2022 年，水产品贸易额年均名义增长约 7.2%，实际增长约 4.2%（经通胀调整），渔业和水产养殖产品的国际贸易量显著增长，扩大到各大洲、各区域。2022 年，不包括藻类在内，全球水产品出口额为 1830 亿美元。2022 年水产品贸易占农产品贸易总额（不包括林业）的 12%，占商品贸易总额的 1.2%左右。在许多国家，这一占比还要更高。例如，在佛得角、冰岛、基里巴斯和马尔代夫，水产品贸易占商品贸易总额的 45%以上。

中国是世界上最大的水生动物产品出口国，其次是挪威和越南。欧盟是最大的单一进口市场。最大的进口国是美国，其次是中国和日本。就贸易量（鲜重）而言，中国是最大进口国。中国进口的大量产品除供国内消费以外，也作为原材料在中国加工后再出口。

四、渔业有利于提高社会就业率

关于渔业和水产养殖的就业情况，根据 FAO（2024）统计，2022 年渔业和水产养殖的初级生产部门雇佣的全职和兼职工人共 6280 万名。从事水产养殖的人数占 38%左右。2022 年，亚洲渔民和水产养殖者占世界总数的 85%。总体而言，女性占初级部门就业人数的 23%（在水产养殖中占 30%，渔业中占 20%），但她们在水产养殖和渔业中的就业情况通常较不稳定，2022 年仅占全职工人数量的 17%。然而，若只看加工部门的数据，女性则占全职就业人数的 53%，占兼职就业人数的 73%。

除初级生产部门外，渔业及水产养殖还为很多人提供了在附属活动中就业的机会，如加工、包装、销售、水产品加工设备制造、网具及渔具生产、制冰生产及供应、船只建造及维修、科研和行政管理等。所有这些就业机会，加上就业者供养的家属，估计养活了 7.2 亿～8.8 亿人。此外，全世界 90%以上的捕捞渔民从事小型渔业，小型渔业在粮食安全、减轻及防止贫困等方面发挥着重要的作用。根据《中国渔业统计年鉴》，2022 年渔业人口 1650.23 万人，渔业人口中传统渔民为 530.58 万人，渔业从业人员为 1205.67 万人。

五、渔业对全球可持续发展和水域生态系统的贡献

渔业资源不仅为人类提供了物质性的功能，更为重要的是为人类提供了生态性功能，具有保水和维护生态系统平衡的作用。海洋和内陆水域（湖泊、江河和水库）如能恢复并保持自身的健康和生产状态，就能为人类带来巨大裨益。要确保渔业和水产养殖业的可持续性，就必须对海洋、沿海和内陆水生态系统开展管理，包括对生境和活生物资源的管理。联合国粮食及农业组织“蓝色增长倡议”不仅突出强调渔业和水产养殖业的生态系统方法，还提出要促进沿海渔民社区的可持续生计，重视和支持小规模渔业和水产养殖业发展，在水产品价值链全过程中确保公平获得贸易、市场、社会保护和体面劳动条件。“地球的健康，以及我们自身的健康和未来的粮食安全都将取决于我们如何对待这个蓝色的世界”，联合国粮食及农业组织前总干事若泽·格拉齐亚诺·达席尔瓦说。“我们应当确保环境福祉与人类福祉相协调，从而实现长期可持续的繁荣。为此，联合国粮食及农业组织正在致力于推动‘蓝色增长倡议’，它以对水生资源的可持续和负责任管理为基础。”

六、渔业对其他产业发展的贡献

水产品生产属于第一产业，与第二、三产业有着紧密的联系。水产品生产必须依赖其他产业的支持，同样，水产品生产又为其他生产部门提供了原料和材料。例如，食品、医药、饲料、轻工、农业等部门需要使用渔业产品，同时，渔业本身又得到了饲料、化纤、制冷、建筑、机械、造船等部门提供的产品。

更为重要的是：第一，水产业是食品供给产业，而食品的稳定供给是稳定国民生活、使社会安定的重要基础条件，因而比单纯的经济活动有着更为重要的意义。如果考虑到将来世界人口与粮食生产增加之间的差距会进一步扩大，那么人们对水产业在国民经济中的重要性就会有进一步的认识。第二，目前的经济活动是以大城市为中心的，而水产业则以沿海的中小城市、村庄、岛屿等为据点，因此，水产业在特定的地区经济中所处的地位是相当重要的。如果考虑到各地区国民经济的均衡发展，那么水产业的重要性就超出它在全国经济中所占比例的意义。同时，渔业有利于调整农村经济结构，合理开发利用国土资源，推动新材料、新技术、新工艺、新设备等高新技术的发展。

思 考 题

1. 简述渔业的定义与分类。
2. 简述渔业资源概念及其特点。
3. 简述渔业产业特点。
4. 简述渔业在国民经济和社会中的作用与地位。
5. 简述渔业学科体系与相关内容。
6. 简述渔业导论的研究内容，以及学习渔业导论的目的与意义。

第二章

渔业资源、环境与发展

本章资源

本章聚焦渔业资源、环境与发展的关系，对理解渔业经济、资源管理及可持续发展至关重要，为渔业政策制定、产业发展及生态保护提供理论与实践依据。重点探讨了人口增长对渔业需求的影响，介绍了自然资源的概念和特点、分类，分析了环境污染对渔业的危害，阐述了渔业经济增长的要素、渔业资源利用的外部性、渔业管理目标和方法与技术，以及从线性到循环经济增长方式的转变，并讲述现代渔业经济增长路径及渔业在现代社会中的作用。通过学习有助于了解渔业发展与资源、环境的紧密联系，为推动渔业经济可持续发展，保障粮食安全，促进人口、自然资源、环境的协调发展提供基础知识。

第一节　人口、自然资源与环境

一、人口

中国是人口大国，拥有丰富的人力资源。人力资源是典型的流动性资源，具有明显的迁移性。人口的迁移总是与地区的经济发展区位优势和资源环境区位优势密切相关的。人力资源作为最活跃的经济要素，对经济发展和经济增长有明显的推动作用。研究渔业经济活动、制订发展战略和规划时，必须了解一个国家的人口资源量与变动趋势、人口结构、人口分布与人口流动趋势等情况，它们对水产品的需求、产业和市场发展等都有重要影响。

1. 人口增长预测与需求量　随着全球经济增长和社会进步，全球的人口呈现出快速增长趋势。同时，人口增长也给人类的生存、就业、教育、医疗、养老、资源和环境带来巨大压力。到2050年，全球人口可能达到97亿，届时渔业这个行业仍将是养活这些人口的重要部门，如能采取正确的政策决定，渔业行业可以做出更大贡献。

随着全球人口增长与经济发展，全球人均水产品年消费量持续攀升。20世纪60年代为9.9kg，70年代为11.4kg，80年代为12.5kg，90年代为14.4kg，2000～2009年为17.0kg，2010～2019年为19.6kg，2022年进一步增至21.4kg（FAO，2024）。日本作为传统水产品消费大国，在20世纪末人均年水产品消费量已达63kg。人口增长与人均消费量的提高，给水产品产业发展及渔业资源需求带来巨大挑战。

据FAO（2024）最新预测，2035年全球可供消费的水产品总量将达2.05亿t，人均消费量为23.2kg。我国对水产品需求持续增长，尽管暂无更新的针对我国2035年水产品需求的预测数据，但可预见，这将继续给内陆养殖、近海与外海养殖、远洋捕捞及相关饲料、加工等产业带来新的机遇与挑战。

2. 人是流动性资源　流动性资源是指在时间和空间上会变迁、移动的资源。流动性资源包括水、空气、昆虫、鸟类及鱼类。人力资源也是一种典型的流动性资源。人力资源的流动有人口流动和人口迁移的差异。人口流动是动态概念，指人口的流动过程。人口迁移通常是政府部门所组织的从原居住地搬迁到新居住地的运动过程。两者都是动态的过程，可合称为人口移动。但是，前者通常是短期的流动，具有自发性，市场调节作用力大，后者具有长期性和永久性特点，政府影响明显。

人口移动通常是环境条件和社会经济条件差异背景下的运动。环境条件、社会经济发展的差异和变化是推动人口流动和迁移的外在动力，而人类追求自身生存和发展的需求是推动人口流动的内在因素。人口的适度流动会有助于促使人类资源按照市场原则和自然资源及环境条件进行合理配置，从而推动各种经济要素最优配置，促进人口、资源、生态、经济与社会的协调发展。

中国是发展中国家，农业人口多，中西部地区环境条件比较恶劣，经济发展相对于东部沿海地区慢。随着中国经济的发展，人力资源的迁移流动将有利于推动人口城市化，满足沿海地区经济高速增长对人力资源的需求和控制人口数量，改善人口素质。20 世纪 90 年代以来，我国海洋渔业经济得到快速发展，海洋捕捞渔业的经济比较优势明显高于养殖渔业，而养殖渔业的经济比较优势又高于种植业，再加上东部沿海地区相对于中西部明显的比较优势，东部沿海地区吸纳了大量内陆人力资源，充实了海洋渔业产业的劳动大军。当然，过分的集聚，也给沿海渔业资源带来了沉重的压力。

3. 人是最活跃的经济要素　经济增长要素包括土地资源（渔业资源和水资源）、人力资源、资本资源和知识资源等。知识资源包括技术要素与制度要素。在上述 4 种经济要素中，与土地资源（渔业资源和水资源）、资本资源相比，人力资源是最活跃的经济增长要素。经济学研究人的行为，研究稀缺资源的有效配置，经济学在研究人的行为时，假定“经济理性人”的行为是理性的；当一个决策者面临几种可供选择的方案时，“经济理性人”会选择一个能令其效用获得最大满足的方案。其他资源是活的要素，而其他资源更多地体现出被人开发和使用的特点。

4. 人类发展指数　人类的发展所涉及的因素和指标远远不止 GDP 的升降，更重要的是社会发展和财富的积累。人类应创造一种能让人们根据自己的需求和兴趣，充分发挥本身潜力，充满成效和创造性的生活环境。为此，联合国开发计划署（UNDP）1990 年提出了人类发展指数，用以测量一个国家或地区综合人类的预期寿命、知识与教育水平和人均国民收入的总体成就。根据联合国开发计划署发布的《2023/2024 年人类发展报告》，中国的人类发展指数排在 75 位。从渔业的角度，不仅仅是提供优质的蛋白质和美味的水产品，而且包括与人类赖以生存的生态系统的和谐、休闲观赏渔业和渔文化在内的精神文化享受等。

二、自然资源

1. 概念和特点　《辞海》对自然资源的定义：指天然存在的自然物（不包括人类加工制造的原材料），是生产活动所需原料的来源和布局场所，如土地资源、矿产资源、水利资源、生物资源、气候资源、渔业资源等。联合国环境规划署的定义为：自然资源是在一定的时间和技术条件下，能够产生经济价值，提高人类当前和未来福利的自然环境因素的总称。由此可知，自然资源是自然界中，在不同空间范围内，有可能为人类提供福利的物质和能量的总称。自然资源是人类生活和生产资料的来源，是人类社会和经济发展的物质基础，也是构成人类生存环境的基本要素。当全球人口规模不断增长，人类对物质需求不断膨胀和社会生产力高速发展后，资源短缺将困扰世界，制约经济增长和社会发展。

自然资源的第一个特性是资源的有限性。除恒定性资源外，许多自然资源并非取之不竭用之不尽。例如，据 *Global Forest Resource Assessment 2020* 显示，2020 年全球森林面积约 40.6 亿 hm^2，约占全球陆地面积的 1/3，全球人均森林面积约 0.52hm^2。全球超过一半（54%）的森林集中在俄罗斯、巴西、加拿大、美国和中国这 5 个国家。2020 年，全球天然林面积占森林总面积的 93%，人工林占 7%，人工林自 1990 年以来面积增加了 1.23 亿 hm^2。

自然资源的第二个特性是资源利用潜力的无限性。首先，自然资源的种类、范围和用途并非一成不变的，随着技术进步和发展，使用范围不断拓展。例如，深水抗风浪网箱技术的发展，使远离陆地的、海况条件差的水域也可以用于鱼类养殖，为人类创造财富。其次，有些自然资源虽然数量有限，但是其蕴藏的能量巨大，随着技术的进步，利用潜力将是无限的。再次，有些再生性生物资源的蕴藏量虽然有限，但随着技术和管理制度的进步，可在最大利用水平上无限可循环使用。

自然资源的第三个特性是其多用性。例如，渔业资源既可以直接为人类提供动物蛋白，也可以用于休闲渔业，为人类提供观光休闲服务。自然资源的多用性要求人类在使用自然资源的过程中要考虑其机会成本，以效率最大化为目标，实现自然资源的效益最大化。

2. 分类　在资源经济学中，按照自然资源的耗竭性，自然资源可以分为耗竭性资源和非耗竭性资源。耗竭性资源按照可再生性可以分为再生性资源和非再生性资源，非耗竭性资源可进一步分为恒定性资源和易误用及污染的资源（表 2-1）。

表 2-1　自然资源的分类

自然资源	耗竭性资源	再生性资源	土地、森林、作物、牧场和饲料、野生与家养动物、渔业资源、遗传资源
		非再生性资源	宝石、黄金、石油、天然气和煤炭等
	非耗竭性资源	恒定性资源	太阳能、潮汐能、原子能、风能、降水
		易误用及污染的资源	大气、江河湖海的水资源、自然风光

再生性资源是指由各种生物与非生物因素组成的生态系统。渔业资源是典型的可再生性资源，在合理的养护与保护条件下，渔业资源可以年复一年的永久可持续利用。如果开发使用过度，管理不当，渔业资源就会被过度利用，最终导致渔业资源耗竭，危及渔业资源的再生能力。

非再生性资源指各种矿物和燃料资源。非再生性资源是在经历亿万年漫长的岁月后缓慢形成的，存量也是固定的。非再生性资源特征是随着人们对资源的开发利用，资源存量不断减少，最终耗尽。煤和铁等矿藏是典型的非再生性资源。在制度安排中，人类应考虑该类资源的开发成本和收益之间的关系，确定合理的开发时间。

非耗竭性资源是指在目前的社会与技术条件下，在利用的过程中不会导致明显消耗的资源。非耗竭性资源大体上可分为恒定性资源和易误用及污染的资源。前者包括太阳能和风能，这些资源在使用过程中一般不会随着使用强度的增加而减少，因此，人类应充分加以利用。

易误用及污染的资源有水资源和自然风光。水利部发布的 2024 年《中国水资源公报》显示，2024 年全国水资源总量为 31 123.0 亿 m^3，比多年平均值偏多 12.7%。

水资源是渔业生产中必需的资源。淡水养殖、海水养殖、捕捞渔业、加工渔业和休闲渔业等渔业的生产活动都离不开水资源。水资源虽然有一定的自净化能力，但是过度使用容易导致污染。水资源是典型的流动性和易污染性资源，因此，使用过程中容易产生外部不经济性，导致明显的社会成本。水又是兼有无形状和有形状、动产和不动产的物质。当水与其所依附的土地空间如河床、湖泊、水库等结合在一起成为江河和水域的时候，其成为有形状物、不动产。

三、渔业资源

《农业大词典》和《中国农业百科全书》（水产业卷）中将渔业资源（水产资源）定义为：“是指天然水域中具有开发利用价值的经济动植物的种类和数量的总称”。渔业资源按照大类可以分为鱼类、甲壳类（虾和蟹类）、软体动物（贝类等）等动物性渔业资源及藻类等植物性生物资源。

1. 鱼类 鱼是全部生活史中一直栖居于水体的脊椎动物，鱼用鳍使身体前进并保持平衡，用鳃呼吸水中氧气。鱼类是地球上丰富的生物资源，不论在数量上或种类上，鱼类都在哺乳类、鸟类、爬行类和两栖类之上。地球上的鱼类基本上分为两大类，一类是海洋鱼类，另一类是淡水鱼类。其中，淡水鱼类8000余种，海洋鱼类12 000余种。

海洋鱼类种类繁多。但是，捕捞价值高的鱼类并不多。在12 000种海洋鱼类中，约有200种是经济鱼类，它们的合计渔获量约占世界海洋鱼类渔获量的70%。中国近海海洋渔业资源有三大特征：①缺乏广布性和生物量大的鱼种；②中国沿海海域跨热带、亚热带和温带三个气候带，冷温性、暖温性和暖水性海洋生物都有适合的生存空间，因此，海洋生物种类组成复杂多样；③渔业资源数量有明显的区域性差异，即随着纬度的降低，渔业资源的品种依次递增，而资源密度依次递减。在中国的北方海域，鱼类种类少，但单一鱼种的资源生物量较大。南方海域物种多，鱼类色彩斑斓，体形奇异，常有较高的观赏价值。

淡水鱼类可分为一生一世生活在淡水中的鱼类和在海淡水之间洄游的鱼类两种。终生生活在淡水的鱼类一般都是长期从河川和湖沼演化而来的，如北美洲的太阳鱼。淡水鱼类中，种类最多的是鲤科鱼类，如鲤、草鱼、花鲢和青鱼。鲤科鱼类在我国淡水养殖渔业中占有极其重要的地位。另一类淡水鱼类是一生中有一段时期生活在海洋中，一段时期生活在淡水中的鱼类。这些鱼类又可以分为三类。第一类是幼鱼和成鱼在淡水河口、河川、池塘和溪流中生长，生殖时回到海中繁衍后代的降河产卵鱼类（鳗）；第二类是洄游过程正好与鳗相反的溯河产卵鱼类，如鲑和中华鲟；第三类是在沿海河口间洄游的鱼类，如在长江口的海淡水区域洄游的刀鲚。

2. 甲壳类（虾和蟹类） 甲壳类分为虾和蟹类两种。虾类大约有3000种，蟹类有4500种。虾和蟹是经济价值较高的水产动物。中国近海和沿海捕捞的主要海洋虾类有毛虾、对虾、鹰爪虾和虾蛄，主要捕捞的蟹类有梭子蟹和青蟹等。

3. 软体动物 软体动物大约有10万种。海洋中的软体动物是海洋动物中最大的门类，分布广泛。软体动物是洄游范围较小的水产经济动物。重要的经济软体动物主要是头足类和贝类，头足类有鱿、乌贼和章鱼，我国重要的海水养殖经济贝类有牡蛎、蛤、贻贝和扇贝等。“一方水土养一方人”，在色彩斑斓的动物世界中，不同海域的生物资源都有明显差异。例如，江苏省南通生产的文蛤就具有明显优于其他海域文蛤的特点。

4. 藻类 藻类是海洋植物，通常都是定居性生物。我国养殖的主要经济藻类有海带、裙带菜、紫菜和江蓠。江苏省和福建省是我国紫菜的主要养殖区域。

四、渔业资源的再生性与流动性

1. 渔业资源是典型的再生性资源 水生生物资源的最重要特征之一是具有可再生性，相比之下，矿物资源是不可再生的，如石油和铁矿砂，在地球上的存量是有限的。而鱼类资源和水资源虽然都是可再生资源，但是它们的更新机制完全不同。鱼类资源依靠内在遗传因子和潜在增殖力，不断进行增殖进而得到补充。而日夜奔流不息的名川溪流则完全依靠外部力量从地下和降水中得到补充与更新。水资源的更新不具备反馈机制，而鱼类资源的再生具有微妙的自我反馈机制，能在一定的范围内根据自身状况调整或更新，具有抵抗外部压力的能力。

渔业资源的再生力使资源犹如一条橡皮筋，捕捞强度犹如施加在橡皮筋上的外力。当施加在橡皮筋上的外力小于橡皮筋能够承受的外力时，撤销外力，橡皮筋会恢复到原来的状态。但是，当外力大于橡皮筋能够承受的外力时，橡皮筋就可能会断裂。因此，从生物学意义上来说，渔业资源制度安排的主要管理目标就是要控制捕捞强度不能超过特定渔业资源种群的再生能力，防止渔业资源被过度开发。

2. 渔业资源是流动性资源　渔业资源不同于其他可再生资源的一个典型特征是它的流动性，而且与鸟类、石油和人类等流动性资源不同的是，它在流动过程中还具有不确定性和隐蔽性。鱼类产卵或越冬以后，需要强烈摄食，它们为了生存与生长必须进行索饵洄游以寻找饵料丰富的场所。鱼类性成熟时，体内性激素大量分泌到血液中，内部刺激引起鱼类繁殖产卵也会导致洄游。这种为了繁衍后代而维持种群数量的洄游称为产卵洄游。产卵洄游是为了寻找适合后代生长发育的水域环境。产卵洄游一般分为三类，即由深水区向浅水区或沿岸的洄游（如大、小黄鱼等）、由海洋到江河的溯河洄游（鲑、刀鲚等）和由江河向海洋的降海洄游（鳗和松江鲈等）。鱼类是变温动物，在生长过程中需要适当的水温，当水温下降时，鱼类要寻找水温合适的越冬场，常常集群进行大范围长距离越冬洄游。还有一些鱼类，如大麻哈鱼，会在茫茫大海中准确地找到自己出生的河口，历经千难万阻，逆流而上，完成一生一次的生命大洄游。

不稳定性主要体现在鱼类的数量会受到海洋环境的影响，隐蔽性主要体现在无法像树木一样进行计数，而且鱼类生活在水域中是看不到的。

五、环境与环境污染

环境是人类赖以生存的基础，但是，人类在寻求经济增长和社会发展的道路上遇到的一个棘手问题是如何处理经济增长与生态系统破坏和环境污染问题。围湖造田、开荒毁林、超载放牧、过度捕捞和不合理的灌溉等人类的非理性行为，使整个地球的环境受到破坏。土地沙漠化、盐碱化、水土流失、植被破坏、全球气候变暖、酸雨、臭氧层被破坏、赤潮等环境污染和生态系统失衡等现象屡见不鲜。

环境污染和生态系统的破坏给人类带来的危害是巨大的，会直接影响人类的生存条件。对渔业生产而言，气候变暖、酸雨和赤潮等会严重危及海洋捕捞渔业和养殖渔业的丰歉。

1. 气候变暖　自 1860 年有气象仪器观测记录以来，全球平均温度升高了 0.4～0.8℃。科学家对未来 100 年的全球气候变化进行了预测，结果表明，到 2100 年，地表气温将比 1990 年上升 1.4～5.8℃。地球变暖可能带来的危害有海平面升高、冰川退缩、冻土融化、改变农业生产环境、使人类疾病与死亡率提高等，给人类带来极大的危害。气候变暖影响鱼类的分布和生存环境，影响渔业生产。

2. 酸雨　酸雨目前已经成为全球备受关注的环境问题之一。所谓酸雨，就是 pH 小于 5.6 的降水。酸雨是人类向大气中排放过量的二氧化碳和氮氧化物转化造成的。在 20 世纪末期，美国有 15 个州降水的 pH 小于 4，比人类食用醋的酸度还要低。酸雨对生态系统的影响很大，它可以导致湖泊酸化，影响鱼类生存、危害森林、“烧死”树木，加速建筑结构、桥梁、水坝设备材料的腐蚀和对人体健康产生直接或潜在影响。

酸雨对生态系统的影响非常大，最为突出的问题就是湖泊酸化。当湖水或河水的 pH 小于 5.5 时，大部分鱼类难以生存，当 pH 小于 4.5 时，各种鱼类、两栖动物和大部分昆虫与水草将死亡。

3. 赤潮　赤潮是一种自然生态现象，赤潮又称为红潮或有害藻水华。赤潮的发生机制比较复杂，国际上还没有权威的定论。但是，一致的共识是赤潮与海域环境污染有直接关系。赤潮通常是指海洋微藻、细菌和原生动物在海水中过度增殖导致海水变色的一种现象。

在蔚蓝浩瀚的大海里，赤潮飘逸在水面，对于海洋生物来说却是可怕的“幽灵”。赤潮由大量藻类组成，会产生毒素，不仅会使贝类、鱼类死亡，而且毒素在贝类和鱼类体内会累积，人食用后，也会中毒，严重时导致死亡。有些贝类如贻贝、牡蛎、扇贝等对毒素并不敏感，而自身累积能力很强，很容易引起贝类食后中毒。有些赤潮藻类虽然无毒，但它在自身繁衍中会分泌大量黏液，附在鱼贝类的鳃上阻碍生物呼吸而导致海洋生物死亡。

中国的赤潮高发区为渤海、大连湾、长江口、福建沿海、广东和香港海域。这些海域沿岸人口集中，经济活跃，过度排放的工业与生活污水，使近沿海水域无机氮和磷酸盐污染严重，进而导致赤潮的发生。

环境污染的加剧，导致赤潮发生的频率增加，规模不断扩大，严重破坏了海洋渔业资源的生存环境和海水养殖业的发展，威胁海洋和人类的生命安全。赤潮已经成为海洋中重要的自然灾害。

第二节　经济增长与渔业管理

一、渔业经济增长的要素

1. 推动经济增长的要素分类与特点　推动经济增长的源泉有人力资源、土地资源（渔业资源和水资源）、资本资源和知识资源。知识资源又可以进一步分为技术要素和制度要素。渔业资源和水资源是渔业经济增长的物质基础，渔业资源和水资源对渔业经济增长的作用犹如土地之于农业生产。“劳动是财富之父，土地是财富之母”，而渔业资源和水资源就是渔业经济增长之母，离开了水资源和渔业资源，渔业生产活动将无法展开。斯密在《国富论》中还写道：“财富并非由金或银带来，全世界的财富最初都是通过劳动得到的”。渔业生产劳动者在渔业经济增长过程中也是重要的源泉之一。在所有经济要素中，人力资源是最活跃的经济要素，人力资源是使用与控制资本资源、知识资源和土地资源的经济要素。随着人类对经济学研究的深入，人类开始更重视制度在推动经济增长中的作用，因为制度具有调整人力资源活力的功能，所以其有助于提高人的劳动积极性进而推动经济增长。

渔业资源和水资源拥有与其他经济活动使用的自然资源不同的特性，这些特性使渔业生产活动中人力资源、资本资源、技术和制度要素的经济增长作用与这些要素在其他产业扮演的角色有一定的差异。了解渔业资源与水资源的生物生态特性和由此带来的经济社会属性具有重要意义。

2. 渔业资源的经济社会特性

（1）*渔业资源的稀缺性和应用潜力的无限性*　相对于人类需求的无限性，渔业资源也是典型的稀缺性资源。在工业革命后，人类对渔业资源的采捕强度不断提高，在第二次世界大战后不断增强。1950 年，世界海洋渔业的捕捞总产量就达到了 2110 万 t，超过了战前的最高水平。随着社会进步、人口增长和生活水平提高，人类对水产蛋白质的偏好增加，优质水产品价格持续高涨，对水产品的需求量不断增长。20 世纪末，中国绝大部分近海海域的渔场已被过度开发，渔业资源严重衰退。

技术进步和制度创新能提高渔业资源的应用潜力。深水抗风浪网箱技术的开发为人类拓展了可以用于鱼类养殖的深海海域。渔业管理制度的创新，能有效控制对渔业资源的过度捕捞进而提高开发潜力。

（2）渔业资源的整体性　每一种生物都处在食物链的一定营养级上，处于食物网的某一个位点上。在一个生态群落中，生产者制造有机物，消费者则消耗有机物。生产者和消费者之间相互矛盾又相互依存，构成一个稳定的生态平衡系统。在这个系统中的任何一个环节，一个物种受到破坏，原有系统就会失去平衡，整个系统就可能崩溃。渔业资源作为生物资源，是生态系统的重要组成部分，因此，在设计渔业制度时，必须充分考虑生态系统的平衡性，考虑生态系统中的各种资源要素的相互关系。

（3）渔业资源的地域性　不同海区的渔业资源禀赋有明显的区域性。例如，黄渤海的生物资源总量大，但鱼类的种类较少；而南海海域渔业资源的生物总量偏小，但是鱼类种类较多。作为海域的特种水产品，大连的扇贝、南通的文蛤和紫菜、舟山的带鱼都是我国广大消费者钟情的名牌水产品。

（4）渔业资源的多用性　渔业资源具有多用性。例如，海水资源可用于养殖，也可用于航海和旅游事业。渔业资源可以被直接捕捞，为人类提供优质蛋白质，也可以发展游钓等休闲渔业，为人类提供娱乐服务。因此，在渔业资源的开发利用过程中，当以某种方式开发渔业资源时，就失去了以其他方式利用渔业资源的机会。因此，在制定渔业制度时，必须充分考虑渔业资源的优化配置和开发过程中的机会成本。

（5）渔业资源的产权特征　《中华人民共和国宪法》规定“矿藏、水流、森林、山岭、草原、荒地、滩涂等自然资源，都属于国家所有，即全民所有”。我国海洋渔业资源的产权是明晰的。但是，渔业资源的流动性和迁移性使其使用权难以明晰，“无主先占”性容易导致过高的交易成本。

渔业资源的流动性，使其成为具有公有私益性的公共池塘资源。公共池塘资源通常在低管理成本下不能实现其使用的非排他性，而且资源的消费具有明显的竞争性。渔业资源的私益性刺激资源使用者大规模的竞争性开发，容易产生公共事物的悲剧。《中华人民共和国渔业法》虽然规定了渔业资源的产权属性，但是明晰渔业资源产权的使用权或经营权相当困难。目前，我国渔业资源产权的使用权通常采用许可证制度配置给从事捕捞渔业生产的专业捕捞渔民，用养殖许可证将养殖水域的使用权配置给养殖企业或农户。

二、渔业资源利用的外部性

1. 公共池塘资源（渔业资源）的悲剧　鱼类和海洋水资源的流动性，使资源使用权界定与确认困难。渔业资源的公有私益性及理性经济人追求效用最大化的行为是造成公共事物悲剧的原因。古希腊哲学家亚里士多德在其《政治学》中断言：“凡是属于多数人的公共事物常常是最少受人照顾的事物，人们关怀着自己的所有，而忽视公共的事物”。英国学者哈丁 1968 年认为，“在共享公共事物的社会中，毁灭是所有人都奔向的目的地，因为在信奉公共事物自由的社会中，每个人均追求自己的最大利益”。亚里士多德和哈丁的论述表明，公共物品被滥用是必然的。海洋渔业资源既有典型的公有性，又具有满足消费者私利的私益性，因而，海洋渔业资源很容易被滥用从而引起捕捞过度。

2. 外部性市场失灵　外部性市场失灵是经济活动的企业成本与社会成本不一致造成的。工厂排放废水污染环境，工厂的私人成本没有增加，社会治理环境的社会成本就会提高，造成外部成本大于私人成本的外部不经济性。

海水养殖生产具有外部不经济性。养殖生产者进行海水网箱养殖，为追求利润最大化和提高生产率，倾向于过度放养。在过度放养时，为控制疾病需投放添加抗生素的饲料和使用农药。饲料和农药会随着海水的流动，造成相邻水域污染。这时就会因外部不经济性带来社会成本增加。大量海洋捕捞渔船集中在一个较小的渔场进行作业，会产生拥挤效应，带来渔业矛盾和摩擦，导致外部不经济性。在捕捞（养殖）渔民数量较少时，生产者可以通过谈判形成一个联合体，缓解矛盾。但是，当经济活动主体个数增多，市场难以将外部效应内部化时，市场机制就会在渔业生产活动中失灵。

3. 公共物品性市场失灵 公共物品的供给是不可分的，不能完全按市场机制来配置。因此，公共物品是私人无法生产或不愿意生产的物品，是必须由政府提供或政府、企业和个人共同提供的产品或劳务。海洋渔业资源是典型的公共性物品。每一位渔民或每一条渔船的捕捞作业行为，仅仅考虑的是个人的边际产出和边际收益，而不顾及增加捕捞强度对其他渔船的影响。在群众渔业成为主体的情况下，公共池塘资源开发利用的公共性失灵会带来经济效率损失和市场调节公共性物品的失灵。

三、渔业管理

1. 渔业管理目标 通常，渔业生产的管理目标是使渔业资源维持在产生最大效益的水平上，实现渔业资源的可持续利用。渔业管理目标，以不同国家的生态、经济与社会环境的实际差异，以及国家追求的经济与社会目标的不同而不同。例如，20 世纪末，许多发展中国家在管理海洋渔业的过程中，通常以维护渔业的可持续发展和渔民就业作为其主要的管理目标。

渔业资源管理往往涉及不同国家、不同区域、使用不同渔具的渔民的利益冲突。因此，渔业资源管理必须兼顾经济效益、社会效益和生态效益。同时，只有不同国家、地区的渔业主管机构和渔民密切合作，才能有效实施管理，实现渔业资源的可持续利用。

（1）最大持续产量 最大持续产量以渔业资源的生物学特性为基础，以最大持续渔获量为目的，是目前主要渔业国家建立渔业管理目标时的基本理论依据，也是国际上渔业资源管理的基本理念。美国等渔业发达国家在签订有关多国间的渔业协定中，大多以最大持续产量作为协议的管理目标。

最大持续产量以 Graham 和 Schaefer 早期提出的模型（剩余产量模型）为理论基础，该理论基于以下 5 点假设：①在给定的生态系统中，任何一个资源群体在接近该系统最大生物承载量 B_∞后会停止生长；②最大生物承载量接近未开发资源群体的生物量 B_0；③最大生物承载量随时间变化的过程可用逻辑斯谛曲线描述；④在最大生物承载量的 1/2 处得到最大持续产量（MSY），在最大生物承载量和 B_0处的生物量增长率等于零，在 MSY 处，群体净增长量最高，为剩余产量最大值；⑤如果人类能合理开发利用资源，就可以无限期地维持最大剩余产量（图 2-1）。

（2）最大经济产量 根据收益=渔获量×价格的公式，可直接将 Schaefer 平衡产量曲线转换成平衡总收入曲线，得到最大经济产量曲线。根据最大经济产量分析示意图（图 2-2），当捕捞努力量等于 f_{MEY}时，渔业经济效益最高；当 $f>f_{MEY}$时，经济学捕捞过度，生产的经济效益下降；当$f<f_{MEY}$时，在经济学上渔业资源利用不足。成本曲线 TC′与收益曲线的交点表明，此时的社会捕捞努力量很大，超过此时的捕捞努力量，不仅产生了经济学上的捕捞过度，而且渔业上的总体效益出现亏本，渔业出现不可持续发展（图 2-2）。

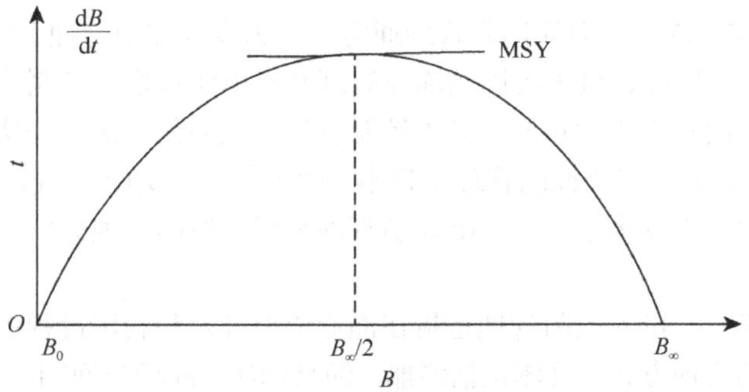

图 2-1　最大持续产量简图

B_∞. 最大生物承载量；B_0. 未开发资源群体的生物量；$B_\infty/2$. 最大持续产量的生物量；MSY. 最大持续产量；B. 生物量；t. 时间；$\mathrm{d}B/\mathrm{d}t$. 生物量的增长量

（3）最大社会产量　在充分就业和开放式自由入渔的状态下，捕捞努力量常大于获得 MSY 的捕捞强度，此时捕捞成本曲线为 TC（含人力资源机会成本）。在 TC=TR（总收益）处，渔业生产获得正常利润，将 TC 曲线向上平移到与收益曲线相交点获得最大经济产量。最大社会产量（MSCY）的捕捞努力量 f_{MSCY} 通常远远高于获得最大经济产量的捕捞努力量 f_{MEY}（图 2-2）。由图 2-2 可知，在 f_{MSCY} 的状态下，剩余利润虽然比在 f_{MEY} 状态下低（$dg < ab$），但是从社会总利润（工资+利润）来看，f_{MSCY} 状态下的社会总利润较高，其差为 df。

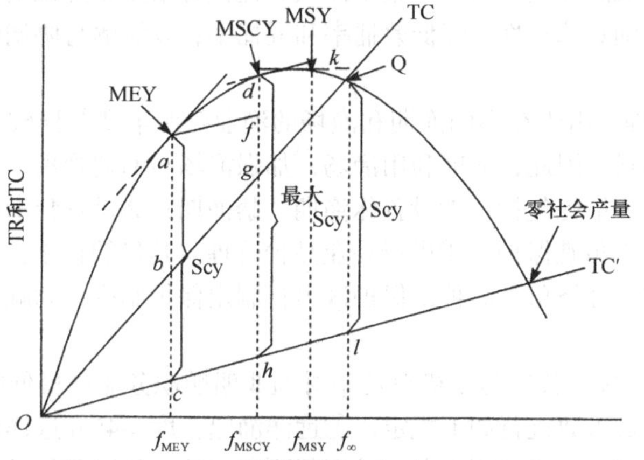

图 2-2　最大经济产量和最大社会产量分布示意图

MSCY. 最大社会产量；f_{MSCY}. 最大社会产量的捕捞努力量；MEY. 最大经济产量；MSY. 最大持续产量；Q. 生物经济平衡点；f_{MEY}. 最大经济产量的捕捞努力量；f_{MSY}. 最大持续产量的捕捞努力量；f_∞. 生物经济平衡点的捕捞努力量；a、b、c、d、f、g、h、l、k. 对应的交叉点；ab. 最大 MEY 的利润；ac. f_{MEY} 对应的社会产量所产生的利润；dh. 最大社会产量对应的利润；kl. 生物经济平衡点所对应产量的利润；Scy. 某一点对应的社会产量所产生的利润

（4）最佳持续产量和最适产量　1974 年，美洲水产学会召开的“渔业管理理念——最佳持续产量”研讨会上，反思了最大持续产量理论在渔业管理中的利弊，提出了最佳持续产量和最适产量的概念。学者认为对任何鱼类资源的利用都应综合考虑生物、经济、社会和政治价值，使全社会能获得最大效益。也有学者通过计算 MSY、MEY 和 MSCY 及其对应的捕捞努力量，采用权重系数的办法来平衡求得一个综合的捕捞努力量，以获得经济效益、生态效益和社会效益的平衡及最大化。

2. 渔业管理方法与技术 海洋渔业管理通常可分为投入控制管理、产出控制管理和综合渔业管理。20 世纪 80 年代以前，世界各国的渔业管理基本上实行投入控制管理。但是，未来的渔业管理制度正向产出控制管理制度转变。投入控制管理实施简便，执行经费低。产出控制管理实施的成本高，管理精度也高。综合控制管理是日本、韩国等广泛实施的渔业管理制度，在多鱼种、多渔船的小规模渔业生产中较多采用。产出控制管理和综合控制管理分别代表着不同的渔业管理理念和范式。

（1）投入控制管理 投入控制管理是指在渔业资源开发和利用过程中对人力、物力、资金等投入因素加以控制的管理方式，具体包括渔船、渔具渔法、渔场与渔期、船员人数等管理方式。

1）渔船管理。渔船管理是通过控制渔船的功率、船只大小、吨位、渔船数量及其类型等来控制捕捞能力。从经济学角度看，渔船实质上仍属于自由准入，渔民有足够的动机采取“投入代替”（即用不受管制的投入品替代受管制的投入品）策略回避政府规章的约束。在无作业时间和渔获量限制的情况下，渔民往往通过延长捕捞作业时间或改进捕捞技术等手段来提高渔获能力，从而加大控制捕捞强度的难度。渔船管理除包括对渔船的数量进行规定外，还可包括对渔船类型、渔船长度、渔船吨位、主机马力等渔船参数进行管理。

2）渔具渔法管理。渔具渔法管理是通过规定捕捞工具、捕捞技术等来达到对渔业资源进行管理的目的。主要包括：①规定渔具类型，如拖网、围网等；②规定渔具大小，如网目大小等；③规定渔具辅助装备，如灯光渔业中集鱼灯功率大小等；④规定生态型辅助装备，如海龟释放装置等。其目的在于：①通过限制网目、调整不同网具比例等措施来降低幼鱼、亲鱼资源的渔获，保护补充群体；②提高渔具选择性，降低兼捕率和混捕率；③缓解与协调同一渔场中流动性渔具和固定性渔具间的矛盾。

3）渔场与渔期管理。由于在不同渔期和渔场的渔业资源丰度差异较大，各渔船会趋向于资源丰富、渔获量大的渔场。因此，适度利用渔场，加强渔场与渔期管理，对于海洋渔业的可持续发展具有积极意义。主要措施包括：①设置休渔期、禁渔期；②设置禁渔区、产卵保护区、增养殖保护区等；③进行人工鱼礁保护；④进行外业品种管理。其目的在于：①通过设置保护时段，降低幼鱼渔获；②对重要经济鱼类品种由保护区另行制定保护制度；③减少天然海域内引入非本区域的渔业资源种类。

4）船员人数管理。按照长度与主机总功率对渔业船舶职务船员最低配员标准进行规定。在我国，对各类渔船的船员人数进行如下规定。①远洋渔船长度≥45m 远洋渔业船舶职务船员最低配员标准为一级船长 1 名、一级船副 1 名、助理船副 2 名等；外国籍船员不得担任驾驶人员和无线电操作员，人数不得超过船员总数的 30%。②非远洋渔船长度≥45m 非远洋渔业船舶职务船员最低配员标准为一级船长 1 名、一级船副 1 名、助理船副 1 名；机总功率≥3000kW 渔业船舶职务船员最低配员标准为一级轮机长 1 名、一级管轮 1 名、助理管轮 2 名。省级人民政府渔业行政主管部门可参照以上标准，根据本地情况，对船长不足 24m 渔业船舶的驾驶人员和主机总功率不足 250kW 渔业船舶的轮机人员配备标准进行适当调整，报农业农村部备案。其目的在于加强远洋与近海渔船的管理，控制捕捞规模。

中国近海渔业在投入控制方面的管理主要采用了捕捞许可证制度、渔船“双控”制度和休渔制度等。

（2）产出控制管理 产出控制是指对渔获量进行直接管理以控制捕捞强度的管理方式。产出控制通常是一种基于生物、经济和社会等综合效益来考虑的管理方式，一般包括了总可捕量制度、个体配额制度和个体可转让配额制度等方式，其个体既可以是人，也可以是船和航次等单位，是一种结合生物学、经济学和生态学的方式。

1）总可捕量（total allowable catch，TAC）制度。TAC 制度是以自由入渔为前提、最大持续产量（MSY）为根据，或综合考虑最大经济产量（MEY）、最大社会产量（MSCY），以此来确定特定水域某一具体鱼类品种或渔业所能渔获产量的最大值的产出量管理方式。根据 TAC 是否分配、分配主体及配额是否能够参与转让，可将其分成“奥林匹克自由捕捞式”、社区发展配额制度、个别配额制度及个别可转让配额制度 4 种。其优点包括：①TAC 设定合理时能够把渔获量控制在与资源量相适宜的水平；②自由捕捞下竞争程度更为剧烈，部分渔民的退出使得捕捞努力量得到削减。缺点包括：①需要持续多年的全面的渔业资源调查，充分了解资源种群的特征及变动情况；②导致渔民为有限的可捕量进行竞争性捕捞，为争抢份额发生争斗；③渔民间竞争使大量渔获物在短期内集中上岸，造成供过于求。

2）个体配额（individual quota，IQ）制度。IQ 制度是在 TAC 的基础上实施的，因为总可捕量每年都不尽相同，所以每年的实际渔获量配额也相应变化。其优点包括：①能有效减少奥林匹克自由捕捞下渔民的无序捕捞和过度捕捞现象，缓解无序竞争状态；②渔民为了提高个体配额的价值，会主动提高渔具选择性，从而降低兼捕量；③渔民可以根据市场和资源的状况来自由选择作业时间和方式，有助于降低渔业投资的不确定性和风险性。缺点包括：①初始分配困难；②渔民为了配额的价值达到最高，往往会抛弃兼捕渔获物；③存在渔获量谎报或虚报现象。

3）个体可转让配额（individual transferable quota，ITQ）制度。ITQ 制度是在 IQ 制度实施基础上演化而来的，唯一不同之处在于配额可以依照法律规定进行转让、买卖和交换，是一种将 TAC 集中控制与市场交换相结合的制度。其优点包括：①本质上改变了入渔准入方式，市场调控有助于提高经济效率；②能够为管理者提供资源丰缺度的相关信息，从而降低管理者的信息成本；③渔民既可以通过捕捞活动获得直接的渔业利益，也可以通过出售或买进配额来调整生产规模而获得派生的利益。缺点包括：①TAC 的决策权仍然留给政府，这种不完全的产权无法根除渔民的捕捞过度；②在完全市场竞争的机制下，如果不加以调控，容易出现少数人或公司掌握大部分渔获配额的现象，形成配额垄断。

在产出控制方面，中国近海渔业主要采用了 TAC 制度、捕捞配额制度。在捕捞配额制度方面，农业部（现农业农村部）2017 年启动了浙江省浙北渔场梭子蟹和山东省莱州湾海蜇限额捕捞试点，2018 年试点工作扩大到辽宁省普兰店区中国对虾、福建省厦漳海域梭子蟹、广东省珠江口白贝。但由于近海渔业资源品种繁多，目前捕捞配额制度还无法全面推广，仍然在试点地区实践以探索其成效。

（3）综合渔业管理　综合渔业管理制度兼有投入控制管理和产出控制管理。在我国台湾省及日本和韩国等地的近岸渔业和内陆水域广泛实施的渔业权制度可以视为典型的综合渔业管理制度。渔业权是指进行渔业生产、经营的一定活动所应取得的权利，可视为一种物权性权利，其主体是从事渔业的渔民或是渔民团体。主要包括：①水面、滩涂的养殖使用权；②内水、海洋的捕捞权。其目的在于：①明确渔业资源的权属关系，将渔民利益与渔业资源紧密结合；②构建以渔民为主体的自我管理的新体系。

四、从线性到循环经济增长方式的转变

就经济社会发展与环境资源的关系而言，经济发展经历了三个过程：一是传统经济增长方式；二是生产过程末端治理经济增长方式；三是循环经济增长方式。

1. 传统经济增长方式　在传统经济增长方式中，人类与环境资源的关系是人类犹如寄生虫一样，向资源索取想要的一切，又从来不考虑环境资源的承受能力，实行一种“无限的资源—传

统线性经济系统—无限的废料”式的单向性开放式经济增长方式（图 2-3）。在早期，人类的经济活动能力有限，对资源环境的利用能力差。环境本身也有一定的自净能力。因此，人类经济活动对资源环境的破坏并不明显。但是，随着技术进步、工业发展、经济规模扩大和人口增长，人类对环境资源的压力越来越大。传统经济增长方式导致的环境污染、资源短缺现象日益严重，人类受到自身发展带来的惩罚。

图 2-3 传统经济增长方式

2. 生产过程末端治理经济增长方式 生产过程末端治理经济增长方式开始重视环境保护问题，强调在生产过程的末端实施污染治理。目前，许多国家和地区依然采用末端治理的经济增长方式。支撑该经济增长方式的理论基础主要有庇古的“外部效应内部化”理论和“科斯定理”。前者认为通过政府征收“庇古税”可以控制污染排放，后者认为只要产权明晰，就可以通过谈判方式解决环境污染和资源过度利用问题。后来又出现了“环境库兹涅茨曲线”理论，认为环境污染与人均 GDP 收入之间存在倒“U”形关系，随着人均 GDP 达到一定程度，环境污染问题就会迎刃而解。这些理论对遏制环境污染问题的扩展曾起到了巨大的作用。

生产过程末端治理经济增长方式虽然也强调环境保护，但是其核心是一切从人类利益出发，把人视为资源与环境的主人与上帝，从不顾及对环境及其他物种的伤害。恩格斯说过：“我们不要过分陶醉于我们人类对自然界的胜利。对于每一次这样的胜利，自然界都要对我们进行报复。每一次胜利，起初确实取得了我们预期的结果，但是往后和再往后却发生了完全不同的、出乎预料的影响，常常把最初的结果又消除了”。从资源严重短缺和环境污染日趋严重的现实来看，人类必须对生产过程末端治理经济增长方式进行认真反思。

3. 循环经济增长方式

（1）*何谓循环经济增长方式？* 经济增长稍一加速，很快就会遭遇资源与环境的瓶颈问题，所以人类必须反思传统经济增长方式带来的问题，探讨经济增长方式的转变。20 世纪 60 年代，美国经济学家鲍尔丁提出了“宇宙飞船理论”，萌发了循环经济思想的萌芽，强调经济活动生态化的第三种经济增长方式——循环经济增长方式应运而生。循环经济增长方式强调遵循生态学规律，合理利用资源与环境，在物质循环的基础上发展经济，实现经济活动的生态化。循环经济增长方式的本质是生态经济，强调资源与环境的循环使用，是一个“资源—产品—再生资源”的闭环反馈式经济活动过程。

（2）*循环经济增长方式的特点* 循环经济增长方式最重要的特点包括：①经济增长主要不是靠资本和其他自然资源的投入，而是靠人力资本的积累和经济效率的提高实现的；②提高经济效率主要依靠技术和制度等知识要素；③经济增长从“人类中心主义”转向“生命中心伦理”；④重视自然资本的作用；⑤关注生态阈值。

（3）*循环经济增长方式的 3R 原则* 循环经济增长方式强调 3R 原则，即减量化（reduce）、再使用（reuse）和再循环（recycle）原则。在人类经济活动中，不同的思维方式可能带来不同的资源与环境使用方式。一是线性经济与末端治理相结合的传统经济增长方式；二是仅仅考虑资源再利用和再循环的经济增长方式；三是包括 3R 所有原则在内，强调避免废物优先的低排放或零排放的经济增长方式（图 2-4）。

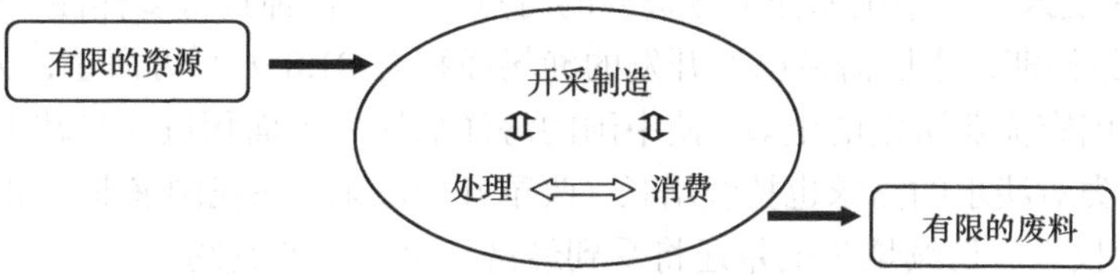

图 2-4　循环经济增长方式

第三节　现代渔业经济增长方式

中国人口众多，土地、水等自然资源相对短缺，粮食问题始终是经济发展中的首要问题。1978 年改革开放以后，中国经济得到快速发展，渔业经济也获得长足的发展。中国的渔业为中国粮食安全、调整和优化农业产业结构、增加农民收入、吸纳农业剩余劳动力和出口创汇做出了应有的贡献。

20 世纪末期，我国渔业产业发展与其他产业相似，主要是依靠占用大量自然资源、廉价人力资源和引进外国资本发展起来的。中国渔业经济增长是典型的线性增长方式。在进入 21 世纪以后，中国的渔业经济增长、渔业发展、渔村建设和渔民生活都面临巨大挑战。海洋与淡水渔业资源被过度捕捞，捕捞强度大大超过了渔业资源的再生能力，捕捞渔船的经济效益不断下降。缺乏合理的规划而滥用海域和淡水资源，导致水域资源污染日趋严重，水产品价格持续低迷，渔业可持续发展面临严峻挑战。转变渔业经济增长方式，推进循环经济型的现代渔业经济增长方式成为 21 世纪渔业经济可持续发展的必然趋势。

一、传统渔业经济增长方式中的要素投入

1. 渔业劳动力持续增长，经济效率下降　中国是劳动力剩余的国家，在传统渔业经济增长方式中，渔业劳动力连年持续增长。仅在海洋捕捞渔业，2001 年的专业捕捞劳动力就达到 120 万人。在海洋捕捞渔村实行承包渔船经营期内的 1989～1994 年，中国海洋捕捞专业劳动力绝对增长 11.2 万人，平均每年增长 2.2 万人。过剩的渔业人力资源投入对海洋渔业资源造成巨大压力，导致捕捞过度，1999 年以后渔业经济的效率开始持续下降。由于东部沿海地区较发达，养殖渔业具有高于种植业的比较优势，淡水海水养殖渔业产业的劳动力投入也持续增长。

2. 渔业投资持续增长，经济效率下降　1978 年，中国的海洋捕捞功率为 169 万 kW，实行渔船承包经营体制后，海洋捕捞渔船的努力量快速递增。2004 年，捕捞功率达到 1374 万 kW，比 1980 年净增长 1174 万 kW。但是，在海洋渔业投资持续增长的过程中，单位捕捞努力量的经济效率不断下降，每千瓦努力量的渔获量由 1975 年的 2.12t 下降到 1989 年和 1990 年的历史最低点。

陈新军（2004）以东海渔业区渔业资源为对象，对中国近海渔业资源可持续利用进行了实证研究，结果证明，东海渔业区渔业资源的开发利用经历了轻警、中警、重警和巨警阶段。在重警阶段（1984～1996 年），渔获物营养级水平偏低；优质鱼类渔获量占总渔获量的比例只有 30%～40%，每千瓦渔获量均在 0.90t 以下。到 20 世纪末，中国海洋捕捞渔业的渔船经济效益

已经相当低下，无论生物学意义上还是经济学意义上的海洋渔业可持续发展都面临危机。

3. 自然资源的投入 中国海洋渔业资源的特点是生物物种具有多样性，但是种群生物量普遍较低。到21世纪初期，中国海域已经开发的渔场面积有81.8万平方海里，大部分渔业资源被过度利用。与周边国家渔业协定的生效，使中国的海洋捕捞渔场面积进一步减少。随着人口增长、生活水平提高，人类对淡水的需求也持续增长。改革开放以来，在我国渔业经济高速增长过程中，自然资源已被过度投入，持续增长的量还将受到经济社会发展的制约。

4. 知识要素的投入 除资源、劳动力和资本制约渔业经济增长之外，技术进步和制度变革是现代经济发展与增长的重要因素。但是，海洋渔业资源和水域资源由于具有不同于土地资源的经济社会特征，因此是典型的公共池塘资源。海洋捕捞渔业中，技术进步是双刃剑，既可以推动经济增长，也可能因应用管理不当，给海洋渔业发展带来不利影响。20世纪60年代，捕捞技术的进步推动世界渔业进入高速发展时期。伴随着世界渔业的发展，中国海洋捕捞强度也日益增长。1971年，中国渔轮实现了机帆化，渔船装上起网机。渔船机械化，扩大了作业渔场，渔业经济得到发展。但是，由于没能够有效控制捕捞技术的应用，技术进步导致捕捞强度过快提高，最终导致渔业资源过度利用，捕捞效率下降。制度也是经济增长的源泉，制度通过降低交易成本、克服外部不经济性和提高要素利用效率而有明显的提高经济效率的作用。在未来中国渔业经济发展的历程中，应重视技术和制度等知识要素对渔业经济增长的作用。

二、现代渔业经济增长路径

20世纪下半叶以来，环境问题日趋严重，这迫使人类反思经济增长的路径。1万年以前的农业革命和18世纪的工业革命，虽然在人类历史的长河中有极其重要的意义，但是这两场革命也给环境、生态系统和生物资源带来一定程度的破坏和危害。通过转变经济增长方式进行一场深刻的环境革命已经成为人类必须面对的现实。未来渔业经济增长必须推动传统的线性经济增长方式向循环经济型的现代渔业经济增长方式转变，摒弃以人力资源、资本和自然资源为主要经济增长动力的渔业经济增长方式向以技术和制度为主要经济增长动力的渔业经济增长方式的转变。

1. 优化提高产业结构，从强调渔业生产向强调渔业资源环境提供服务方向转变 渔业也称水产业，是以栖息和繁殖在海洋和内陆水域中的经济动植物为开发对象，对其进行合理采捕、人工增殖、养殖和加工，以及用于观光、休闲等为人类提供各种商业服务的产业部门。渔业作为一个生产体系，成为国民经济的一个重要组成部分。

水产捕捞业和养殖业是人类直接从自然界取得产品的部门，称第一产业。水产品加工业是对第一产业和产业提供的产品进行加工的产业，属于第二产业。休闲渔业是为消费者提供最终服务和为生产者提供中间服务的部门，也称为第三产业。第三产业还包括渔业保险与金融、水产品流通与销售、游钓渔业、观赏渔业等。渔业产业结构是指渔业内部各部门，如水产捕捞、水产养殖、水产品加工及渔船修造、渔港建筑、流通和观赏休闲等部门在整个渔业中所占比例和组成情况，以及部门之间的相互关系。

水产捕捞业、养殖业和加工业等第一、二产业是利用资源环境生产水产品的产业，休闲等产业是利用环境资源为人类提供服务的产业。前者通过消耗大量环境资源资本，实现经济增长，后者在实现渔业经济增长的过程中消耗自然资本的量相对很低。因此，应通过产业结构优化和产业结构高度化构建一条以提供渔业环境资源服务性为特征的渔业经济增长模式。

渔业产业结构优化是指通过产业结构调整，使各产业实现协调发展，并满足不断增长的需求的过程。产业结构高度化要求资源利用水平随着经济与技术的进步，不断突破原有界限，从而不断推进产业结构朝高效率产业转变。产业结构高度化的路径包括沿着第一、二和三产业的递进方向演进；从劳动密集型向技术密集型方向演进；从低附加值产业向高附加值产业的方向演进；从低加工度产业向高深精加工度产业的方向演进；从产品生产型产业向服务型产业演进。

2. 推进配额管理制度建设，转变捕捞渔业经济增长方式　捕捞业要转变以增加捕捞努力量换取产量增长的资源环境破坏型增长方式，改为以科学评估渔业资源量和分布、配额制为基础的合理利用渔业资源的经济增长模式。在该过程中，要依照鱼类资源种群本身的自我反馈式再生过程，避免捕捞小型鱼类，避免过度捕捞鱼类而危及鱼类资源的再生能力，实现捕捞业的可持续发展。

3. 向自然资本再投资，维护生态系统的经济服务功能　在海洋渔业生产过程中，人类忽视了经济活动对生态系统和生物资源的破坏作用，海洋渔业资源过度捕捞已经成为不争的事实。渔业资源被过度捕捞大大提高了渔业生产的成本。如果渔业生产活动中再不对自然资本进行投资，渔业资源与环境服务功能的进一步稀缺将成为制约海洋渔业生产经济效率提高的因素。维护渔业生态系统的再投资可以从两种不同的路径展开，即自然增殖和人工增殖。自然增殖是通过人们合理利用和严格保护水域环境和生态系统，使渔业资源充分繁衍、生长，形成良性循环。人工增殖是通过生物措施（人工放流）或工程措施（人工鱼礁）来增加资源量。

4. 以减量化为原则，变传统养殖为现代养殖，实现养殖经济增长　从生态和环境的角度来看，水、种、饵是养殖渔业的三要素。水是养殖渔业生产的环境基础。水最大的特征是稀缺性、流动性和易污染。传统的养殖模式忽视水资源的机会成本，养殖用水的需求量大。传统养殖模式养殖密度过大、饵料质量差，养殖过程又具有开放性。养殖过程中带来的环境污染和资源成本高，严重影响环境资源的服务功能。生态养殖要改变传统养殖中的粗放型喂养模式，改变投入大、产出低的经济模式，积极发展精深养殖，提高单位面积水域的产出和质量，发展深水抗风浪网箱技术养殖和工厂化养殖等现代养殖方法。在未来的年代里，应加快转变水产养殖业的增长方式，推广标准化、规范化、生态型海水养殖范式，实施海水养殖苗种工程，加快建设水产原良种场和引种中心，推广和发展优势品种养殖。

5. 以环境资源友好型经济增长为原则，强化捕捞管理　渔业水域环境是指以水生经济动植物为中心的外部天然环境，是水生经济动植物产卵繁殖、生长育成、越冬洄游等诸环境条件的统称。由于水生经济动植物的繁殖、生长发育每一阶段都必须在特定的环境下才能完成，资源量增减、质量优劣都直接受渔业水域环境变化的影响，因此保护渔业水域是维持渔业可持续发展的基本前提。环境友好型经济发展方式主要表现在对渔业资源和环境的保护方面，应实现可持续发展，不使渔业生产以破坏环境为代价。诸如设置禁渔区、禁渔期，确定可捕标准、幼鱼比例和最小网目尺寸，实施总可捕量和捕捞限额制度，征收渔业资源增殖保护费，实施相关环境标准，推行污水处理和污染控制措施，建立渔业水质与环境监测体系等，都是从源头上控制人类经济活动对渔业资源和环境破坏的管理制度。

三、渔业在现代社会中的作用

随着经济发展与社会进步，渔业产业结构日益完善，同农业、林业和畜牧业一样逐步成为人类生活和社会发展过程中不可缺少的产业。

1. 渔业对保障粮食安全具有不可替代的作用　海洋、湖泊等水域栖息着大量的动植物，具有与土地同等重要的食物供给源泉，正在吸引人类的眼球，成为开启粮食安全问题的钥匙。海洋大约占地球表面积的 71%，地球生产力的 88%左右来自海洋。浩瀚的大洋能提供的食物量要比陆地提供的食物量多上千倍。

水产品是许多国家人民日常食物结构中的重要部分。人类所消费蛋白质的25%来源于鱼类。对于沿海的发展中国家，水产品更是人们不可缺少的动物蛋白源。而且，随着经济增长、社会进步，人类对水产蛋白的消费将不断提高。由此可见，渔业在保障人类食品安全和减少对土地资源开发的压力方面有重要作用。

2. 优质水产蛋白有助于改善人类食物结构 水产品味道鲜美，营养丰富，是人类不可多得的优质蛋白质。海水鱼类的脂肪中含有高达70%以上的多不饱和脂肪酸，其中EPA（二十碳五烯酸）、DHA（二十二碳六烯酸）和DPA（二十二碳五烯酸）等ω-3不饱和脂肪酸是水产动物蛋白特有的，具有防治心脑血管疾病、抗炎症、健脑、增强视力及增强人体免疫功能的生物功能。海洋贝类和鱼类富含的牛磺酸，对人体的肝有解毒功能，能降低低密度脂蛋白、增加高密度脂蛋白和中性脂肪，预防动脉硬化，调节血压，具有保健功能。水产品还富含各种人体必需的维生素、各种矿物质和微量元素。藻类海带富含多糖类化合物和人体所需的纤维素。水产品富含各种有益于人类健康的生物活性物质，对改善人类食物结构和延长人类寿命具有重要作用。因此，在20世纪末，西方传统国家正逐步改变以食肉为主的习惯，大量摄食水产品和水产制品。改善饮食习惯，“减少肉类，增加鱼类”的饮食方式正受到现代人类的推崇。21世纪，人类对水产品的消费量与日俱增。

3. 渔业为发展中国家带来更多的就业机会 世界人口持续增长，发展中国家面临着更为严峻的就业压力。渔业凭借其长期可持续发展的特性，为全球创造了大量的就业岗位。根据FAO（2024）的相关报告，全球从事捕捞和养殖渔业的人员数量呈增长态势。近年来数据显示，2022年全球渔业和水产养殖的初级生产部门雇佣的全职和兼职工人共6280万名，相比2020年的5850万名有所增加。中国作为渔业大国，其渔业产业结构丰富，涵盖休闲渔业、水产品加工企业、海洋捕捞渔业、海水养殖渔业和淡水养殖渔业等多个领域。这些领域相较于传统农业产业，具有较高的比较经济优势，持续吸引大量农业人口投身渔业生产。根据《中国渔业统计年鉴》数据，2023年，中国渔业人口1598.57万人，其中传统渔民为506.27万人。

4. 渔业是重要的外汇收入源泉 渔业的蓬勃发展有力地推动了水产品国际贸易。随着全球市场对水产品需求的变化，国际贸易额也在不断波动增长。根据FAO（2024）的相关报告，2022年，不包括藻类在内，全球水产品出口额达到1830亿美元，相较于2020年的1510亿美元有显著提升。水产品贸易在农产品贸易（不包括林业）及商品贸易总额中依然占据一定比例，不过随着全球贸易结构的调整，占比情况可能会有所变化。在部分国家，渔业创汇的重要性愈发凸显。例如，在佛得角、冰岛、基里巴斯和马尔代夫，水产品贸易占商品贸易总额的比例仍保持在较高水平，2022年约为45%。挪威的鲑鱼养殖业和休闲观光渔业依旧是其重要的创汇产业。中国在全球水产品贸易格局中占据重要地位。根据《中国渔业统计年鉴》数据，2023年，我国水产品进出口总量1050.35万t，进出口总额485.65亿美元。其中，出口量385.21万t，出口额240.55亿美元；进口量665.14万t，进口额245.10亿美元。贸易顺差进一步扩大，渔业对国家外汇收入的贡献持续增强。

思 考 题

1. 赤潮是如何形成的，其危害何在？

2. 酸雨对生态系统的影响非常大，当 pH 小于 4.5 时，鱼类和两栖动物将死亡，您知道其中的原因吗？

3. 简述鱼类洄游的形式及其洄游的原因。

4. 人、鸟、水和鱼类都是流动性资源，请分析这些流动资源之间的差异。

5. 请比较分析土地资源和渔业资源的异同点。

6. 人口老龄化可能给社会经济发展带来的问题是什么？

7. 简析自然资源的特点。

8. 对于洄游范围较大的渔业资源，为什么要实行共同管理、协作管理？

9. 从生物、经济和社会发展角度试论渔业管理的目标和意义。

10. 试论世界海洋捕捞渔业管理措施的发展趋势。

11. 简述渔业管理目标的演变过程，以及渔业管理目标是如何从最大持续产量变迁到最大经济产量和最大社会产量的。

12. 中国近海海洋渔业资源三大主要特征是什么？

13. 简述推动经济增长的要素并说明为什么人是推动经济增长的主要要素。

14. 从资源开发利用的角度来看，渔业资源的主要特点何在？

15. 简析渔业资源的产权特征和开发利用过程中可能产生的问题。

16. 简述渔业生产的外部性市场失灵和政府失效。

17. 简述到 20 世纪末期中国海洋捕捞渔业的管理制度体系。

18. 比较分析奥林匹克 TAC 制度、个人配额制度和个人可转让配额制度的利弊。

19. 简述并分析经济增长理念的变迁过程。

20. 简要描述现代渔业的经济增长路径。

21. 渔业在现代社会中的作用有哪些？

第三章

世 界 渔 业

本章资源

长期以来，世界渔业产量主要来自海洋捕捞，到 21 世纪初，海洋捕捞产量仍占世界渔业总产量的 61%，之后海洋捕捞产量所占比例持续出现下降，2014 年海洋捕捞产量不足 50%，世界渔业结构发生了变化。在本章中，将分析世界渔业发展现状，世界主要渔业资源和渔区划分，世界渔业生产的演变与结构变化，介绍世界海洋捕捞业、世界水产养殖业、世界水产加工利用业、现代休闲渔业、世界渔产品贸易、国际渔业管理现状与趋势，分析当前世界渔业存在的主要问题和发展趋势，为了解和掌握世界渔业发展现状提供参考。

第一节　世界渔业发展现状

一、概述

根据 2024 年 FAO 的《2024 年世界渔业和水产养殖状况》报告，2022 年世界捕捞渔业和水产养殖产量达到创纪录的 2.232 亿 t（图 3-1），较 2020 年增长 4.4%。其中水生动物产量为 1.854 亿 t，藻类产量为 3780 万 t。2022 年全球水产养殖产量达到 1.309 亿 t，其中水生动物为 9440 万 t，

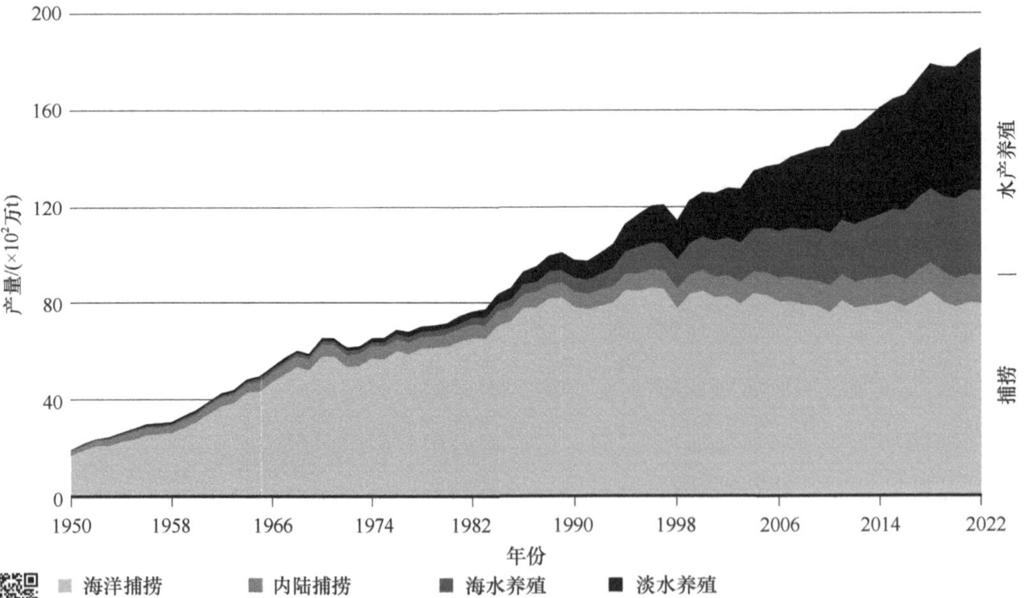

彩图

图 3-1　世界各类捕捞和养殖产量分布图

不含水生哺乳动物、鳄、短吻鳄、凯门鳄和藻类

首次超过捕捞渔业产量。亚洲在全球水产养殖中仍占主导地位，非洲水产养殖产量与 2000 年相比增长了 445%，是世界上增长率最高的地区，但在全球产量中的占比较小，仅为 1.9%。粗放式的水产养殖常常以牺牲环境为代价，但可持续的水产养殖发展对于满足人们日益增长的水产品需求仍然至关重要。2022 年，渔业和水产养殖业为全球约 6200 万人提供就业机会，其中亚洲占就业人数的大部分；水产品贸易额达到 1950 亿美元，涉及 230 多个国家和地区。

全球水产品表观消费量在 2021 年达到 1.625 亿 t，全球人均表观消费量从 1961 年的 9.1kg 上升到 2022 年的 20.7kg（图 3-2）。在非洲，2022 年人均表观消费量为 9.4kg，远低于世界平均水平（表 3-1），是全球区域平均最低水平，但水产动物食品提供了 18% 的动物蛋白，高于世界平均水平。

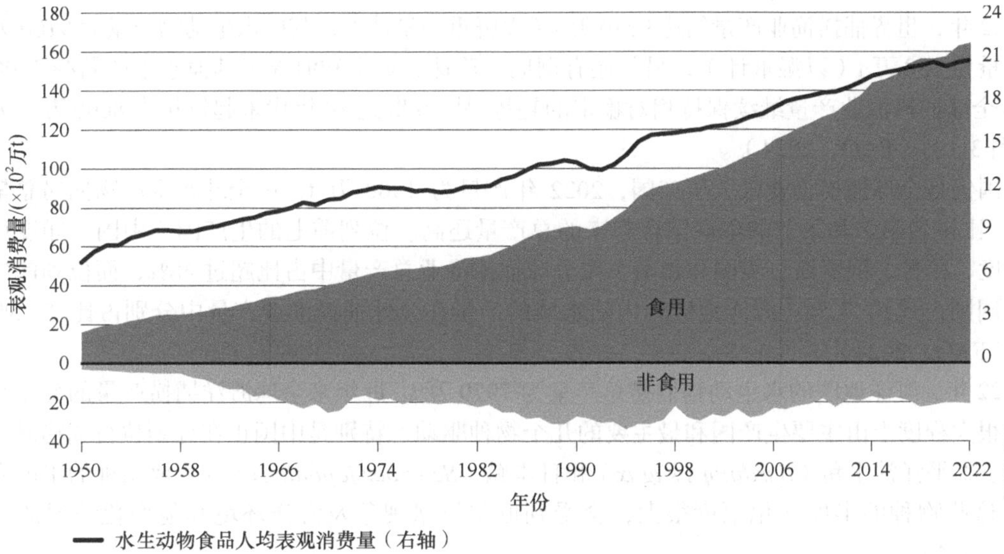

彩图

图 3-2 全球水产品表观消费量和人均表观消费量分布图（FAO，2024）

不含水生哺乳动物、鳄、短吻鳄、凯门鳄和藻类

表 3-1 世界渔业和水产养殖产量及利用量统计表（FAO，2024）

		1990～1999 年	2000～2009 年	2010～2019 年	2020 年	2021 年	2022 年
捕捞/（$\times10^2$万 t）	内陆捕捞	7.1	9.3	11.3	11.5	11.4	12.3
	海洋捕捞	81.9	81.6	79.8	78.3	80.3	79.7
	小计	89.0	90.9	91.1	89.8	91.7	92.0
养殖/（$\times10^2$万 t）	内陆养殖	12.6	25.6	44.7	54.5	56.4	59.1
	海水养殖	9.2	17.9	26.8	33.2	34.7	35.3
	小计	21.8	43.5	71.5	87.7	91.1	94.4
捕捞和养殖合计/（$\times10^2$万 t）		110.8	134.4	162.6	177.5	182.8	186.4
人均利用量/kg		14.3	16.8	19.5	20.2	20.6	20.7

受全球气候变化、过度捕捞、栖息地丧失和退化等因素影响，世界渔业资源继续减少，但可持续种类的渔获量正在增加。据 FAO（2024）评估，2021 年全球处于生物可持续水平捕捞的海洋资源比例下降至 62.3%，比 2019 年低 2.3%；按产量加权计算，2021 年联合国粮食及农业组织监测的渔获量中，估计有 76.9%来自生物可持续资源。生产实践证明，有效的渔业管理能够有效

恢复渔业资源，增加生态系统中可持续的产出。因此，改善全球渔业管理对恢复生态系统的健康和高产，以及确保水产品的长期可持续供给至关重要。

据 FAO 的 2030 年渔业展望预计，未来渔业的生产、消费和贸易仍将增长，但增速较慢。预计 2030 年水生动物总产量将达到 2.02 亿 t，主要得益于水产养殖的持续增长。预计 2030 年水产养殖产量将达到 1.06 亿 t，同时预计到 2030 年世界捕捞业将得到恢复，其捕捞产量将达到 9600 万 t，比 2020 年增加 6%，这些增加的产量将得益于渔业资源管理改善，未充分捕捞的资源得到有效利用，丢弃、浪费和损失进一步减少。

二、世界捕捞渔业概述

2022 年，世界捕捞渔业产量约达 9230 万 t（以鲜重当量计），其中水生动物产量为 9100 万 t，藻类产量为 130 万 t（以湿重计），另外还有珊瑚、珍珠、贝类和海绵等其他水生产品约 7700t。2022 年全球捕捞渔业产量继续保持相对稳定的趋势，从 20 世纪 80 年代末起每年为 8600 万～9300 万 t（图 3-1）（FAO，2024）。

中国仍是全球捕捞渔业最大生产国，2022 年产量为 1300 万 t，占全球水生动物捕捞总量的 14.3%，比排名第二和第三的生产国合起来的总产量还高。位列前七的生产国（中国、印度尼西亚、印度、秘鲁、俄罗斯、美国和越南）在全球捕捞渔业总产量中占比超过 48%，而位列前二十的生产国则占比约 73%。海洋地区和内陆水域的产量在全球捕捞渔业产量中分别占比 87.5%和 12.5%（FAO，2024）。

2022 年，海洋地区的水生动物捕捞总产量为 7970 万 t。近年来全球海洋捕捞产量的变化趋势仍然在很大程度上由主要生产国和最主要的几个物种驱动，特别是中国正在计划执行捕捞减产，以及鳀、太平洋沙丁鱼（*Sardinops sagax*）和日本鲭（*Scomber japonicus*）等重要物种的丰度发生波动，这些物种的丰度变化幅度很大，会受到厄尔尼诺现象及海洋环境其他变化情况的影响（FAO，2024）。

联合国粮食及农业组织全球海洋捕捞数据库包含 3000 多个物种的渔获量数据；2022 年有鳍类渔获量约占海洋捕捞总产量的 85%，以中小型中上层鱼类为主，其次是鳕形目鱼类及金枪鱼和类金枪鱼。2010 年以来，渔获量最高的三个海洋物种一直保持不变。2022 年，鳀渔获量继续位列第一（每年近 490 万 t）；阿拉斯加狭鳕（*Gadus chalcogrammus*）位列第二，渔获量为 340 万 t；鲣（*Katsuwonus pelamis*）位列第三，渔获量为 310 万 t。2022 年渔获量排名前十的物种全部是有鳍类，其中欧洲沙丁鱼（*Sardina pilchardus*）、鲣和黄鳍金枪鱼（*Thunnus albacares*）的渔获量都接近历史最高纪录（FAO，2024）。

不同的渔区对全球海洋捕捞产量的贡献度差异很大，2022 年 50%以上的海洋捕捞产量来自西北太平洋（61 渔区）、中西太平洋（71 渔区）和东南太平洋（87 渔区）。西北太平洋（61 渔区）仍是联合国粮食及农业组织主要渔区当中产量最高的区域，2022 年产量为 1860 万 t，占全球海洋地区捕捞产量的 23.3%，两个产量最高的物种为阿拉斯加狭鳕和太平洋沙丁鱼。排名第二的为中西太平洋（71 渔区），产量为 1380 万 t，占全球海洋地区捕捞产量的 17.3%。2022 年东南太平洋（87 渔区）的产量为第三，达 900 万 t，相当于全球上岸量的 11.3%，主要捕捞种类为鳀（占该渔区总捕捞产量的 50%～70%）和茎柔鱼（*Dosidicus gigas*）（FAO，2024）。

2022 年，全球内陆水域捕捞产量为 1130 万 t，近年来全球内陆水域产量的变化趋势更多受到中国渔获量缩减的影响，长江流域实施为期十年的禁渔政策，旨在保护水生生物资源。2020 年起，中国的内陆水域捕捞产量不再是全球第一高。2022 年，印度和孟加拉国分别以 190 万 t 和 130 万 t

捕捞产量超过中国，在孟加拉国、印度和坦桑尼亚内陆水域捕捞产量增长的推动下，近年来全球内陆水域捕捞产量呈现出相对小幅的增长（FAO，2024）。

三、世界水产养殖业概述

2022 年世界水产养殖产量创下历史最高纪录，达 1.309 亿 t（以鲜重当量计），销售额估计为 3128 亿美元，其中包括水生动物 9440 万 t（以鲜重当量计，价值 2957 亿美元）和藻类（大型海藻和微藻）3650 万 t（以湿重计，价值 170 亿美元），贝类和珍珠分别为 2700t（价值 1.385 亿美元）（FAO，2024）。2022 年，全球水产养殖业的水生动物产量在史上首次超过捕捞渔业，估计达 9100 万 t（FAO，2024）。

2022 年世界水产养殖水生动物产量占捕捞渔业和水产养殖总产量的 50.9%。在一些国家，尤其是在以中国、印度、越南和孟加拉国为首的主要水产养殖生产国，以及约旦或莱索托等部分捕捞渔业资源有限的小生产国，水产养殖产量已在多个年份都超过了捕捞渔业。2022 年，有 45 个国家的养殖水生动物产量超过捕捞渔业产量。更有 10 个生产国，包括印度尼西亚、挪威、智利、泰国和巴西（按产量从高到低排列）在内，其水产养殖产量占总产量的比例达 40%～50%，还有很多国家，特别是低收入国家，其水产养殖业产量仍然微不足道，对于那些具有水产养殖业发展潜力的国家而言，亟须快速发展水产养殖业（FAO，2024）。

四、世界渔业就业和船队概述

据 FAO（2024）统计，2022 年渔业和水产养殖部门就业人数约为 6180 万，其中 54%从事捕捞，36%从事水产养殖。亚洲就业人数占全球总数的 85%，其次是非洲（10%）、拉丁美洲及加勒比（4%），欧洲、大洋洲和北美洲就业人数合计仅占 1%。多数水产养殖工人集中在亚洲（95%），其次是非洲（3%）和拉丁美洲及加勒比（2%）。从捕捞渔业来看，77%的全球就业人员集中在亚洲，16%在非洲，5%在拉丁美洲及加勒比。在按性别分列的数据中（占整体数据的 66%），渔民和养鱼户中女性占比为 24%，其中内陆渔业为 28%，从事加工环节的占比 62%。53%的女性为全职就业，男性为 57%。捕捞渔民和养殖渔民人数的变化趋势在各区域各不相同。1995～2022 年，非洲、亚洲、拉丁美洲及加勒比的就业人数分别增长了 91%、49%、44%，而欧洲、北美洲和大洋洲的就业人数却分别减少了 32%、26%和 20%（FAO，2024）。

2022 年，全球船队估计有 490 万艘渔船，其中 2/3 为机动渔船。亚洲渔船数量最多（占全球总数的 71%），其次是非洲（19%）、拉丁美洲及加勒比（5%）、北美洲和欧洲（各为 2%）及大洋洲（不到 1%）。亚洲的机动渔船（80%）和非机动渔船（54%）数量均居世界首位，非洲的非机动渔船数量居于全球第二。很多捕捞国（如中国、日本和欧盟成员国）都在持续削减渔船数量（FAO，2024）。

五、世界水产品加工与利用概述

水产品的利用和加工不断完善，2022 年水生动物产量中供人类消费的产量占比高达 89%。其余部分为非食物用途，主要用于生产鱼粉和鱼油（83%）。水产动物食品中以鲜活、生鲜或冰鲜的形式分销的部分占最大比例（43%），其次是冷冻（35%）、预制或保存处理（12%）及腌制（10%）。总体而言，高收入国家的水产食品主要为加工品，而在许多其他国家，传统的保鲜工艺也正越来越多地被增值工艺所取代。过去被视作废弃物而丢弃的副产品正越来越多地用于制作食品和非食品产品。例如，2022 年鱼粉和鱼油产量中分别有 34%和 53%来自渔副产品（FAO，2024）。

2021 年，全球水生动物食品表观消费量为 1.625 亿 t，自 1961 年以来一直保持着 3%的年均增速，超过所有陆生动物肉类的总体增速（同期年均增速估计为 2.7%）。亚洲仍是最大表观消费区域（71%），其次是欧洲（10%）、非洲（8%）、北美洲（5%）、拉丁美洲及加勒比（4%）和大洋洲（1%）。人均消费量由 1961 年的 9.1kg 提高至 2021 年的 20.6kg（FAO，2024）。

尽管全球渔业在加工、冷藏和运输方面均已取得进展，但每年仍有几百万吨水产品遭受损失或营养价值受到破坏。估计全球渔业和水产养殖产量中每年最高有 35%遭到损失或浪费。在世界多数区域，鱼类损失和浪费总量在 30%～35%。因此，减少鱼类损失和浪费不仅有助于减缓渔业资源面临的压力，而且可以改进渔业资源的可持续性，确保全球粮食安全和营养安全。

六、世界水产品贸易概述

近几十年来，水产品国际贸易蓬勃发展，各大陆和各个区域均有显著增长。全球经济增长及文化和技术的进步，驱动了水产品贸易的发展。开放的贸易政策、支撑全球通信的物流和技术创新都增强了经济的相互依存，生产者能够将货物销到越来越远的市场，消费者的水产品选择也极大丰富起来，而不是仅能买到本地捕捞或养殖的品种。同时，由于收入增长、中产阶级壮大和城镇化进程推进，尤其是在中低收入国家，进口水产品需求激增。因此，水产品贸易已成为出口创汇、提供就业和增加价值的重要引擎，特别是小岛屿发展中国家。

1961～2021 年，欧洲、日本和美国水产食品消费量合计占全球总消费量的比例由 47%下滑到 18%。同期，中国、印度尼西亚和印度的合计占比由 17%提高至 51%，仅中国一个国家就消耗了全球 36%的水产食品。2021 年，全球范围内水产动物食品来源的蛋白质在动物蛋白中的占比约为 15%，在所有蛋白质中占比为 6%。在 32 亿人的人均蛋白质供给中，源自水产动物食品的蛋白质至少占到所有动物来源蛋白质的 20%。相较于高收入国家，非高收入国家通常更依赖水生动物食品提供的蛋白质。这表明，水产食品具有可负担、可供应和可获得的优势，成为很多非高收入国家饮食传统的重要选择（FAO，2024）。

全球水产品贸易持续扩大，涉及 230 多个国家和地区，2022 年贸易额创下 1950 亿美元的纪录；占农产品贸易总额（不包括林产品）的 9.1%以上，占商品贸易总额的 1%左右。而在法罗群岛、马尔代夫、塞舌尔这些国家和地区，这个比例超过了商品贸易总额的 30%（FAO，2024）。

受系列利好因素拉动，包括贸易自由化政策制订、运输费用下降，以及技术、物流和仓储的改善，水生动物出口额由 1976 年的 79 亿美元激增至 2022 年的 1920 亿美元，名义价值年均增速为 7.2%，实际价值年均增速为 4.0%。中国仍是水生动物产品的出口大国（出口额占比为 12%），其次是挪威（8%）、越南（6%）、厄瓜多尔（5%）和智利（4%）。欧盟是水生动物产品进口的最大单一市场，进口额为 627 亿美元，其中 295 亿美元为欧盟内部贸易。进口额最大的国家是美国（17%），其次是中国（12%）、日本（8%）、西班牙（5%）和法国（4%）（FAO，2024）。

2022 年贸易量最大的水生动物产品为有鳍类（占贸易总额的 65%）、甲壳类（23%）及软体类和其他水生无脊椎动物（11%）。从品种来看，鲑科鱼类价值最高（价值占 20%），其次是虾和对虾（17%），鳕、无须鳕和黑线鳕（9%），金枪鱼、鲣、旗鱼（9%）及头足类（7%）（FAO，2024）。

世界贸易组织的成立及多边、区域和双边贸易协定的缔结极大加速了国际贸易的发展。水产品贸易的长期增长受到经济和人口及贸易政策转变的影响，但从短期来看，贸易格局则由其他一些因素决定。首先，与总体贸易一样，水产品贸易对经济状况非常敏感。水产食品消费水平同收入呈正相关，也就是说经济衰退通常会带来水产品贸易收缩，其他重要的影响因素包括地缘政治变化、货币趋势、物流成本及疾病暴发、气候事件等。

第二节 世界主要渔业资源和渔区划分

全世界的海洋生物无论是在种类上还是在数量上都相当丰富。海洋生物种类（species）约为20万种，其中海洋动物18万种，海洋植物6000多种，海洋真菌 500多种，海洋原生动物1.2万多种。海洋动物中包括鱼类2万种、甲壳类3万种、软体动物10万种等。总的蕴藏量（biomass）约达325亿t，其中浮游动物215亿t、游泳动物10亿t、底栖动物100亿t，海洋植物17亿t。

世界渔业资源是栖息在水域中，并具有经济和开发利用价值的动植物，是人类取得食物的重要来源。根据FAO的渔业生产统计，已被列入该统计中的海水、淡水水生动物共有1223种，分为七大类，其中鱼类（pisce）为900种、甲壳类（crustacea）为122种、软体动物（mollusca）为97种、哺乳动物（mammal）为67种、两栖类（amphibians）与爬行类（reptiles）为19种、水生无脊椎动物（invertebrata aquatica）为18种；水生植物为21种，分为蓝藻类（cyanophyceae）、绿藻类（chlorophyceae）、褐藻类（phaeophyceae）、红藻类（rhodophyceae）、被子植物（angiospermae）五大类。

一、根据鱼类等渔业资源主要栖息水层进行分类

鱼类等水生经济动物的习性或生理需要不同，其栖息水层有很大区别。但也因繁殖、摄食、越冬等需要，而季节性地改变其栖息水层。昼夜变化也影响其栖息水层。现对其主要栖息水层进行分类，可分为以下几种。

1. 底层渔业资源 底层渔业资源指主要栖息在水域的底层或近底层的鱼类等渔业资源，主要有鱼类、蟹类、贝类等。以底层鱼类为例，一般生命周期相对较长，有的可达 30 多年。一旦过度捕捞造成资源衰退后较难恢复。主要种类如下。

（1）太平洋狭鳕（Pacific pollock，*Theragra chalcogramma*） 其形态特征主要是体略细长、头大、背鳍3个、臀鳍2个、眼大、下颚突出、颌须很短。体呈橄榄绿色，腹部色淡。体上有许多小斑。肉白色（图3-3）。

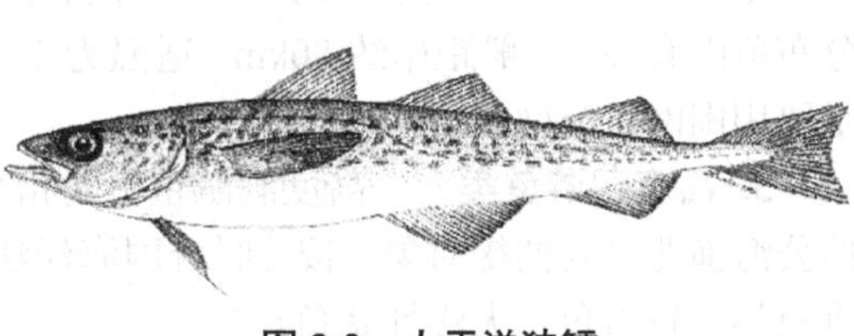

图3-3 太平洋狭鳕

主要分布在北太平洋海域的白令海、鄂霍次克海和日本海，以及美国加利福尼亚外海至北阿拉斯加海域。太平洋狭鳕的气鳔十分发达，一般栖息在水下几百米的深海底层，但可急速上浮或下沉。群体较大，相当集中。主要捕捞国家有俄罗斯、日本、韩国、中国、波兰等。主要用大型拖网作业，一次拖网渔获量可达数吨之多。渔获物主要去头、去脏、去骨、去皮后加工成鱼片，或制成鱼糜，并速冻贮藏。其废弃物可制成鱼粉和鱼油。

（2）大西洋鳕（Atlantic cod，*Gadus morhua*） 其形态特征主要是鱼体横断面呈椭圆形、有3个明显背鳍、2个臀鳍、1个几乎呈方形的尾鳍。体色与栖息环境有关，有橄榄绿到淡红褐色。体上部有许多小斑点。体长约为0.9m，体重4.5～11.3kg（图3-4）。

主要分布在大西洋两侧，从美国沿岸北至格陵兰、戴维斯海峡、哈德逊海峡，南至哈特勒斯角；在欧洲分布在新地岛、斯瓦尔巴群岛、挪威的扬马延岛至比斯开湾，还常见于冰岛附近和法罗群岛。一般栖息在近岸浅海区至水深 450m 处。成群游动。主要捕捞国家有俄罗斯、挪威、丹麦、冰岛等。主要用拖网、旋曳网、钓具进行捕捞。渔获物多为鲜销或冷冻，有的腌制或干制。其废弃物制成鱼粉和鱼油。

（3）阿根廷无须鳕（Argentine hake，*Merluccius hubbsi*） 其形态特征为体长，头大，牙大而尖，下颌无须（图 3-5），是西南大西洋的重要经济鱼类。

图 3-4 大西洋鳕

图 3-5 阿根廷无须鳕

主要分布在南美南部东海岸州的 28°S～54°S 的大陆架海域，栖息水深 50～500m。主要捕捞国家有阿根廷等。主要用拖网进行捕捞。

2. 中上层渔业资源 中上层渔业资源是指主要栖息在水域的中层或上层的鱼类等渔业资源，以鱼类为主。一般其生长快、生产力强、集群性强、相对生命周期较短。在世界性的中上层鱼类中如秘鲁鳀（Peruvian anchovy，*Engraulis ringens*），其形态特征主要是体形狭长，鱼体横断面偏圆形，体色呈有光泽的蓝色或绿色（图 3-6）。

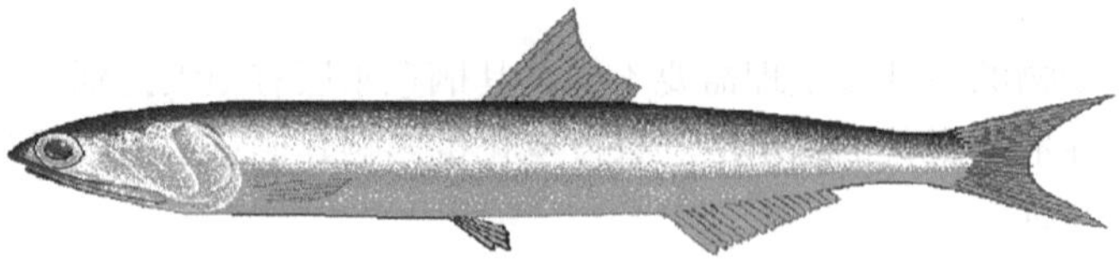

图 3-6 秘鲁鳀

主要分布在东南太平洋的秘鲁和智利外海（5°S～43°S，82°W～69°W），与秘鲁海流强弱和分布范围有关。一般距岸约 80km。适温为 13～23℃。一般体长为 20cm。据报道最大年龄为 3 龄。主要用围网、拖网进行捕捞。

3. 高度洄游鱼类 高度洄游鱼类是指分别在太平洋、大西洋或印度洋洄游的鱼类，是大洋性公海渔业主要捕捞对象。按《联合国海洋法公约》的规定，此类型有金枪鱼类、乌鲂、枪鱼类、旗鱼类、竹刀鱼、大洋性鲨鱼类等。

金枪鱼类的主要形态特征是：体形呈纺锤形，适于快速游泳。鱼体肥满，断面呈圆形。尾柄极细，柄的两侧有隆起峭 1 对，上下成为侧平，适于激烈地向左右摇动。皮肤较厚。除头部外，全部被鳞。体背的中部两侧一般为深蓝色，因不同鱼类而异，有的略浅淡，腹侧一般呈白色。

金枪鱼类主要有马苏金枪鱼、长鳍金枪鱼、大眼金枪鱼、黄鳍金枪鱼、鲣、箭鱼，分别如图 3-7～图 3-12 所示。广泛分布在 45°S～45°N 海域。主要用延绳钓、大型围网进行捕捞。

4. 溯河产卵鱼类 溯河产卵鱼类是指该鱼类在内陆河流中产卵，育成后游入海洋中生长，后续再回到原产卵的河流中产卵的鱼类。一般产卵后死亡，如大西洋鲑（Atlantic salmon，*Salmo salar*）。

图 3-7　马苏金枪鱼

图 3-8　长鳍金枪鱼

图 3-9　大眼金枪鱼

图 3-10　黄鳍金枪鱼

图 3-11　鲣

图 3-12　箭鱼

大西洋鲑的体长和体重分别为 150cm（雄性）、120cm（雌性），46.8kg，最大年龄达 13 龄。为冷水性鱼类，适温 2～9°C。主要分布在 72°N～37°N，77°W～61°E 的海域。栖息水深为 0～210m。一般幼鱼在淡水中生活 1～6 年，然后游入海洋中生活 1～4 年，再洄游到原来的河流中。在海洋中生长比河流中快（图 3-13）。

降河鱼类种群：是指该种类在海洋中产卵，育成后的幼鱼游入内陆淡水河流生长，如日本鳗鲡（*Anguilla japonica*）等（图 3-14）。

图 3-13　大西洋鲑

图 3-14　日本鳗鲡

日本鳗鲡体延长，躯干部圆柱形，尾部侧扁。头中等大，尖锥形。吻短而钝。眼较小，卵圆形。眼间隔宽阔，略显平坦。鳃孔中等大，侧位，位于胸鳍上角稍后的下方，呈纵垂直裂缝状。肛门明显位于体中部的前方。背鳍起点明显在肛门远前上方，其起点至鳃孔的距离约为起点至肛门距离的 1.7～2.2 倍。背、臀鳍较发达，与尾端相连续。胸鳍较发达，外缘近圆形，长略大于口裂的长度。尾鳍后缘钝尖。产卵期为春季和夏季。绝对生殖力为 70 万～320 万粒。产卵场在以琉球海沟为中心的海域。产卵水温 23～25°C，水深 300～500m，盐度 35 以上。产卵在水域中层。孵化后的幼鱼需经变态发育成为幼鳗，并逐渐向河口游动。日本鳗鲡为肉食性鱼类，常以小鱼、虾、蟹、田螺、蛏、蚬、沙蚕等水生生物为食。

二、世界渔区的划分

为了便于渔业统计，联合国粮食及农业组织将各大洲和各大洋划分为若干区域，并分别加以编号。

1. 各大洲渔区编号 各大洲渔区编号分别是：非洲—“01”；北美洲—“02”；南美洲—“03”；亚洲—“04”；欧洲—“05”；大洋洲—“06”；南极洲—“08”。

2. 各大洋渔区编号 各大洋渔区编号分别如下。

北冰洋—“18”。

大西洋

西北大西洋—“21”；东北大西洋—“27”；中西大西洋—“31”；
中东大西洋—“34”；西南大西洋—“41”；东南大西洋—“47”。

印度洋

西印度洋—“51”；东印度洋—“57”。

太平洋

西北太平洋—“61”；东北太平洋—“67”；中西太平洋—“71”；
中东太平洋—“77”；西南太平洋—“81”；东南太平洋—“87”。

南大洋

南大西洋—“48”；南印度洋—“58”；南太平洋—“88”。

三、世界内陆水域资源及其渔业类型

1. 内陆水域面积 内陆渔业重要的全球湖泊、水库和湿地总面积约为780万km^2（表3-2）。东南亚、北美洲、东非和非洲中西部，亚洲北部、欧洲和南美洲有相对高比例的土地被表层水覆盖。

表3-2 各大洲主要表面淡水资源分布（Lehne and Doll，2004）

各洲	表面积/km^2								所占比例%
	湖泊	水库	河流	冲积平原	淹没林区	泥炭地	间歇湿地	总计	
亚洲	898 000	80 000	141 000	1 292 000	57 000	491 000	357 000	3 316 000	42
南美洲	90 000	47 000	108 000	422 000	860 000	—	2 800	1 529 800	20
北美洲	861 000	69 000	58 000	18 000	57 000	205 000	26 000	1 294 000	17
非洲	223 000	34 000	45 000	694 000	179 000	—	187 000	1 362 000	17
欧洲	101 000	14 000	5 000	53 000	—	13 000	500	186 500	2
澳大利亚	8 000	4 000	500	—	—	—	112 000	124 500	2
大洋洲	5 000	1 000	1 000	6 000	—	—	100	13 100	0
总计	2 186 000	249 000	358 500	2 485 000	1 153 000	709 000	685 400	7 825 900	100

2. 内陆渔业类型 内陆渔业的方式多种多样，使用的捕捞技术非常广泛，从简单的手持网具到商业渔船经营的小拖网或围网。内陆渔业包括商业和工业化内陆渔业、小型内陆渔业和休闲渔业，每一个都具有不同的经济和社会结构。

（1）商业和工业化内陆渔业 此类渔业的主要目的是实现商业化、增加收入，通常是在局部区域生产大量水产品，这些产品往往需要专门保藏和销售，通常涉及高资本投入的网具及大量专业劳力。商业和工业化内陆渔业主要包括发达国家的湖泊渔业、非洲的大湖及里海的鲟渔业等。在东南亚也有一些商业和工业化河流渔业。例如，柬埔寨的“捕鱼区”袋网渔业，缅甸的捕鱼旅店和水库销售特许。在拉丁美洲，有在亚马孙河捕捞洄游鲇及在普拉特河捕捞巴西鲷的工业化渔业。

（2）小型内陆渔业　利用密集劳力捕捞的渔业，这些活动由全职、兼职渔民进行，往往将鱼和渔业产品供应当地市场，少量的到国内其他市场。从事这类捕捞的渔民组成复杂，多数是捕鱼挣钱以作为家庭生存消费，更多的是以家庭为中心的活动，而不是商业活动。

（3）休闲渔业　在许多发达国家，休闲钓鱼是一种流行的活动和娱乐，如澳大利亚、加拿大、新西兰和美国等发达国家，在阿根廷、博茨瓦纳、巴西、智利、墨西哥、南非和泰国等国家也发展较好，在中国已成为第五大渔业产业。按休闲渔业的定义，它不是商业活动，捕捞的产品通常不出售，钓到的鱼可能会放回水中、作为纪念品、吃掉或者卖掉，但后两类不是钓鱼的主要动机。休闲渔业带动了当地旅游和就业等区域经济的发展。

第三节　世界渔业生产的演变与结构变化

一、世界渔业生产的演变

世界海洋面积约占地球表面积的70.8%，长期以来世界渔业生产的主体是海洋捕捞业。20世纪90年代以来，国际上开始重视水产养殖业的发展，世界渔业总产量中，海洋捕捞年产量的比例在逐渐小幅度下降。国际社会也已认识到，未来水产品的增量和潜力来自水产增养殖业，但是确保水产品持续稳定供给及海洋捕捞的可持续产出至关重要。

渔业生产是随着社会经济的发展和科学技术的进步而发展的。为了便于分析研究，现将第二次世界大战结束后，世界渔业生产的演变大体分为以下几个阶段：20世纪50年代的恢复和发展阶段，20世纪60年代的大发展阶段，20世纪70年代的徘徊阶段，20世纪80年代的公海渔业与水产养殖业的发展阶段，20世纪90年代以来的管理和结构调整阶段，2015年以后的渔业蓝色增长阶段。

1. 20世纪50年代的恢复和发展阶段　第二次世界大战到1945年结束。在第二次世界大战期间，沿海国的大量渔船遭到破坏，无法从事海洋捕捞生产，海洋渔业资源相对比较丰富。战后绝大部分国家和地区，无论是战胜国还是战败国都急需解决粮食和食品的短缺问题。沿海国只要条件允许，都在恢复发展沿岸和近海捕捞业。相对地，其投入比农业、畜牧业要少，见效较快。1950年世界渔业总产量已达到2110万t，超过了战前1938年的1800万t的水平。至1959年增加到3690万t（FAO，2023）。在这10年间，世界渔业平均年增长量为158万t，年增长率为7.48%。

2. 20世纪60年代的大发展阶段　科学技术的发展促进了渔业生产力的提高。在这期间，首先是船舶工业的发展，不仅提高了渔船的适航性和适渔性，而且建造了大型渔船，船上还装有鱼品加工设备，渔获物可在船上直接处理，大大地扩大了作业渔场范围。其次是利用探测声呐技术，发明了超声波的水平探鱼仪和垂直探鱼仪，在大海中可直接测得鱼群所栖息的水层，并可估计其数量。再次是普遍采用合成纤维材料代替棉麻等天然纤维材料，大大提高了网渔具、钓渔具和绳索的牢度，延长了使用时间。因此，当时渔业发达国家积极地向远洋拓展，大力开发新渔场和新资源。到1969年世界渔业总产量已达到6270万t（FAO，2023）。在这10年间，世界渔业平均年增长量为225万t，年增长率为4.24%。

3. 20 世纪 70 年代的徘徊阶段 渔业发达国家在 20 世纪 60 年代发展的远洋渔业实际上是在他国的近海发展起来的。当时一般沿海国的领海仅为 3 海里，3 海里外便是公海。按传统的海洋法规定，公海捕鱼自由，不受沿海国的约束。因此，从 20 世纪 60 年代后期起，广大的发展中国家为了防止发达国家依其科学技术的能力，大肆开发利用公海海底的矿产资源和沿海国的近海渔业资源，要求联合国召开第三次联合国海洋法会议，制订新的海洋法公约。联合国大会于 1971 年决定，于 1973 年起召开第三次联合国海洋法会议，直至 1982 年签订了《联合国海洋法公约》。在这期间，不少亚洲、非洲、拉丁美洲沿海国纷纷单独宣布其海洋的管辖范围，有 30 海里、50 海里、70 海里、110 海里，最大为 200 海里的。沿海国对擅自进入其管辖水域的外国渔船可采取扣押、罚款或判刑等处罚。这给远洋渔业国家带来重大的打击，直接制约远洋渔业的捕捞生产。同时，20 世纪 70 年代初，秘鲁捕捞的秘鲁鳀资源状况受到厄尔尼诺现象影响，其产量出现了剧降，1970 年其曾高达 1200 万 t，次年下降至 200 万 t，直接引起了世界渔业总产量的波动。20 世纪 70 年代的世界渔业总产量徘徊在 7000 万 t 左右（FAO，2023）。

4. 20 世纪 80 年代的公海渔业与水产养殖业的发展阶段 1982 年第三次联合国海洋法会议通过了《联合国海洋法公约》，规定了沿海国有权建立宽度从领海基线量起不超过 200 海里的专属经济区制度，其他国家只要经沿海国同意，遵守有关法规，交纳入渔费等即可进入该区内从事捕鱼活动。由此，缓解了沿海国和远洋渔业国家之间的矛盾。

远洋渔业国家考虑到进入沿海国专属经济区捕鱼受到限制，因此他们积极转向，大力发展大洋性公海渔业，促进渔业生产的发展。同时，在 20 世纪 80 年代中后期，中国实施了“以养殖为主，养殖、捕捞、加工并举，因地制宜，各有侧重”的渔业生产方针，尤其是重视了内陆水域的养殖，不仅中国的渔业产量出现了空前的增长，而且促进了世界渔业结构的调整，世界各国开始重视水产养殖生产。

相应地，在该阶段的世界渔业总产量走出了 20 世纪 70 年代的徘徊阶段，出现了明显增长。1984 年突破了 8000 万 t，1986 年又突破了 9000 万 t，1989 年首次超越了 1 亿 t（FAO，2023）。

5. 20 世纪 90 年代以来的管理和结构调整阶段 1990～1992 年连续 3 年世界海洋捕捞产量低于 1989 年。近海传统经济鱼类及公海渔业的快速发展，多种传统底层鱼类资源出现衰退现象，引起了国际社会的极大关注。1992 年，在巴西里约热内卢召开的世界首脑参加的联合国环境与发展大会上通过了《21 世纪议程》（*Agenda 21*），其中提出了可持续发展的新概念，并对保护、合理利用和开发海洋生物资源等问题提出了建议。相应地，联合国粮食及农业组织在墨西哥坎昆召开了各国部长会议，并讨论负责任捕捞问题，联合国大会也做出决议，从 1993 年 1 月 1 日起各大洋禁止使用大型流刺网作业；1995 年 8 月联合国公海渔业会议通过《执行 1982 年 12 月 10 日〈联合国海洋法公约〉有关养护和管理跨界鱼类种群和高度洄游鱼类种群的规定的协定》[*Agreement for the Implementation of*（*United Nations Convention on the Law of the Sea*）*Relating to the Conservation and Management of Straddling Fish Stocks and Highly Migratory Fish Stocks*, *UNIA*]，为具体执行和完善《联合国海洋法公约》中的跨界鱼类种群和高度洄游鱼类种群的养护和管理做出了具体规定；联合国粮食及农业组织于 1995 年通过了《负责任渔业行为守则》等。总的来说，海洋捕捞生产从渔业资源开发型转向渔业资源管理型。为此，世界各国积极调整世界渔业结构，特别是中国，越来越重视水产养殖业的发展。

根据 FAO 生产统计，1990 年以后，世界渔业产量（含水生植物的产量）出现持续增加，从 1990 年的 1.0287 亿 t，增加到 2014 年的 1.911 亿 t，增加来源主要为水产养殖。其间捕捞产量稳定在 8400 万～9520 万 t；水产养殖产量（含水生植物的产量）从 1990 年的 1728 万 t 持续增加到 2014 年的 9963 万 t。2013 年的水产养殖产量（含水生植物的产量）首次超过了捕捞产量，分别为 9496 万 t 和 9100 万 t（FAO，2023）。

6. 2015 年以后的渔业蓝色增长阶段　蓝色增长理念源自 2012 年的“里约+20”峰会，其强调对海洋的保护和可持续管理，前提是要确保水生生态系统更加健康高产，并成为可持续经济不可缺少的保证。2013 年 12 月，联合国粮食及农业组织提出“蓝色增长倡议”，支持粮食安全、减贫、水生自然资源的可持续管理。随后，以“蓝色增长倡议”为核心的发展计划与项目得到各个国家、国际组织等的支持并且全面开展。“蓝色增长倡议”的核心是实现渔业可持续发展，减轻鱼类栖息地的退化，保护生物多样性。

根据 FAO 生产统计，2015 年以后，世界渔业产量（含水生植物的产量）出现持续稳定增加，从 2015 年的 1.967 亿 t，增加到 2021 年的 2.184 亿 t，增加来源主要为水产养殖。其间捕捞产量稳定在 9065 万～9717 万 t，比上一阶段有所增加；水产养殖产量（含水生植物的产量）从 2015 年的 1.04 亿 t 持续增加到 2021 年的 1.26 亿 t（FAO，2023）。

二、世界渔业生产结构变化

世界渔业生产结构主要描述内陆水域渔业与海洋渔业、水产养殖与水产捕捞等的产量结构和其变动趋势，概述如下。

1. 内陆水域渔业与海洋渔业　内陆水域渔业与海洋渔业都分别由捕捞和养殖两部分组成。在产量上，虽然内陆水域渔业比海洋渔业低，但其增长速度高于海洋渔业。从表 3-3 可看出，在内陆水域渔业中，1995 年和 2000 年的产量分别为 2087.78 万 t 和 2728.82 万 t，分别比 1990 年增长了 48.04% 和 93.50%；相应地，2005 年、2010 年、2015 年和 2020 年的产量分别增加到 3544.89 万 t、4698.38 万 t、5718.67 万 t 和 6604.13 万 t，分别比 2000 年增长了 29.91%、72.18%、109.57% 和 142.01%。在海洋渔业中，1995 年和 2000 年的产量分别为 10 507.40 万 t、11 050.62 万 t，比 1990 年分别仅增长了 17.82%和 23.91%；相应地，2005 年、2010 年、2015 年和 2020 年的产量分别为 11 747.30 万 t、11 928.64 万 t、13 951.35 万 t 和 14 739.69 万 t，分别比 2000 年的产量仅增长了 6.30%、7.95%、26.25%和 33.38%。上述产量的统计均包括水生植物的产量。

表 3-3　1990～2020 年世界内陆水域渔业与海洋渔业产量　（单位：万 t）

年份	内陆捕捞	内陆养殖	小计	海洋捕捞	海洋养殖	小计	合计
1990	644.31	765.91	1 410.22	7 956.04	962.13	8 918.17	10 328.39
1995	729.21	1 358.57	2 087.78	8 629.12	1 878.28	10 507.40	12 595.18
2000	859.36	1 869.47	2 728.82	8 618.43	2 432.20	11 050.63	13 779.45
2005	943.57	2 601.32	3 544.89	8 432.56	3 314.75	11 747.31	15 292.20
2010	1 087.14	3 611.24	4 698.38	7 740.21	4 188.43	11 928.64	16 627.02
2015	1 113.78	4 604.89	5 718.67	8 155.45	5 795.90	13 951.35	19 670.02
2020	1 151.13	5 453.00	6 604.13	7 921.50	6 818.18	14 739.68	21 343.81

从 1990～2020 年内陆水域渔业与海洋渔业产量的比例上来看，内陆水域渔业产量占总产量的比例从 1990 年的 13.65%增长到 2000 年的 19.80%，进一步分别增加到 2010 年的 28.26%，2015 年和 2020 年再次增加，分别为 29.07%和 30.94%。相应地，海洋渔业产量的比例逐年下降，由 1990 年的 86.35%下降至 2000 年的 80.20%，进一步分别下降到 2010 年的 71.74%和 2015 年的 70.93%及 2020 年的 69.06%（表 3-4）。

表 3-4 1990～2020 年内陆水域渔业与海洋渔业产量的比例 （%）

年份	内陆渔业	海洋渔业	年份	内陆渔业	海洋渔业
1990	13.65	86.35	2010	28.26	71.74
1995	16.58	83.42	2015	29.07	70.93
2000	19.80	80.20	2020	30.94	69.06
2005	23.18	76.82			

2. 水产养殖与水产捕捞 水产养殖与水产捕捞都分别由内陆水域和海洋两部分组成。在产量组成上，随着时间推移，目前水产养殖产量（包括了水生植物的产量）逐渐高过水产捕捞，但从产量增长速度上，从 1990～2015 年，水产养殖远高于水产捕捞（表 3-5），2013 年以前虽然水产捕捞产量高于水产养殖，但其稳定性较差。

表 3-5 1990～2020 年世界水产养殖与水产捕捞产量 （单位：万 t）

年份	1990	1995	2000	2005	2010	2015	2020
内陆捕捞	644.31	729.21	859.36	943.57	1 087.14	1 113.78	1 151.13
海洋捕捞	7 956.04	8 629.12	8 618.43	8 432.56	7 740.21	8 155.45	7 921.5
小计	8 600.35	9 358.33	9 477.79	9 376.13	8 827.35	9 269.23	9 072.63
内陆养殖	765.91	1 358.57	1 869.47	2 601.32	3 611.24	4 604.89	5 453.00
海洋养殖	962.13	1 878.28	2 432.20	3 314.75	4 188.43	5 795.9	6 818.18
小计	1 728.04	3 236.85	4 301.67	5 916.07	7 799.67	10 400.79	12 271.18
合计	10 328.39	12 595.18	13 779.46	15 292.20	16 627.02	19 670.02	21 343.81

从水产养殖产量的增长速度进行分析（表 3-5），1995 年和 2000 年的水产养殖产量分别比 1990 年增长了 87.31%和 148.93%，相应地 2005 年、2010 年、2015 年和 2020 年分别比 2000 年又增长了 37.53%、81.32%、141.78%和 185.27%。其中，内陆水域养殖产量 1995 年和 2000 年分别比 1990 年增长了 77.38% 和 144.08%，而 2005 年、2010 年、2015 年和 2020 年分别比 2000 年又增长了 39.15%、93.17%、146.32%和 191.69%；海洋养殖产量 1995 年和 2000 年分别比 1990 年增长了 95.22% 和 152.79%，而 2005 年、2010 年、2015 年和 2020 年分别比 2000 年又增长了 36.29%、72.21%、138.30%和 180.33%。

水产捕捞产量的增长速度远低于水产养殖产量的增长速度（表 3-5），1995 年和 2000 年水产捕捞产量分别比 1990 年增长了 8.81%和 10.20%，相应地 2005 年、2010 年、2015 年和 2020 年分别比 2000 年下降了 1.07%、6.86%、2.20%和 4.27%。

从 1990～2020 年水产养殖产量与水产捕捞产量的比例进行分析，水产养殖产量的比例由 1990 年的 16.73%增加到 2000 年的 31.22%，进一步增加到 2010 年的 46.91%、2015 年的 52.88%和 2020 年的 57.49%，而水产捕捞产量的比例由 1990 年的 83.27%下降至 2000 年的 68.78%，进一步下降到 2010 年的 53.09%、2015 年的 47.12%和 2020 年的 42.51%（表 3-6）。由表 3-6 分析可知，世界渔业产量中（包括了水生植物的产量），水产养殖的产量已经超过捕捞产量，可见水产养殖在世界渔业中的地位日益重要。

表 3-6 1990～2020 年水产养殖与水产捕捞产量的比例 (%)

年份	养殖	捕捞	年份	养殖	捕捞
1990	16.73	83.27	2010	46.91	53.09
1995	25.70	74.30	2015	52.88	47.12
2000	31.22	68.78	2020	57.49	42.51
2005	38.69	61.31			

第四节 世界海洋捕捞业

一、主要海洋捕捞国家和地区

在 20 世纪 80 年代中期以前的相当长时期内，世界上前三位的海洋捕捞国家是日本、苏联和中国。秘鲁因其秘鲁鳀资源波动很大，个别年份可达到首位。但是，从 20 世纪 90 年代起，日本和俄罗斯的地位明显下降。

日本：因沿海国建立专属经济区制度和国际上对公海渔业管理日益严格等，加上国内劳动力缺乏，石油价格上涨，生产成本提高，整个海洋捕捞业趋向萎缩，生产连续下降。但日本是具有传统食用水产品特点的国家，已由捕捞生产国向水产品贸易国发展，采取进口渔产品，满足其国内的需求。历史上日本最高产量是 1988 年达 1200 万 t，2002 年为 440 万 t，2004 年为 480 万 t，2014 年进一步下降到 361 万 t，2015 年仅为 343 万 t，2020 年为 322 万 t（FAO，2023）。

俄罗斯：20 世纪 50 年代起苏联大力发展远洋渔业，其远洋渔业船队规模相当巨大，以大型拖网加工渔船为主，主要分布在东北大西洋、中东大西洋和东南大西洋、西印度洋及西北太平洋。年产量最高可达 700 万～800 万 t。苏联解体后，相应的国有企业纷纷瓦解，年产量连续下降，到 1994 年仅为 370 万 t，2002 年为 320 万 t，2004 年为 290 万 t，之后出现了增加，2014 年达到 400 万 t，2015 年进一步增加到 417 万 t，2020 年再次增加到 480.1 万 t（FAO，2023）。

中国：在 20 世纪 70 年代后期至 80 年代初，全国海洋捕捞年产量保持在 300 万 t 左右（全国渔业产量为 450 万 t）。改革开放以后，包括海洋捕捞产量在内的全国渔业产量持续获得增长。1990 年海洋捕捞产量为 585 万 t，1991 年突破了 600 万 t（645 万 t），1995 年突破了 1000 万 t（1110 万 t），2009 年突破了 1300 万 t（1301 万 t），2012 年进一步突破了 1400 万 t（1413 万 t），2015 年为 1531 万 t，为历史最高点，以后出现下降，2020 年为 1198.6 万 t（FAO，2023）。

2000 年、2010 年和 2020 年世界前 10 位的海洋捕捞国家如表 3-7 所示，各个时间段出现了明显的变化。2000 年，前 10 位的海洋捕捞国家为中国、秘鲁、日本、美国、智利、印度尼西亚、俄罗斯、挪威、印度和泰国；2010 年前 10 位的海洋捕捞国家为中国、印度尼西亚、美国、秘鲁、日本、俄罗斯、印度、智利、挪威和菲律宾；2020 年前 10 位的海洋捕捞国家为中国、印度尼西亚、秘鲁、俄罗斯、美国、越南、日本、印度、挪威和智利。从排序上分析，中国始终处在海洋捕捞产量的第 1 位，日本从 2000 年的第 3 位下降到 2010 年的第 5 位，进一步下降到 2020 年的第 7 位，而美国和挪威相对比较稳定，美国始终处在第 3～5 位，挪威始终处在第 8 或 9 位。在世界前 10 位的海洋捕捞国家中，发展中国家占据 6～7 个。

表 3-7　2000 年、2010 年和 2020 年世界前 10 位的海洋捕捞国家　　（单位：万 t）

排序	2000 年		2010 年		2020 年	
	国别	产量	国别	产量	国别	产量
1	中国	1287.1	中国	1292.9	中国	1198.6
2	秘鲁	1062.6	印度尼西亚	504.6	印度尼西亚	644.4
3	日本	512.0	美国	437.6	秘鲁	566.1
4	美国	475.6	秘鲁	426.2	俄罗斯	480.1
5	智利	454.8	日本	414.9	美国	425.5
6	印度尼西亚	384.0	俄罗斯	381.3	越南	335.8
7	俄罗斯	373.5	印度	327.2	日本	322.0
8	挪威	289.1	智利	304.8	印度	286.2
9	印度	282.1	挪威	283.8	挪威	262.5
10	泰国	279.6	菲律宾	231.7	智利	218.3

二、世界海洋捕捞主要对象

1. 基于捕捞产量的分析　根据联合国粮食及农业组织的统计，世界海洋捕捞的主要对象可分为鲆鲽类、鳕类、鲱鳀类、金枪鱼类、虾类、头足类等。其中，虾类包括对虾和其他小型虾等；头足类包括鱿、乌贼和章鱼等；鲱鳀类包括鲱、沙丁鱼和鳀。按 2000～2021 年的捕捞统计分析，鲆鲽类渔获量在一定范围内波动，稳定在 85 万～105 万 t；鳕类的产量变动相对较大，为 695 万～944 万 t。鲱鳀类等中小型上层鱼类是最重要的捕捞种类，因受秘鲁鳀的影响，年间产量变化很大，最高产量为 2000 年的 2475 万 t，最低产量为 2016 年的 1539 万 t；金枪鱼类和虾类 2000 年以来渔获量基本上是呈现稳定的上升趋势，2019 年金枪鱼类渔获量达到 826 万 t，最低为 2001 年的 564 万 t；虾类产量在 273 万～356 万 t。头足类的捕捞产量也呈现稳定的增长趋势，产量为 326 万～486 万 t（表 3-8）。

表 3-8　2000～2021 年世界海洋捕捞主要对象渔获量动态　　（单位：$\times 10^2$ 万 t）

年份	鲆鲽类	鳕类	鲱鳀类	虾类	头足类	金枪鱼类
2000	1.01	8.70	24.75	2.90	3.69	5.68
2001	0.95	9.30	20.44	2.78	3.29	5.64
2002	0.92	8.47	22.14	2.73	3.26	5.98
2003	0.92	9.38	18.66	3.22	3.54	6.14
2004	0.86	9.39	23.02	3.24	3.73	6.35
2005	0.90	8.97	22.28	3.13	3.82	6.53
2006	0.87	8.99	19.18	3.24	4.21	6.55
2007	0.91	8.35	20.14	3.19	4.32	6.63
2008	0.95	7.69	20.39	3.05	4.26	6.52
2009	0.93	6.95	20.18	3.08	3.47	6.61
2010	0.96	7.44	17.27	3.01	3.63	6.64
2011	1.00	7.42	21.17	3.21	3.78	6.59

续表

年份	鲆鲽类	鳕类	鲱鳀类	虾类	头足类	金枪鱼类
2012	0.99	7.70	17.57	3.26	4.02	7.09
2013	1.05	8.18	17.60	3.23	4.04	7.22
2014	1.04	8.71	15.59	3.30	4.86	7.48
2015	0.97	8.93	16.70	3.37	4.71	7.39
2016	0.99	9.01	15.39	3.38	3.52	7.77
2017	0.97	9.44	16.73	3.56	3.77	7.86
2018	1.00	9.27	19.71	3.41	3.63	8.02
2019	0.95	9.26	16.87	3.17	3.67	8.26
2020	0.91	8.97	17.42	2.94	3.74	7.88
2021	0.85	8.64	18.45	3.17	3.93	7.93

根据联合国粮食及农业组织的统计，各个年度的世界海洋捕捞主要种类会发生变化，主要原因是过度捕捞、气候变化及渔业管理改善等，这些对渔业资源的减少或者增加起到了作用。如表3-9所示，2000年世界海洋捕捞渔获量占前10位的鱼种有秘鲁鳀、狭鳕、大西洋鲱、鲣、日本鳀、智利竹筴鱼、毛鳞鱼、蓝鳕、太平洋沙丁鱼和带鱼，捕捞产量为130万～1128万t。2010年世界海洋捕捞渔获量占前10位的鱼种有秘鲁鳀、狭鳕、鲣、大西洋鲱、带鱼、日本鲐、欧洲沙丁鱼、黄鳍金枪鱼、日本鳀、太平洋沙丁鱼，捕捞产量为104万～421万t。与2000年相比，只有毛鳞鱼、智利竹筴鱼和蓝鳕3个种类排除在前10位之外，带鱼的名次由第10位提升到第5位，日本鳀从第5位下降至第9位，新增加日本鲐、欧洲沙丁鱼、黄鳍金枪鱼，分别处在第8、9、10位（表3-9）。而2020年世界海洋捕捞渔获量占前10位的鱼种有秘鲁鳀、狭鳕、鲣、大西洋鲱、黄鳍金枪鱼、蓝鳕、日本鲐、欧洲沙丁鱼、太平洋沙丁鱼、带鱼，年捕捞产量为112万～490万t，与2010年相比，日本鳀退出前10位，蓝鳕再次进入前10位（表3-9）。

表3-9　2000年、2010年和2020年世界海洋捕捞前10位的鱼种

	2000年		2010年		2020年	
	鱼种	产量/（$\times 10^2$万t）	鱼种	产量/（$\times 10^2$万t）	鱼种	产量/（$\times 10^2$万t）
1	秘鲁鳀	11.28	秘鲁鳀	4.21	秘鲁鳀	4.90
2	狭鳕	2.93	狭鳕	2.83	狭鳕	3.54
3	大西洋鲱	2.38	鲣	2.54	鲣	2.76
4	鲣	1.99	大西洋鲱	2.20	大西洋鲱	1.60
5	日本鳀	1.56	带鱼	1.34	黄鳍金枪鱼	1.59
6	智利竹筴鱼	1.54	日本鲐	1.33	蓝鳕	1.49
7	毛鳞鱼	1.48	欧洲沙丁鱼	1.25	日本鲐	1.37
8	蓝鳕	1.47	黄鳍金枪鱼	1.22	欧洲沙丁鱼	1.34
9	太平洋沙丁鱼	1.33	日本鳀	1.20	太平洋沙丁鱼	1.27
10	带鱼	1.30	太平洋沙丁鱼	1.04	带鱼	1.12

2. 主要种类开发利用状况及其潜力分析　据FAO评估，2019年，处于生物可持续水平的鱼类种群占比下降至64.6%，比2017年低1.2%，此类种群的渔获量占2019年上岸量的82.5%，

（图 3-15），这一比例在 1974 年为 90%。相反，自 20 世纪 70 年代末以来，处于生物不可持续水平的种群占比却一直在增加，由 1974 年的 10%增至 2019 年的 35.4%。

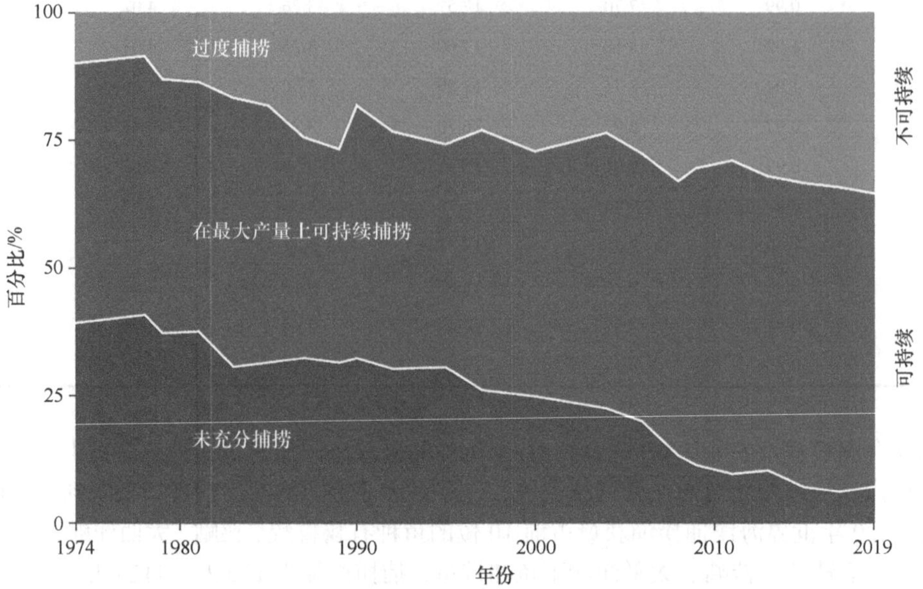

图 3-15 自 1974 年以来世界海洋鱼类种群状况全球趋势

生物可持续种群包括在最大产量上可持续捕捞种群和未充分捕捞种群，分别占 2019 年已评估种群总数的 57.3%和 7.2%。其间，未充分捕捞种群保持下降趋势，而在最大产量上可持续捕捞种群在 1974～1989 年下降，随后上升，在 2019 年达到 57.3%。2019 年，在联合国粮食及农业组织 16 个主要捕捞区域中，东南太平洋（87 渔区）在不可持续水平上捕捞的种群比例最高（66.7%），其次为地中海和黑海（37 渔区，63.4%）和西南大西洋（41 渔区，40.0%，图 3-15）。相比之下，东北太平洋（67 渔区）、中东太平洋（77 渔区）、中西太平洋（71 渔区）和西南太平洋（81 渔区）在生物不可持续水平上捕捞的种群比例最低（13%～23%）。2019 年，其他区域的比例为 27%～45%。

三、世界各海区渔业资源开发利用状况

1. 西北太平洋 西北太平洋为 61 渔区，是联合国粮食及农业组织统计区域中捕捞产量最高的区域。20 世纪八九十年代其捕捞总产量为 1700 万～2400 万 t，2010～2014 年产量均高于 2000 万 t，2019～2021 年产量为 1920 万～1980 万 t。历史上，远东拟沙丁鱼和狭鳕曾经是该海域产量最高的种类，年最高产量分别为 540 万 t 和 510 万 t，但是在过去的 25 年中，它们的渔获量明显下降。相反，头足类（鱿、墨鱼、章鱼）和虾类的渔获量从 1990 年以来出现大幅增加。2019 年，日本鳀的两个种群处于过度捕捞状态，而狭鳕的两个种群处于过度捕捞状态，另一个种群处于可持续捕捞状态。总体而言，2019 年，西北太平洋区域约 55.0%的已评估种群在生物可持续限度内捕捞，45.0%超出生物可持续水平。

2. 东北太平洋 东北太平洋为 67 渔区。在各渔区中，其捕捞产量比较低。据统计，20 世纪 70 年代，其捕捞产量基本上在 250 万 t 以下；80 年代最高年产量达到 330 万 t，以后为 250 万～320 万 t；2013～2014 年年产量均超过 300 万 t，2015～2021 年年产量为 285 万～337 万 t。狭鳕仍然是资源量最丰富的种类，其年产量约占总上岸量的 50%。太平洋鳕（*Gadus macrocephalus*）、

无须鳕和鳎类也是渔获量的主要贡献者。总体而言，2019 年该区域 86.2%的已评估种群在生物可持续限度内捕捞，在各捕捞区域中比例最高。

3. 中西太平洋 中西太平洋为 71 渔区，是世界上第二大捕捞产区。2019 年中西太平洋的上岸量为 1333 万 t，2021 年为 1346 万 t，延续了自 1950 年以来的持续增长趋势。该海域的主要种类为金枪鱼和类金枪鱼，约占总上岸量的 21%。小沙丁鱼和鳀在该区域也非常重要。未充分捕捞的种群很少，特别是在中国南海西部海域。总体而言，2019 年，中西太平洋 79.6%的已评估鱼类种群在生物可持续限度内捕捞，该比例相对较高。

4. 中东太平洋 中东太平洋为 77 渔区。近几十年来，中东太平洋的渔获量为 150 万～200 万 t。该渔区中，中上层鱼类如沙丁鱼、鳀、竹筴鱼、金枪鱼等是主要捕捞对象。这些种类的寿命较短，其种群生产率易受海洋条件变化的影响，即便捕捞率保持在可持续的水平，其产量也会有所波动。例如，在过去三年中，加利福尼亚湾种群中加州拟沙丁鱼的渔获量恢复得很好，很可能是对有利环境条件的响应。中东太平洋在生物可持续限度内捕捞的已评估种群比例自 2015 年以来一直稳定在 85.7%，在各捕捞区域中排名第二。

5. 西南太平洋 西南太平洋为 81 渔区。西南太平洋的捕捞产量不高，是目前产量最低的渔区之一，最高不足 90 万 t，主要捕捞种类为底层鱼类等。1998 年捕捞产量达到最高，为 85.7 万 t。2000 年以后，其捕捞产量出现持续小幅度下降，2008～2014 年其捕捞产量为 50 万～60 万 t。新西兰双柔鱼等种类是主要捕捞对象之一。

6. 东南太平洋 东南太平洋为 87 渔区，是世界上最为重要的捕捞渔区之一。其海洋捕捞产量曾超过 2000 万 t，1994 年达到最高，为 2031 万 t。中上层鱼类是该渔区的主要捕捞对象，因此其捕捞产量具有较大的年间波动特征，2012～2014 年捕捞产量为 600 万～800 万 t，2018～2021 年产量增加到 820 万～1062 万 t。产量最高的种类是秘鲁鳀和茎柔鱼，2019 年渔获量分别为近 500 万 t 和 90 万 t。尽管该区域内的大部分渔获量（约 95%）来自处于可持续水平的种群，总体而言，2019 年，东南太平洋区域仅有 33.3%的已评估种群在可持续限度内捕捞。

7. 西北大西洋 西北大西洋为 21 渔区，捕捞产量不高。据统计，在 20 世纪 70 年代初期，其捕捞产量稳定在 400 万 t 以上，以后出现了持续下降，80 年代产量稳定在 250 万～300 万 t；2000～2010 年基本上稳定在 200 万 t 左右；2011～2014 年其年捕捞产量不足 200 万 t，2017～2021 年捕捞产量为 156 万～178 万 t，其中以中上层鱼类、甲壳类和软体类的产量为主。总体而言，2019 年，西北大西洋 61.1%的已评估种群在生物可持续限度内捕捞。

8. 东北大西洋 东北大西洋为 27 渔区，是重要作业海域之一。在东北大西洋，1975 年后产量呈明显下降趋势，20 世纪 90 年代有所恢复，2010 年产量为 870 万 t。据统计，2011～2014 年捕捞产量稳定在 800 万～850 万 t，2017～2021 年渔获量为 850 万～962 万 t。主要种类有大西洋鲭（*Scomber scombrus*）、大菱鲆（*Scophthalmus maximus*）、欧洲鲽（*Pleuronectes platessa*）、欧洲鳎（*Solea solea*）、北鳕（*Boreogadus saida*）和大西洋鳕（*Gadus morhua*）。2019 年东北大西洋 72.7%的已评估种群在生物可持续限度内捕捞。

9. 中西大西洋 中西大西洋为 31 渔区。其总渔获量在 1984 年达到最高，为 250 万 t。以后逐渐下降至 2014 年的 120 万 t，2019 年略微回升至 140 万 t，2021 年下降到 122 万 t。小型中上层鱼类，即大鳞油鲱和圆小沙丁鱼，处于充分捕捞状态；中型中上层鱼类，如大西洋马鲛和楠点马鲛，似乎处于充分捕捞状态，巴西马鲛似乎处于过度捕捞状态。鲷和石斑鱼是该海域价值最高、捕捞最密集的种类，尽管已采取管理行动，捕捞努力量有所减少，但一些种群仍然处于过度捕捞状态。2019 年，中西大西洋 62.2%的已评估种群在生物可持续限度内捕捞。

10. 中东大西洋 中东大西洋为 34 渔区，是各远洋渔业国家和地区的重要作业渔区。自

20 世纪 70 年代起其总产量不断波动，并大致呈现增长的趋势。2018 年达到 548 万 t，为时间序列中的最高值。2019～2021 年捕捞产量稳定在 490 万～540 万 t。欧洲沙丁鱼是最重要的一个物种，自 2014 年以来，每年的渔获量约为 100 万 t，其种群仍未充分捕捞。圆小沙丁鱼是另一个重要的小型中上层物种，2019 年其渔获量总体下降至约 18.4 万 t，仅为 2001 年峰值的 50%左右，目前处于过度捕捞状态。众所周知，该区域底层资源被密集捕捞，种群的状况各不相同，有些被列为可持续，有些则是不可持续。总体而言，2019 年中东大西洋 60% 的已评估种群处于生物可持续限度内。

11. 西南大西洋　西南大西洋为 41 渔区，是各远洋渔业国家和地区的重要作业渔区。自 20 世纪 70 年代以来，其渔获量出现持续增长趋势，到 1997 年达到历史最高产量，为 260 多万吨。2015～2021 年其总渔获量为 155 万～242 万 t。上岸量最大的物种是阿根廷滑柔鱼，历史上占该区域总渔获量的 10%～30%。其他重要种类有阿根廷红虾（*Pleoticus muelleri*）、阿根廷无须鳕（*Merluccius hubbsi*）、南美尖尾无须鳕（*Macruronus magellanicus*）和弗氏绒须石首鱼（*Micropogonias furnieri*）等。总体而言，2019 年西南大西洋 60.0% 的已评估种群在生物可持续限度内捕捞。

12. 东南大西洋　东南大西洋为 47 渔区，是各远洋渔业国家和地区的重要作业渔区。20 世纪 60 年代末以来，东南大西洋渔获量呈下降趋势，从最高的 330 万 t 下降至 2019 年的 140 万 t，2021 年为 146 万 t。竹筴鱼和无须鳕为该区域最重要的物种，种群由于得到良好补充且实施了严格的管理措施，已恢复至生物可持续水平。南非拟沙丁鱼种群仍然严重退化，需要纳米比亚和南非采取特别保护措施。小沙丁鱼属种群在安哥拉和纳米比亚部分沿岸地区的渔业中非常重要，仍处于生物可持续水平。怀氏脂眼鲱处于未充分捕捞状态。总体而言，2019 年，东南大西洋 64.7% 的已评估种群在生物可持续限度内捕捞。

13. 地中海和黑海　地中海和黑海为 37 渔区。据统计，20 世纪 80 年代中期，捕捞产量达到历史最高水平，约为 190 万 t；1996～2008 年，地中海和黑海年捕捞产量稳定在 140 万～170 万 t，2012～2014 年捕捞产量有所下降，为 110 万～130 万 t。2015～2021 年捕捞产量为 113 万～137 万 t。大多数定期评估的重要商业种群继续超出生物可持续限度捕捞，包括欧洲无须鳕、大菱鲆和欧洲沙丁鱼。在过去几年中，其中一些种群的过度捕捞程度出现下降趋势，但根据地中海渔业总委员会规定，所有资源的总捕捞死亡率估计比可持续参考点高出近 2.5 倍。2019 年，地中海和黑海 36.7% 的已评估种群在生物可持续限度内捕捞。

14. 东印度洋区　东印度洋区为 57 渔区。其渔获量继续呈现稳定增长，2019 年达到 680 万 t，2021 年为 597 万 t。在捕捞产量中，以中上层鱼类、底层鱼类为主。托氏鲥、小沙丁鱼、羽鳃鲐和长头小沙丁鱼的渔获量波动较大，很可能是捕捞压力和环境变化的综合影响所造成的。云鲥种群为充分捕捞，或过度开发。在可持续限度内的种群包括鳀、墨吉对虾、斑节对虾、鱿和墨鱼。2019 年，在东印度洋的已评估种群中，有 65.3%在生物可持续限度内捕捞。

15. 西印度洋区　西印度洋区为 51 渔区。近几十年内其总渔获量继续增加，2019 年达到 550 万 t，2021 年为 546 万 t。在西南印度洋海域，对虾资源继续呈现明显过度捕捞迹象，需有关国家采取更严格的管理措施。整个区域的海参种群处于过度开发状态。2019 年评估表明，西印度洋 62.5% 的已评估种群在生物可持续限度内捕捞，37.5%在生物不可持续水平上捕捞。

16. 南大洋　南大洋包括 48 渔区、58 渔区、88 渔区。南大洋最大的资源量是磷虾。各国科学家对磷虾资源量有完全不同的估算值，苏联学者挪比莫娃从鲸捕食磷虾的情况估算磷虾的资源量为 1.5 亿～50 亿 t；联合国专家古兰德（Gullander）从南极海初级生产力推算为 5 亿 t，年可捕量为 1 亿～2 亿 t；法国学者彼卡恩耶认为，磷虾总生物量为 2.1 亿～2.9 亿 t，每年被鲸类等动物捕食所消耗的量为 1.3 亿～1.4 亿 t，但达到可捕规格的磷虾不超过总生物量的 40%～50%。近年来的调查估算，磷虾的年可捕量为 5000 万 t。

第五节 世界水产养殖业

一、主要水产养殖国家

水产养殖从 20 世纪 80 年代开始，日益受到世界各国的高度重视，并得到迅速的发展。1985 年世界水产养殖总产量（含水生植物，下同）突破了 1000 万 t，达到 1106 万 t。随后持续上升，2012 年达到 9000 万 t，2015 年达到 10 600 万 t，2021 年达到 12 622 万 t。世界水产养殖业的快速发展，不仅弥补了捕捞过度引起主要经济渔业资源衰退带来的渔获量波动或下降问题，而且对人们改善食物结构起着重要作用。世界水产养殖业获得持续的发展，在很大程度上与中国大力发展内陆水域和海水养殖有着密切关系，有力地推动了发展中国家利用有关水域发展水产养殖，包括长期从事海洋捕捞的发达国家也逐步重视养殖业，如挪威大力发展大西洋鲑的人工养殖，并将取得明显的经济效益、社会效益和生态效益。

2000 年、2010 年和 2020 年世界前 10 位的水产养殖国家如表 3-10 所示。其中 2000 年养殖产量从高到低依次为中国、印度、日本、印度尼西亚、泰国、孟加拉国、越南、挪威、美国和智利，其中亚洲占了 7 个，10 个国家的累计养殖产量为 3597.01 万 t，占世界养殖总产量的 86.21%；2010 年，世界前 10 位的水产养殖国家为中国、印度尼西亚、印度、越南、泰国、孟加拉国、韩国、日本、智利和美国，其中亚洲占了 8 个，10 个国家的累计养殖产量为 6657.42 万 t，占世界养殖总产量的 85.33%；2020 年，世界前 10 位的水产养殖国家为中国、印度尼西亚、印度、越南、孟加拉国、韩国、菲律宾、埃及、智利、挪威，其中亚洲占了 7 个，10 个国家的累计养殖产量为 11 047.90 万 t，占世界养殖总产量的 89.97%。

表 3-10　2000 年、2010 年、2020 年世界前 10 位的水产养殖国家

2000 年		2010 年		2020 年	
国家	产量/万 t	国家	产量/万 t	国家	产量/万 t
中国	2 846.02	中国	4 782.96	中国	7 048.35
印度	194.25	印度尼西亚	627.79	印度尼西亚	1 484.50
日本	129.17	印度	379.00	印度	864.13
印度尼西亚	99.37	越南	270.13	越南	468.14
泰国	73.82	泰国	130.85	孟加拉国	258.30
孟加拉国	65.71	孟加拉国	128.61	韩国	233.42
越南	51.35	韩国	115.11	菲律宾	232.28
挪威	49.13	日本	101.98	埃及	159.19
美国	45.68	智利	71.32	智利	150.55
智利	42.51	美国	49.67	挪威	149.04
前 10 位国家总产量及其比例	3 597.01（86.21%）		6 657.42（85.33%）		11 047.90（89.97%）
世界养殖总产量	4 172.46		7 802.00		12 279.41

从表 3-10 中可以看出：一是中国的水产养殖产量不是一般高产，而是对世界水产养殖业举足轻重，具有决定性的意义，2000 年、2010 年和 2020 年的养殖产量占世界养殖总产量的比例分别是 68.21%、61.30%和 57.40%；二是世界前 10 位的水产养殖国家中，在 2000 年、2010 年和 2020 年期间多数没有变动，在顺次上和产量上有明显的变化，值得注意的是渔业发达国家日本和美国，其水产养殖产量基本上保持不变，但是挪威的水产养殖产量出现大幅度的增加，从 2000 年的不足 50 万 t，增加到 2015 年的 138 多万 t，到 2020 年达到 149.04 万 t；三是世界前 10 位的水产养殖国家的产量之和占世界水产养殖总产量的 85%～90%，对世界水产养殖具有重大的作用；四是世界前 10 位的水产养殖国家中 7～8 个是发展中国家，事实上全世界水产养殖业主要在发展中国家。

二、世界水产养殖主要对象

随着人工育苗培育和养殖技术的不断进步和发展，水产养殖种类逐步扩大和增多，由一般常见种类，向名、特、优的种类发展。根据联合国粮食及农业组织有关报告，1950 年水产养殖有 35 科 82 种；1960 年有 41 科 100 种；1970 年有 51 科 131 种；1980 年有 64 科 171 种；1990 年有 90 科 278 种；2000 年有 109 科 353 种；2010 年有 132 科 457 种；2020 年有 136 科 491 种（表 3-11）。由此可见，随着时间的推移，其养殖种类在不断增加，促进了世界水产养殖业的发展。

表 3-11 每 10 年全球水产养殖种类的分布状况

年份	科	种
1950	35	82
1960	41	100
1970	51	131
1980	64	171
1990	90	278
2000	109	353
2010	132	457
2020	136	491

根据联合国粮食及农业组织每 10 年水产养殖对象种类组产量、产值及其每吨产值的统计（表 3-12～表 3-14），以 2020 年为例，按产量高低顺序先后是淡水鱼类、水生植物、软体动物、甲壳类、海淡水洄游鱼类、海洋鱼类、其他水生动物，与 2000 年、2010 年的情况基本相同；按产值高低顺序先后是淡水鱼类、甲壳类、软体动物、海淡水洄游鱼类、海洋鱼类、水生植物、其他水生动物；按每吨产值高低顺序先后是甲壳类、其他水生动物、海淡水洄游鱼类、海洋鱼类、淡水鱼类、软体动物、水生植物，各年度均相同。从表 3-14 中可看出，以 2020 年为例，甲壳类、海淡水洄游鱼类、海洋鱼类和其他水生动物的每吨产值分别相当于淡水鱼类的 3.34 倍、2.15 倍、2.06 倍和 3.28 倍。

表 3-12 每 10 年世界水产养殖种类组产量 （单位：$\times 10^2$ 万 t）

种类	年份							
	1950	1960	1970	1980	1990	2000	2010	2020
水生植物	0.035	0.462	1.145	3.086	4.195	10.596	20.174	35.073
甲壳类	0.002	0.004	0.010	0.087	0.755	1.693	5.482	11.108
海淡水洄游鱼类	0.067	0.151	0.263	0.492	1.207	2.251	3.604	5.847
淡水鱼类	0.251	0.825	1.169	2.092	7.141	17.585	32.285	48.340
海洋鱼类	0.003	0.006	0.051	0.187	0.328	0.977	1.866	3.495
其他水生动物	0.000	0.000	0.006	0.012	0.045	0.156	0.794	1.061
软体动物	0.281	0.669	1.068	1.837	3.609	9.758	13.728	17.869

表 3-13 每 10 年世界水产养殖种类组产值 （单位：$\times 10^2$ 万美元）

种类	年份			
	1990	2000	2010	2020
水生植物	2 183.28	4 546.45	8861.36	15 158.76
甲壳类	4 545.40	9 429.13	29 951.34	79 702.93
海淡水洄游鱼类	4 341.66	6 529.86	16 006.12	26 936.22
淡水鱼类	9 641.77	18 403.02	56 313.57	103 741.47
海洋鱼类	1 961.60	4 223.26	8 990.45	15 435.17
其他水生动物	58.90	537.47	3 663.36	7 468.62
软体动物	3 678.08	8 712.03	16 266.38	29 952.62

表 3-14 每 10 年世界水产养殖种类组每吨的产值 （单位：美元/t）

种类	年份			
	1990	2000	2010	2020
水生植物	520.41	429.09	439.24	432.20
甲壳类	6022.05	5568.03	5463.79	7175.25
海淡水洄游鱼类	3596.27	2900.79	4441.31	4607.09
淡水鱼类	1350.26	1046.49	1744.25	2146.09
海洋鱼类	5972.09	4323.04	4817.46	4416.89
其他水生动物	1305.80	3447.97	4615.85	7036.84
软体动物	1019.22	892.85	1184.88	1676.27

根据联合国粮食及农业组织统计，1970～2015 年的 40 多年间，世界不同养殖种类组产量的平均年增长率最高是甲壳类（20.71%），其次是海洋鱼类和淡水鱼类，年增长率分别为 12.22%和 11.13%。水生植物和海淡水洄游鱼类的年增长率分别为 10.27%和 8.82%。1970～2020 年，不同年代的不同养殖种类组产量的平均年增长率也不同，具体如表 3-15 所示。

表 3-15 1970～2020 年每 10 年世界不同养殖种类组产量的平均年增长率 （%）

种类	1970～1980 年	1980～1990 年	1990～2000 年	2000～2010 年	2010～2020 年
水生植物	11.64	3.47	10.84	7.42	6.34

续表

种类	1970～1980 年	1980～1990 年	1990～2000 年	2000～2010 年	2010～2020 年
甲壳类	26.93	27.19	9.39	13.94	8.16
海淡水洄游鱼类	7.21	10.50	7.17	5.37	5.52
淡水鱼类	6.68	14.61	10.53	6.98	4.59
海洋鱼类	15.53	6.48	12.87	7.46	7.22
其他水生动物	7.45	15.76	14.77	19.82	3.28
软体动物	6.21	7.79	11.69	3.87	2.97
总产量	8.59	9.25	10.66	6.84	5.17

2020 年年产量超过 200 万 t 的水产养殖对象有 20 种，其中鱼类和虾类有 12 种，它们分别是草鱼、罗氏虾、鲢、尼罗罗非鱼、鲤、厚唇鲃、鳙、红鱼、大西洋鲑、条纹鲇、南亚野鲮和红沼泽小龙虾，其养殖产量分别为 579.20 万 t、516.04 万 t、489.63 万 t、448.18 万 t、416.89 万 t、354.03 万 t、318.72 万 t、274.86 万 t、271.87 万 t、258.15 万 t、248.46 万 t 和 246.90 万 t。1990～2020 年，年养殖产量增长最快的是真枝海藻、条纹鲇、龙须菜海藻、红沼泽小龙虾、罗氏虾、紫菜、尼罗罗非鱼、厚唇鲃、菲律宾蛤仔、红鱼、大西洋鲑、杯状牡蛎、南亚野鲮，分别增长了 712.0 倍、193.1 倍、111.4 倍、70.2 倍、55.3 倍、41.0 倍、18.5 倍、14.0 倍、12.5 倍、12.0 倍、11.1 倍、9.8 倍和 9.2 倍（表 3-16）。

表 3-16 1970～2020 年年产量最高超过 100 万 t 的养殖种类及其主要年份的产量 （单位：万 t）

中文名称	英文名称	年份					
		1970	1980	1990	2000	2010	2020
日本海藻	Japanese kelp	74.81	197.40	246.39	538.09	652.56	1247.00
真枝海藻	eucheuma seaweed	0.00	0.00	1.14	21.43	347.26	812.85
草鱼	grass carp	9.26	15.56	105.42	297.65	421.31	579.20
杯状牡蛎	cupped oyster	12.63	22.55	50.66	292.26	357.07	545.93
龙须菜海藻	gracilaria seaweed	0.08	0.34	4.61	5.55	165.71	518.04
罗氏虾	white-leg shrimp	0.01	0.84	9.17	15.45	205.12	516.04
鲢	silver carp	27.19	44.94	152.05	303.47	397.20	489.63
尼罗罗非鱼	Nile tilapia	1.21	4.14	23.00	100.15	264.37	448.18
菲律宾蛤仔	Japanese carpet shell	0.63	4.71	31.51	150.43	350.02	426.62
鲤	common carp	24.15	36.52	113.43	241.04	329.93	416.89
厚唇鲃	carla carla	3.07	8.68	23.53	60.23	252.64	354.03
鳙	bighead carp	12.49	19.86	68.28	143.89	251.36	318.72
裙带菜	wakame	12.11	40.85	45.73	31.11	150.51	281.14
红鱼	*Carassius* spp.	1.74	2.70	21.16	119.85	213.78	274.86
大西洋鲑	Atlantic salmon	0.03	0.53	22.56	89.57	143.38	271.87
条纹鲇	striped catfish	0.66	0.99	1.33	11.32	174.94	258.15
南亚野鲮	Roho labeo	3.14	9.01	24.47	73.39	113.32	248.46
红沼泽小龙虾	red swamp crawfish	0.08	1.08	3.47	0.99	59.93	246.90
其他淡水鱼	freshwater fishes nei	16.97	29.13	79.98	170.52	118.98	243.34
紫菜	nori nei	0.00	7.21	5.29	42.49	104.07	222.02

三、世界水产养殖发展分类统计

1. 投饵和非投喂类型的水产养殖产量 投饵型水产养殖产量增速逐步超过了非投饵型养殖。尽管绝对产量保持相对稳定，非投饵型水产养殖在水生动物养殖产量中的占比由 2000 年前的 40%下滑至 2020 年的 27.8%。2020 年，非投饵型种类产量为 2440 万 t，包括 820 万 t 内陆养殖滤食性有鳍鱼及 1620 万 t 水生无脊椎动物，最重要的非投喂动物物种包括：①两种鱼类，鲢和鳙，在内陆养殖；②双壳软体动物（蛤、牡蛎、贻贝等）；③海洋和沿海的其他滤食性动物（如海鞘）。

2. 养殖产量分布和人均养殖产量分布 世界水产养殖产量在区域间及同一区域内国家间不平衡分布的总体模式依然没有改变（表 3-17）。过去 30 年亚洲占世界水产养殖食用鱼的产量超过 90%。非洲和美洲分别提高了在世界总产量中的份额，而欧洲和大洋洲的份额稍有下降。

表 3-17 按区域的水产养殖产量及其所占世界总产量的比例

区域	项目	年份					
		1995	2000	2005	2010	2015	2020
非洲	产量/万 t	15.04	45.13	72.76	142.72	197.93	236.87
	比例/%	0.46	1.05	1.23	1.83	1.90	1.93
美洲	产量/万 t	96.88	145.70	219.24	252.77	329.32	446.89
	比例/%	2.99	3.39	3.71	3.24	3.17	3.64
亚洲	产量/万 t	2 955.47	3 891.04	5 393.21	7 130.23	9 556.09	11 243.08
	比例/%	91.31	90.45	91.16	91.42	91.89	91.56
欧洲	产量/万 t	159.46	205.89	214.39	253.50	295.86	329.32
	比例/%	4.93	4.79	3.62	3.25	2.85	2.68
大洋洲	产量/万 t	10.00	13.90	16.46	20.46	19.79	23.27
	比例/%	0.31	0.32	0.28	0.26	0.19	0.19
合计	产量/万 t	3 236.85	4 301.66	5 916.06	7 799.68	10 398.99	12 279.43
	比例/%	100	100	100	100	100	100

水产养殖的发展超过了人口增长速度，过去 30 年在多数区域人均水产养殖产量增加。亚洲作为整体在提高人均养殖的食用鱼产品产量方面远远领先其他大洲，但在亚洲内不同地理区域差异巨大。

根据 FAO 统计，2010 年有 24 个国家水产养殖产量超过 20 万 t，这 24 个国家生产了世界养殖产量的 96.7%。2022 年产量超过 20 万 t 的国家数量增加到 29 个，其养殖产量占总产量的 97.5%。养殖的物种和其在国家总产量中的相对重要性在主要养殖国家之间变化很大。中国到目前为止依然是主要生产国，尽管其在世界水产养殖鱼类的份额从 2010 年的 61.3%降低到 2022 年的 57.6%。

第六节 世界水产加工利用业

一、世界水产加工利用业现状

在物种和产品类型方面，渔业和水产养殖非常多样化。多个物种可以多种不同方式制作，这使得鱼类成为非常多面的食材。但是，鱼类也高度易腐，比几乎任何其他食物更快地腐烂，很快就不适合食用并可能因微生物生长、化学变化及分解内在酶而危及健康。因此，鱼的捕捞后处理、加工、保存、包装、存储和运输要特别谨慎，以便保持鱼的质量和营养特性，避免浪费和损失。保存和加工技术可减缓腐烂发生的速度，使鱼能在世界范围流通和上市。这类技术包括降温（冷鲜和冷冻）、热处理（罐装、煮沸和熏制）、降低水分（干燥、盐腌和熏制）及改变存储环境（包装和冷藏）。但是，也可采用更广泛的其他方法保存和销售鱼，以及展示包括活体及以食用和非食用为目的的各种产品。食品加工和包装的技术开发正在许多国家进行，可提高效率和对原料的利用率，并在产品多样化方面进行创新。此外，近几十年来伴随着鱼品消费的扩大及商业化，人们对食品质量、安全和营养及减少浪费方面的兴趣日益增加。在食品安全和保护消费者利益方面，在国家和国际贸易层面采用日益严格的卫生措施。

世界鱼类产量中用作食用的比例在近几十年显著增长（图 3-16），从 20 世纪 60 年代的 67% 增长到 2020 年的 89%。2020 年，剩余的 2000 万 t（约占总量的 11%）几乎全部为非食用产品，其中 81%（约 1600 万 t）用于制作鱼粉和鱼油；其余的（约 400 万 t）主要用于观赏鱼的食物、养殖（鱼种和鱼苗等）、钓饵、制药及作为原料用于水产养殖、畜牧和毛皮动物等的饲养。

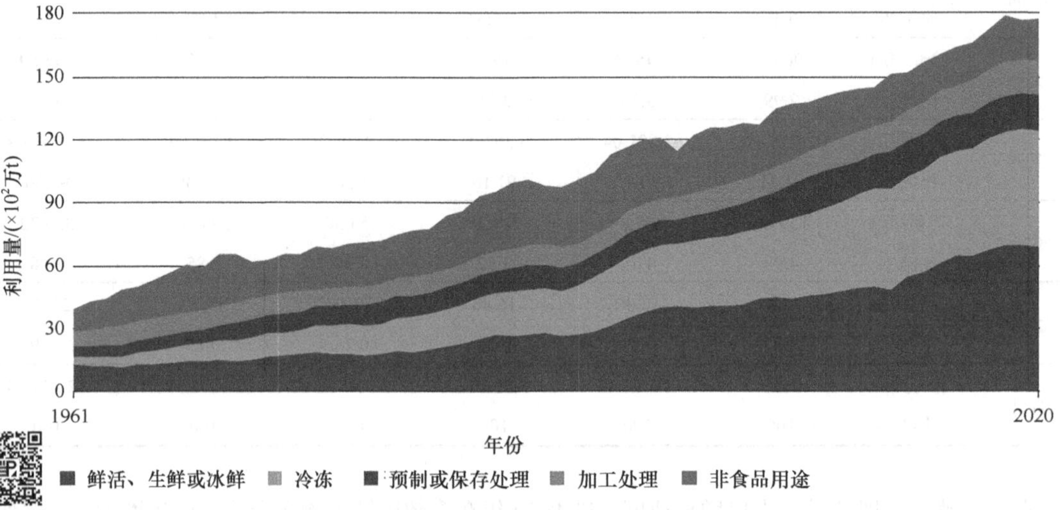

彩图

图 3-16 1961～2020 年世界渔业和水产养殖产品利用情况（FAO，2022）

以 2020 年的 FAO 统计数据为例，食用产品的 44%（6900 万 t）是鲜活、生鲜或冰鲜类型，这些在一些市场往往是最受欢迎和高价类型。食用产品的其余部分以不同形式加工，约 10%（1570 万 t）为干制、盐腌、熏制或其他加工处理类型，11%（1700 万 t）为预制或保存处理产品，35%（约 5500 万 t）为冷冻产品。因此，冷冻是保存渔业和水产养殖食品的主要方法，在所有食用加工水产品中占比 63%（不包括鲜活、生鲜或冰鲜产品）。

鱼品利用和更重要的加工方式因大洲、区域、国家的不同而不同，甚至在一个国家内也会有所变化。拉丁美洲国家生产最高百分比的鱼粉。在欧洲和北美洲，超过 2/3 的食用鱼是冷冻及制作和预制或保存处理类型。非洲腌制鱼的比例高于世界平均水平。在亚洲，商品化的许多鱼品依然是鲜活、生鲜或冰鲜类型。活鱼在东南亚和远东（特别是中国居民）及其他国家的小市场（主要是亚洲移民社区）上特别受欢迎。中国和其他国家处理活鱼用于交易和利用有 3000 多年历史。随着技术发展和物流的改进及需求的增长，近年来活鱼商业化程度增加。活鱼运输从简单地在塑料袋加过饱和氧气的空气运鱼的手工系统，到用特殊设计或改进的水箱和容器，再到安装在卡车和其他运输工具上非常复杂的系统，以控制温度、过滤和循环水及加氧，变化很大。但是，由于严格的卫生规则和质量要求，活鱼销售和运输仍具有挑战性。在东南亚部分区域，这类商品化和交易没有被正式规范，而是基于传统活鱼的销售方式。但在欧盟市场，活鱼除遵守上述要求外，还要关注运输期间的动物福利。

在最近几十年，水产食品领域变得更为多样和有活力。超市链和大型零售商在确定产品要求和影响国际流通渠道扩张方面越来越关键。加工是更密集、地理上集中、垂直整合并与全球供应链连接的产业。加工商与生产者结合紧密，以提升产品组合，获得更好产出并回应进口国不断演化的质量和安全要求。在区域和世界层面，加工活动外包值得注意，有更多的国家参与，尽管程度取决于物种、产品类型及劳力和运输成本。例如，冷冻整鱼从欧洲和北美洲市场运到亚洲（特别是到中国，也有其他国家，如印度、印度尼西亚和越南）进行切片和包装，然后再进口。向发展中国家进一步的外包生产，可能受到难以满足的卫生要求和一些国家劳动力成本（特别是在亚洲）及运输成本上升的限制，所有这些因素可能导致流通和加工方式的变化，并提高鱼价。

二、渔业副产品利用现状

随着渔业和水产养殖产品加工业不断发展，渔副产品的数量也在不断增加，可能已占到加工鱼品的 70%，具体因鱼的大小、物种、加工类型而异。渔副产品通常包括鱼头（占鱼总重的 9%～12%）、内脏（12%～18%）、鱼皮（1%～3%）、鱼骨（9%～15%）和鱼鳞（约 5%）。传统上，渔副产品往往被用作生产鱼粉或作为废弃物丢弃，导致经济损失和环境污染。对渔副产品进行加工通常会面临巨大的环境和技术挑战，因为原材料富含微生物和酶，如加工或储藏不当，极易变质。因此，渔副产品的及时收集和处理对于其深加工十分重要。利用渔副产品开发出来的新原料或新产品为我们提供了有效的潜在替代办法，可提高产品附加值，避免经济损失，减轻环境影响，可为消费者提供营养、实惠、方便、货架期更长的食品。

鱼片的蛋白质含量最高，但鱼头、骨架、鱼片边角料、鱼腩及鱼肝、鱼卵等内脏是长链 Ω-3 脂肪酸、维生素 A、维生素 D 和维生素 B_{12} 等营养物质及铁、锌、钙、磷和硒等矿物质的绝佳来源。采用加工技术处理这些传统上不用于食用的鱼身部位，可以较低成本地将其加工成富含营养的食品，如鱼肉肠、鱼肉酱、鱼糕、零食、汤类、酱料及其他产品。如果这些产品味道好、被当地人接受，就能成为绝佳机遇，以提高渔业和水产养殖资源对营养的贡献，同时减少鱼品损失和浪费。

在一些国家，含肉量极少的小型鱼鱼骨被作为零食食用。此外，渔副产品还可加工成鱼粉，添加到面包、糕点、面条中，以增加蛋白质和钙质等营养素。用鱼皮和鱼骨制成的鱼胶可接着加工成用于包裹食品的可食用胶膜和可食用包衣。鱼胶还可以代替牛、猪骨胶，用来稳定乳剂。鱼骨除能够提供胶原蛋白和明胶外，还是钙和磷等其他矿物质的绝佳来源，可用作饲料或食品添加剂。利用简单的低成本技术，就能将渔副产品变成上文介绍的鱼贮料。

除多种食品用途外，渔副产品在生物技术和医药行业的应用也引起了越来越多的关注，因为它们富含胶原蛋白、酶、肽、多不饱和脂肪酸和矿物质，是高价值生物化合物的重要、可持续来源。鱼胶原蛋白可作为牛和猪胶原蛋白的替代品，最近被确定为具有医药和生物医学应用良好前景的生物材料。从鱼内脏中可分离出酶和生物活性肽，用于皮革、清洁剂、食品和制药行业及生物修复流程中。鱼油含有大量人体无法合成的长链多不饱和脂肪酸，为保障人类健康发挥着多种关键功能。

甲壳类和双壳类副产品也有多种用途。不但提高了它们的价值，同时也解决了废弃物处置问题。几丁质是从甲壳类废弃物中提取的一种多糖，是抗菌物质的潜在来源。其衍生物壳聚糖拥有广泛的应用前景，特别是在污水处理、化妆品、洗漱用品、食品、饮料、农用化学品和药物等领域。贻贝和牡蛎等双壳类的壳可提供碳酸钙和氧化钙，这两种化合物的工业用途很广。贝壳还可用于制造化妆品和传统药物（珍珠粉）、用作动物饲料（贝壳粉）中的钙添加剂、用来制作手工艺品和首饰。

此外，海藻可加工成食品添加剂或食品补充剂，也是碘、褐藻糖胶、褐藻黄素和褐藻多酚的绝佳来源。海藻和微藻类为几万个家庭带来社会经济效益，尤其是沿海社区人民，为人类健康、环保和生态系统服务做出贡献。海藻通常富含膳食纤维、微量元素和生物活性化合物，有些物种还有较高的蛋白质含量，因此往往被视为一种健康、低热量食品。

三、水产食品的损失和浪费

尽管在加工、冷藏和运输方面均已取得进展，但每年仍有几百万吨水产品遭受损失或营养价值受到破坏。在渔业和水产养殖部门乃至在全球粮食损失和浪费都是一个重大问题，也是可持续发展目标具体目标 12.3 的关注焦点，即到 2030 年将浪费减半。在渔业和水产养殖部门，估计全球渔业和水产养殖产量中每年最高有 35%遭到损失或浪费。在世界多数区域，鱼类损失和浪费总量为 30%～35%。浪费率估计在北美洲和大洋洲最高，水产品捕捞总量中约半数在消费环节被浪费。在非洲和拉丁美洲，渔业产品主要因为缺乏保存基础设施和专业能力而遭受损失，但拉丁美洲是浪费率最低的区域，总量损失率低于 30%。

鱼品在数量和质量上出现损失是价值链低效所致。很多发展中国家，尤其是最不发达国家，仍缺少基础设施、服务和技能，无法在船上和岸上开展处置和保存。主要的问题在于缺少电力、饮水、道路、冰、冷藏和冷冻运输设施。要想有效减少鱼品损失和浪费，就必须采用一种多维度、多相关方的方法。这种宽泛的方法将考虑到会影响各国预防损失的能力的所有因素，如扶持性政策和法规及技能、知识、服务、基础设施和技术。了解这些因素在特定背景下的相互作用十分重要，不同地点、物种、气候、文化条件下的互动和优先重点也各不相同，这样才能设计出有效、可持续的解决方案。联合国粮食及农业组织提倡采取《减少粮食损失和浪费自愿行为守则》。需要强调的是，减少鱼品损失和浪费有助于减缓渔业资源面临的压力，改进资源可持续性，加强粮食和营养安全。

四、世界水产品加工利用业发展趋势

1. 鲜活水产品销售额还会进一步增长　新鲜水产品由于容易变质腐败，在国际市场上其销售的比例较低。包装的改进、空运价格的下降、食品连锁店的兴起与人们生活水平的提高，以及近年来肉类国际市场受到禽流感、疯牛病等动物疫病暴发的严重影响，促使消费者转向购买水产品，这相应地提高了鲜活水产品的销售量。目前在国际市场上活的水产品价格大大高于鲜品，鲜品又高于冻品。

2. 海洋药物成为发展的重点领域　以海洋动物、植物和微生物为原料，通过分离、纯化、结构鉴定和优化及药理作用评价等现代技术，将具有明确药理活性的物质开发成药物，是未来发展的重点领域。其中海洋生物活性肽源自海洋生物，能调节生物体代谢或具有某些特殊生理活性。按生理功能可分为抗肿瘤肽、抗菌肽、抗病毒肽、降血压肽、免疫调节肽等。海洋生物体内存在的、具有调节生物体代谢作用或具有某些特殊生理活性的多糖，有海洋植物多糖、海洋动物多糖和海洋微生物多糖三大类；按生理功能可分为抗肿瘤多糖、抗凝血多糖、抗病毒多糖、抗氧化多糖和免疫调节多糖等。

现有的海洋药物，如藻酸双酯钠具有抗凝血、降血脂、降血黏度、扩张血管、改善微循环等多种功能，可用于缺血性脑、心血管疾病的防治；鱼肝油酸钠是以鱼肝油为原料制备的混合脂肪酸钠盐制剂，可作为血管硬化剂，用于静脉曲张、血管瘤及内痔等疾病的治疗，也可作为止血药，用于治疗妇科、外科等创面渗血和出血；多烯酸乙酯，商品名为“多烯康”，是以鱼油为原料制备的多烯脂肪酸的乙酸酯混合制剂，有效成分为二十碳五烯酸乙酯和二十二碳六烯酸乙酯。海螵蛸，也称“乌贼骨”“墨鱼骨”，是乌贼外套膜内的舟状骨板，由石灰质和几丁质组成，是传统的海洋中药，性微温，味咸，功能为止血、燥湿、收敛，主治吐血、下血、崩漏带下、胃痛泛酸等症。研粉外用，治疮疡多脓、外伤出血等症。

第七节 现代休闲渔业

休闲渔业是传统渔业与现代休闲产业相结合，为社会提供满足人们休闲需求的产品和服务，实现一二三产业融合的一种新型渔业产业形态，是全球渔业产业的重要组成部分，并在经济、社会文化和生态方面具有重要的作用。在中国、阿根廷、巴西和印度等发展中国家，休闲渔业是一项重要的社会经济活动，并正在逐渐成为渔业产业转型发展的新增长点。根据《中国休闲渔业发展监测报告（2024）》，2023 年中国休闲渔业总产值已达到 931.47 亿元（不包括港澳台和西藏地区），产值超过 10 亿元的省份有 15 个，山东、湖北、广东产值超百亿元，其中山东以 203.93 亿元的总产值位居第一。

2011 年休闲渔业被农业部（现农业农村部）列入渔业发展规划，正式成为渔业五大产业之一。为促进现代渔业建设、落实乡村振兴与海洋强国战略，国家出台了一系列休闲渔业相关政策。2012 年农业部印发《关于促进休闲渔业持续健康发展的指导意见》，首次对休闲渔业进行了专项部署；同年国务院在《关于印发服务业发展“十二五”规划的通知》中要求积极发展休闲农业、生态农业、休闲渔业、乡村旅游等生活性服务业，增加农渔民收入；2016 年农业部在《关于加快推进渔业转方式调结构的指导意见》中指出要大力发展休闲渔业，制定完善休闲渔业管理办法和标准；同年农业部召开全国休闲渔业现场会，进一步明确“十三五”期间休闲渔业的发展方向与路径；2017 年党的十九大报告中明确提出要实施乡村振兴战略，为休闲渔业的发展提供了新的机遇；2022 年党的二十大提出实现中国式现代化的目标，中国式现代化是物质文明和精神文明相协调的现代化。因此，休闲渔业作为丰富人们精神需求的重要内容，有利于推动中国式现代化目标的实现。

一、休闲渔业的概念

20 世纪 60 年代，休闲渔业活动在美国和日本等经济发达沿海国家和地区兴起，随着社会进步和经济发展而日益成熟和发展起来。休闲渔业经济活动从最初单纯的休闲、娱乐、健身活动逐渐发展到旅游、观光、餐饮行业与渔业的第一产业、第二产业与第三产业的有机结合过程中，丰富与充实了渔业生产内容，提升了渔业产业结构。休闲渔业作为渔业活动的产业部门之一，在提高与优化渔业产业结构的过程中，对渔村和沿海岸带的社会经济发展起到积极的作用。关于休闲渔业的概念或定义，不同学者有不同的观点。在美国，休闲渔业被认为是以渔业资源为活动对象、以娱乐或健身为目的的活动，是陆上或水上运动垂钓、休闲采集和家庭娱乐等活动。这些活动通常被称为娱乐渔业或运动渔业，以区别于商业捕鱼活动，其内容也不包含渔村风情旅游、渔村文化休闲、观赏渔业等活动。美国和西方国家对休闲渔业的定义范围是非常狭窄的。

根据渔业活动的目的不同，中国渔业经济学家对休闲渔业有以下诸多解释。一是认为休闲渔业是利用自然资源环境、渔业资源、现代的或传统的渔具渔法、渔业设施和场地、渔民劳动生活生产场景及渔村人文资源等要素，将旅游观光、渔事娱乐体验、科普教育、渔业博览等休闲渔业活动有机结合起来，按照市场规律运行的一种产业。二是认为休闲渔业是一种以休闲、身心健康为目的，群众参与性强的渔业产业活动。三是认为休闲渔业是通过对渔业资源、环境资源和人力资源的优化配置和合理利用，把现代渔业和休闲、旅游、观光及海洋知识的传授有机地结合起来，实现一二三产业的相互结合和转移，以创造更大经济与社会效益的产业活动。中国台湾省经济学家江荣吉教授在总结中国休闲渔业活动特征与内涵的基础上，对休闲渔业作如下定义："休闲渔业就是利用渔村设备、渔村空间、渔业生产的场地、渔法渔具、渔业产品、渔业经营活动、自然生物、渔业自然环境及渔村人文资源，经过规划设计，以发挥渔业与渔村的休闲旅游功能，增进国人对渔村与渔业的体验，提升旅游品质，并提高渔民收益，促进渔村发展"。

结合各个专家学者及国外休闲渔业的定义，农业农村部渔业渔政管理局等在 2018 年对休闲渔业进行了统一的界定，即休闲渔业是利用各种形式的渔业资源（渔村资源、渔业生产资源、渔具渔法、渔业产品、渔业自然生物、渔业自然环境及人文资源等），通过资源优化配置，将渔业与休闲娱乐、观赏旅游、生态建设、文化传承、科学普及及餐饮美食等有机结合，以向社会提供满足人们休闲需求的产品和服务，实现一二三产业融合的一种新型渔业产业形态。

二、休闲渔业的发展概况

19 世纪初，美国大西洋沿岸地区出现了有别于商业渔业行为的垂钓组织——垂钓俱乐部。渔业垂钓俱乐部的活动是以会员或家庭为组织形式，在湖泊、河流或近海海域进行放松身心、休闲度假的娱乐垂钓活动。直到 20 世纪初，休闲渔业实质上仅仅是垂钓爱好者参与的娱乐活动。20 世纪 50 年代，随着经济腾飞，人们生活富裕，劳动周时缩短，休闲时间延长，旅游或休闲活动日益受到青睐，美国的渔业休闲活动快速发展。20 世纪 60 年代，加勒比海兴起了休闲渔业活动并逐步扩展到欧洲和亚太地区。

日本在 20 世纪 70 年代提出了"面向海洋，多面利用"的发展战略。在沿海投放人工鱼礁，建造人工渔场，大力发展栽培渔业，改善渔村渔港环境，发展休闲渔业。1975 年以后，随着日本国民收入和业余时间的增加，利用渔港周围的沿海作为游乐场所的人数逐年增加，游钓作为健康的游乐活动之一，发展更快。1993 年日本游钓人数已达 3729 万人，占全国总人口的 30%，从事游钓导游业的人数达到 2.4 万人。游钓渔业的发展大大推动了日本渔村经济的发展，优化了日本的渔业产业结构，推动了渔业的可持续发展。

由于近海资源衰退、远洋渔业发展受限、船员劳动力不足，我国台湾省 20 世纪 80 年代以来的渔业发展面临各种困难。1990 年，台湾省实行减船政策，积极调整渔业结构，在沿海渔业和港口兴办休闲渔业，推动休闲渔业的发展。从 1998 年起，在基隆等 6 个渔港，强化休闲设施投资，发展海陆休闲中心，促进渔民多元化经营。休闲渔业中心的设施，包括从事海上观光钓鱼的游艇码头、渔人码头、海鲜美食广场、海钓俱乐部、海景公园、儿童娱乐场及相应的旅馆和旅游服务设施。同年下半年全岛有 99 处海港陆续开放休闲渔业，批准开放从事游乐的渔船达 700 多艘。为推进休闲渔业的发展，吸引更多游客和城市居民到渔港渔区观光休闲，活跃渔区经济，还在重点渔港开设鱼货直销中心，游人在欣赏渔港风光、观赏渔村风情的同时可品尝和采购鲜美水产品。集生产、销售、休闲和观光于一体的渔港渔区，使“已近黄昏”的沿岸和近海渔业“起死回生”。

我国地处北温带和亚热带，适于休闲旅游的季节较长，尤其是东南沿海，适合海上休闲娱乐渔钓的时间长达 8～9 个月。我国内陆水域面积广阔，自然分布的淡水鱼类有 700 多种，经济鱼类有 50 多种。同时，我国海洋鱼类有 1690 多种，经济价值较高的有 150 多种，鲷科和石斑鱼类等适钓肉食性鱼类种类多。沿海潮间带滩涂栖息多种藻类和底栖生物，适宜游客滩涂采捕。这些优越的环境与生物资源为发展休闲渔业奠定了良好的基础。从 20 世纪 90 年代中期起，休闲渔业在我国大型城市和沿海城市开始快速发展。例如，北京的怀柔、房山等，在发展流水养虹鳟的同时，建立了集观光、垂钓、品尝等于一体的休闲渔业景区，取得了可观的经济效益。河北三河年生产商品鱼 1100 余吨，其中 1/3 以上为游钓用鱼，游钓收入占全县渔业总收入的 50%左右。辽宁省长海利用其地理优势，举办钓鱼节，吸引了众多国内外宾客参加钓鱼比赛，带动了经济发展。在西部地区，四川省渠县利用渠江两岸的山水风光发展新型旅游业。东南沿海的福建漳州，依山傍水，风景秀丽，海岸线长达 680 km，岛屿星罗棋布。

三、休闲渔业的形式

休闲渔业的产业特点是有机地将钓鱼业、养殖业、采贝采藻业、水产品交易、鱼类观赏、鱼类知识普及和水产品品尝等渔业活动与交通业、旅游业、餐饮业、娱乐业和科普教育事业相结合，因而休闲渔业活动的形式丰富多彩，多种多样。

现代休闲渔业可以划分成以下几种形态。一是以钓鱼为主的体育运动形态；二是让游客直接参与渔业活动，采集贝壳类等的休闲体验与观光形态；三是食鱼文化形态；四是以水族馆、渔业博览会及各种展览会等为主，有一定教育性和科技普及性的教育文化形态。

1. 休闲垂钓及采集业　休闲垂钓及采集业是指一些专业垂钓园和设施完备的垂钓场利用有一定规模的专业海水养殖网箱和海、淡水养殖池塘，放养各种海、淡水鱼类，配备一定的设施，以开展垂钓为主，集娱乐、健身、餐饮为一体的休闲渔业活动。具体分海洋和淡水两类休闲垂钓及采集活动。海洋休闲垂钓包括近海（包括海岸和人工鱼礁）、海岛和远海垂钓服务等；淡水休闲垂钓包括利用江、河、湖、库、池等开展的休闲垂钓；采集包括摸鱼，赶海，海上采摘藻、贝等活动。

休闲垂钓按区域和工具又可以分为海上垂钓、池塘垂钓和网箱垂钓等。

（1）海上垂钓　海上垂钓适合成年人，尤其是 30 岁以上的男性游客。主要有游船钓、岩礁钓和海岸扩展台垂钓三种。

1）游船钓。用于游船钓的渔船吨位要适当大些，稳定性要好，适合游客在海上下饵、在船上体验海钓，也可在低速行驶的环境下让游客体验海钓的乐趣。海钓渔船上配套酒吧、KTV 等简单娱乐项目，配置烧烤工具，使游客在船上能直接品尝自己钓到的海鲜，这更能增加游钓的趣味性。

2）岩礁钓。富饶美丽的大海边，既有舒展曼延的金色沙滩，也有形态奇异的岩礁。美丽的岩礁高高耸立在蔚蓝的大海边，海风拂面、轻抛鱼竿、凝思垂钓能给游人带来无限的遐想。我国的许多群岛都有适合垂钓的岩礁，稍加改造就能造就成美丽、舒适和安全的垂钓场所，为消费者提供休闲的鱼类活动。

3）海岸扩展台垂钓。很多海岸线也是发展海边垂钓的理想地。利用海岸线曼延曲折的地理优势，给海上休闲度假的游客提供便捷的海钓服务有无限的发展空间。在海岸边的别墅或者旅馆附近的海岸线上建造拓展平台，发展休闲游钓渔业，也能引起游客的消费欲望，推动渔业经济的发展。

（2）池塘垂钓　池塘垂钓是比较普遍的大众化休闲娱乐方式。它主要利用围塘养殖场地和设施，增加一些垂钓平台，配置餐饮、烧烤、娱乐、休憩等服务设施，为不同游客提供休闲娱乐。池塘垂钓休闲渔业主要利用大都市周边的风景秀丽的大型养殖基地。发展池塘养殖垂钓休闲渔业应处理好养殖渔业生产与垂钓活动的关系，处理好垂钓活动可能对环境带来的影响。池塘垂钓可为垂钓爱好者提供更为丰富多彩的品种，降低垂钓对野生渔业资源的压力。

（3）网箱垂钓　海水和淡水网箱养殖是发展养殖渔业的重要组成部分。网箱养殖的水域一般都是水面辽阔、风景秀丽的海淡水区域。利用海淡水网箱养殖设施并实施必要的改造，放养适合垂钓的水生动物，增设能提供安全保障的网箱边的平台，可以发展网箱垂钓休闲渔业。在网箱养殖垂钓区，配套建设餐饮娱乐等设施能进一步提高网箱垂钓渔业的经济效率。

2. 旅游导向型休闲渔业　旅游导向型休闲渔业是指利用渔港、浅海、岛礁的海洋自然生态资源建立海上旅游基地，组织游客参加海上捕鱼、潮间带采集、海景观光和海上运动等的活动。具体说来，包括渔村风情旅游、渔家乐及休闲度假、渔业活动体验、渔文化传承及相关休闲渔业会展活动（如休闲渔业会展、渔业博物馆、渔业节庆活动）、水族馆及展示等5种情形。

（1）渔村风情旅游　指旅客以旅游（或短期休闲）为目的到含有渔业元素的渔村开展渔业风情观光旅游。此类休闲渔业活动包括观赏渔村风情、渔业生产工具（渔船）、渔民住宅、水族、海洋牧场、网箱养殖场所和水产加工场所等。

（2）渔家乐及休闲度假　主要指住渔家、吃渔产、玩水边，以休闲度假和吃住为主、旅游购物为辅的休闲渔业形式。在交通相对发达的地区，适宜发展水产品交易市场。而规模庞大的市场和优良的服务管理能吸引众多的水产品批发商与供应商。品种繁多的水产品往往像博物馆一样吸引众多游客。而水产品离不开饮食文化，海鲜“鲜、活、优”的特点成为食鱼文化的特色，形成以品尝海鲜、娱乐、采购为一体的滨港食鱼文化产业。为游客提供在滨港吹海风，听渔歌，尝海鲜，饱览渔港夜色，参观水产品展览会、展销会、渔业产业发展论坛、海鲜美食节和海洋文化论坛等多种多样的活动。

（3）渔业活动体验　主要指参与渔业生产活动过程，体验渔业生产生活方式等，包括渔业活动的参观及渔村生活体验等，如体验式捕捞、水产养殖、放流活动、渔村生活等。此外，还可以开展海滩拾贝、池塘摸鱼、篝火晚会、编织渔网和鱼塘晒饵等参与性较强的趣味活动。

（4）渔文化传承及相关休闲渔业会展活动　主要指以体验和传承渔文化、参观相关渔业文物及非物质文化遗产、展示展销各类渔业产品为目的的旅游、会展、文艺演出等活动。在历史悠久的渔港渔村，世世代代的渔民在海边织网、出海、猎鱼，沉淀了醇厚的渔文化底蕴。例如，我国舟山建有的舟山博物馆、中国海洋渔业博物馆、中国台风博物馆、中国灯塔博物馆、马岙博物馆、舟山瀛洲民间博物馆和岱山县海曙综艺珍藏馆中的馆藏都可以用于发展文化教育型休闲渔业。渔文化展示可与博物馆和海洋文化有机融合，按时间、鱼种、相关历史等主题来划分展示区。以时间为主题的展示馆可摆设各个时代的渔具和具有渔村风格的家具。以鱼种为主题的展示馆可陈列各种鱼类标本并对该鱼种的生物、生态特性、食用价值及文化传说等作渲染，以提高游乐者对渔业产业的认识。以相关历史事件为主题时，可按电影院风格来建造，摆放历史性图片和资料，播放资料片和历史电影。渔文化展示观光区应以渔村特色建筑和传统风貌为背景，充分挖掘渔村的文化内涵，适当融合现代渔业技术与民俗风情。

（5）水族馆及展示　主要指以水族馆（包括各类海洋世界、水族馆、水族动物园等）为主要形式的观赏鱼展示、科普及演出活动。某些水库和湖泊盛产特色水产品，如太湖银鱼、阳澄湖大闸蟹，这往往成为游览型休闲渔业的亮点。某些水域不仅渔业资源有特色，渔业生产作业方式也有特色，颇具特色的渔业生产作业方式成为吸引游客的项目，如浙江千岛湖，湖面开阔、山清水秀、浮游生物丰富，适宜人工自然放养花鲢、白鲢等鱼类，因此孕育出了特色明显的鲢头食鱼文化。千岛湖湖水深邃，湖水下层万物丛生，给捕捞生产带来了困难。为发展捕捞生产开发的“拦、赶、刺、张”湖泊捕捞技术，最终孕育出国内外闻名的“巨网捕鱼”特色游览休闲渔业活动。

3. 观赏鱼产业 观赏鱼产业是借助各种渔乐馆、渔民馆、海洋馆、渔业馆、渔船馆、水族馆和渔村博物馆展示鱼类的千姿百态，集科普教育和观赏娱乐为一体的产业活动。观赏鱼产业与水族产业的发展紧密相连，可以提高与优化产业结构，在为公共场所提供观赏水族、满足市场需求的同时，提高渔业产业经济效率。另外，发展休闲观赏渔业还有助于培养人们热爱自然、珍爱生命的道德观念。当前，我国的观赏鱼产业主要包括观赏鱼养殖业和观赏鱼批发零售业。

（1）观赏鱼养殖业 指以销售为目的的各类观赏鱼的养殖，不包括家庭和单位以休闲消费为目的的养殖。

（2）观赏鱼批发零售业 是指传统水族市场销售，以及其他形式的销售，如厂家直接销售、网络销售等。

4. 钓具、钓饵、观赏鱼鱼药及水族设备等相关产业 钓具、钓饵、观赏鱼鱼药及水族设备等相关产业主要是为前面几种休闲渔业产业活动提供技术和设备服务的行业。这些行业的发展与休闲渔业各类活动形式的发展息息相关，一方面人们参与休闲渔业活动的意愿为这些行业提供了巨大的市场需求，刺激着行业生产和规模扩大。另一方面，这些行业的发展也为人们开展各项休闲渔业活动提供技术支持，同时，丰富的钓具、钓饵等设备，也能满足人们多样化的娱乐需求。

以钓具行业为例。钓鱼产业以业余休闲为主，更多的重心在于全民参与，因此钓具是产业链的核心。钓具商与饵料商主要承担着为垂钓者提供各类垂钓工具和辅助用具的服务。钓具的种类繁多，主要分为钓鱼竿、鱼钩、渔线轮、鱼线、鱼饵和渔具配件几大类，而每一大类中又可分为8～10 个小类。目前钓鱼运动已经在体育产业板块中占了重要地位，并给社会带来了良好的经济效益。国内已经出现了多家国际钓具、钓鱼服装、钓鱼船、鱼饵、钓鱼培训、放钓池、垂钓海洋牧场等厂商、学校和场所。未来钓鱼行业将享受来自农业与体育产业的双重红利，“十四五”时期，休闲渔业将是渔业供给侧结构性改革的重要推动力。

四、案例：美国休闲渔业的发展

美国渔业分为商业渔业和休闲渔业两类，淡水渔业主要为休闲渔业服务。商业渔业比较注重经济效益，休闲渔业既注重经济效益，又注重社会效益。

美国水域资源得天独厚，东临大西洋，西滨太平洋，海岸线长 22 680km。内陆水系密布，湖泊水库众多。但是，美国商业渔业生产成本高，经济效益并不高，而休闲渔业不仅经济效率高，而且十分发达，已成为现代渔业的支柱产业。21 世纪初期，美国每年约有 3520 万钓客，休闲渔业上的支出达 378 亿美元，把休闲渔业当成一个企业来看待，其收入可在美国《财富》杂志 500 强企业排行榜中排名第 13 位。

美国的海洋休闲渔业也十分发达。美国海洋渔业局的调查表明，1997 年全国有 1500 万海洋休闲垂钓者在大西洋、墨西哥湾和太平洋沿岸共进行 6800 万航次的海钓，估计渔获量约为 3.66 亿尾。但是，其中半数以上的渔获物按照资源保护规定，被放归大海。2001 年海洋休闲垂钓者增至 1700 万，海钓航次超过 8600 万次。在美国，海洋休闲游钓鱼类主要有扁鲹（*Pomatomus saltatrix*）、红拟石首鱼（*Suaenops ocellata*）、康氏马鲛（*Scomberomorus commerson*）、条纹狼鲈（*Morone saxatilis*）、黄尾平口石首鱼（*Leiostomus xanthurus*）、云纹犬牙石首鱼（*Cynoscion nebulosus*）、大西洋牙鲆（*Paralichthys dentatus*）和美洲黄盖鲽（*Limandn americanus*）等。

为保护海洋渔业资源，美国联邦政府和州政府规定在公共水域垂钓的人，每年都要向政府渔业管理部门申请与购买钓鱼许可证，其收费标准各州不同。垂钓者购买钓鱼许可证所缴纳的费用主要用于渔区建设和资源保护。联邦政府和各州政府都规定，即使是购买了钓鱼许可证的垂钓者也不允许随心所欲的垂钓。法律规定，垂钓者除被限制为人手一竿、一竿一钩外，对许可垂钓的鱼种的渔获量和大小均有规定。得克萨斯州规定可垂钓鱼类包括海鲈和大海鲢等 24 种鱼。在威斯康星州，每次只允许垂钓者带走两尾鱼，而在纽约州最多不得超过 25 kg，并不得超过 5 尾。

美国国家海洋渔业局（NMFS）有管理全美海洋生物资源及其栖息地的任务。从 1979 年起，美国国家海洋渔业局每年开展全国海洋休闲渔业统计调查（MRFSS），调查的目的是评估休闲渔业对海洋渔业资源的冲击。

1995 年，美国总统克林顿签署了第 12962 号行政命令，声明休闲渔业对国家社会、文化与经济方面具有重要作用，要求联邦政府改善美国水产资源的数量、机能、可持续产量，以增加休闲渔业的就业机会。

美国为保护和支持休闲渔业的可持续发展所采取的基本政策主要有以下几条。一是保护、提升和恢复重要休闲鱼种资源量及其栖息地。二是鼓励消费者使用包括人工鱼礁在内的工程设施。三是提供大众教育，支持、发展与执行提升消费者海洋资源保护意识及健全休闲垂钓相关内容的教育。四是建立与鼓励政府与民间组织形成伙伴关系，通过双边合作，加强对休闲渔业的管理和资源保护，增加发展休闲渔业的机会。

美国政府曾投入大量资金发展游钓渔业。政府对鱼类资源及其栖息环境的保护工作也极为重视，联邦政府在全国设有庞大的管理和科研机构，对鱼类资源生物学、生态学和游钓渔业活动进行广泛深入研究。

五、国际休闲渔业的管理与发展

1. 面临的问题　休闲渔业在多数发达国家是发达产业，也在其他地区正在快速发展。尽管其对当地经济贡献大，具有教育意义等，但也存在诸多问题。

一方面，休闲渔业没有随着其不断发展的管理方式做出相应的改进，由此对全职渔民生计、环境、水生生物多样性造成的影响引起了大家的高度关注。同时在城市化的不断推动下，淡水环境中的野生鱼类种群成为休闲渔业的主要利用方式，这加大了自然资源的压力。

另一方面，休闲捕鱼者在公共渔场影响小型和手工渔民，在部分地区因不当捕捞导致物种衰退。同时，休闲渔业与商业渔业在捕捞能力、资源利用等方面存在冲突，且多以种群中大个体为目标，影响种群繁殖潜力和生态系统结构。

2. 应考虑的问题　休闲渔业可持续发展需多学科融合，认识其与商业渔业整合的要求。政策制定者和管理者要掌握相关信息及影响因素知识，重视其社会内容，确保利益与资源保护投资相称。

评估休闲渔业绩效应多范畴、多领域实践，保证利益相关方有效参与。管理者需协调资源利用冲突，遵循明确程序，同时认识到休闲渔业与商业渔业和水产养殖的差异。

此外，要意识到休闲捕鱼者规模和活动对资源的影响，针对其开放入渔特征采取相应管理。传统产量最大化目标不适用于休闲渔业，应建立综合监测系统，采取预防性管理，明确目标和指标，确保资金支持，可让休闲捕鱼者付费参与管理，通过注册和许可制度规范行业。对于跨境或洄游鱼类种群的休闲渔业，区域渔业管理组织应提供框架。

3. 有关国际行动　欧洲内陆渔业和水产养殖咨询委员会确立《休闲渔业行为守则》，是休闲内陆渔业管理和养护的重要举措，其包含友好捕鱼标准，以推动休闲渔业的长期发展。

区域渔业机构针对国家管辖区外的休闲渔业，可确立监测框架，促进区域合作。全球层面，世界休闲渔业系列大会是讨论相关进展和问题的主要论坛。联合国粮食及农业组织也在制定负责任休闲渔业技术准则。

未来，国家渔业管理将把休闲渔业纳入整体规划，以平衡休闲与商业捕鱼的发展，评估其对农村社区生计的作用，促进其成为小型渔业渔民的替代生计。

第八节 世界渔产品贸易

一、世界渔产品贸易在国际贸易中的地位和现状

近几十年来，水产品国际贸易蓬勃发展，各区域均有显著增长。伴随全球化进程的经济增长及文化和技术的进步，特别是贸易政策的开放、支撑全球通信的物流和技术的创新，增强了经济的相互依存，加速了文化的跨境传播。生产者能够将货物销到越来越远的市场，水产品也极大地丰富起来。同时，收入增长，中产阶级队伍壮大和城镇化进程的推进，尤其是在中低收入国家，促进了进口水产品需求的激增。当今，水产品贸易发挥着重要作用，是出口创汇、提供就业和增加价值的重要推动力，同时作为全球粮食安全的贡献者，水产品贸易还涉及运输、加工、批发和零售等各类相互关联的行为主体。渔产品贸易对于若干小岛屿发展中国家来说，显得更为重要，因为在这些国家中，水产品出口额在商品贸易总额和国内生产总值中占有很大比例。

根据统计，2020 年有 225 个国家和地区报告了渔业和水产养殖贸易活动，全球水产品出口（不包括藻类）鲜重总量为 5980 万 t，总额为 1510 亿美元，占农产品贸易总额（不包括林业）的 11%，商品贸易总额的 1%左右。很多国家的这一占比远高于此。例如，在佛得角、冰岛、基里巴斯和马尔代夫，水产品贸易额在商品贸易总额中的比例超过 40%。2020 年，水产品贸易额与所有陆地动物肉类贸易总额相当。1976～2020 年，水产品贸易额名义价值年均增长 6.9%，实际价值年均增长 3.9%。2020 年，水产品名义出口额比 1976 年高出近 20 倍（图 3-17）。这一趋势与全球商品贸易总额的增长趋势十分吻合；1976～2020 年，全球商品贸易总额名义价值年均增长 6.8%，实际价值年均增长 3.7%。同时，水产品出口总量保持着年均 2.9% 的增速（鲜重当量）。

二、世界主要渔产品贸易国家

欧盟为最大单体市场，2020 年在全球水产品进口总额中的占比为 34%。从个体国家来看，2020 年最大进口国为美国，占全球水产品进口总额的 15%，其次是中国（10%）、日本（9%）、西班牙（5%）和法国（4%）。从数量（鲜重）来看，中国的水产品进口量远超美国，居于全球首位。中国不但会进口本地不生产的品种，供国内市场消费，而且还会将进口水产品作为原材料，加工后再次出口。非高收入国家在水产品进口市场上的重要性不断提升，但高收入国家与非高收入国家的平均进口单价仍然差异显著，这反映出高收入国家对高价值品种和高附加值产品的青睐。2020 年，高收入国家平均进口单价为 3.2 美元/kg（鲜重当量），而其他所有国家的平均水平仅为 1.4 美元/kg。

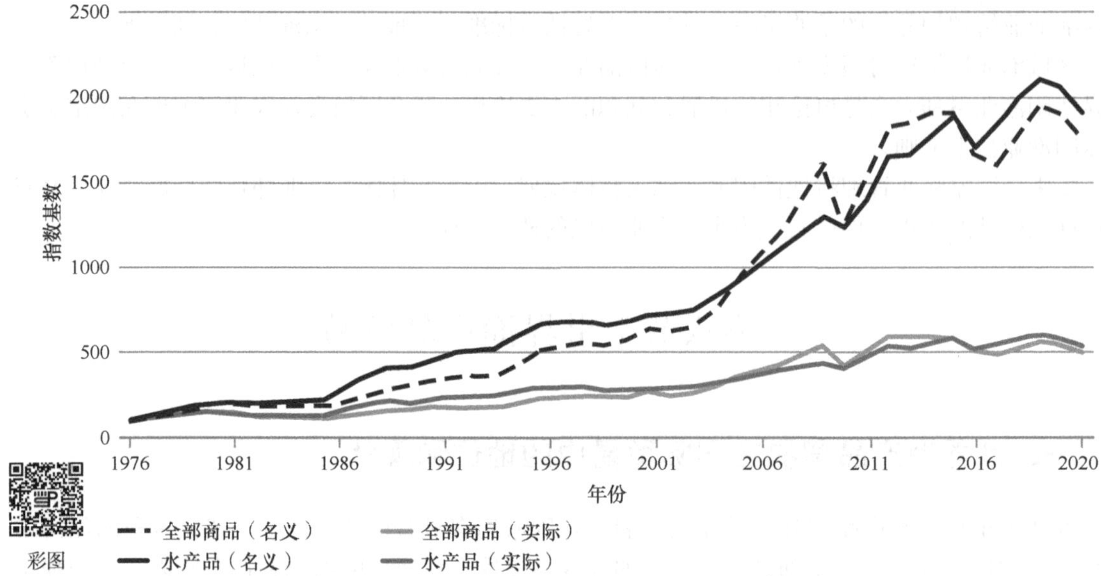

图 3-17　1976～2020 年世界商品和水产品出口额变化（1976 年价格指数基础为 100）（FAO，2024）

尽管新兴经济体已经成为水产品进口大国，但自 20 世纪 70 年代以来，全球贸易发展的主导趋势一直是新兴经济体作为出口国的重要地位不断提升。1976 年，高收入国家在全球水产品出口总额中占比为 71%，2020 年下滑到 50%。从出口量来看，高收入国家在全球总量中的占比同期由 67% 滑落到 46%。非高收入国家崛起的原因包括贸易自由化，水产养殖业强劲发展，以及大力投资建设开发出口市场所需的贸易关系、知识和基础设施。除作为全球水产品供应国外，非高收入国家也越来越多地参与供应链的中间环节，进口原材料，经过加工或增值处理后再度出口。新兴经济体作为国际水产品市场供应来源的重要地位不断提升，但部分高收入国家仍保持着重要出口国的地位。2020 年，五大水产品出口国中有两个为高收入国家（挪威和智利），其余为非高收入国家（中国、越南和印度）。

中国已经跃居为全球最大的水产品生产国、出口国和加工国，出口产品既包括数量巨大的国内生产的头足类、对虾、罗非鱼和双壳软体类，也包括阿拉斯加狭鳕和鳕等加工白肉鱼。中国出口的水产品中有相当一部分是利用进口原料加工制成的产品。2020 年，中国的水产品出口额达到 180 亿美元，占全球出口总额的 12%，1976 年仅占全球总额的 1.6%。2020 年，中国的主要出口目的地包括日本、美国和韩国，分别占中国水产品出口额的 18%、11%和 9%。

挪威成了第二大水产品出口国。2020 年，挪威水产品出口额为 110 亿美元，占全球总额的 7.4%。挪威是全球最大的养殖大西洋鲑出口国，挪威的小型中上层鱼类和鳕等底层鱼捕捞产量也颇为可观。截至目前，欧盟是挪威最重要的出口市场，占挪威出口额的 60%。

越南是第三大水产品出口国。截至目前，越南是全球最大的养殖巨鲇生产国和出口国，此外养虾业和水产加工业也较为发达。2020 年，越南水产品出口额为 85 亿美元，占全球总额的 5.6%。

智利是全球第四大水产品出口国。借助自身的地理优势，智利大力发展水产养殖业，成了全球第二大鲑生产国，贻贝产量稍逊于鲑。2020 年，智利水产品出口额为 59 亿美元，占全球总额的 3.9%。

其他国家和地区包括印度、欧盟、泰国、厄瓜多尔、加拿大和印度尼西亚等。从全球来看，欧盟为最大出口地区，但绝大多数出口额（78%）都是由欧盟内部贸易贡献。此外，欧盟的水产品贸易中有很大一部分为再出口产品，包括在欧盟境内加工的产品，也包括其他来源经欧盟转口的产品。

非洲水产品出口额增势迅猛，但2020年在全球出口总额中的占比仍未超过5%。摩洛哥和毛里塔尼亚的出口产品主要为头足类和小型中上层鱼类，主要出口市场为欧盟和日本，也包括非洲国家。若干西非国家也向欧洲出口金枪鱼，主要为金枪鱼罐头。作为水产品进口国，非洲国家在全球市场上所占份额较小，2020年进口额仅占全球总额的3.3%。非洲进口的主要为单位价值低的小型中上层鱼类。但需要指出的是，非洲从贸易额上看为净出口国，从贸易量上看则为净进口国。考虑到很多粮食不安全国家都在非洲，贸易在保障粮食安全方面发挥了重要的作用。贸易可通过多种途径影响粮食安全，可能最为直接的就是营养物转移。非洲国家大量进口单位价值低的中上层小鱼，这些鱼类营养丰富，尤其是微营养物含量较高。非洲国家出口金枪鱼、对虾和头足类等单位价值较高的品种，进口营养丰富的低价值品种；从营养视角来看，这种交易是利大于弊的。同时，出口创收利于增加就业，创造收入，对粮食安全也可能产生积极影响。收入水平提高意味着支付能力更强，可以更多地获取水产食品和营养，因此也有利于减少粮食不安全和营养不良。

三、世界贸易中的主要渔产品

1. 世界渔产品贸易的组成 参与贸易的渔业和水产养殖产品从品种、来源、产品形式、包装和保存方法等方面来看各不相同。贸易统计数据由参与贸易的各个国家和地区海关与统计机构整理，采用商品统一分类和编码办法的编码和分类框架，该框架由世界海关组织维护。框架在最高汇总层面上为每个产品类别都设定了六位编码，所有报告机构应统一采用这套编码。各个国家和地区可在此基础上，对细分分类使用更长的编码。除收集数据供贸易分析师、研究机构、产业界、政府、非政府组织和政府间组织参考使用，就长期贸易和市场趋势及结构提供宝贵的洞见外，商品统一分类和编码办法也是关税立法的基础。为提高商品统一分类和编码办法统计数据的功效，联合国粮食及农业组织分别于2012年和2017年与世界海关组织共同修订了商品统一分类和编码办法的编码和分类框架，目的是更好地反映国际水产品贸易的内在特点。然而，进一步细分对于区分贸易统计数据中的野生和养殖水生动物仍是十分必要的。除生产过程外，水产养殖与捕捞渔业有很多根本性的不同，包括商业和产业结构、投入品、风险因素、环境影响及基础设施要求。每种差异都会影响全球贸易的动态和发展。

水产品贸易量（鲜重当量）中近90%为保鲜产品，其中绝大多数为冷冻产品；然而，随着鲜活水产品需求量扩大，包装和物流技术不断进步，鲜活产品在贸易总量中的占比也在逐年提高。1976年，鲜活产品在水产品贸易总量（鲜重当量）中的占比为5.8%，而2020年为11.1%。空运促进了高端鲜活水产品出口市场的发展。

根据统计，2020年，有鳍类出口额占全球水产品（不包括藻类）出口总额的66.5%，其次为甲壳类（22.8%），以及软体类和其他水生无脊椎动物（10.7%）。2013年以来，鲑科鱼类一直是最重要的贸易商品，2020年贸易额约占全球总额的18%；其次为对虾和明虾，约占全球总额的16%；其他分别为金枪鱼、狐鲣、旗鱼（9.7%），鳕、无须鳕和黑线鳕（9.6%），鱿、墨鱼和章鱼（6.8%）等。

2. 主要贸易种类

（1）鲑和鳟 鲑，特别是养殖大西洋鲑，近几十年来一直是全球渔业和水产养殖贸易增长的重要力量。鲑用途较为广泛，市场价值较高，适于大规模养殖，在全球市场上竞争优势明显。在几乎所有区域，鲑需求的增速都快于其他鱼品类别，因此大西洋鲑养殖已成为利润最为丰厚、技术最发达的养殖产业。鲑产业引领着国际大规模营销活动的筹资、协调和执行，建设物流基础设施，以便通过空运将新鲜渔品运送到外国市场。根据统计，2020 年鲑出口额为 2760 亿美元，占到水产品出口总额的 18.4%，而 1976 年仅为 5.1%，主要出口国为挪威和智利。挪威的主要出口市场是欧盟，智利主要是向美国和巴西出口大西洋鲑，向日本出口养殖银大麻哈鱼。俄罗斯和美国船队在北太平洋捕捞的若干野生太平洋品种也在国际市场上进行贸易。值得注意的是，美国食品药品监督管理局批准了转基因鲑养殖，引起全世界的关注。

（2）对虾和明虾　对虾和明虾一直以来都是贸易量最大的水产品之一。目前，对虾生产主要是拉丁美洲及东亚和东南亚的集约式养殖作业，面向北美、欧洲和日本等高收入市场供货。美国和日本市场的主要品种是印度、印度尼西亚、泰国和越南等主产国生产的暖水品种。欧盟从亚洲和拉丁美洲进口暖水虾，而冷水品种则主要来自格陵兰岛的捕捞渔业。目前，中国等亚洲新兴经济体在全球对虾市场上的份额不断扩大，而成熟的传统市场上人均消费增长潜力较为有限。近年来，对虾和明虾出口量增势迅猛，但在全球水产品出口总额中的占比却保持相对稳定。根据统计，1976 年，对虾和明虾出口额为 12 亿美元，占全球水产品出口总额的 15.4%，2020 年对虾和明虾出口额增加到 247 亿美元，占比为 16.4%。

（3）底层鱼类和其他白肉鱼　白肉鱼品种众多，包括野生和养殖，如鳕、鲻、石斑鱼、阿拉斯加狭鳕、罗非鱼、尼罗河鲈及巴沙鱼（*Pangasius bocouti*），这些种类口味和肉质相似，在一定程度上可以相互替代。挪威、欧盟、冰岛、俄罗斯和美国的船队是全球捕捞野生底层鱼的主要力量。截至目前，欧盟是野生底层鱼的最大进口市场，中国作为原材料加工国和转口国在全球市场上发挥重要作用。底层鱼和其他白肉鱼约占水产品出口总额的 17%，但很大数量的底层鱼和其他白肉鱼在贸易统计中却并未明确归入此类，而是被计入了杂项水产类别。中国南方省份罗非鱼养殖业发达，中国现已成为最大的罗非鱼出口国。越南是巴沙鱼生产和出口大国。传统上，最重要的巴沙鱼出口市场为美国。但近年来中国已经跃居成为越南的最大出口市场。

（4）金枪鱼　据统计，2020 年全球金枪鱼、狐鲣、旗鱼出口额为 146 亿美元，相当于全球水产品出口总额的 9.7%。这一比例在长达数十年的时间里保持相对稳定，而金枪鱼在市场上受青睐的程度也是长久不减。金枪鱼贸易由两大类商品组成。第一类是加工金枪鱼和金枪鱼罐头，第二类是高品质新鲜金枪鱼，主要面向寿司和鱼生市场。蓝鳍金枪鱼和大目金枪鱼通常用于制作寿司和鱼生，而鲣、长鳍金枪鱼和黄鳍金枪鱼则主要用作加工品原料。泰国的金枪鱼加工产业发达，原材料在泰国港口直接上岸，泰国在国际金枪鱼贸易中发挥重要作用，美国是泰国加工金枪鱼的主要出口市场。此外，亚洲、非洲和拉丁美洲也有一些其他国家发展金枪鱼加工业，但规模逊于泰国；厄瓜多尔向欧盟市场出口大量加工金枪鱼，并为欧洲加工商供应原料。主要市场的关税制度及免税进口配额安排是加工品市场金枪鱼贸易的重要限制因素，一直以来都是贸易谈判的核心问题。寿司和鱼生市场由日本主导，货源主要来自于中国台湾省和韩国船队捕捞的整只金枪鱼和金枪鱼腹及泰国的再出口。

（5）观赏鱼　观赏鱼在国际渔产品贸易中日显重要。全球观赏鱼年贸易批发值已超过 10 亿美元；零售交易量每年约 15 亿尾，价值 60 亿美元；整体产业年产值超过 140 亿美元。全球观赏鱼市场约有 1600 种观赏鱼，淡水鱼超过 750 种。观赏鱼市场可分为 4 种，最大的为热带淡水鱼种，占市场的 80%～90%，其余部分为热带海水及半咸水鱼种、冷水性（淡水）鱼种、寒带海水及半咸水鱼种。在淡水观赏鱼中，90%为养殖，10%为野外采捕。在海水观赏鱼中，95%是野外采捕，5%是人工繁殖。一般而言，观赏鱼的价格远高于食用鱼，是食用鱼的 100 倍左右。而海水观赏鱼的单价又高于淡水观赏鱼。亚洲是全球观赏鱼出口最大的地区，占全球出口量的 59.1%。按该地区出口国观赏鱼所占的份额，排名为新加坡、马来西亚、印度尼西亚、中国、日本、菲律宾、斯里兰卡、泰国、印度。其他重要的出口地区占全球的出口量如下：欧洲约为 20%、南美洲为 10%、北美洲为 4%。饲养观赏鱼大多是工业化国家民众的爱好，美国、日本及西欧等工业化国家和地区是观赏鱼的主要进口地。

美国是最大的进口国，进口值约占全球的 1/4。其次为日本，约占全球的 1/10。其他主要进口国包括德国、英国、法国、新加坡、比利时、意大利、荷兰、中国、加拿大。新加坡及我国香港是观赏鱼的主要转运站。主要供应国是新加坡、泰国、菲律宾、马来西亚及巴西。饲养观赏鱼近年来极大地吸引了美国的民众，尤其是年轻水族玩家对饲养海水鱼更感兴趣。西欧是最大的观赏鱼贸易区，观赏鱼产品进口量占全球的 40%，其中淡水鱼种占 90%，其余为海水鱼、无脊椎动物及活岩石。

四、世界渔产品贸易的趋势

1）世界渔产品贸易的总趋势是进出口量和进出口值都增长。发达国家因受劳动力的限制，以及生产成本的不断上涨等，直接从事渔业生产的规模可能会逐步压缩，而渔产品需求量还会递增。发展中国家在渔业生产技术上不断提高。为解决就业和创汇，渔产量都有可能持续地增长。这推动了世界渔产品贸易的发展。

2）技术壁垒。随着人们生活水平的提高，人们对渔产品的安全质量要求越来越严格。有关国家各自规定了渔产品质量标准，由此造成了世界渔产品贸易中的技术壁垒。尤其是大大提高了对水产养殖产品的渔药残留和饲料添加剂等的检验标准，凡不合标准的即退货或就地销毁，有的实施标签管理措施，如法国的“红标签”、爱尔兰和加拿大的“有机养殖鱼标签”等。

3）实施可追溯制度。即从零售商出售的渔产品，可逐级追溯其批发、分包装、加工和养殖场或捕捞渔船的全过程，以保证渔产品质量。一旦发现渔产品有质量问题，可通过追溯查出其生产环节和原因。依此，也可采用可追溯标签。

4）实施生态标签制度。为可持续开发利用渔业资源和保护生态环境而采取的措施，目的是标明该渔产品属于非过度捕捞产品或有损于其他海洋动物的产品，如海洋哺乳动物、海龟、海鸟等。依此，推动改进渔业管理体系。联合国粮食及农业组织已制订了《海洋捕捞业生态标签指南》为国际认同的协调生态标签计划参考，对认证和委派具有指导作用。

第九节 国际渔业管理现状与趋势

一、国际渔业组织的性质和类别

国际渔业组织是两个或两个以上的国家或其民间团体基于渔业发展、管理与合作目的，以一定协议形式而建立的机构的总称。但一般是调整国家之间或有关国家的民间团体之间的渔业活动关系，并不是调整某些渔业企业之间或渔业者之间的渔业活动关系。

国际渔业组织原则上可分为政府间的渔业组织和非政府间的渔业组织。前者是指必须由有关国家政府参与，后者可由有关国家的民间渔业团体参与，但不代表其政府。

国际渔业组织按地区可分为全球性、区域性和分区域性三类。例如，联合国粮食及农业组织的渔业委员会、国际捕鲸委员会都属于全球性国际渔业组织，如印度洋渔业理事会属区域性国际渔业组织，中东大西洋渔业委员会属分区域国际渔业组织。但区域和分区域国际渔业组织是相对的，有时难以区分。

国际渔业组织也可分为隶属联合国粮食及农业组织的和非隶属联合国粮食及农业组织的两大类。现隶属联合国粮食及农业组织的国际渔业组织有亚太渔业委员会（APFIC）、中东大西洋渔业委员会（CECAF）、中西大西洋渔业委员会（WCAFC）、地中海渔业总委员会（GFCM）、印度洋渔业委员会（IOFC）、印度洋金枪鱼委员会（IOTC）、欧洲内陆渔业咨询委员会（EIFAC）、拉丁美洲内陆渔业委员会（COPESCAL）。其他的都是非隶属联合国粮食及农业组织的，如南太平洋常设委员会（CPPS）、南太平洋论坛渔业局（SPFFA）、国际捕鲸委员会（IWC）、西北大西洋渔业组织（NAFO）、东北大西洋渔业委员会（NEAFC）、大西洋金枪鱼养护国际委员会（ICCAT）、美洲间热带金枪鱼委员会（IATTC）、南方蓝鳍金枪鱼养护委员会（CCSBT）、太平洋狭鳞庸鲽国际委员会（IPHC）等。

根据参加国的多少，国际渔业组织又可分为多边国家渔业组织和双边国家渔业组织。前者如中国、美国、俄罗斯、日本、韩国、波兰等六国组成的“中白令海狭鳕资源养护委员会”等，后者如“中日渔业联合委员会”等。

二、国际渔业组织的职能

各国际渔业组织的任务需根据其签订的协议或章程而定，一般包括以下几点：一是调查研究，即从事有关渔业资源的调查研究，向成员方提供调查报告；二是咨询，根据需要向成员方提供咨询意见；三是管理，依据成员方共同商定的养护渔业资源和渔业管理措施进行管理，包括共同执法等。

在 20 世纪 80 年代之前，国际渔业组织的任务偏重于咨询方面。总体上是在其管辖水域范围内，主要有以下几方面：①讨论或研究渔业资源状况；②拟订有关调查方案；③审定有关渔业资源的保护措施；④交流渔获量统计资料；⑤出版刊物。

20 世纪 90 年代以来，国际渔业组织侧重加强渔业管理，日益发挥其在实施管理措施中的监督作用，以及开展执法上的国际合作。由研究、咨询性质向管理监督方向转移，以管理为主。将“区域性渔业机构”（regional fisheries bodies，RFB）改为“区域性渔业管理”（regional fisheries management organization，RFMO）。其主要职能有：①制订养护和管理措施；②制订总可捕量和成员国的捕捞配额；③促进和规范国家渔业管理；④处理有关捕捞问题；⑤采取措施实施有关国际法的规定等；⑥制订监控措施等；⑦登临、检查等有关联合执法和执法程序。

国际渔业管理的发展过程是不断认识渔业资源特性和完善渔业管理的过程，同时也是不断解决渔业管理中新出现问题的过程。渔业管理中出现的新概念和新观念就是为了解决这些新问题，以确保渔业资源的持续和合理利用。例如，“公海自由原则”“领海”“专属经济区”和“毗邻区”等概念的出现，都是各个时期海洋管理和经济发展的需要。20 世纪 80 年代后期，世界渔业资源的开发和利用到达了顶峰，一些传统的渔业资源出现了严重衰退，正是在这样的背景下，为确保渔业资源的可持续利用，提出了许多新的渔业管理概念和新的措施。新概念的产生本身也反映了国际渔业管理的发展方向和趋势。

（1）负责任捕捞（渔业）　《坎昆宣言》提出了负责任渔业的观念，指出“这个观念包括以不损害环境的方式持久利用渔业资源；使用不损害生态系统、资源或其质量的捕捞和水产养殖方法；通过达到必要卫生标准的加工过程增加这些产品的价值；使用商业性方法使消费者能够得到优质产品”。负责任捕捞（渔业）本质上是要求人们以负责任的态度从事渔业的一切有关活动，以确保渔业资源的可持续利用。这一精神在《执行 1982 年 12 月 10 日〈联合国海洋法公约〉有关养护和管理跨界鱼类种群和高度洄游鱼类种群的规定的协定》和《关于预防、制止和消除非法、不报告和不管制捕捞的港口国措施协定》两个国际性文件中得到了充分的体现。

（2）预防性措施　预防性措施是在1992年9月举行的公海捕捞技术咨询会议中提出的。预防性原则是在“不确定性”下所产生的一种“结果”。预防性措施要求任何新渔业的发展或既存渔业的扩张，均应在对目标及非目标鱼种的潜在影响进行评估后才能做出决定。预防性措施的采用说明渔业资源的管理与利用已从维持其最适利用的目标，转变为资源持续利用的目标，从资源的利用转变为资源的预防性利用。

（3）船旗国责任　传统国际法中，船旗国对悬挂其旗帜的船舶享有“专属管辖”权，这在1958年《公海公约》和1982年《联合国海洋法公约》中得到体现。公约规定，国家与船舶之间须有真正的联系，国家尤其对悬挂其国旗的船舶在行政、技术及社会事宜方面确实行使管辖及控制权力。在国际社会讨论公海渔业资源管理时，船旗国责任的落实已成为渔业资源养护与管理措施中的主要手段之一。船旗国责任均成为《关于预防、制止和消除非法、不报告和不管制捕捞的港口国措施协定》等三个国际渔业协定的主要内容。

（4）执法机制的设计　渔业管理的关键在于如何建立和设计执法机制。在《跨界和高度洄游鱼类管理与养护的协定》中，强调应通过区域或分区域的渔业管理组织进行合作以确保区域或分区域跨界和高度洄游鱼类的养护与管理措施的遵守和执法。区域性的渔业管理将作为今后世界公海渔业资源管理的主要方式。这在《执行1982年12月10日〈联合国海洋法公约〉有关养护和管理跨界鱼类种群和高度洄游鱼类种群的规定的协定》《负责任渔业行为守则》和《罗马宣言》等内容中均得到体现。

（5）区域渔业机构　区域渔业机构在共享渔业资源的治理方面发挥着关键作用。区域渔业机构只有在成员国允许的前提下才能有效发挥作用，而其表现如何直接取决于成员国的参与度和政治意愿。

从《21世纪议程》发展到《负责任渔业行为守则》，已将渔业资源养护和管理与自然资源环境保护相结合，将渔业发展与世界贸易体系及人类健康、安全、福利相结合。同时国家渔业政策与法规的制定必须要考虑到沿岸地区综合管理、世界贸易组织的需求和规定。渔业资源的持续利用已成为国际渔业管理的最高目标。

在今后一段时间内，将主要根据《负责任渔业行为守则》的内容和渔业可持续发展的目标，进一步完善渔业管理的具体措施和方法。例如，1999年2月通过的国际渔业行动计划，就是《负责任渔业行为守则》的具体行动，并正在落实之中。其中捕捞能力管理的问题正在引起越来越多的关注。捕捞动力过剩实质导致了捕捞过度、海洋渔业资源的衰退、生产潜力的下降和经济效益的降低等问题。渔业行动计划要求各国和区域性组织在世界范围内建立严格有效、公平、透明的捕捞能力管理机制，并通过各国政府间或各区域性渔业管理组织的合作来分阶段实施。

第十节　当前世界渔业存在的主要问题和发展趋势

一、当前世界渔业存在的主要问题

1. 捕捞过度和捕捞能力过剩问题　随着科学与技术的发展，当前捕捞能力增强已不仅是渔船数量的增加，还包括船上的航行、探鱼和捕捞技术等有关装备不断完善及技术的更新等。因此，捕捞能力过剩可理解为捕捞能力超过了渔业资源的再生能力。其结果是造成渔业资源衰退，尤其是生活在底层的主要经济鱼类资源表现更为明显。有人认为捕捞能力过剩的主要原因之一是投资过大或政府补贴。根据 FAO 的 2016 年报告，估计有 31.4%的种群处于生物学不可持续状态，遭到过度捕捞；58.1%为已完全开发；10.5%为低度开发，这一情况还没有得到改善。

2. 兼捕和废弃物问题 兼捕是指捕捞某一鱼类或水产经济动物时，误捕混入的其他种类。有的称为非目标种。这与捕捞工具即渔具的选择性有关，也就是所捕获的非目标种的种类和数量越少，该渔具的选择性越高。按有关渔具分析其兼捕行为，虾拖网约为 62%、金枪鱼延绳钓 29%、定置网 23%、底拖网 10%。废弃物是指已经捕获重新抛弃入海的渔获物，主要是因船上渔舱容量不足，将捕获的低值种类，或因当地习惯不愿食用的种类重新抛弃入海。前者主要是远洋捕捞为确保经济种类的配额，放弃低值的种类；后者如有的民族不吃无鳞的鱼类等。根据联合国粮食及农业组织的调查，1988～1990 年废弃物为 1790 万～3950 万 t，经过几年努力，1992～2001 年已减少到 690 万～800 万 t。无论是兼捕或是废弃物都会导致渔业资源的衰退和资源的浪费。

3. 公海渔业 IUU 捕捞问题 公海渔业通过区域性渔业管理组织实施有关养护渔业资源的措施，有的限制捕捞渔船数量和渔获物的配额等，对允许捕捞作业的渔船应按规定报告其作业渔场的船位和渔获量等。公海渔业 IUU 捕捞是指在公海中未经国家许可的本国和外国渔船从事捕捞活动的，或经许可但从事违法捕捞活动的；违反区域性渔业组织的养护和管理措施或国际法有关规定的，或不按规定程序报告渔获量和船位等的，甚至不报或有意错报的；不向国家报告渔获量和船位等或有意错报的；非区域性渔业管理组织成员的渔船进入该组织管辖水域内从事捕鱼活动等，导致公海捕捞能力失控，公海渔业资源衰退的。联合国粮食及农业组织于 2001 年通过了《防止、阻止和消除非法、不报告、不受管制捕捞的国际行动计划》，要求各国和国际渔业组织采取措施加以实施，保护渔业资源。

4. 濒危动物和生态系统的保护问题（包括兼捕、海鸟、海龟、鲨鱼） 生态系统的保护是指在水生生物系统中防止某一物种盛衰，影响其他物种的生存。在 20 世纪 90 年代以前，在渔业科学领域内已重视了渔业资源的养护，但侧重在为防止某一物种衰退而采取有关措施，如规定禁渔区、禁渔期，限制网目大小、鱼体最小长度等。事实上，在生态系统中物种之间互为影响十分明显，其中包括兼捕，误捕海鸟、海龟和鲨鱼等，导致目前较多海洋和内陆水域的生态系统严重恶化或遭到破坏，因此从 20 世纪 90 年代起提出了以生态系统为基础的渔业资源养护问题。联合国粮食及农业组织于 2001 年 10 月 1 日至 4 日在冰岛雷克雅未克召开的海洋生态系统负责任渔业会议上通过了《海洋生态系统负责任渔业的雷克雅未克宣言》（简称《雷克雅未克宣言》）（*Reykjavik Declaration on Responsible Fisheries in the Marine Ecosystem*），确认将生态系统纳入渔业管理目标，确保生态系统及其生物资源的有效保护和可持续利用。

5. 水域生态环境保护问题 水域生态环境问题包括大量的陆地排污、船舶排污等造成赤潮等的水环境污染、大气污染和地球空气升温带来的酸雨、厄尔尼诺和拉尼娜现象等，直接影响水生生物生存和渔业生产，而且情况越来越严重。同时随着水产养殖大量发展，这种现象也比较严重。

6. 水产品质量和安全问题（包括养殖产品的残留物等） 渔业水域的污染，水产养殖过程中使用有添加剂的饲料或渔药等，以及渔获物处理和加工过程中使用不允许的防腐措施等，造成水产品质量和安全问题时有发生，有的直接影响人们健康，这引起了国际社会的重视。

二、今后渔业发展趋势

1. 国际社会日益重视可持续开发利用渔业资源和渔业的可持续发展 20 世纪 90 年代以来，

国际社会日益重视可持续开发利用渔业资源和渔业的可持续发展。1992年，联合国在巴西里约热内卢召开的联合国环境与发展大会上通过了文件《21世纪议程》(*Agenda 21*)，提出了当今世界在环境与发展中迫切需要解决的问题，以及全球在21世纪对此合作的意愿和高层次的政治承诺。其中第2部分第17章专门叙述保护大洋、闭海、半闭海和沿海区域，以及保护、合理利用和开发海洋生物资源等问题，并要求各国政府、政府间或非政府间的国际组织共同实施。

联合国粮食及农业组织于1992年5月6～8日在墨西哥坎昆召开的负责任捕捞国际会议上通过了《坎昆国际负责任捕捞宣言》(简称《坎昆宣言》，*Cancun declaration*)。明确了“负责任捕捞”的概念为渔业资源的可持续利用和环境相协调的观念；使用不伤害生态系统、资源或其品质的捕捞及水产养殖方法；符合卫生标准的加工，以提高水产品的附加值；为消费者提供价廉物美的产品等。要求联合国粮食及农业组织依此拟订《负责任捕捞行为守则》。后经联合国粮食及农业组织渔业委员会讨论，于1995年通过了《负责任渔业行为守则》(*The Code of Conduct on Responsible Fisheries*)，成为渔业管理的国际指导性文件。要求各国从事捕捞、养殖、加工、运销、国际贸易和渔业科学研究等活动时，应承担其责任的准则要求。主要包括：①在与环境协调下持续地利用渔业资源；②在不损害生态环境和渔业资源状况的条件下负责任捕捞和负责任养殖，并确保其渔获质量；③水产品加工方法应符合卫生标准，提高鱼品附加值；④让消费者获得价廉物美的水产品；⑤各国应支持开展渔业科学研究工作等。

联合国大会为保护海洋生态，防止误捕海洋哺乳动物、海龟和海鸟等，分别于1989年、1990年和1991年的第44、45和46届大会，先后通过第44/225、45/197、46/215号《关于大型大洋性流网捕鱼作业及其对世界大洋和海的海洋生物资源的影响》的决议，规定从1993年1月1日起在各大洋和海的公海区域，包括闭海和半闭海，全面禁止大型流刺网作业。

联合国继1992年在巴西召开的联合国环境与发展大会后，于2002年8月在南非约翰内斯堡召开的世界可持续发展首脑会议上通过了文件《全球可持续发展峰会执行计划》(*World Summit on Sustainable Development Plan of Implementation*，WSSDPOI)，根据《21世纪议程》的实施措施，为实现可持续渔业采取的主要行动有：2015年前使渔业资源恢复到最大持续产量水平；执行《负责任渔业行为守则》和其有关执行计划；加强国际渔业组织的管理；消除IUU捕捞等。

2. 到2050年世界渔业产量的预测 联合国粮食及农业组织近期对2050年前的情况进行了初步预测，提出了渔业和水产养殖的三种可行情境(正常、悲观和乐观)，具体预测结果参见表3-18。

(1)正常情况 该情境遵循的趋势路径和经济合作与发展组织-联合国粮食及农业组织预测2030年得出的趋势路径相似，捕捞渔业略有增长，主要因为改进了渔业管理，水产养殖大幅增长。该情境表明，海洋和内陆捕捞渔业之所以有所增长，一定程度上是因为内陆渔业完善了报告制度。由于技术进步，到2050年，海洋捕捞渔业不直接用于人类消费的比例应该在2030年的基础上有所下降。

(2)悲观情况 这一情境预测水产养殖规模扩大会遭遇几次失败，且不可持续做法继续存在，造成很多新养殖场情况恶化，导致水产养殖增长有限且捕捞渔业小幅下降。海洋和内陆捕捞渔业的资源量到2050年前将会持续下降。悲观情境还预测2050年产量将减少9.6%，主要因为气候变化的影响(表3-18)。海洋捕捞渔业不直接用于人类消费的比例与此前预测水平相似，没有受到进一步技术创新的推动。

(3)乐观情况 该情境预测会有一些积极成果，水产养殖将得以可持续发展和扩大。水产养殖增速不快但相当可观，表明产量增加且反映出海水养殖投资大增。海洋捕捞业也有望取得增长，预计可达海洋可持续产量估值的上限，到2050年实现9550万t的目标。内陆捕捞业产量预计将增至1350万t。

在消费方面，正常情况下，水产食品人均表观消费量将从 2020 年的 20.2kg 增至 2050 年的 22.3kg，从而增加水产品对解决饥饿与营养不良问题的贡献。按照乐观情况的预测，通过创新和集约化水产养殖发展，以及对全球所有捕捞渔业进行强力有效管理，理论上人均表观消费量有可能增加到 25.5kg（表 3-18）。另外，当前过度捕捞模式未能改变，水产养殖增长有限，很有可能造成人均消费量到 2050 年降至 18.5kg（表 3-18），重返 2012 年前水平，对粮食安全产生重大影响，尤其是膳食更为依赖水产品的国家。

表 3-18　2050 年三种不同情境下渔业和水产养殖产量和利用量预测

类别		正常	悲观	乐观
捕捞/（$\times10^2$万 t）	海洋捕捞	85.4	65.8	95.5
	内陆捕捞	13	10.1	13.5
	小计	98.4	75.9	109
养殖/（$\times10^2$万 t）	内陆养殖	89.9	75.6	98.4
	海水养殖	50.1	45.3	62
	小计	140	120.9	160.4
捕捞和养殖合计/（$\times10^2$万 t）		238.4	196.8	269.4
食用鱼类/（$\times10^2$万 t）		217.4	180.5	248.2
人均表观消费量/（kg/年）		22.3	18.5	25.5

以上预测的本质不在于预测未来，而是提供各种预测方案，方便世界各国采取适当行动实现粮食和营养安全。联合国粮食及农业组织模型使用了一系列宏观经济假设和部分价格，因而不仅是增长预测。但随着时间推移，这些假设的不确定性增加，需要定期调整。到 2050 年，全球人口可能达到 97 亿，如何养活这些人是渔业的重要任务之一。

3. 世界渔业发展趋势　根据世界渔业现状和今后渔业生产的预测，世界渔业发展趋势主要为以下几方面。

（1）*海洋渔业资源由开发转向管理，海洋捕捞的区域性管理日益加强*　20 世纪 90 年代起，国际社会日益明确海洋渔业资源已由开发利用时代进入管理时代。海洋捕捞的区域性管理也日益强化。区域渔业组织（Regional Fisheries Organization，RFO）的名称大多改为区域渔业管理组织（Regional Fisheries Management Organization，RFMO），在促进养护和管理渔业资源及国际合作方面发挥了独特的作用。组织机构普及各大洋，1995 年联合国渔业大会通过了《执行协定》后，新建了东南大西洋渔业组织（SEAFO）和中西太平洋渔业委员会（WCPFC），2004 年联合国粮食及农业组织理事会决定成立西南印度洋渔业委员会（SWIOFC）。联合国粮食及农业组织也明确，今后只能通过发展渔业的内涵、加强管理才有可能进一步发展渔业生产，提高效益。

（2）*积极发展水产养殖是今后发展渔业的主要途径*　中国渔业生产在“水产养殖为主，养殖、捕捞、加工并举，因地制宜，各有侧重”的方针指导下，海水和淡水养殖产量不仅在国内超过水产捕捞，而且其占世界水产养殖总产量的 70%，大大推动了世界渔业生产结构的调整，普遍重视发展水产养殖。典型的是挪威，长期来是海洋捕捞国家，现已成为养殖大西洋鲑的大国，而且还带动其他国家。联合国粮食及农业组织曾在 2006 年的有关报告中认为目前供世界食用的水产品中有 50%来自水产养殖。根据对 2050 年的世界渔业产量的预测，也说明积极发展水产养殖是今后发展渔业的主要途径。随着深水抗风暴网箱养殖的发展和完善，发展重点有可能是海水养鱼。

（3）*越来越重视生态渔业的发展*　无论水产捕捞还是水产养殖，都必须根据生态渔业的要求从事和发展生产。在《海洋生态系统负责任渔业的雷克雅未克宣言》中明确指出，应制订有关生态系纳入渔业管理的行为技术守则，依此推进渔业的发展，确保生态系统及其生物资源的有效保护和可持续利用。

（4）*观赏鱼养殖的发展* 观赏鱼养殖属于非食用鱼类的水产养殖，是国际上已一致认为具有良好未来的产业。除海水、淡水观赏鱼外，还包括水族馆的水生活体动物的养殖。有关国家已采取积极措施，加大推进其养殖和贸易的力度，依此增加农村就业和收入及创汇能力。但在发展过程中应注意病害防治问题，否则会引起全球性蔓延传播的严重后果。

（5）*生态旅游的发展* 生态旅游是当前正在兴起的新型产业，并有可能在各国获得发展和普及。许多国家主要推进与水产养殖相关的生态旅游。俄罗斯、乌克兰、白俄罗斯、摩尔多瓦、波罗的海周边国家普遍利用湖泊和水库的网箱养殖和池塘，进行垂钓与旅游等相结合的生态旅游。有的海洋国家已利用外海大型抗风暴网箱或平台型网箱为基地，开展生态旅游，以及与潜水运动相结合进行珊瑚礁探险等。

（6）*发展深加工水产品，提高附加值* 一是以海洋动物、植物和微生物为原料，通过分离、纯化、结构鉴定和优化及药理作用评价等现代技术，将具有明确药理活性的物质开发成药物。二是水产品加工过程中有关废弃物的利用。现在国际上发展较快的有：利用养殖的大西洋鲑内脏加工成有关药物；利用罗非鱼鱼皮制成皮革；利用蟹、虾壳加工成甲壳素；利用绿贻贝加工成抗关节炎的合成物等，变废为宝，减少污染，提高了水产品的附加值。

思 考 题

1. 简述世界主要渔业资源和联合国粮食及农业组织对世界各大洋渔区的划分。
2. 简述世界渔业发展现状及渔业资源开发状况。
3. 简述世界渔业生产发展各阶段的特征。
4. 简述国际贸易在渔业和水产养殖业中的作用。
5. 简述国际渔业组织的性质、作用和主要职能。
6. 简述世界渔业生产的演变及渔业生产结构的变化。
7. 简述世界水产养殖发展现状。
8. 简述世界水产加工利用现状，以及渔业副产品利用现状。
9. 简述休闲渔业的概念及其形式与发展趋势。
10. 简述世界渔业发展的趋势和面对的挑战和主要问题。

第四章

中国渔业

本章资源

本章全面阐述中国渔业发展的相关内容。在国民经济中，新中国成立后渔业地位不断提升，这对改善食物结构、调整农村经济等多方面作用显著。在世界渔业中，中国渔业贡献突出，产量、养殖规模等位居世界前列，这推动了世界渔业生产结构调整。自然环境方面，海洋渔业有渤海、黄海、东海、南海，内陆水域广阔且因地域气候不同各具特点。渔业资源包括海洋、海水养殖及内陆水域资源，种类丰富。中国渔业具有悠久的历史，历经原始、古代、近代、现代阶段，现代渔业发展各时期特点鲜明，改革开放后成就斐然，战略地位、发展质量、国际地位提升，发展方式转变，管理能力增强，其成功源于坚持以养为主、市场化改革、对外开放等一系列经验。

第一节　中国渔业在国民经济中的地位和作用

一、中国渔业在国民经济中的地位

中国渔业虽然具有悠久历史，海洋和内陆水域广阔，但在新中国成立前，渔业一直得不到应有的重视，在国民经济中层次很低。新中国成立后，渔业才获得发展，在国民经济中地位不断提高。根据中国渔业统计年鉴数据，1978 年的中国渔业总产值约占大农业的 1.6%，到 1997 年提高到了 10.6%，从根本上解决了城市“吃鱼难”的难题。同时，渔业已成为促进中国农村经济繁荣的重要产业，尤其是发展水产养殖业是农民脱贫致富、奔小康的有效途径之一，据统计，渔民人均年收入从 1978 年的 93 元，提高到 1997 年的 3974 元，比农民人均年收入高出约 90%。据统计，2023 年我国（按当年价格计算）全社会渔业经济总产值 30 873.14 亿元，其中，渔业产值 15 267.49 亿元，渔业工业和建筑业产值 6621.17 亿元，渔业流通和服务业产值 8984.48 亿元，三个产业产值的比例为 49.5∶21.4∶29.1。渔业流通和服务业产值中，休闲渔业产值 847.40 亿元。全国渔民人均纯收入为 24 614.41 元。随着人口的增长和人们生活的改善，以及从维护国家海洋权益方面考虑，发展渔业具有重大的现实意义和战略意义。

二、中国渔业在国民经济中的作用

发展渔业在国民经济中，对满足人们生活的需求、促进经济发展都具有十分重要的作用。

（1）有利于改善人们的食物结构，提高全民族的健康水平　水产品是人类食物中主要蛋白质的来源之一。鱼、虾、蟹、贝、藻等水产品含有丰富的蛋白质和人们必需的氨基酸。现选一般常见的代表性鱼类（海水的带鱼和淡水的鲢）与瘦猪肉、牛肉、羊肉及鸡蛋中每百克所含的蛋白质量作一简单的比较（表 4-1）。例如，平均每 100g 带鱼和鲢分别含有蛋白质 18.1g 和 18.6g，都高于瘦猪肉、牛肉、羊肉和鸡蛋。一般情况下，水产品蛋白质相对容易被人们食用后吸收。

表 4-1 有关鱼类和其他动物蛋白质含量的比较

种类	带鱼	鲢	瘦猪肉	牛肉	羊肉	鸡蛋
蛋白质含量 g/100g	18.1	18.6	16.7	17.7	13.3	14.8

鱼类等水产品还含有一种高度不饱和脂肪酸，对预防脑血栓、心肌梗死具有特殊作用。一般称为 DHA。目前国际上都公认“吃鱼健康”“吃鱼健脑”，为了增强体质，要求人们调整食物结构，提倡多吃鱼。在国际上，“鱼”是广义性的，包括其他水产品。

（2）*有利于调整农村经济结构，合理开发利用国土资源* 中国人口众多，耕地面积少。但是内陆水域和浅海滩涂超过了耕地面积。如能合理利用，发展水产增养殖，既不与种植业争耕地，又不与畜牧业争草原，对调整农村生产结构和经济结构，具有现实和重大意义。例如，采取渔农结合、渔牧结合、渔盐结合等措施，可使陆地和水域生态系统上的分配更加合理，以实现良性循环，还能获得更大的经济效益、生态效益和社会效益。

（3）*有利于增加国家财政收入、外汇储存，扩大国际影响* 中国是水产品生产和出口大国，同时也是水产品进口大国（为其他国家提供水产品加工外包服务），而国内对非国产品种的消费量也在不断增长。

（4）*有利于安排农村剩余劳动力* 随着中国农村经济体制改革的不断深入，农业劳动力将不断地从土地上解放出来。有计划地因地制宜发展渔业，无疑是安排农村剩余劳动力的有效途径之一。但是，农村剩余劳动力不能过多地转移至渔业，否则对渔业的可持续发展是不利的。

（5）*有利于促进和加速其他产业的发展* 渔业的产前、产中、产后与有关服务行业同步发展，包括修造船业、动力机械业、渔网绳索制造业、导航与助渔仪器制造业、化纤业、制冷设备业、食品机械设备业等，推动了新材料、新技术、新工艺、新设备等高新技术的发展。水产品除食用外，还为医药、化工等提供重要原料，相对地也推动了有关产业的发展。

（6）*发展渔业对维护国家海洋权益具有重大的现实意义和战略意义* 海洋渔船由于船数众多，作业分布面广，在海上持续时间长，因此对捍卫国家管辖范围内的海洋权益具有重大的现实意义。在国际上，赋予各国在遵守有关国际法的条件下，在公海上捕鱼的自由权利。为此，在可持续开发利用公海渔业资源的前提下，发展我国远洋渔业，也对维护国家海洋权益具有重大的战略意义。

第二节 中国渔业在世界渔业中的地位

一、中国渔业对世界渔业的贡献

在历史上，中国渔业对世界渔业的发展起到过重要影响。在水产养殖方面，尤其是淡水养鱼，对世界的贡献很大。中国的海洋捕捞技术，如拖网类、围网类、光诱集鱼等生产技术早就流传到了国外，推动了国际渔业技术的发展。20 世纪 90 年代以来，随着中国渔业迅速的发展，水产品总量、养殖水产品总量、水产品出口、水产品国际贸易总额、渔船拥有量、渔民总数和渔业从业人员数量、远洋渔业水产品产量等均处在世界前列，在世界粮食安全方面发挥了日益重要的作用，在国际渔业中的地位和作用也日益提高。

1. 中国渔业产量直接关系到世界渔业总产量的高低 中国渔业年产量于 2000 年已超过

4400万t，约占世界总产量的1/3。20世纪90年代以来，世界渔业产量年年有所增长的主要原因是中国渔业产量年年增加，尤其是淡水渔业（内陆水域）的产量增长更为显著，全球水产养殖产量中中国几乎占 2/3。为此，联合国粮食及农业组织每年出版的《渔业统计年鉴》、每隔两年出版的《世界渔业和水产养殖状况》等书刊中，对有关世界渔业产量的统计分成中国除外和包括中国在内的两种渔业产量，以揭示中国渔业产量的重要地位。

2. 中国渔业发展以水产养殖为主，推动了世界渔业生产结构的调整　由于中国自 1979 年起逐步调整渔业生产发展方针，重点由海洋转向淡水，由水产捕捞转向水产养殖，尤其是利用内陆水域发展淡水养殖，从根本上改变了中国传统渔业的生产面貌。水产养殖产量于 2006 年突破了4000万t，2016年突破了6000万t，2020年突破了7000万t，2022年达到7500多万t，水产养殖与捕捞产量的比值约为5.7∶1。客观上打破了长期以来世界渔业以海洋捕捞为主的发展方针，为世界渔业发展开创了新的途径。尤其是对广大发展中国家更有重大的现实意义。联合国粮食及农业组织于 1980 年在中国无锡建立淡水养殖培训中心，培养亚非地区的淡水养殖技术干部，推广中国淡水养殖模式。

3. 在有关国际组织中，中国的地位和作用日益重要　中国是联合国粮食及农业组织的理事国。中国在发展国内渔业的同时，积极发展远洋渔业，与有关国家进行合作，共同开发利用有关海域的渔业资源，并参加相应的国际渔业组织和有关工作，承担了国际上规定的有关责任和义务，获得了国际信誉。

4. 建立了国际渔业信息网络　联合国粮食及农业组织下设的有关信息网络组织有全球性的“GLOBFISH”，还有区域性网络，包括亚太地区的“INFOFISH”、拉美地区的“INFOPESCA”、非洲国家的“INFOPECHE”、阿拉伯国家的“INFOSAMAK”、东欧国家的“EASTFISH”。由于中国是渔业大国，为了互通信息，联合国粮食及农业组织在中国单独建立了“INFOYU”，与全球联网，以发挥我国的作用。

二、中国渔业与世界渔业产量的比较

2022年全世界捕捞和养殖的产量为2.232亿t（鲜重），包括鱼类、甲壳类、软体动物、蛙类、水生龟类、鳖、其他可食用水生动物（如海参、海蜇、海胆和海鞘等）及藻类。2022年，中国的捕捞和养殖产量为8861万t（鲜重），占到世界总量的39.7%。中国在世界水产养殖方面有着举足轻重的地位，海水养殖和淡水养殖分别占到世界产量的 66.5%和 49.8%，而海洋捕捞和淡水捕捞则相对较低，分别为14.9%和10.26%。

中国的水产品产量从 1950 年的占世界的比例不到 5%，发展到 2010 年占到了 37.8%，2020年达到39.3%，2022年为39.7%。这从侧面说明渔业的生产已经从过去追求总量转变到量质并重，再到以质量提高为主的供给侧改革和发展。

1. 世界渔业生产总量及中国的贡献　根据FAO统计数据，从1950年开始，世界捕捞和养殖产量呈现稳定增长的趋势，1950年总产量不足2000万t，2020年达到21 377.0万t。在整个发展过程，中国发挥了重要的作用。1950年，中国的水产品产量占世界的比例不到5%，1990年这一比例增加到14.6%，产量达到1510.7万t；2000年所占比例和总产量分别增加到32.3%和4457.4万t；2010年所占比例和总产量分别为37.8%和6284.4万t；2020年所占比例和总产量分别提高到39.3%和8393.0万t（表4-2）。

表 4-2 中国和世界渔业产量比较及其所占比值

区域		年份							
		1950	1960	1970	1980	1990	2000	2010	2020
中国	淡水养殖	6.6	50.0	58.2	90.2	445.9	1321.8	2272.1	3094.5
	淡水捕捞	16.4	20.0	32.2	36.7	86.4	195.3	212.5	146.0
	海水养殖	1.0	45.9	89.9	220.4	393.4	1653.1	2506.9	3953.8
	海洋捕捞	71.6	201.5	216.8	278.0	585.0	1287.1	1292.9	1198.6
	合计	95.6	317.4	397.1	625.3	1510.7	4457.3	6284.4	8392.9
世界	淡水养殖	26.0	85.7	127.3	235.4	765.9	1869.5	3611.3	5458.2
	淡水捕捞	192.8	308.4	462.9	510.4	644.3	859.3	1086.6	1145.9
	海水养殖	37.9	126.0	244.0	543.9	962.1	2432.2	4188.4	6821.2
	海洋捕捞	1731.7	3170.5	5924.7	6310.9	7956.0	8618.4	7740.2	7951.7
	合计	1988.3	3690.6	6758.9	7600.5	10328.4	13779.4	16626.5	21377.0
所占比例/%		4.8	8.6	5.9	8.2	14.6	32.3	37.8	39.3

20 世纪 90 年代开始，从中国和世界的渔业生产结构上可以看出，养殖产量占各自总产量比例逐年增加（表 4-3）。20 世纪 80 年代，中国水产养殖产量接近捕捞产量，约占 49.67%，而世界水产养殖产量占世界总产量的比例为 10.25%；90 年代，中国水产养殖产量所占比例达到 55.56%，世界上所占比例也增加到 16.73%；2010 年，中国水产养殖、世界养殖产量占各自总产量的比例分别达到 76.05%和 46.91%；2020 年这一比例得到了进一步增加，分别达到 83.98%和 57.44%。中国积极发展水产养殖业，对世界海洋渔业资源的保护起到了重要的作用。

表 4-3 中国和世界养殖产量及其所占总产量比值

产量及占比		年份							
		1950	1960	1970	1980	1990	2000	2010	2020
养殖产量/万 t	中国	7.6	95.9	148.1	310.6	839.3	2 974.9	4 779.0	7 048.3
	世界	63.9	211.7	371.3	779.3	1 728.0	4 301.7	7 799.7	12 279.4
养殖产量占各自总产量比例/%	中国	7.95	30.20	37.30	49.67	55.56	66.74	76.05	83.98
	世界	3.21	5.74	5.49	10.25	16.73	31.22	46.91	57.44

2. 世界海洋捕捞产量及中国贡献 根据 FAO 统计数据，1950 年开始，世界海洋捕捞呈现先稳定增长后出现小幅度下降与波动的趋势，1950 年海洋捕捞总产量不足 1800 万 t，2000 年达到 8618.4 万 t，2010 年和 2020 年分别为 7740.2 万 t 和 7951.7 万 t（表 4-4）。在整个海洋捕捞产量的发展过程，中国发挥了重要的作用。1950 年，中国海洋捕捞产量只有 71.6 万 t，占世界的比例只有 4.13%，1990 年这一比例增加到 7.35%，产量达到 585.0 万 t；2000 年所占比例和总产量分别增加到 14.93%和 1287.1 万 t；2010 年所占比例和总产量分别增加到 16.70%和 1292.9 万 t；2020 年所占比例和总产量分别为 15.07%和 1198.6 万 t（表 4-4）。

表 4-4 中国和世界海洋捕捞产量及其所占总产量比值

产量及占比		年份							
		1950	1960	1970	1980	1990	2000	2010	2020
产量/万 t	中国	71.6	201.5	216.8	278.0	585.0	1287.1	1292.9	1198.6
	世界	1731.7	3170.5	5924.7	6310.9	7956.0	8618.4	7740.2	7951.7
占各自总产量比例/%	中国	74.90	63.48	54.60	44.46	38.72	28.88	20.57	14.28
	世界	87.09	85.91	87.66	83.03	77.03	62.55	46.55	37.20

3. 世界海水养殖产量及中国贡献 根据 FAO 统计数据，1950 年开始，世界海水养殖业呈现稳定增长趋势，1950 年海水养殖产量不足 38.0 万 t，2000 年达到 2432.2 万 t，2010 年和 2020 年分别为 4188.4 万 t 和 6821.2 万 t（表 4-5）。在整个海洋捕捞产量的发展过程，中国发挥了重要的作用。1950 年，中国海水养殖产量只有 1.0 万 t，占世界的比例只有 2.64%，1990 年这一比例增加到 40.89%，产量达到 393.4 万 t；2000 年所占比例和总产量分别增加到 67.97%和 1653.1 万 t；2010 年所占比例和总产量分别增加到 59.85%和 2506.9 万 t；2020 年所占比例和总产量分别为 57.96%和 3953.8 万 t（表 4-5）。

表 4-5 中国和世界海水养殖产量及其所占总产量比值

产量及占比		年份							
		1950	1960	1970	1980	1990	2000	2010	2020
产量/万 t	中国	1.0	45.9	89.9	220.4	393.4	1653.1	2506.9	3953.8
	世界	37.9	126.0	244.0	543.9	962.1	2432.2	4188.4	6821.2
占各自总产量比例/%	中国	1.05	14.46	22.64	35.25	26.04	37.09	39.89	47.11
	世界	1.91	3.41	3.61	7.16	9.32	17.65	25.19	31.91

4. 世界淡水捕捞产量及中国贡献 根据 FAO 统计数据，1950 年开始，世界淡水捕捞呈现稳定增长的趋势，1950 年淡水捕捞总产量不足 200 万 t，2000 年达到 859.3 万 t，2010 年和 2020 年分别为 1086.6 万 t 和 1145.9 万 t（表 4-6）。在整个淡水捕捞产量的发展过程，中国发挥了重要的作用。1950 年，中国淡水捕捞产量只有 16.4 万 t，占世界的比例只有 8.51%，1990 年这一比例增加到 13.41%，产量达到 86.4 万 t；2000 年所占比例和总产量分别增加到 22.73%和 195.3 万 t；2010 年所占比例和总产量分别为 19.56%和 212.5 万 t；2020 年所占比例和总产量分别为 12.74%和 146.0 万 t（表 4-6）。

表 4-6 中国和世界淡水捕捞产量及其所占总产量比值

产量及占比		年份							
		1950	1960	1970	1980	1990	2000	2010	2020
淡水捕捞产量/万 t	中国	16.4	20.0	32.2	36.7	86.4	195.3	212.5	146.0
	世界	192.8	308.4	462.9	510.4	644.3	859.3	1086.6	1145.9
占各自总产量比例/%	中国	17.15	6.30	8.11	5.87	5.72	4.38	3.38	1.74
	世界	9.70	8.36	6.85	6.72	6.24	6.24	6.54	5.36

5. 世界淡水养殖产量及中国贡献 根据 FAO 统计数据，1950 年开始，世界淡水养殖产量

呈现稳定增长的趋势，1950 年淡水养殖总产量 26.0 万 t，2000 年达到 1869.5 万 t，2010 年和 2020 年分别为 3611.3 万 t 和 5458.2 万 t（表 4-7）。在整个淡水养殖产量的发展过程中，中国的发展发挥了重要的作用。1950 年，中国淡水养殖产量只有 6.6 万 t，占世界的比例只有 25.38%，1990 年这一比例增加到 58.22%，产量达到 445.9 万 t；2000 年所占比例和总产量分别增加到 70.70%和 1321.8 万 t；2010 年所占比例和总产量分别增加到 62.92%和 2272.1 万 t；2020 年所占比例和总产量分别为 56.69%和 3094.5 万 t（表 4-7）。

表 4-7 中国和世界淡水养殖产量及其所占总产量比值

产量及占比		年份							
		1950	1960	1970	1980	1990	2000	2010	2020
淡水养殖	中国	6.6	50.0	58.2	90.2	445.9	1331.8	2272.1	3094.5
产量/万 t	世界	26.0	85.7	127.3	235.4	765.9	1869.5	3611.3	5458.2
占各自总	中国	6.90	15.75	14.66	14.43	29.52	29.65	36.15	36.87
产量比例/%	世界	1.31	23.22	1.88	3.10	7.42	13.57	21.72	25.53

三、中国渔船及渔民与世界的比较

1. 渔船规模 据估计，2020 年全球共有 410 万艘渔船，由于欧洲和中国分别于 2000 年和 2013 年开始缩减船队规模，因此过去二十年渔船规模一直在持续下降。亚洲拥有世界上最大的捕捞船队，估计为 268 万艘，约占全球总数的 2/3。与世界其他地区相比，非洲的捕捞船队规模一直在扩大，目前占全球渔船总数的 23.5%，与 2015 年相比增加了 10%。美洲目前在全球渔船总数中占比不到 9%，与 2015 年相比减少 1.5%。欧洲和大洋洲在全球总数中占比保持稳定，分别为 2%和不到 1%。

根据统计，2020 年中国估计有 56.3 万艘渔船，位列世界第一。中国目前正在继续缩减船队规模，已在 2013 年 107.2 万艘的基础上缩减了约 47%，缩减捕捞业规模是中国的长期目标。欧盟过去 20 年也通过共同渔业政策，实施了类似的计划，2020 年欧盟约有 7.4 万艘渔船，与 2000 年相比减少了 28%。虽然渔船数量有所减少，但更大、动力更强劲的渔船和更高效的渔具也可能会破坏捕捞活动的可持续性。

从船队机动化角度看，世界上约有 250 万艘渔船安装了发动机，占全球渔船总数的 60%以上。2020 年世界上近 2/3 的机动渔船（190 万艘）分布在亚洲。绝大多数非机动渔船在亚洲和非洲，估计分别有 81.5 万艘和 70.2 万艘。世界上已知船长分类的机动渔船中，约 81%属于全长 12m 以下的一类，多数无甲板。从绝对值看，亚洲小型非机动船最多，其次是美洲（特别是拉丁美洲及加勒比区域）和非洲。

大型渔船（全长 24m 以上，通常总吨位超过 100t）全世界估计有 4.5 万艘，占世界机动渔船的总数不到 5%。大型渔船主要集中在美洲、大洋洲和亚洲。值得注意的是，大型渔船虽然数量不多，但在全球捕捞船队总动力中占比约为 1/3。

尽管全球以小型渔船为主，但要对其数量进行估计极具挑战性。的确，工业化船舶通常需要遵守许可和登记要求，但对小型渔船则往往无此要求。此外，小型渔船即便进行了登记，也不一定被纳入国家统计报告中。地方和国家有关内陆水域渔船的报告和数据也往往不完整，很难对海洋和内陆水域船队进一步分类或将两者进行比较。这要求 FAO 加快改进渔业数据质量和报告工作，将重点放在全球的小规模渔业上，同时要通过在渔业统计方面开展专项能力建设来实现这一目标。有关渔船信息的收集对各国而言十分关键，通过这些信息可对自己的船队规模进行评估，为渔业管理提供支持，并朝着认可小规模渔业活动及可持续发展迈出关键的一步。

2. 渔民规模 根据统计，2020 年有 5850 万人作为全职、兼职的劳动力在渔业和水产养殖部门就业，其中约 21% 为女性。按部门分，35%在水产养殖部门就业，65%在渔捕捞业部门就业。总体而言，水产养殖部门总就业人数基本保持稳定，但全球渔民数量则在减少，亚洲表现得更为明显。

根据统计，2020 年亚洲的渔业和水产养殖工人最多（占全球总数的 84%，下同），其次是非洲（10%）和拉丁美洲及加勒比区域（4%）。从事水产养殖的人数超过 2000 万，主要在亚洲（93.5%），其次是非洲（3.1%）和拉丁美洲及加勒比区域（近 3%）。欧洲、北美洲和大洋洲在全球渔民或水产养殖人员总数中各占不到 1%。在 3790 万捕捞渔民中，近 80%在亚洲，其次是非洲（13%），美洲所占比例略高于 5%（多数在拉丁美洲及加勒比区域），大洋洲占比略高于 1%，欧洲略低于 1%。

女性就业是国际社会高度关注的问题之一。根据统计，2020 年在渔业和水产养殖初级部门直接就业的人员中女性占比略高于 21%，水产养殖部门为 28%，渔业部门为 18%。在小规模渔业中，研究发现，小规模渔业价值链中 39.6%的主体（从业人员和以此为生的人员）及 49.8%的捕捞后从业人员为女性。

第三节 中国渔业的自然环境

一、海洋渔业的自然环境

中国大陆东、南面临渤海、黄海、东海和南海，这 4 个海属于太平洋的边缘海。大陆海岸线从鸭绿江口到北仑河口，全长 18 000 多千米，岛屿岸线 14 000 多千米。全年沿海河流入海的径流量超过 1.5 万亿多 m^3。渤海、黄海、东海和南海的自然条件概况如表 4-8 所示。

表 4-8 渤海、黄海、东海和南海的自然条件概况

海域	面积	水深	底质	水文条件
渤海	约 7.7 万 km^2，大陆架面积约 7.7 万 km^2	水深 20m 以内的面积占一半，最大水深为 85m（老铁山水道）	周围质细砂，中央盆地颗粒变粗	水文条件受气候及沿岸河流径流量影响较大
黄海	约 38 万 km^2，大陆架面积约 38 万 km^2	最大水深 103m	苏北沿海为沙沟，底质以细砂为主	黄海水团和沿岸水相互影响
东海	约 77 万 km^2，大陆架面积约 57 万 km^2	大部分水深为 60～140m，大陆架外缘转折水深为 140～180m，冲绳海槽最深处为 2719m	60～70m 等深线以西为软泥、泥质砂、粉砂为主，东侧以细砂为主，台湾海峡南为砾石	黑潮分支和沿岸水相互影响
南海	约 350 万 km^2，大陆架面积约 37.4 万 km^2	周围较浅，南北为大陆架，中央为深海，北部湾最深处为 80m	除岛礁以珊瑚礁为主外，其他以泥、砂为主	黑潮为主，北部大陆架受沿岸水影响

（1）*渤海* 是中国的内海。以老铁山西角为起点，庙岛列岛和蓬莱角的连线为界，该界

线以西为渤海，以东为黄海。渤海面积约 7.7 万 km^2。水深 20m 以内的面积占一半，仅在老铁山水道的水深为 85m。底质分布情况是，沿岸周围沉积物颗粒较细，细砂分布很广，向中央盆地颗粒逐步变粗。

（2）黄海　与渤海相通，以长江口北角与韩国济州岛西南角的连线为南界，与东海相通。面积约 38 万 km^2。黄海分北、中、南三部分，即山东成山头与朝鲜长山串连成线，以北为黄北部，以南至 34°N 线为黄海中部，34°N 以南为黄海南部。整个黄海海域处于大陆架上，仅在北黄海东南部有一黄海槽。苏北沿海沙沟纵横等，深浅呈辐射状分布。底质以细砂为主。

（3）东海　北与黄海相连，东北通过对马海峡与日本海相通，南端以广东南澳岛和台湾鹅銮鼻的连线为界与南海相连。总面积约 77 万 km^2，其中大陆架面积约占 74%，约 57 万 km^2，为四大海域中最大、最宽的，呈扇状。大部分水深为 60～140m，大陆架外缘转折水深为 140～180m，冲绳海槽最深处为 2719m。台湾海峡平均水深为 60m，澎湖列岛西南的台湾线滩水深为 30～40m，最浅处为 12m，构成一海槛，给东海和南海的水体交换带来一定影响。东海大陆架的底质一般以水深 60～70m 为界，西侧为陆源沉积，以软泥、泥质砂、粉砂为主，东侧为古海滨浅海沉积，以细砂为主。台湾海峡南端开阔区域为细砂区、中粗砂区和中细砂区，近岸伴有砾石，澎湖列岛西南为火山喷出物、砾石、基岩等。

（4）南海　南海面积最大，约 350 万 km^2，北部大陆架面积约为 37.4 万 km^2。地形是周围较浅，中间深陷，呈深海盆型，南部除南沙群岛等岛礁外，尚有著名的巽他大陆架。北部湾最深处为 80m，大多处于 20～50m，海底平坦。底质分布上，北部大陆架大致与东海相似，北部湾东侧黏土软泥为主，周围是粗砂、砾砂。

上述 4 个海域都属半封闭海性质，其海洋水文与大洋性海洋有明显区别，受大陆的天气、水系及其外海海流（包括潮流等）的影响。其各水层的等温线和等盐线的分布一般为外高内低，南高北低；季节变化明显。构成中国海洋环流的主要是中国大陆沿岸流和黑潮流两个系统。前者一般都沿岸由北向南流动，黑潮流系除南海分支外，终年向偏东北方向流动。由于相互消涨和地形等的影响，直接关系到渔业资源的移动和洄游。《联合国海洋法公约》生效后，上述 4 个海域除渤海是中国内海外，黄海、东海和南海都与周边国家存在关于专属经济区或大陆架划界问题。

二、内陆水域渔业的自然环境

中国内陆水域辽阔，总面积约 2.64 亿亩[①]，占国土面积的 1.84%，其中河流 1 亿多亩，湖泊 1.1 亿多亩，水库 3000 多万亩，池塘 2000 多万亩。河流流程超过 300km 以上的有 104 条，其中 1000km 以上的有 22 条。湖泊面积在 1km^2以上的有 2800 多个，面积在百万亩以上的有 18 个，主要有鄱阳湖、洞庭湖、太湖、洪泽湖、巢湖、呼伦湖、纳木错、兴凯湖、南西湖、博斯腾湖等。大小水库有 8.7 万座，大型的有 328 座，中型的有 2333 座，小型的有 8.4 万座。由于中国国土面积广大，纵贯 49 个纬度，横跨 62 个经度，5 个气候带，因此，其地理、气候、水文等自然条件差异巨大，这使内陆水域渔业资源纷繁复杂，丰富多彩。全国内陆水域大致可分为以下几个流域。

（1）黑龙江、辽河流域　地处寒温带，降水量分布不均匀，11～4 月为封冻期，5～11 月为明水期，其月平均水温为 7～24℃，水面大多分布在北部，结冰期不一。流域内水面积约占全国的 9%。

（2）黄河、海河流域　地处南温带，降水不丰富，日照较长，周年月平均水温为 3～28℃，

① 1 亩≈666.7m^2

水面主要分布在河流下游的平原地区。全流域的水面积约占全国的11%。

（3）*长江流域* 地处南温带和亚热带之间，降水丰富，气候温和，周年月平均水温为6～29℃。该流域的中下游的平原地区河川纵横，湖泊密度大，水网交织，水面积约占全国的46%。

（4）*珠江流域* 地处亚热带，降水特别丰富，周年月平均水温为13～30℃。全流域水面积约占全国的7%。

（5）*新疆、青海、西藏地区水域* 属高原地区，是我国也是世界上最大的高原湖泊群分布区，其水面积占全国的25%。有的是陆封微碱性的水面，如青海湖等。

根据上述全国主要河流流域的自然条件（表4-9），黄河流域、长江流域和珠江流域是比较适宜从事水产养殖业的，尤其长江流域中下游水网交织，水面积几乎占全国水面总面积的一半。值得引起注意的是，新疆、青藏高原拥有大量高原湖泊，可为发展冷水性鱼类养殖提供独特的有利条件。

表4-9 全国主要河流流域和新疆、青海、西藏地区水域的自然条件概况

流域	位置	周年月平均温度等	水面积占全国的情况
黑龙江、辽河流域	寒温带	5～11月为明水期，其月平均水温7～24℃	水面多在北部，水面积占全国的9%
黄河、海河流域	南温带	月平均水温为3～28℃，日照长	水面主要在河流下游平原地区，水面积占全国水面积的11%
长江流域	南温带和亚热带之间	月平均水温为6～29℃，降水丰富，气候温和	流域中下游水网交织，水面积占全国的46%
珠江流域	亚热带	月平均水温13～30℃，降水特别丰富	水面积占全国的7%
新疆、青海、西藏高原水域	高原地区	水温差别很大	高原湖泊群为世界之最，水面积占全国的25%

第四节 中国渔业资源

一、海洋渔业资源

根据多年调查，已知中国海洋渔业资源种类繁多。海洋鱼类有2000多种，海兽类约40种，头足类约80种，虾类300多种，蟹类800多种，贝类3000种左右。海藻类约有1000种。这些种类中有的缺乏经济利用价值，有的数量过少，渔业统计和市场销售名列上的种类大约有200种。

1. 按渔业资源类型划分

（1）*按有关渔业资源栖息水层、海域范围和习性划分*

中上层渔业资源：主要栖息在中上层水域的渔业资源，如鲐、鲹、马鲛鱼等。

底层或近底层渔业资源：主要栖息在底层或近底层水域的渔业资源，如小黄鱼、大黄鱼、带鱼、鮟鱇、鳕等。

河口渔业资源：主要栖息在江河入海口水域的渔业资源，如鲻、梭鱼、花鲈及过河性的刀鲚、凤鲚等。

高度洄游种群资源：一般生长在大洋中，并有规律地长距离洄游的鱼类资源，如金枪鱼类、鲣、枪鱼、箭鱼等。

溯河产卵洄游鱼类资源：在海洋中生长，回到原产卵孵化的江河中繁殖产卵的鱼类资源，如大麻哈鱼、鲥等。

降河产卵洄游鱼类资源：与溯河产卵洄游鱼类资源相反，在江河中生长，回到海洋中繁殖产卵的鱼类资源，如鳗鲡。

（2）按捕捞种类的产量高低划分　根据 FAO 统计，全球海洋捕捞对象约为 800 种。按实际年渔获量进行种类等级划分：超过 1000 万 t 的为特级捕捞对象；100 万～1000 万 t 的为Ⅰ级捕捞对象；10 万～100 万 t 的为Ⅱ级捕捞对象；1 万～10 万 t 的为Ⅲ级捕捞对象；0.1 万～1 万 t 的为Ⅳ级捕捞对象；小于 0.1 万 t 的为Ⅴ级捕捞对象（表 4-10）。

表 4-10　全球海洋捕捞对象产量级

等级	实际年渔获量/万 t	捕捞对象	渔业规模
特级	＞1000	秘鲁鳀（于 1970 年年产 1306 万 t）	特大规模渔业
Ⅰ级	100～1000	狭鳕、远东拟沙丁鱼、日本鲐等 10 多种	大规模渔业
Ⅱ级	10～100	黄鳍金枪鱼、带鱼、鲻、中国毛虾等 60 多种	中等规模渔业
Ⅲ级	1～10	银鲳、三疣梭子蟹、曼氏无针乌贼等 280 多种	小规模渔业
Ⅳ级	0.1～1	黄姑鱼、白姑、口虾蛄等 300 多种	地方性渔业
Ⅴ级	＜0.1	黑鲷、大菱鲆、龙虾等 150 多种	兼捕性渔业

根据我国渔业生产统计，我国尚无特级的捕捞对象，年渔获量曾超过 100 万 t 的只有鳀一种。超过 1 万 t 的约 40 种，主要有带鱼、绿鳍马面鲀、蓝圆鲹、大黄鱼、日本鲐、太平洋鲱、银鲳、蓝点马鲛、多齿蛇鲻、长尾大眼鲷、棘头梅童鱼、皮氏叫姑鱼、白姑鱼、马六甲鲱鲤、绒纹单角鲀、金色小沙丁鱼、远东拟沙丁鱼、青鳞鱼、班鰶、黄鲫、乌鲳、海鳗、绵鳚、鳓、竹筴鱼、鳕、真鲷、日本枪乌贼、中国枪乌贼、中国对虾、鹰爪虾、中国毛虾、三疣梭子蟹、海蜇、毛蚶、菲律宾蛤仔、文蛤等。由于渔业资源的波动及出现衰退，目前超过 1 万 t 的只有 30 多种。

（3）按捕捞对象的适温性划分　按捕捞对象的适温性划分，可分为冷温性种、暖温性种和暖水性种，其中暖水性种约占 2/3。鱼类是我国海洋渔获物的主体，占总渔获量的 60%～80%。各海域不同适温鱼类种类及其种类比例如表 4-11 所示。

表 4-11　各海域不同适温鱼类种类及其种类比例

海域	暖水性		暖温性		冷温性		合计	
	种类	比例/%	种类	比例/%	种类	比例/%	种类	比例/%
南海诸岛海域	517	98.9	6	1.1	0	0	523	100.0
南海北部大陆架	899	87.5	128	12.5	0	0	1027	100.0
东海大陆架	509	69.7	207	28.4	14	1.9	730	100.0
渤海和黄海	130	45.0	138	47.8	21	7.2	289	100.0

资料来源：《中国渔业资源调查和区划》编委会，1990a

（4）按栖息水深划分　水深 40m 以内的沿岸海域。因受大陆河流入海的影响，盐度低，饵料生物丰厚，为多种鱼虾类的产卵场和育肥场，既有地方性种群资源，也有洄游性种群资源。渤海有小黄鱼、带鱼、真鲷、马鲛、鲈、梭鱼、对虾、中国毛虾、梭子蟹等的产卵场。黄海沿岸海域有带鱼、小黄鱼、鳕、高眼鲽、牙鲆、鲂鮄、太平洋鲱、马鲛、对虾、鹰爪虾、毛虾等。南黄海还有大黄鱼、银鲳等，东海沿岸海域有大黄鱼、小黄鱼、带鱼、乌贼、鲳、鳓、虾蟹类的产卵场和育肥场，南海沿岸海域有班鲦、蛇鲻、石斑鱼、鲷类、乌贼等。

水深 40～100m 的近海海域。这是沿岸水系和外海水系的交汇处，是有关鱼虾类的索饵场和越冬场。近海海域渔业资源南北差异显著。34°N 以南到台湾海峡，温水性种类占优势，如大黄鱼、小黄鱼、带鱼、海鳗、鲳、鳓等。台湾海峡以南的南海近海海域以暖温性和暖水性的种类为优势，如蛇鲻、金线鱼、绯鲤、鲷类、马面鲀等。

水深 100～200m 的大陆架边缘的海域。这与上述海域的种类不同。东海外海有鲐、马鲛、马面鲀；南海外海有鲐、深水金线鱼、高体若鲽和金枪鱼类等，台湾以东的太平洋有金枪鱼、鲣、鲨鱼等。

2. 我国主要海洋渔业资源种类介绍

白斑星鲨（*Mustelus anazo*）　属软骨鱼类。一般体长 1m 以内。主要分布在渤海、黄海和东海北部，但资源量有限（图 4-1）。

图 4-1　白斑星鲨

孔鳐（*Raja porosa*）　俗称老板鱼，属软骨鱼类。体盘宽度一般为 15～26cm。尾部无毒刺。主要分布在渤海、黄海和东海近海，随季节变化在浅水和深水之间游动（图 4-2）。

光魟（*Dasytis laevigatus*）　俗称黄鲼、黄虎、虎鱼。体盘宽度可达 35cm。分布在东海、黄海和渤海。数量不大多。其肝中维生素 A、维生素 D 含量较高。尾部有毒刺，经济价值很高（图 4-3）。

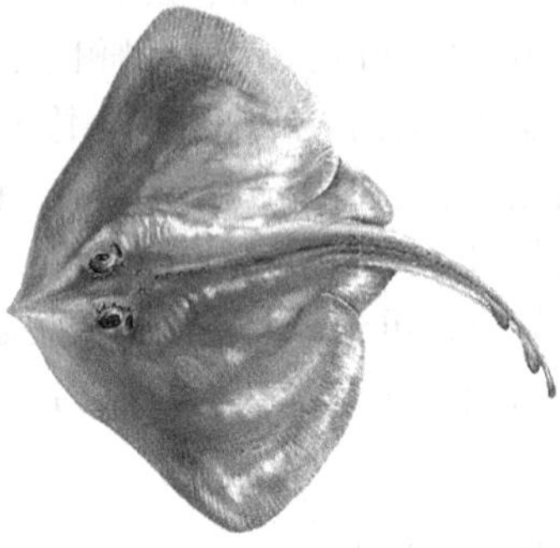

图 4-2　孔鳐

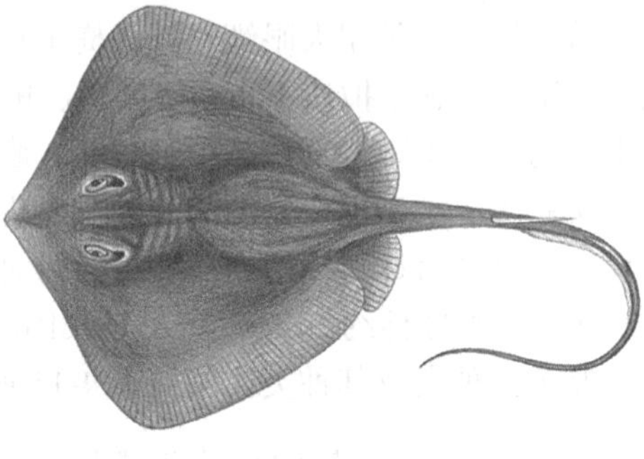

图 4-3　光魟

海鳗（*Muraenesox cinereus*）　南方俗称牙鳝、门鳝。一般体长为 40～75cm，大的可超过 90cm，是我国渤海、黄海、东海和南海沿海的常见鱼类（图 4-4）。

大黄鱼（*Pseudosciaena crocea*）　体长一般为 30～40cm，体重为 400～800g。但目前渔获体长大部分小于 20cm。主要分布在黄海南部和东海，在硇洲以东的南海海域也有分布，但数量相对较少（图 4-5）。

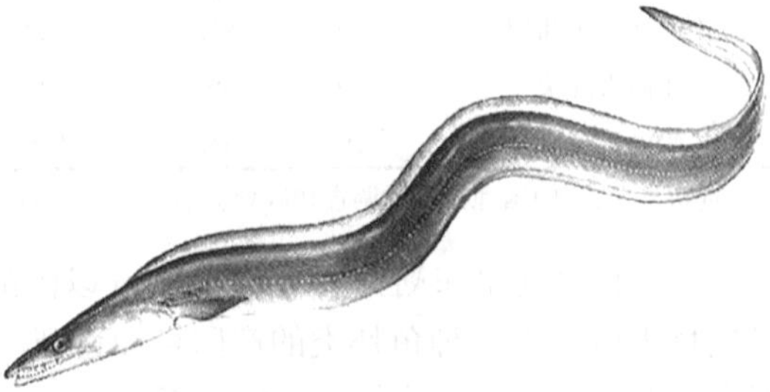

图 4-4　海鳗

小黄鱼（*Pseudosciaena polyactis*）　体长一般为 14～16cm，体重为 50～100g。但目前渔获体长大部分小于 10cm。主要分布在渤海、黄海和东海（图 4-6）。

图 4-5　大黄鱼

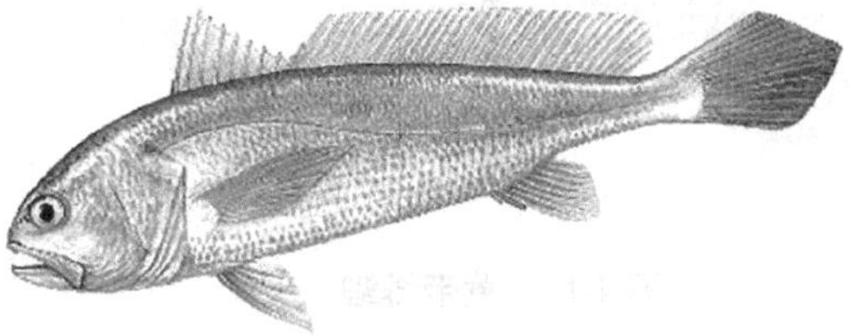

图 4-6　小黄鱼

棘头梅童鱼（*Collichthys lucidus*）　俗称梅子。体长一般为 7.5～14cm，体重为 15～30g。主要分布在渤海、黄海，是兼捕对象（图 4-7）。

带鱼（*Trichiurus haumela*）　北方俗称刀鱼。体长一般为 15～200cm，体重为 55～150g，为我国周边海域常见鱼类，也是渔获量较高的鱼类（图 4-8）。

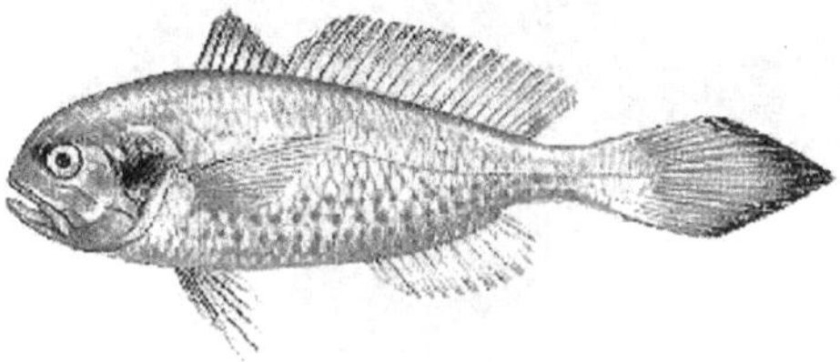

图 4-7　棘头梅童鱼

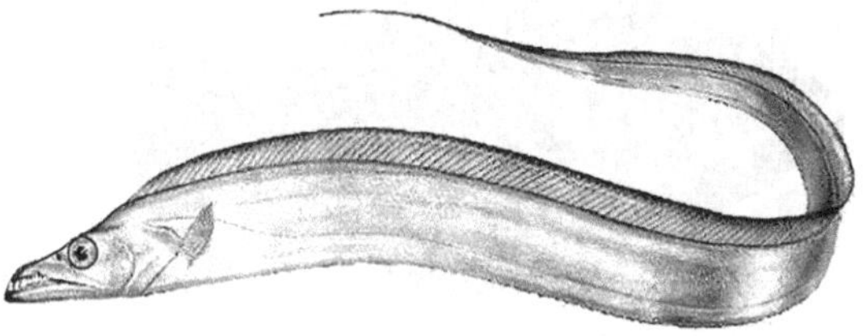

图 4-8　带鱼

日本鲐（*Pneuatophorus japonicus*）　俗称鲐巴、青占、油筒鱼。体长一般为 35～40cm，体重为 520～550g，为我国周边海域常见鱼类（图 4-9），主要分布在黄海和东海。有一部分也进入渤海产卵，是围网、刺网作业的主要捕捞对象。

二长棘鲷（*Parargyrops edita*）　俗称红立。体长一般为 13～23cm。主要分布在南海和东海南部，是我国南海常见鱼种（图 4-10）。

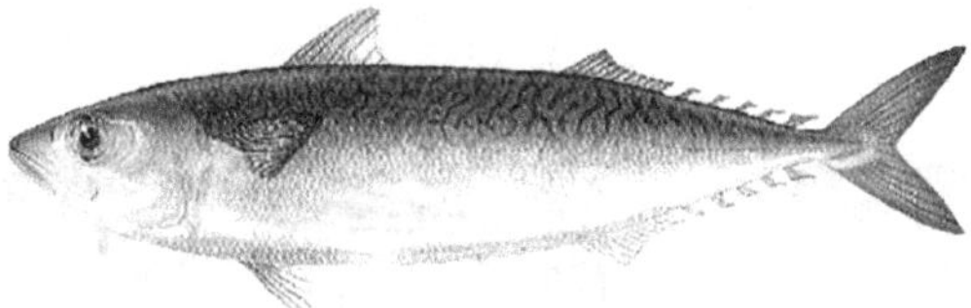

图 4-9　日本鲐

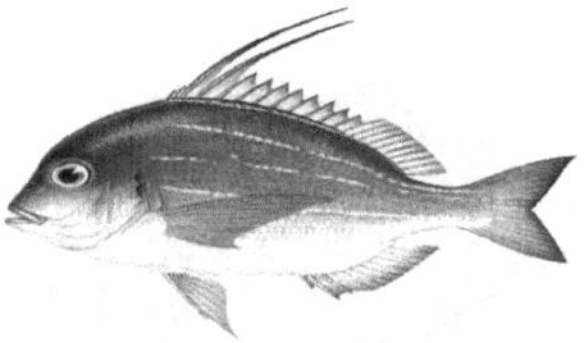

图 4-10　二长棘鲷

金线鱼（*Nemipterus virgatus*）　体长一般为 19～31cm。主要分布在南海和东海南部。黄海南部偶有发现，是我国南海常见鱼种（图 4-11）。

黄带绯鲤（*Upeneus sulphureus*）　俗称双线。体长一般为 9～17cm。我国仅产于南海，是广东沿海的常见鱼种（图 4-12）。

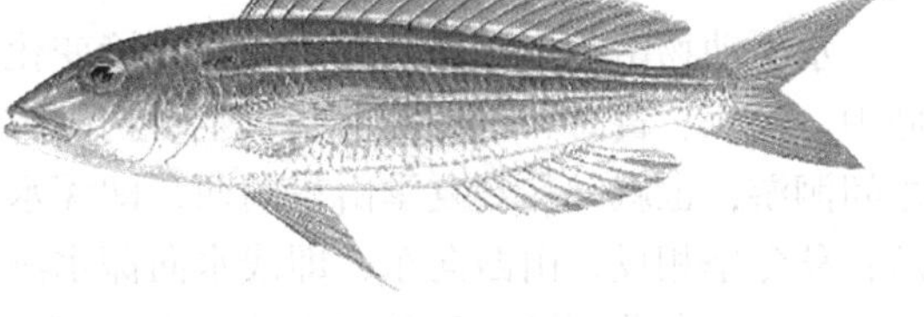

图 4-11　金线鱼

宽体舌鳎（*Cyonglossus robustus*）　俗称牛舌、舌鳎。体长一般为 23～36cm，体重为 65～280g。主要分布在渤海、黄海和东海（图 4-13）。

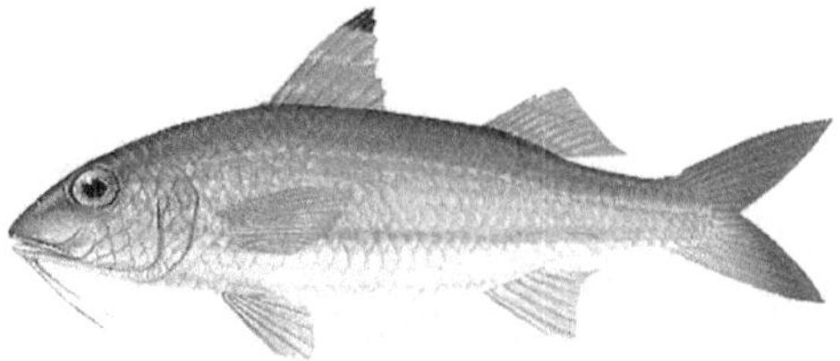

图 4-12　黄带绯鲤

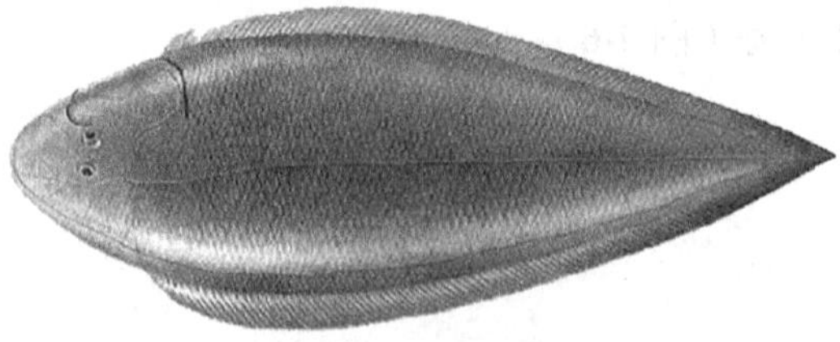

图 4-13　宽体舌鳎

牙鲆（*Paralichthys olivaceus*）　俗称牙片、片口。体长一般为 18～22cm，体重为 100～170g。主要分布在渤海和黄海。现已可人工养殖（图 4-14）。

高眼鲽（*Cleisthenes herzensteini*）　体长一般为 15～18cm，体重为 14～100g。主要分布在渤海和黄海（图 4-15）。

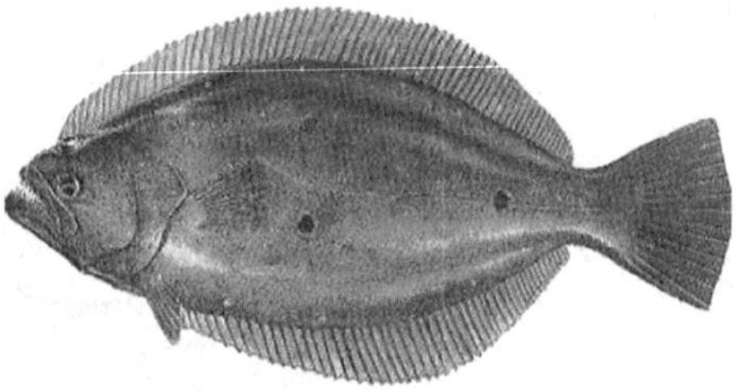

图 4-14　牙鲆

图 4-15 高眼鲽

绿鳍马面鲀（*Navodon modestus*）　俗称橡皮鱼。体长一般为 12～20cm，体重为 100～170g。主要分布在黄海和东海。曾是拖网作业的主要捕捞对象（图 4-16）。

布氏三刺鲀（*Triacanthus blochii*）　体长一般为 8～15cm。我国仅产于南海，是广东沿海的常见鱼种（图 4-17）。

东方鲀（*Fugu xanthoptererus*）　俗称艇巴。体长一般为 15～25cm。我国沿海均有分布，也是常见有毒鱼类（图 4-18）。

图 4-16　绿鳍马面鲀

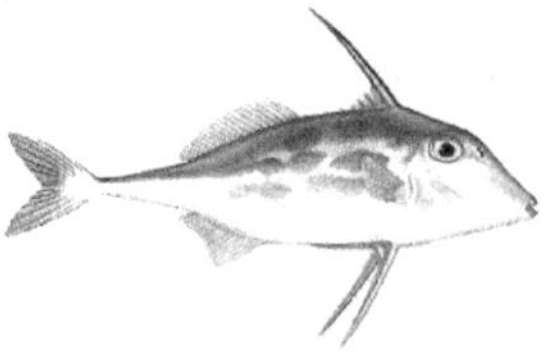

图 4-17　布氏三刺鲀

图 4-18　东方鲀

水生动物由于生理需要和要适应环境变化，尤其海洋鱼类需定时定向的洄游。在我国周边海域中，渤海、黄海和东海的有些水生动物洄游习性比较明显，一般可分为两种类型。一是在东西之间洄游，也就是在春夏季由东向西，即深水向浅水洄游，主要目的是产卵繁殖，故称为产卵洄游；秋冬季相反，由西向东，即浅水向深水洄游，主要目的是避寒越冬，故称为越冬洄游。二是春夏季由南向北洄游，秋冬季由北向南洄游，主要目的与上述是相同的。相对地，在南海沿海海域的有关鱼类等的洄游不明显。

二、海水养殖资源

中国沿海海域南北跨距很大，海水养殖技术不断提高，南北之间海水养殖种类差别很大，而且种类也不断增加。

1. 渤海区 渤海属半封闭的内海，沿岸有辽河、海河、滦河、黄河等河流入海。河口附近多浅滩，当地毛蚶、文蛤、杂色蛤等贝类资源十分丰富，渤海各湾内多泥沙底质，又是鱼虾的产卵场，幼苗集中，对养殖和增殖对虾、梭鱼等十分有利。近年来在渤海口的长岛已发展了可养殖鲍、扇贝等名、特、优品种。

2. 黄海区北部 沿岸多岛屿和山脉，岸线曲折，海带、裙带菜、紫贻贝、牡蛎、鲍、扇贝等资源丰富，尚可培育真鲷、牙鲆等经济鱼类，南部多沙丘，贝类资源丰富，尤其是以文蛤占优势，吕泗到连云港一带的条斑紫菜栽培，颇有特色。沿岸河口的鲻、梭鱼和蟹类幼苗资源也相当丰富。

3. 东海区 沿岸多山和岛屿，底质以岩礁和砂砾为主，紫菜、贻贝、鲍等宜于附着生长。滩涂以贝类为主，有泥蚶、缢蛏、文蛤、牡蛎、杂色蛤等，各湾口内是鱼类养殖的最佳场所，主要有黑鲷、石斑鱼、大黄鱼等。

4. 南海区北部 除河口附近为泥沙和砂的底质外，大多是砂砾、岩礁等。这里除可养殖石斑鱼、鲷类外，还有马氏珍珠贝、白蝶珍珠贝、翡翠贻贝、华贵栉孔扇贝、麒麟菜等特有的品种。

三、内陆水域渔业资源

我国内陆水域渔业资源相当丰富。据调查，全国鱼类有 800 多种，其中纯淡水鱼类有 760 多种（包括亚种），洄游性鱼类 60 多种。近年来，从国外引进移植的有 10 多种。

全国内陆水域流域或地方鱼类资源种类数如表 4-12 所示，即珠江流域 381 种、长江流域 370 种、黄河流域 191 种、东北黑龙江等流域 175 种，西部高原更少，如新疆有 50 多种、西藏 44 种，总体上的种类分布是东至西、南至北递减。

表 4-12 全国内陆水域流域或地方鱼类资源种类数

流域或地方	种类	流域或地方	种类
珠江	381	东北黑龙江	175
长江	370	新疆	50 多种
黄河	191	西藏	44

在鱼种方面，鲤科鱼类比例最高，在全国各水系中平均为 50%～60%。在河口地区还有相当数量的洄游性鱼类，包括溯河和降河产卵鱼类。除鱼类外，还有大量的虾蟹类，如沼虾、青虾、长臂虾、中华绒螯蟹（大闸蟹）、螺类、蚌类，三角帆蚌和皱纹蚌都是淡水育珠的母蚌。列入国家珍稀保护动物的有白暨豚、江豚、中华鲟、白鲟、大鲵、扬子鳄、山瑞鳖等，濒临绝种的有松江鲈、大理裂腹鱼等，应专门加以保护。

水生经济植物分布很广，芦苇产量高，利用价值大，菱藕、芡实、茭白、湘莲都是重要的食用资源。

第五节 中国渔业的发展简况和现状

中国地处亚洲温带和亚热带地区，水域辽阔，水产资源丰富，为渔业发展提供了有利条件。早在原始社会，捕鱼就成为人们谋生的重要手段。以后随着农业的发展，渔业在社会经济中的重要性逐渐降低，但在部分沿海地区和江河湖泊密布区域，仍存在着以渔为主或渔农兼作的模式。在漫长的历史时期中，中国渔业经历了原始、古代、近代、现代的发展阶段，其生产规模、渔业技术随着时代的发展得到不断的进步，特别是近代以来水产教育和科学研究取得了长足的进步。

一、原始渔业（从远古到公元前 22 世纪）

在原始社会，生产力低下，人们为寻找食物而奔波。狩猎和采集不足以维持生活。人们开始把生产活动从陆地扩展至水域，将水生动植物作食物，出现原始的捕捞活动。1933～1934 年在北京周口店龙骨山的山顶洞穴内发掘到的地下文物证明，18 000 年前居住在那里的人们，除靠采集植物和猎取野兽谋生外，还在附近的池沼里采捕鱼类和贝类。在山顶洞人遗址内有一块钻有小孔并涂了红色的草鱼上眶骨，那是他们食用鱼后留作装饰品的明证，据推算，这条草鱼长约 80cm，这说明水产品已深入到了他们的日常生活之中。

到了新石器时代，人类开始种植粮食和饲养家畜，扩大了食物来源，出现了以采集、渔猎为主和以种植兼营畜牧为辅的多种经济类型。根据地下出土文物，新石器时代主要使用如下几种渔具：鱼镖、渔网、鱼钩和鱼笱等。

二、古代渔业（公元前 21 世纪～1840 年）

中国古代渔业是以风力和人力为动力，以手工操作的小生产。这一时期渔业发展的主要标志是除利用天然水域的水产资源外，还开始进行人工养殖。在生产技术上，也有不少创新。

1. 水产捕捞的发展 古代水产捕捞经历了内陆水域捕捞和沿岸捕捞两个阶段。唐代和唐代以前，捕捞主要在内陆水域进行；宋代以后，开始较大规模捕捞海洋鱼类。

夏代，中国进入奴隶社会，生产以农业为主，但渔业仍占一定比例。商代的渔业区主要在黄河中下游，捕鱼工具有网具和钓具等。周代是渔业的重要发展时期，捕捞工具已趋多样化，有罛、九罭、汕、罜、罾、钓、笱、罩、罶等多种，周代开始对渔业设官管理，已形成一支不小的管理队伍。为保护鱼类资源，周代还规定了禁渔期，一年之中，春季、秋季和冬季为捕鱼季节，夏季鱼类繁殖，禁止捕捞。周代对渔具、渔法也作了限制，规定不准使用密眼网，不准毒鱼和竭泽而渔。

汉代，捕捞业比以前更昌盛。辽东、楚、巴、蜀、广汉都是重要的鱼产区，市上出现大量商品鱼。捕捞技术也有进步，已过渡到半机械操作，近海捕鱼也形成一定规模，西汉政府设海丞一职，主管海上捕鱼生产；汉宣帝时大臣耿寿昌曾提议增收海租（海洋渔业税）三倍，以充裕国库。

魏晋、南北朝至隋朝的三四百年间，黄河流域历经战乱，渔业生产力下降；在长江流域，东晋南渡后，经济得到开发，捕鱼业继续发展。在捕鱼技术上，出现一种叫鸣根的声诱渔法。捕鱼时用长木敲击船板发出声响，惊吓鱼类入网。

唐代的主要渔业区在长江、珠江及其支流。这时除承袭前代的渔具、渔法外，还驯养禽兽捕鱼。宋代，随着东南沿海地区经济的开发和航海技术的提高，大量海洋经济鱼类得到开发利用，浙江杭州湾外的洋山，成为重要的石首鱼渔场。淡水捕捞的规模也较前代为大，据记载，江西鄱阳湖冬季水落时，渔民集中几百艘渔船，用竹竿搅水和敲鼓的方法，驱赶鱼类入网。

明初和明代后期，政府为加强海防，多次实行海禁，出海捕鱼受到限制，但海禁开放后，渔业很快得到恢复和发展。明代大宗捕捞的海鱼仍是石首鱼，生产规模比宋代更大。这时渔民已观测到石首鱼的生活习性和洄游路线，利用石首鱼在生殖期发声的特性，捕捞时先用竹筒探测鱼群，然后下网截流张捕。随着海洋渔业的发展，明代出现了记述海洋水产资源的专著，如屠本畯的《闽中海错疏》，记载了福建沿海的水产生物200余种，成为中国最早的水产生物区系志。

清代海洋捕捞的对象进一步扩大，大宗捕捞的除石首鱼外，还有带鱼、鳓、比目鱼、鲳等经济鱼类数十种。捕捞技术也有进一步提高。清初，广东沿海开始用围网捕鱼。围网的出现，为开发中上层鱼类资源创造了条件。当时的海洋渔具有拖网、围网、刺网、敷网、陷阱、掩网、抄网、钓具、耙刺、笼壶等类。内陆水域使用的渔具也基本相同，其捕捞规模也在继续扩大，太湖渔船多至六桅。在边远地区，一些特产经济鱼类开始大量开发利用，主要有乌苏里江的鲑鳟等。

2. 水产养殖的起始和发展 中国古代的水产养殖，唐代以前以池塘养鲤为主；宋代以后以养殖草鱼、青鱼、鲢、鳙为主，并在鱼苗饲养和运输、鱼池建造、放养密度、搭配比例、分鱼、转塘、投饵、施肥、鱼病防治等方面形成了一套成熟的经验，对世界养鱼业的发展，起到了积极的作用。

中国养鱼起源很早。到战国时代，各地养鱼生产普遍展开。《孟子·万章上》记载，有人将鲜活鱼送给郑国的子产，子产使管理池塘的小吏养在池塘里。常璩《华阳国志·蜀志》也说，秦惠文王二十七年（公元前311年），张仪和张若筑成都城，利用筑城取土而成的池塘养鱼。这时的养鱼方法较为原始，只是将从天然水域中捕得的鱼类，投置在封闭的池塘内，任其自然生长，至需要时捕取。

汉代是中国池塘养鱼的起始时期，开始利用小水体（人工挖掘的鱼池、天然形成的池塘等）进行人工饲养。西汉开国后，经60多年的休养生息、发展生产，社会经济有了较大的恢复和发展，至武帝初年，养鱼业开始进入繁荣时期。主要养鱼区在水利工程发达、人口稠密、经济繁荣的关中、巴蜀、汉中等地，经营者有王室、豪强地主，也有平民百姓。这时开始选择鲤为主要养殖对象。鲤具有分布广、适应性强、生长快、肉味鲜美及在鱼池内互不吞食等特点，同时可在池塘内产卵孵化。在养殖方式上，常与水生植物兼作，在鱼池内种上莲、芡，以增加经济收益并使池鱼获得食料来源。

汉代还从池塘养鱼发展至湖泊养鱼和稻田养鱼。湖泊养鱼主要在西汉时期的京师长安。稻田养鱼始于东汉汉中地区，当地农民利用两季田的特性，把握季节时令，在夏季蓄水种稻期间放养鱼类。还有一种养殖方式是利用冬水田养鱼。这种冬水田靠雨季和冬季化雪贮水，长年蓄水，一年只种一季稻子，人们利用冬季休闲期间养鱼。在汉代养鱼业发达的基础上，中国出现最早的养鱼专著《陶朱公养鱼经》，主要内容为介绍养殖对象、鱼池工程、选优良鱼种、自然产卵孵化、密养、轮捕等。

自三国至隋朝，变乱相承，养鱼业一度衰落，至唐代重又得到发展。唐代仍以养鲤为主，大多采取小规模池养方式。养殖技术主要沿袭汉代，但已知人工投喂饲料，以促进池鱼快速生长。随着养鲤业的发展，鱼苗的需求量增多，到唐代后期，岭南（今广东、广西等地）出现以培育鱼苗为业的人。由于大江中草、青、鲢、鳙等的繁殖期大致相同，渔民捕得草鱼苗时，也会捕得其他几种鱼苗，从而成为中国饲养这4种著名养殖鱼类的起始。

北宋时期，长江中游的养鱼业开始发展。到南宋，九江成为重要的鱼苗产区，每逢初夏，当地人都从长江中捕捞草、青、鲢、鳙等鱼苗出售，以此图利。鱼苗贩者将鱼苗远销至今福建、浙江等地，同时积累了鱼苗存放、除野、运输、投饵及饲养等一套经验。会稽（今浙江绍兴）、诸暨以南的大户人家，都凿池养鱼，购买九江鱼苗饲养，动辄上万条。养鱼户这时将鲢、鳙、鲤、草鱼、青鱼等多种鱼苗，放养于同一鱼池内，出现了最早的混养。

宋代还开始了中国特有的观赏鱼——金鱼的饲养。金鱼起源于野生的橙黄色鲫，早在北宋初年，有人将它放养在放生池内。到南宋，进入家养时期。宋高宗赵构建都杭州后，在德寿宫中建有养金鱼的鱼池。在赵构的倡导下，杭州的达官贵人养金鱼成风，多凿石为池，以供玩赏。当时出现了以蓄养金鱼为生的人。在池养过程中，培育出了金鱼新品种。随着养鱼业的发展，宋代开始进行鱼病防治。

明代主要的养鱼区在长江三角洲和珠江三角洲。养殖技术更趋完整。在鱼池建造，鱼塘环境维护，总结引起泛塘的原因，定点、定时喂食，轮捕等方面都积累了丰富的经验。明代后期，珠江三角洲和太湖流域渔民利用作物、家畜、蚕、鱼在食物上的相互依赖关系，创造了果基鱼塘和桑基鱼塘。同一时期，江西出现畜基鱼塘，养鱼户在鱼塘边做羊圈，每日扫羊粪于塘内，以饲养草鱼。混养技术也有所提高，开始按一定比例混合放养多种鱼类，以充分利用水层和池塘里的各种不同食料，并发挥不同种鱼类间的互利作用，以提高单位面积产量。河道养鱼也始于明代。这种养殖方式的特点是将各河道及其总汇处的宽广水面用竹箔拦起，放养鱼类，依靠水中天然食料使鱼类长大。

海水养鱼也始于明代。松江（今属上海市）渔民在海边挖池养殖鲻，仲春在潮水中捕寸余的幼鲻饲养，至秋后即长至尺余，腹背都很肥美。明代后期，中国东南沿海渔民开始养殖贝类。主要养殖对象有牡蛎、缢蛏和泥蚶。至明末清初，广东东莞、新安渔民改用投石法，将烧红的石块在牡蛎繁殖季节投置海中，以利牡蛎苗的附着，一年间两投两取，产量有明显提高。缢蛏养殖主要在广东、福建沿海，泥蚶养殖在今浙江宁波。

三、近代渔业（1840～1949 年）

19 世纪下半期，西方工业国家的渔业掀起了一场技术革命，将工业革命以来出现的动力机器应用于渔业生产，推动渔业向工业化迈进。同一时期，近代兴起的自然科学，包括力学、物理学、化学、海洋学、湖沼学、生物学等，也开始应用于渔业技术，出现了一门新的应用科学——水产科学。它包括水产资源学、捕捞学、水产养殖学及水产品保鲜加工学等。清代末年，政府中一些思想开放的知识分子，开始引进这些新技术和新知识，使中国渔业从传统的手工生产方式走向动力化。这一时期还出现了新兴的水产教育、水产科学试验和渔业管理。

1. 机船渔业的起始和发展 利用机动渔船进行捕鱼生产，1865 年首先出现于法国。这对海洋捕捞生产规模的扩大和作业海区的开拓都有重大作用，并很快盛行于欧美。1905 年翰林院修撰、江苏南通实业家张謇看到这种渔业的巨大生产力，会同江浙官商，集资在上海创办江浙渔业公司。同年，公司向德国购进一艘蒸汽机拖网渔船，取名“福海”，每年春、秋两季，在东海捕鱼生产，这成为中国机船渔业的起始。1921 年，山东烟台商人从日本引进另一种以柴油发动机为动力的双船拖网渔船（也叫手缲网渔轮），取名“富海”“贵海”，在烟台外海生产。单船拖网渔船一般总吨位为二三百吨，钢壳，主要根据地在上海，1905～1936 年，约有 15 艘，经营者多是小企业主。双船拖网渔船多为木壳，一般吨位为 30～40t，主要根据地在山东烟台。它由于投资少、获利厚，引进后发展很快。至 1936 年，进出烟台港的双拖渔轮在 190 艘左右。1937 年抗日战争爆发后，沿海各地继沦陷，机动渔船损失殆尽。抗日战争胜利后，机船渔业得到了恢复和发展，当时的中国国民政府在上海成立中华水产公司，在青岛成立黄海水产公司，在台湾成立台湾水产公司，共拥有机动渔船 100 艘左右。在大连成立的中苏合营渔业公司，有双拖渔船 20 余对。当时民营公司也有数十家，有机动渔船一百多艘。

从 1911 年起，日本为保护其近海水产资源，规定并不断扩大本国沿海的禁渔区域，鼓励日本渔船向包括中国在内的外海、远洋发展。日本长崎、佐贺、福冈等在中国沿海捕鱼的拖网渔轮曾多达 1200 艘，此外还对中国沿海进行系统全面的渔业资源调查，向中国倾销鱼货。1928 年倾销至大连、旅顺的鱼货价值达 429 多万元。抗日战争期间，中国沦陷区的渔业更为日本所垄断。日本的这些侵略活动使中国近海渔业资源遭到严重破坏。例如，名贵鱼类真鲷在 1925 年以前占黄海渔获量的 10%，而到 1937 年下降至仅 0.37%。

2. 水产养殖业的发展 近代淡水养鱼业有进一步发展，养鱼区主要在江苏的苏州、无锡、昆山、镇江、南京，浙江的吴兴、嘉兴、绍兴、萧山、诸暨、杭州、金华，广东的肇庆、南海、佛山等地；其他如江西、湖北、福建、湖南、四川、台湾等也都有一定的养殖规模。所养的主要是青、草、鲢、鳙、鲤、鲫、鳊等种类。20 世纪 30 年代，陈椿寿等对长江和珠江水系的鱼苗进行了科学调查，摸清了中国天然鱼苗资源，并著有《中国鱼苗志》。同一时期，广西鱼类养殖实验场利用性腺成熟的亲鱼，人工繁殖鱼苗获得成功，成为中国全人工繁殖养殖鱼苗的先导。混养技术包括品种搭配、放养比例等，也均有很大改进。20 世纪 40 年代以来，开始运用近代科学技术管理鱼池、治疗鱼病，使养鱼技术从传统的方法向近代化发展。1927 年，大连沿岸首次发现自然生长的海带，不久即进行绑苗投石的自然繁殖。1946 年，开始进行人工采苗筏式养殖，为中国 1949 年以后海带养殖业的大发展打下了基础。

3. 水产品保鲜、加工的发展 19 世纪八九十年代，西方国家开始用冷冻压缩机制冷以冻结鱼类，这成为近代水产品保鲜的起始。1908 年以后，中国沿海港口大连、塘沽、青岛、上海、定海、烟台等地出现小型制冰厂，供应机船用冰以保藏渔获物。1930 年，山东威海建有民营的冷冻制冰厂。1936 年，上海鱼市场建有制冰厂和贮冰库。抗日战争胜利后，当时的中国政府接收了日商在上海的制冰厂，由中华水产公司经营。1946 年，渔业善后物资管理处先后接收了联合国善后救济总署调拨的制冰设备多套，在上海复兴岛修建了有一定规模的制冰池、贮冰库和冷藏制冰厂，但直至 1949 年，尚未投产。

中国近代水产罐头的生产也始于清末，最早生产的是江苏南通的颐生罐头合资公司，生产鱼、贝类罐头。1919 年，河北昌黎建成新中罐头股份有限公司，生产对虾、乌贼、鲤等罐头。此后，天津、烟台、青岛、舟山、上海等地陆续兴建了一批罐头厂。中国近代罐头制造业发展缓慢，主要是机械设备、玻璃瓶等全靠进口，同时产品成本高，质量差，加上人民购买力低，无法大量发展。

中国近代传统的水产品加工技术也有进一步提高，大宗产品有产于浙江沿海的黄鱼鲞、鳗鲞等，著名海味有产于南北沿海的海参、鱼翅、鱼肚、干贝、干鲍等许多种。

4. 水产教育的兴起和发展 清末，政府开始派人去欧美和日本考察水产和水产教育，以筹备创建水产学校。1911 年，直隶水产讲习所在天津成立，这成为中国近代水产教育的开端。该所后几经改名，1929 年改成河北省立水产专科学校，设渔捞、制造两科，成为当时中国北方的主要水产学校。1912 年，上海成立江苏省立水产学校，培养捕捞、航海和水产加工人才，成为南方的一所主要水产学校，现为上海海洋大学。1911～1936 年成立的水产学校还有浙江省立水产学校、集美水产航海学校、江苏省立连云水产职业学校、奉天省立水产学校、广东省水产学校等。抗日战争开始后，一部分学校内迁，一部分学校毁于战火。抗战胜利后，恢复和重建了一批水产学校。这一时期的主要水产学校有河北水产专科学校、吴淞水产专科学校、国立高级水产职业学校、江苏省立高级水产职业学校等多所。1946 年，山东大学设立水产系，分渔捞、养殖、加工三个专业，学制 4 年。这是中国第一个大学本科水产系。早期的水产教育是按日本模式兴办的，多数学校负责人和教师也是日本留学生。1950 年以后，培养对象逐步转向高层次，专业设置也相应增多。

5. 水产科学研究的起始和发展 清末，西方近代水产科学知识开始传入中国。1898 年，《农学报》是最早译载日本的水产著作。中国正式建立水产试验机构是在 20 世纪初。1917 年，山东省立水产试验场最早在山东烟台成立。该场设渔捞、养殖、制造三科，从事测定潮汐、制作网具模型、制造水产品等试验。此后，广东、江苏、浙江相继成立水产试验场。这些试验场在渔业试验方面均做出了一定成绩。因经费短缺、军阀混战及日本的侵略战争，至 1937 年，以上试验机构全部停办。抗日战争胜利后，南京国民政府农林部于 1947 年在上海成立中央水产实验所，设渔业生物、水产养殖、水产制造、渔业经济 4 个系。1949 年该所迁至青岛，以后改建为中国水产科学研究院黄海水产研究所。

6. 渔业行政管理 清末，政府设立了商部，渔业归其下属农务司管辖；在各省劝业道，也设有水产股。民国初年，在实业部设渔业局。1927 年，国民政府成立，在农矿部设渔牧科，1946 年在农林部设渔业司。1946 年起，沿海地区先后建有东北、冀鲁、江浙、闽台、广海 5 个渔业督导处。

四、现代渔业（1949 年以来）

新中国成立以来，我国现代渔业获得迅速发展，发展过程大致可分为下列几个时期。

1. 1949～1957 年的渔业恢复和初步发展时期 1949 年新中国成立至 1957 年的渔业发展可分为两个阶段：一是 1949～1952 年的恢复阶段；二是 1953～1957 年全国第一个五年计划的建设阶段。

（1）1949～1952 年的恢复阶段 1949 年新中国成立，党和国家十分重视渔业生产。渔业和其他行业一样都处于恢复阶段。在渔业生产方针上明确“以恢复为主”。主要包括：国家通过发放渔业贷款，调拨渔民粮食和捕捞生产所需的渔盐等措施，支持渔民恢复生产。在渔村进行民主改革。由于沿海有关岛屿尚未解放，还有海盗的干扰，因此特制定有关法令，派出解放军护渔，保护渔场，维护生产秩序。经过三年的努力，1952 年全国渔业产量已达 166 万 t，超过了历史上的最高水平 150 万 t。

（2）1953～1957 年全国第一个五年计划的建设阶段 全国第一个五年计划的建设阶段，在渔村通过互助组、初级渔业生产合作社、高级渔业生产合作社等渔业生产组织，以及对私营水产业进行社会主义改造，实施公私合营，创建了国有渔业企业等，大大推动了渔业生产的发展。在这一时期渔业发展的主要特点是：水产品总产量逐年递增；水产养殖从无到有，养殖产量逐年有所增长，其中淡水养殖发展比较快，养殖面积增幅较大，海水养殖发展缓慢；捕捞渔船有所增加；水产品人均占有量呈明显上升趋势。渔业基础设施建设取得了重大进展，仅“一五”时期，国家对水产业基本建设投入的资金就达 1.25 亿元，超过原计划投资数的 41.2%。1957 年水产品总产量达到 346.89 万 t，是 1949 年的 6.6 倍，年均递增 26.6%，水产品人均占有量约 5kg。

2. 1958～1965 年的渔业徘徊时期 1958～1965 年的渔业徘徊时期可分为 1958～1960 年和 1961～1965 年两个阶段。

（1）1958～1960 年阶段 该阶段，在渔业生产上冲破了长期以来在夏秋季鱼类繁殖生长盛期实施的有关禁渔、休渔的制度，在捕捞方式上盲目地“淘汰”了选择性较强的刺网、钓渔具等作业，单一发展高产的拖网作业，造成资源衰退。1958 年比 1957 年减产了 10%。

（2）1961～1965 年阶段 该阶段着重解决了渔业购销政策，规定了购留比例，允许国有企业和集体渔业都有一定的鱼货进入自由市场，到 1965 年年产量恢复到 338 万 t，但仍低于 1957

年水平。该阶段在渔业科学技术上取得了多项突破：一是全国风帆渔船基本上完成了机帆化，可以做到有风驶帆，无风开机，对保障渔民生命和生产安全，以及实现作业机械化，减轻劳动强度，提高生产率和扩大生产区域等都具有深远意义；二是鲢、鳙人工繁殖孵化技术获得成功，青鱼、草鱼人工繁殖孵化技术也相继获得了突破，这为水产养殖业的发展打下了扎实的基础，养殖的苗种不再受自然条件的限制；三是海带南移和人工采苗的成功，打破了藻类栽培水域和自然条件的限制。这些成就在国际上也都具有重大影响。

3. 1966～1976 年的渔业在曲折中前进时期 该时期大致可分为 1966～1969 年和 1970～1976 年两个阶段。

（1）1966～1969 年阶段 该阶段，绝大部分企业处于停产停工状态。1966 年渔业年产量曾达到 345 万 t，到 1968 年下降到 304 万 t。

（2）1970～1976 年阶段 该阶段，在渔业生产政策上作了部分调整，其中集体渔业和渔村推广了“三定一奖”制度，即定产量、定工分、定成本、超产奖励，有力地推动了生产。1976 年产量已恢复到 507 万 t。

这一时期，在全国渔业生产上出现的主要问题有：一是捕捞过度，近海经济鱼类资源衰退。二是围湖造田、填塘种粮，致使池塘、湖泊的水面大大减少，破坏了水域生态系统，淡水渔业生产受到损害。

但这一时期，在全国渔业上也抓了几件大事：一是发展了灯光围网船组，填补了中国渔业上的空白，促进了我国渔船设计和建造等水平的提高，为提高我国围网捕鱼技术水平、发展远洋灯光诱集鱼群和围网技术奠定了基础。二是基本完成了全国淡水捕捞的连家船改造，在岸上安置住家，这对稳定生产、安定生活、培养渔民子女、提高渔民素质等都具有重大意义。三是以国有海洋渔企业为主体的海洋渔业生产基地的建设成就显著。国家先后在烟台、舟山、湛江等地建设了中央直属和地方所属的海洋捕捞企业、拥有 50 艘以上渔轮的渔业基地（码头及配套设施）、万吨级水产冷库、渔轮修造厂等大中型项目 11 个，并购置了一批渔轮，初步形成了以 17 个国有海洋渔业公司为主体的国有海洋捕捞生产基地。四是城郊养鱼获得了发展。据不完全统计，到 1975 年有 135 个城市实现了城郊养鱼，养鱼水面积达到 23 万亩，占全国淡水养鱼面积的 7%，产鱼 75 多万吨，一批精养高产的商品鱼基地得以建成，为缓解城市吃鱼难的重大问题做出了贡献，也为今后池塘精养奠定了良好基础。

4. 1977 年以来的渔业大发展时期 该时期，在渔业方面大致可分为 4 个阶段。

（1）1977～1979 年的恢复调整阶段 在该阶段重点是恢复各项工作，加强集体渔业的领导，进一步明确水产品购销政策，调动各方面的积极因素。在渔业生产上，将注意力集中到渔业资源的保护和合理利用、大力发展水产养殖、改进渔获物的保鲜加工等三个方面。

（2）1980～1985 年的确定渔业生产发展方针和购销政策调整的渔业大发展阶段 在该阶段，渔业生产和渔业科学技术的发展进入了崭新的历史时期，调整了渔业生产结构，改革了经济体制和流通体制，渔业生产获得飞跃式发展。其中最主要的有以下几点：一是 1985 年中共中央、国务院颁布《关于放宽政策，加速发展水产业的指示》，确定我国渔业生产的发展方针为“以养殖为主，养殖、捕捞、加工并举，因地制宜，各有侧重”。尤其应充分利用内陆淡水水域发展淡水养殖，这有力地调整了我国渔业生产结构。二是开放水产品市场，取消了派购，开展议购议销，实行市场调节，极大地提高了渔民生产积极性。市场供应得到根本改善，渔业经济发生了深刻的变化。三是在海洋捕捞作业方面，除对内采取保护、增殖和合理利用近海渔业资源，控制捕捞强度，实施许可制度外，1985 年开始走出国门，大力发展远洋渔业。

（3）1986～1998 年的渔业大发展阶段 1986 年《中华人民共和国渔业法》（后文简称《渔

业法》）的制定，将渔业生产发展方针用法律的方式加以确定。通过《渔业法》的颁布和实施，渔业生产结构得到了调整，渔业生产发生了根本性的变化，年产量大幅度增长。从表4-13中可以看出，1986年全国渔业年产量首次超过了1000万t。1992年超过了2000万t，水产养殖与捕捞产量的比例为59.13：40.87。1995年超过了3000万t,水产养殖与捕捞产量的比例为62.46：37.54。1998年超过了4000万t，水产养殖与捕捞产量的比例为62.39：37.61（表4-14）。中国成为国际上唯一的水产养殖产量高于捕捞产量的国家。

表4-13 1983～2022年全国渔业年产量变动情况

年份	产量/万t	年份	产量/万t
1983	732.75	1998	4114.45
1984	821.20	2004	5195.87
1985	923.61	2009	6112.59
1986	1041.65	2013	7066.26
1992	2060.77	2018	8096.62
1995	3386.52	2022	8856.77

表4-14 不同年份的全国水产养殖产量与捕捞产量之比

年份	水产养殖产量：捕捞产量	年份	水产养殖产量：捕捞产量
1983	49.91：50.09	1998	62.39：37.61
1984	52.01：47.99	2004	71.54：28.46
1985	54.42：45.58	2009	75.36：24.64
1986	53.82：46.18	2013	77.88：22.12
1992	59.13：40.87	2018	81.68：18.32
1995	62.46：37.54	2022	85.12：14.88

（4）*1999～2015年为了可持续发展我国渔业，再次调整渔业生产结构* 农业部于1999年提出了控制捕捞强度，明确了海洋捕捞产量应零增长甚至负增长的规定。尤其是进入21世纪以来，渔业生产增长方式由数量型转向质量型，由传统渔业转向现代渔业，渔业发展进入新的时代。2004年渔业总产量首次超过5000万t，水产养殖与捕捞产量的比例为71.54：28.46；2009年总产量超过6000万t，其比例为75.36：24.64；2013年总产量超过7000万t，其比例为77.88：22.12（表4-14）。

（5）*2015年以后是以生态渔业发展为主的高质量发展阶段* “十三五”期间，牢固树立创新、协调、绿色、开放、共享的发展理念，以提质增效、减量增收、绿色发展、富裕渔民为目标，以健康养殖、适度捕捞、保护资源、做强产业为方向，大力推进渔业供给侧结构性改革，加快转变渔业发展方式，提升渔业生产标准化、绿色化、产业化、组织化和可持续发展水平，提高渔业发展的质量效益和竞争力，走出一条产出高效、产品安全、资源节约、环境友好的中国特色渔业现代化发展道路。其中，国内捕捞产量实现“负增长”，国内海洋捕捞产量控制在1000万t以内。根据统计，2018年渔业总产量首次超过了8000万t，达到8096.62万t，水产养殖与捕捞产量的比例为81.68：18.32；2022年渔业总产量达到8856.77万t，水产养殖与捕捞产量的比例为85.12：14.88（表4-14）。

5. 改革开放以来我国渔业发展中的主要成就及经验 改革开放以来，国家全面推进渔业各领域改革，逐步释放渔业发展活力。我国渔业实现了持续较快发展，为保障粮食安全、促进农（渔）民增收、维护海洋权益、建设美丽中国做出了重要贡献，逐渐成为农业农村经济发展的突出亮点和重要增长点。主要成效有以下几方面。

（1）渔业的战略地位不断上升　渔业在我国农业农村发展和国民经济建设中的地位不断上升，已成为农业农村经济中的重要产业、国家食物安全的重要保障、实施乡村振兴战略和农村精准扶贫的有效路径。

1）渔业已成为农业农村经济中的重要产业。渔业经济总量显著提升，连续 30 多年居世界首位，渔业经济总产值在大农业中的份额提高到 10%以上，连续 20 多年位居大宗农产品出口的首位。

2）渔业已成为国家粮食安全的重要保障。水产品供给充裕，解决了城乡居民“吃鱼难”的问题，保持了国内水产品市场的长期稳定繁荣，为保障我国农产品市场供给和粮食安全、有效改善城乡居民营养膳食结构做出了重要贡献。

3）渔业已成为实施乡村振兴战略和农村精准扶贫的有效路径。“放开市场、放开价格”促进了渔业大发展，也让渔业成为农业农村经济发展的新动力。渔业充分发挥自身产业优势，不断加深一二三产业的融合程度，这有效带动了休闲旅游、餐饮娱乐、渔船修造、养殖机械制造、水产品加工及流通销售等相关产业发展，创造了诸如“渔稻共作”综合种养、盐碱地渔农综合种养、山泉流水养鱼等扶贫模式，也催生了小龙虾、大闸蟹等网红水产品，有效促进了农村地区劳动力就业和贫困地区农渔民快速增收，成为实施乡村振兴战略和农村精准扶贫的有效路径。

（2）渔业的发展质量明显提高　渔业高质量发展明显推进，渔业产业素质和综合生产能力发生显著变化，产业结构持续优化，区域布局更加合理，科技支撑能力大幅提升，基础设施和生产条件大为改观。

1）产业结构和区域布局不断优化。渔业产业结构不断优化，二三产业发展提速，休闲渔业进入快速发展期，逐步形成了集养殖业、捕捞业、加工流通业、休闲渔业、增殖渔业等为一体的现代渔业产业体系。渔业供给侧结构性改革不断推进，养殖水域滩涂规划开启新一轮编制，区域布局不断调优，水产健康养殖大力推进，养殖结构不断调整，养殖品质不断提升。

2）科技支撑能力大幅提升。40 多年来渔业科技和制度创新不断推进，渔业科技资源配置不断优化，逐步建立了一支从基础研究、应用开发到技术推广的高素质的渔业科技队伍，为我国渔业经济快速、健康发展和现代化建设做出了积极贡献。尤其是改革开放以来，水产育种等渔业关键技术不断突破，资源养护与生态修复、渔业装备升级、渔业信息化等取得明显进展，有力地支撑了产业发展，水产养殖业的应用技术处于世界先进水平。

3）基础设施和生产条件明显改善。渔港等基础设施建设得到了明显改善，《全国沿海渔港建设规划（2018—2025 年）》印发，渔港经济区建设进入快车道。2016 年农业部渔港调查数据显示，全国有各级各类沿海渔港 1292 个，其中中心渔港 66 座、一级渔港 82 座、二级渔港 276 座、三级渔港 293 座、三级以下及未评级渔港 575 座，初步形成了覆盖沿海重点经济区域、重要渔区的渔港布局。水产原良种体系建设成效明显，工厂化养殖、深水网箱逐渐形成规模，水产品加工能力和水平跃居世界前列，捕捞渔船经历了机械化、自动化和信息化，渔业装备水平明显提高。

（3）渔业的国际地位不断提升　经过 40 多年的发展，我国渔业国际影响力和地位不断提升，渔业对外交流合作取得积极进展。我国已成为渔业国际事务中的负责任大国、世界水产品生产和贸易大国、世界远洋渔业大国。我国水产养殖为减轻世界天然渔业资源的利用强度、给人类提供优质动物蛋白做出了突出贡献。

1）成为渔业国际事务中的负责任大国。改革开放以来，我国一直都是国际渔业治理的重要力量，先后与有关国家签署政府间渔业合作协定，加入区域渔业管理组织，大力推进渔业“走出去”，积极支持发展中国家特别是最不发达国家发展水产养殖、壮大渔业经济，坚决履行国际渔业义务，持续打击远洋渔业违法违规行为，紧紧抓住“一带一路”建设契机，参与全球渔业治理体系改革和建设，贡献中国智慧和中国方案。我国在渔业国际事务中的影响力显著增强，树立了负责任渔业大国形象。

2）成为世界水产品生产和贸易大国。我国水产品总产量连续30多年位居世界首位，2016年我国水产品总产量超过世界养殖水产品的60%。水产品国际贸易发展迅速，2002年开始水产品出口，出口量一直稳居世界第一。

3）成为世界远洋渔业大国。我国远洋渔业产业规模和素质大幅提升，装备水平和整体实力也显著提升。2017年全国作业渔船达2500多艘，其中1300多艘进行了更新改造，远洋渔业企业超过160家，总产量达到208.62万t，规模已经位居世界前列。作业海域涉及42个国家（地区）的管辖海域和太平洋、印度洋、大西洋公海及南极海域，公海作业渔船数量和产量均居世界前列，同时在产业结构、装备水平、科技支撑能力、管理水平、国际合作等方面均取得长足进步。

（4）渔业的发展方式转变成效显著　40多年来，我国渔业发展方式发生了历史性变化，实现了“以捕为主”向“以养为主”的转变，由重资源开发向重资源养护与质量效益的转变，由传统养殖向生态健康养殖的转变。

1）实现了“以捕为主”向“以养为主”的转变。随着人口快速增长和渔业资源日渐衰退，我国及时转变渔业生产理念，转变资源利用方式，并通过法律的形式确立了“以养殖为主”的渔业发展方针，逐渐走出了适合我国国情的水产养殖发展之路，形成了中国水产养殖特色的产业种类结构，推动中国水产养殖业实现了跨越式发展。

2）实现了由重资源开发向重资源养护与质量效益的转变。随着对渔业资源保护和可持续发展意识的增强，我国及时转变渔业管理理念，设立海洋伏季休渔制度、长江等重要水域禁渔期制度，坚持渔船双控制度，加快减船转产，启动实施海洋渔业资源总量管理制度，开展限额捕捞试点，捕捞产量实现了零增长、负增长。提出“生态优先、绿色发展”的渔业发展方针，由保供给、重数量转变为提质增效、减量增收，人工鱼礁、增殖放流等一系列水生生物资源的养护措施得到加强，以长江为重点的水生生物保护行动大力开展，海洋牧场建设加快推进，渔业资源衰退的状况得到了有效遏制。

3）实现了由传统养殖向生态健康养殖的转变。随着水产养殖业的快速发展，传统的养殖理念发生转变。水产养殖逐步开始从传统养殖向生态健康养殖转变，由粗放经营、单一增产向提质增效、绿色生态转变，循环水养殖、大水面养殖和综合种养等生态健康养殖模式得到大力推广，水产养殖技术规范、水产品质量标准体系逐步完善，水产品质量安全执法管理得到加强，绿色、优质、安全水产品供给不断增加。仅2012～2017年这5年间就创建水产健康养殖示范县29个、水产健康养殖示范场4020个，水产养殖走上绿色发展道路。

（5）渔业的管理能力不断增强　逐步建立了完善的渔业法律体系，初步建立了规范化的渔政队伍，基本建立了法治化的管理秩序。

1）逐步建立了完善的渔业法律体系。以1986年《渔业法》颁布实施为标志，形成了以《渔业法》为基础，以渔业资源管理、生产管理、水域生态管理、行政监督管理、渔船渔港管理等涉渔法律法规规章为补充的渔业法律体系。目前我国已有渔业法规和规范性文件600余部，渔业经济生产活动与行政管理基本实现了有法可依。

2）初步建立了规范化的渔政队伍。改革开放40多年来，渔业执法机构数量和执法人员编制数不断增加，渔政执法装备水平不断提升，渔政执法人员整体素质稳步提升，渔政执法队伍规范化建设逐步加强。目前，全国县级以上行政区域基本都设立了渔政机构，有效推动了渔业规范发展。

3）基本建立了法治化的管理秩序。坚持依法治渔、依法兴渔，以法律形式确立了“以养为主”的发展方针，建立了养殖水域滩涂确权发证、捕捞许可、渔业资源增殖与保护等一系列管理制度，打击电毒炸鱼等各类非法捕捞行为，规范了渔业生产行为，维护了渔业生产秩序，加强了渔业资源的保护开发和合理利用，保障了渔业生产者的合法权益，促进了渔业的持续健康发展。

改革开放以来，我国渔业实现持续快速健康发展的根本原因在于，深入贯彻党和国家一系列大政方针，解放思想、实事求是，深化改革、扩大开放，制定和实施了一系列适应国情渔情、顺应时代发展趋势和渔业生产力要求的方针政策，走出了一条“以养为主、多业并举、绿色发展”的中国特色渔业发展道路，基本经验如下。

（1）坚持以养为主、多业并举　实行“以养为主，养殖、捕捞、休闲、加工、增殖并举”的渔业发展模式。以养为主、多业并举，符合我国渔情，打破了世界渔业发展过度依赖天然渔业资源的旧模式，让我国成为世界上最早认识到水产养殖将在现代渔业发展中发挥重要作用的国家，拓展了我国渔业发展的空间，走出了一条中国特色的渔业发展道路，也为世界渔业发展提供了可复制的中国样板。

（2）坚持市场化改革、体制机制创新　改革开放初期，水产、水果“两水”市场率先放开，渔业成为最早引入市场化改革的产业之一。“放开市场、放开价格”的“两个放开”政策，充分发挥了市场配置资源的主导作用，引导劳动力、资本、自然资源、企业家等生产要素的合理流动，为渔业发展创造了良好的体制环境和激励机制，调动和发挥了各方面的积极性和创造性，促进渔业发展驶入快车道，解决了城乡居民“吃鱼难”的问题。

（3）坚持对外开放，实施渔业“走出去”战略　改革开放初期，远洋渔业率先走出去。坚持对外开放，持续实施渔业“走出去”战略，是拓展我国渔业发展空间的现实需要。利用渔业的外向型特征，持续实施“走出去”战略。我国已成为世界渔业国际贸易大国，水产品的国际市场占有率不断提高，我国渔业发展的国际竞争力和影响力不断增强。这些无不得益于不断扩大渔业对外开放的深度和广度。

（4）坚持生态优先、开发与养护并举　我国渔业在不同发展期，始终秉持产业开发与资源养护并举的理念，注重渔业资源和生态环境保护，制定了《中国水生生物资源养护行动纲要》等一系列重大资源养护制度和措施，实施了海洋捕捞“零增长”“负增长”政策，不断加大水生生物资源养护和修复力度，不断提升渔业可持续发展水平。坚持生态优先，开发与养护并举，加强资源环境保护，是渔业可持续发展的内在要求。

（5）坚持科技兴渔，依靠科技进步　科技进步是渔业发展的根本出路。加快渔业科技创新步伐，发挥技术破壁的大国效应。加速渔业科技成果的转化与推广，提高渔业科技进步贡献率和成果转化率，将渔业经济增长转到依靠科技进步和提高劳动者素质上来，促进渔业转型升级，实现又好又快发展。坚持科技兴渔，依靠科技进步，是我国渔业发展的有力支撑。

（6）坚持政策引导，加大财政扶持　渔业的准公共品性质决定其发展离不开国家政策支持。实践表明，只有加强对渔业财政投入，不断改善基础设施和生产条件，健全渔业支持保护体系，在发展中不断加强对渔业的支持和保护，多做打基础、增后劲、管长远的工作，才能确保渔业持续健康发展。坚持政策引导，加大财政扶持，是我国渔业发展的重要保障。

（7）坚持以人为本、依法治渔　改革开放以来，时刻以维护渔民权益与增进渔民福祉为工作的出发点和落脚点，尊重渔民经营自主权和首创精神，激发广大渔民群众创新、创业和创造的活力。始终坚持依法治渔，不断完善渔业法律法规体系，加强渔政执法队伍规范化建设，推进渔业法治化管理，为渔业稳定健康发展提供了法治保障。坚持以人为本，依法治渔。保护渔民合法权益和加强渔业法治建设，是渔业渔区和谐发展的基础。

思 考 题

1. 简述中国渔业在国民经济中的地位和作用，以及其在世界渔业中的影响。
2. 简述中国周边海域自然环境特点及其与渔业资源分布的关系。
3. 简述中国主要内陆河流流域自然环境特点及其与渔业资源分布的关系。
4. 简述中国渔业的发展简况。
5. 简述中国渔业生产发展方针和中国渔业现状。
6. 简述中国渔业在今后发展中应重视和解决的主要问题。
7. 简述中国渔业为什么要向生态渔业转变。

第五章

主要渔业学科概述

本章资源

科学技术是第一生产力，对于渔业发展也是如此。本章重点概述了捕捞学、渔业资源学、水产增养殖学、水产品贮藏与加工学、渔业信息学、渔业经济学和人工智能渔业学等主要渔业学科的概念、研究对象及其方法，学科性质、体系构成及学科特性，学科的作用与意义，学科发展现状，学科的基础理论及其应用，以及学科未来研究展望等。通过本章的学习，对上述7个主要渔业学科有一个初步的了解和认识，为后续从事渔业科学的深入学习与研究提供基础。

第一节　捕捞学概述

捕捞学是一门应用性学科，是研究从水域中获取渔业资源的方式和方法的一门学科，它以生物学、工程学、生态学、经济学等学科理论为基础，系统地研究捕捞工具与设备、捕捞方法、鱼类行为，以及捕捞对水域生态系统的影响等内容，为渔业资源的科学开发和利用提供理论与实践指导。通过对捕捞学各方面的深入研究，不仅能够提高捕捞效率、优化捕捞策略，同时还能有效减少捕捞活动对生态环境的负面影响，保障渔业的可持续发展，持续满足人类对渔业资源的合理需求。

一、概念、研究对象及其方法

1. 概念　捕捞业是渔业的重要组成部分，也是最古老的生产活动。伴随着人类对自然资源的狩猎活动，就产生了对鱼类的捕捞。捕捞是直接捕获自然界中的鱼类等水生生物资源，由于它具有经济特点，其作为一种产业将会长期存在，并将持续为人类社会经济发展做出贡献。

捕捞学（piscatology）是指根据捕捞对象种类、生活习性、数量、分布、洄游，以及水域自然环境的特点，研究捕捞工具、捕捞方法的适应性、捕捞场所的形成和变迁规律的应用学科，是渔业科学的分支之一。捕捞学旨在探索高效且可持续的捕捞方式，融合生物学、工程学、生态学、经济学等多学科知识，从捕捞工具的设计制造、捕捞方法的优化选择，到鱼类行为的探究、捕捞管理策略的制定，以及对生态系统影响的评估等多个维度展开研究，其研究结果为实现渔业资源的科学利用与生态系统的保护提供理论与实践指导。

2. 研究对象及其方法

（1）研究对象

1）捕捞工具与设备。鱼叉、鱼钩、手工编织渔网等是人类早期便开始使用的传统捕捞工具。鱼叉依靠渔民的精准投掷捕获近距离的大型鱼类，鱼钩则凭借鱼饵吸引鱼类上钩，手工编织渔网如刺网，利用网眼卡住鱼的鳃或身体来实现捕捞。这些工具简单，且对环境影响小，蕴含着丰富的传统渔业智慧。

伴随科技发展，机械化、自动化的现代捕捞工具应运而生。例如，拖网渔船配备的拖网，通过在水底或水中拖拽，能一次性捕获大量鱼类；围网用于包围集群性鱼类，捕捞效率极高；延绳钓船借助在长绳上设置多个鱼钩和鱼饵，可在深海捕捞大型鱼类。此外，还有自动收网机、鱼类分拣机等自动化设备，大幅提升了捕捞作业效率，减少了人力成本。

通常来说，对捕捞工具的研究，一是着重于其设计原理的优化，如改进网具结构以提高捕捞效率和选择性；二是研发高强度、低阻力、环保可降解的新型材料，提升材料的性能；三是完善装配工艺，确保捕捞工具的耐用性和稳定性；四是分析不同工具在不同水域、针对不同鱼种的适用性，为实际捕捞作业提供精准指导，提高渔获效率。

2）捕捞方法。目前，主要的作业方式有拖网、围网、钓具、张网、陷阱及流刺网作业等。拖网捕捞是常见的大规模捕捞方式，通过渔船拖曳网具在水底或水中移动，将经过区域的鱼类驱赶进网。它适用于不同深度海域，尤其是开阔海域的大规模捕捞，但对海底生态环境破坏较大，且选择性较差，易获得大量副渔获物，因此，拖网被一些国家和地区在一定海域禁止作业，以保护海洋生态系统与环境。大型中层拖网的网口面积近 1000m^2，作业时每小时过滤水体可达 500 万 m^3，网次产量可达几十吨甚至上百吨。大型中层拖网加工船舶适应无限航区，可以全年在海上连续作业。

围网捕捞主要针对集群性鱼类，渔船将围网投放至鱼群周围并逐渐收紧，实现高效捕捞。该方法对环境影响相对较小，主要在水体中作业，不会直接破坏海底生态，但对渔船的侦察和定位能力要求较高。通常其网长为 800～1200m，网具作业高度为 100～200m，围捕水体达 2200 万 m^3，主要捕捞集群性鱼类，如日本鲭（*Scomber japonicus*）、鲱（*Clupea pallasi*）等，一网可达几百吨渔获。

流刺网捕捞利用网眼卡住鱼类的鳃或身体进行捕捞，网眼大小可根据捕捞目标鱼的大小调整，对鱼类大小的选择性较强。通常设置在鱼类洄游通道或栖息区域。网长达十几千米，一般配备流网起放网机等专门机械，可进行连续作业。由于公海大型流刺网对海鸟、海龟等海洋生物的误捕及对生态系统的破坏，1993 年，联合国大会通过决议，正式全面禁止在公海使用大型流刺网。

钓捕包括延绳钓、光诱鱿钓和手钓等方式，利用鱼钩和鱼饵诱捕鱼类。延绳钓适合在深海或开阔海域捕捞大型鱼类，手钓常用于在近海或内陆水域捕捞小型或中型鱼类。钓捕对环境破坏小，对鱼类选择性强，但效率相对较低，手钓还依赖渔民的经验和技巧。光诱鱿钓作业是一种利用鱿鱼趋光特性采用拟饵钓钩进行捕捞的作业方式，目前已成为我国远洋渔业的重要作业方式之一。

重点研究不同捕捞方法的操作流程、适用场景、对资源和生态环境的影响机制。例如，分析拖网捕捞对海底生态的具体破坏方式和程度、围网捕捞如何精准定位鱼群、流刺网捕捞怎样优化网眼设置以提高选择性、钓捕如何根据不同鱼种习性选择合适的鱼饵和钓法。这些研究可为在不同渔业（包括捕捞对象及其行为学特性）场景下选择最优捕捞方法提供依据，同时可探索如何改进捕捞方法以减少对资源和环境的负面影响。

3）鱼类行为。鱼类因季节、温度、食物、繁殖等因素影响，会在不同水域间进行周期性迁移。例如，许多海洋鱼类春季向浅海洄游产卵，秋季向深海或水温适宜区域洄游觅食。研究鱼类洄游的路线、时间、影响因素及洄游过程中的生理变化，有助于渔民合理安排捕捞时间和地点，提高捕捞效率，同时避免在鱼类繁殖等关键时期过度捕捞，保护渔业资源可持续性。

众多鱼类具有集群习性，它们聚集在一起可防御天敌、寻找食物或进行繁殖。例如，沙丁鱼、鲱常形成庞大鱼群。研究鱼类集群的形成机制、影响因素，如水域环境、水温、盐度、食物分布等对集群的影响，以及集群的规模、结构和动态变化规律，有助于渔民利用鱼类集群特点，选择合适的捕捞方法和时机，提高捕捞成功率。

不同种类的鱼类和海洋动物对光的偏好存在差异，包括对光的颜色、强度和波长的选择。例如，一些中上层鱼类，如沙丁鱼、鲱等，对白色、蓝色等短波长光较为敏感；而底层鱼类，如某些虾虎鱼，可能对较弱的光更为适应。在夜间，使用灯光诱捕这些具有趋光性的鱼类是一种常见的捕捞方法。

4）捕捞对生态系统的影响。在捕捞目标鱼类的过程中，通常会误捕大量的非目标物种，包括幼鱼、濒危物种和经济价值较低的生物，这些种类构成副渔获物。研究副渔获物的种类、数量、产生原因，以及对生物多样性和生态系统稳定性的影响，探索减少副渔获物的方法和技术，如研发选择性渔具、优化捕捞方法等，是目前渔具渔法研究的重点。

此外，捕捞工具如拖网在海底拖曳时，会搅动海底沉积物，破坏珊瑚礁、海草床等重要生态栖息地，影响众多海洋生物的生存环境。研究栖息地破坏的方式、程度及对生态系统服务功能的影响，进而提出保护和修复栖息地的措施，也是目前海洋渔业重点的研究内容之一。

（2）研究方法

1）实地调查法。研究人员深入渔业生产一线，跟随渔船出海，实地调查不同捕捞工具的使用过程和使用方法，记录捕捞过程中的各种数据，如捕捞时间、地点、渔获种类和数量、渔具的使用情况等，同时观察渔民在实际操作中遇到的问题和应对策略，为改进捕捞技术和方法提供现实依据。

在捕捞作业渔场，对水域生态环境进行实地监测，测量水温、盐度、溶解氧等物理化学指标，观察海底地形、生物群落结构等生态特征，分析捕捞作业前后生态环境的变化，评估捕捞对生态系统的即时和长期影响。

2）实验研究法。在实验室环境中，利用水槽、水族箱等设备，模拟不同的水域环境和鱼类生存条件，研究鱼类在特定环境下的行为反应，如对不同渔具的逃避行为、对各种刺激的摄食行为等。同时，通过控制实验变量，深入分析各因素对鱼类行为的影响机制，为优化捕捞工具和方法提供理论支持。

此外，对各种捕捞工具进行性能测试实验，如测试渔网的强度、网眼大小对鱼类捕获率的影响，渔具在水中的阻力等，通过实验数据，评估不同渔具的捕捞效率、选择性和对环境的影响，为改进渔具设计和材料选择提供科学依据。

构建小型的模拟生态系统，研究捕捞活动对生态系统结构和功能的影响。例如，模拟不同捕捞强度下生态系统中物种数量、生物量、能量流动和物质循环的变化，评估捕捞对生态系统稳定性和生物多样性的影响。这种实验能够在可控条件下深入研究捕捞与生态系统的相互作用关系。

3）数据分析与建模。广泛收集各类渔业相关数据，包括历史捕捞数据（渔获量、捕捞努力量、捕捞种类等）、鱼类生物学数据（生长、繁殖力、年龄等）、海洋环境数据（水温、盐度、海流等）及渔业管理数据（捕捞配额、禁渔期、渔具限制等），对这些数据进行系统整理和分类，建立数据库，为后续分析提供基础。

运用统计学方法，对收集的数据进行分析。例如，通过相关性分析研究鱼类种群数量与环境因素之间的关系，通过时间序列分析预测渔业资源的变化趋势，通过方差分析评估不同捕捞方法或管理措施对渔获量和资源状况的影响差异，统计分析能够揭示数据背后的规律和趋势，为渔业决策提供科学依据。

基于生物学、生态学和经济学原理，建立各种数学模型。例如，建立渔业资源评估模型，用于预测鱼类种群的动态变化；建立生态系统模型，模拟捕捞活动对整个生态系统的影响；建立经济模型，分析渔业生产的成本效益和政策的经济影响。通过数学建模，能够对复杂的渔业系统进行定量分析和预测，为制定科学合理的渔业管理策略提供有力支持。

4）多学科交叉研究法。与生物学家共同研究鱼类的生态、生理特性。通过基因分析技术，了解鱼类种群的遗传结构和进化趋势，为保护鱼类遗传资源和制定合理的增殖放流策略提供依据；通过研究鱼类的生理适应机制，如对环境变化的耐受性，有助于预测气候变化和捕捞活动对鱼类生存的影响。

与工程学家合作研发新型捕捞设备和技术。在材料工程方面，探索新型高强度、轻质、环保的材料用于制造渔具，提高渔具性能并减少对环境的污染。在机械工程领域，设计智能化、自动化的捕捞设备，如智能渔具、自动分拣装置等，提高捕捞效率和精准度。利用工程学的模拟和优化技术，改进渔船的动力系统、船体结构，降低能耗，提高作业效率。

与生态学家合作开展生态影响评估研究。运用生态系统理论和方法，分析捕捞活动对生物多样性、生态系统结构和功能的影响。共同研究生态修复和保护措施，如人工鱼礁的设计与投放、海洋保护区的规划与管理等，以减轻捕捞对生态环境的负面影响，恢复和维护生态系统的健康。

与经济学家合作分析渔业资源的经济价值和渔业政策的经济效应。通过评估渔业生产的成本效益，研究不同捕捞策略和管理措施对渔业经济的影响，为制定合理的渔业经济政策提供依据。通过经济模型分析，探讨如何在保障渔业资源可持续利用的前提下，实现渔业经济效益的最大化，促进渔业产业的可持续发展。

二、学科性质、体系构成及学科特性

1. 学科性质

（1）综合性学科　捕捞学是一门综合性学科，它连接着生物学、工程学、生态学、经济学等多个学科领域。生物学知识是理解鱼类生命活动、种群动态和生态关系的基石。例如，通过研究鱼类的繁殖周期、生长规律及对环境的适应性，可为确定合理的捕捞时机和强度提供依据。工程学则助力捕捞工具和设备的革新，从渔具的设计到渔船的建造，每一个环节都离不开工程学。生态学为评估捕捞活动对生态系统的影响提供了理论框架，使我们能从生态平衡的角度审视捕捞行为，减少对生态环境的破坏。经济学原理在渔业资源的合理配置、成本效益分析及政策制定方面发挥着关键作用，以确保渔业生产在经济上的可持续性。这种多学科知识的深度融合，充分彰显了捕捞学的综合性特质。

（2）应用性学科　捕捞学也是一门应用性学科，它始终以解决渔业生产实际问题为使命，研究成果直接服务于渔业生产的各个环节，从提升捕捞效率到优化资源管理，从研发环保型捕捞技术到保障水产品质量安全，每一项研究都紧密围绕着渔业产业的需求展开。例如，通过研发先进的声呐探测技术，渔民能够更精准地定位鱼群，从而显著提高捕捞效率，降低捕捞成本。

2. 体系构成　捕捞学的支持学科包括渔具渔法学、渔场学等学科，渔具渔法学还可以分为渔具力学、鱼类行为学等，渔场学涉及渔业资源生物学、渔情预报、环境科学等（图 5-1）。以下介绍部分相关学科。

（1）渔具材料学　它专注于探索各类渔具原材料的物理、化学和机械性能，深入研究不同材料在不同水域环境下的强度、柔韧性、耐腐蚀性、水阻力等特性，以及这些特性如何随着时间、温度、酸碱度等因素的变化而改变。例如，天然纤维材料如麻、棉等，具有一定的生物可降解性，但强度相对较低；合成纤维材料如尼龙、聚酯等，强度高、耐用性好，但在环境友好性方面存在不足。对材料性能的深入了解，可为选择最适宜的渔具原材料提供科学依据，以满足不同捕捞作业的需求。同时，不断关注新型材料的研发动态，如可降解的生物基材料、具有特殊功能的智能材料等，探索其在渔具制造中的应用潜力，推动渔具材料向更加环保、高效的方向发展。

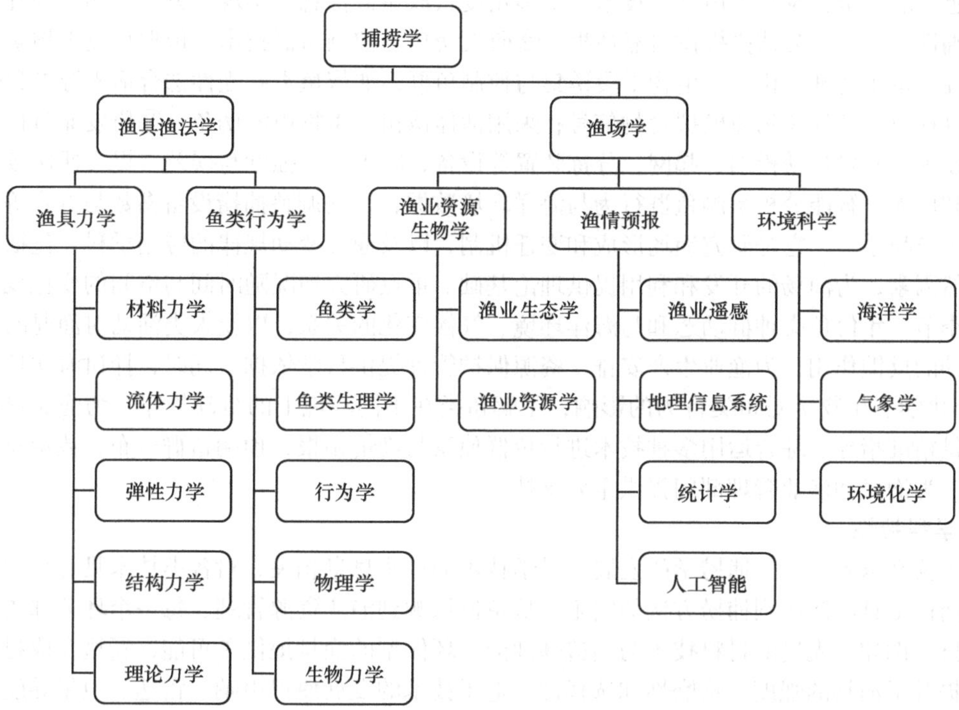

图 5-1　捕捞学的学科组成

（2）渔具工艺学　主要研究渔具的制造工艺和装配技术，从渔网的编织方法、结节形式到渔具各部件的连接方式、装配顺序，都在其研究范畴之内。不同的编织工艺会影响渔网的网目形状、大小均匀度及整体强度；在渔具装配过程中，合理的装配顺序和连接方式能够确保渔具的结构稳定性和使用性能。此外，随着科技的发展，自动化生产工艺在渔具制造中的应用也逐渐成为研究热点，通过引入自动化设备和智能控制系统，可提高渔具制造的精度和生产效率，降低人工成本。

（3）渔具力学　运用力学原理分析渔具在水中的受力情况，研究渔具在拖曳、张设过程中所承受的拉力、阻力、浮力等，以及这些力如何影响渔具的形状、尺寸和捕捞效果。例如，拖网在水中拖曳时，会受到水流的阻力和鱼群的冲击力，通过对这些力的分析，可以优化拖网的结构设计，如调整网身的长度、宽度、网口形状等，以减少阻力，提高捕捞效率。同时，研究渔具材料在受力过程中的变形、疲劳等力学性能，为选择合适的材料和确定合理的渔具规格提供力学依据，确保渔具在复杂的海洋环境中能够安全、可靠地运行。

（4）渔具设计学　基于对鱼类行为习性、捕捞环境特点及捕捞目标的分析，进行渔具的创新性设计，它综合考虑了渔具的捕捞效率、选择性、环保性及操作便利性等因素，设计出满足不同渔业需求的渔具。例如，针对不同种类的鱼类，设计具有特定网目尺寸、形状和结构的渔网，以提高对目标鱼类的捕获效率，减少对非目标鱼类的误捕。在设计过程中，充分运用计算机辅助设计（CAD）、计算机辅助工程（CAE）等技术手段，对渔具的性能进行模拟分析和优化，以降低研发成本，缩短研发周期。同时，关注国际渔具设计的前沿趋势，借鉴先进的设计理念和技术，不断提升渔具设计的水平。

（5）渔法学　研发先进鱼群探测技术与设备、诱集与控制鱼群技术，以及中心渔场寻找、作业过程中渔具的调整、捕鱼自动化等技术，简介如下。①研发先进鱼群探测技术与设备。利用卫星遥感、航空摄影及水下声呐等技术，从多角度获取鱼群信息，实现全方位探测，提升鱼群探索的准确性与效率，为捕捞提供可靠情报。②研发诱集与控制鱼群技术。依据鱼类生物学特性与行为习性，运用物理、化学、生物手段诱集与控制鱼群，如依鱼类趋光性选合适光源参数吸引鱼群，通过释放特殊气味物质模拟食物信号；采用活体诱饵、生物声波诱鱼。③研发捕鱼自动化与智能化技术，开发自动投网、起网、分拣装置等设备，减少人工强度与误差，提升捕捞效率与质量。④利用人工智能分析预测鱼群行为与海洋环境数据，自动调整捕捞设备参数与方式等。

（6）渔场学　它是研究渔场形成和变迁机制，以及渔况变动规律的应用学科，包括渔场形成的自然因素，为渔场的开发和利用提供理论基础。重点研究渔况随时间与空间的变化规律，分析不同季节、年份鱼类种群动态和与海洋环境、气候变化的关系，以及人类活动对渔况的影响和渔况变动的反馈作用，为渔业生产安排、资源保护管理提供科学依据。同时，探讨海洋环境因素（物理、化学、生物）对鱼类行为的影响，了解鱼类在不同环境下的行动规律，为渔业资源开发保护提供精准指导。综合运用多种技术进行鱼群侦察与渔情预报，预测鱼群分布、数量及渔场位置范围，为渔民和渔业管理部门提供重要支持。

3. 学科特性

（1）技术依赖性　捕捞学的发展与科学技术的进步息息相关，对各类技术具有高度的依赖性。从捕捞工具的制造到捕捞方法的实施，从鱼群探测到渔业资源管理，每一个环节都离不开技术的支撑。例如，先进的材料技术为制造高性能、环保型的渔具提供了可能，新型合成材料的应用显著提升了渔具的强度、耐磨性和选择性。电子技术的发展使得声呐、雷达、卫星导航等设备在捕捞作业中得到广泛应用，大大提高了鱼群探测的准确性和渔船航行的安全性。自动化技术和信息技术的融合，实现了捕捞设备的自动化控制和渔业生产的信息化管理，提高了生产效率和管理水平。随着科技的不断创新，捕捞学将不断受益于新技术的应用，实现更高水平的发展。

（2）生态关联性　捕捞活动作为水域生态系统中的一个重要组成部分，与整个生态系统存在着千丝万缕的联系。捕捞学高度关注捕捞活动对生态系统的影响，力求在获取渔业资源的同时，保护生态系统的平衡和稳定。过度捕捞可能导致鱼类种群数量减少、生物多样性降低、生态系统结构和功能受损。例如，某些关键物种的过度捕捞可能引发食物链的连锁反应，影响其他生物的生存和繁衍。同时，捕捞工具的使用也可能对海洋或淡水生态环境造成破坏，如拖网捕捞可能破坏海底栖息地，影响底栖生物的生存。因此，捕捞学致力于研发生态友好型捕捞技术和管理策略，减少对生态环境的负面影响，实现渔业资源的可持续利用与生态系统的和谐共生。

（3）动态发展性　随着人类对渔业资源需求的不断变化、科技的飞速发展及对生态环境保护意识的日益增强，捕捞学呈现出动态发展的特性。新的捕捞技术和方法不断涌现，如智能化捕捞、生态友好型捕捞技术等，以满足可持续发展的要求。对鱼类行为、生态系统的认识也在不断深化，促使渔业管理策略和政策持续优化。同时，全球气候变化、海洋环境污染等新问题的出现，为捕捞学带来了新的挑战和研究课题。例如，研究气候变化对鱼类分布和洄游的影响，以及如何调整捕捞策略以适应这种变化。捕捞学需要不断更新知识体系，加强跨学科研究，以适应不断变化的内外部环境，实现自身的持续发展。

三、捕捞学的作用与意义

捕捞学作为一门综合性学科，与很多行业有着密切的联系（图 5-2），它在渔业资源利用、生态保护、经济发展及社会稳定等方面都发挥着关键作用。它不仅为渔业可持续发展提供保障，还对生态平衡、经济增长和社会稳定有着重要意义。

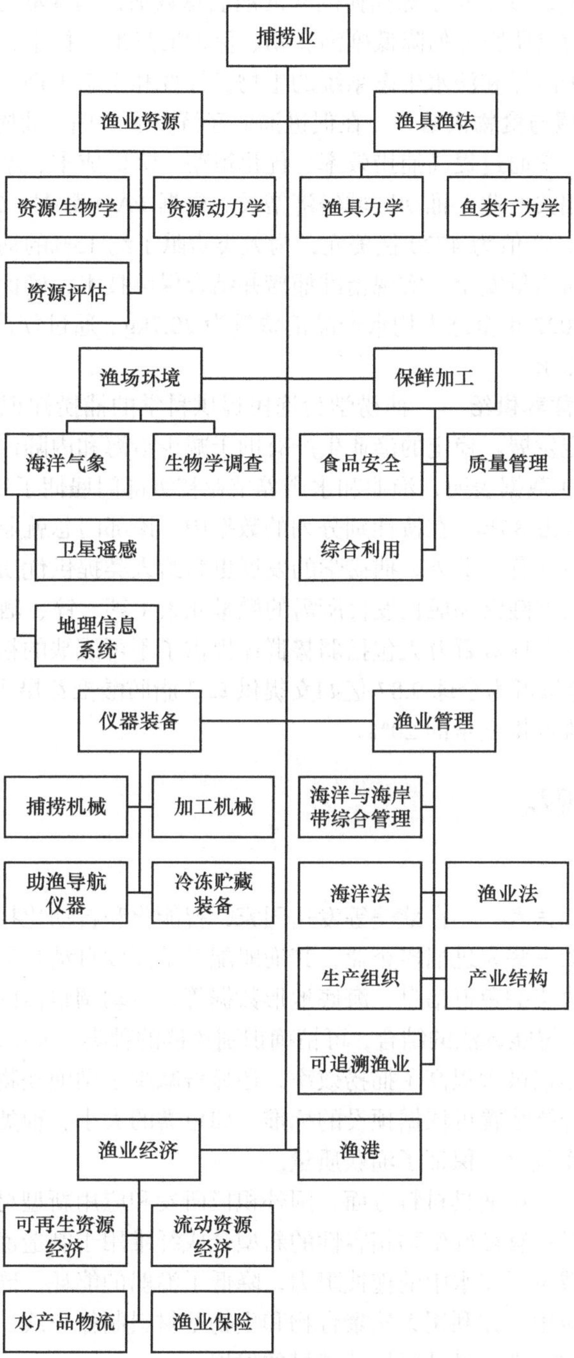

图 5-2　与捕捞学相关的产业和部门

1. 保护渔业资源和生态环境　捕捞学通过深入研究鱼类生物学特性、种群动态等，为合理规划捕捞活动提供科学依据，避免过度捕捞，确保渔业资源的可持续性。例如，FAO 数据显示，2022 年世界捕捞渔业产量达到了 9230 万 t。中国作为捕捞渔业产量最高的国家之一，占总产量的 14.3%。通过确定合理捕捞强度和时机，可避免在鱼类繁殖期过度捕捞，从而维护鱼类种群的正常繁衍，确保渔业资源的可持续开发和利用。同时，捕捞学致力于减少捕捞活动对生态系统的负面影响。FAO 报告指出，2022 年全球捕捞船队的渔船总数估计为 490 万艘，捕捞活动可能对生态系统造成一定压力。通过研究如何降低副渔获物、保护栖息地等技术，开发和应用生态友好型捕捞技术与工具，以保护海洋和淡水生态系统的生物多样性和生态平衡。

2. 促进渔业经济发展与食物供给 在促进渔业经济发展方面，捕捞学作用显著。随着渔业产量与产值的增长，捕捞学通过提高捕捞效率、优化策略、降低成本，增加从业者收入，带动渔具制造、水产品加工等相关产业，推动区域经济增长。根据 FAO 数据，2022 年渔业和水产养殖总产量增加到 2.232 亿 t，产值为 4720 亿美元，为人类贡献了约 15%的动物蛋白。同时，它致力于保障水产品稳定供应与质量安全，实现精准捕捞并结合保鲜技术，确保市场水产品的供应与新鲜度。FAO 报告显示，2022 年全球人均水产品消费量为 20.7kg。通过规范环节、加强检测，满足消费者对优质水产品的需求。

3. 保障社会稳定与营养供给 捕捞学为渔民提供科学的捕捞知识和技术，保障渔民的生计，促进渔村经济的稳定发展。稳定的渔业生产有助于减少沿海和内陆渔业地区的就业压力，维护社会秩序的稳定。FAO 数据表明，渔业和水产养殖业初级部门雇佣了约 6180 万人，大多数从事小规模生产，其中亚洲占 85%。在按性别分列的数据中，该部门总就业人数的 24%为女性，其中 62%从事捕捞环节后的工作。此外，捕捞学的发展也为给人类提供优质动物蛋白做出了重要贡献。例如，水产品富含人类健康和成长发育所需的微量元素（钙、锌、硒、铁、维生素 A 等）和脂肪酸（Ω-3 脂肪酸），为全球数百万人包括弱势群体提供了不可或缺的粮食和营养保障。据 FAO 相关研究，小型渔业上岸量可为全球 9.87 亿妇女提供 Ω-3 脂肪酸推荐摄入量的 50%，为全球 4.77 亿妇女提供钙、硒、锌推荐摄入量的 20%。

四、学科发展现状

1. 国外发展简况

（1）智能化与自动化技术　在欧美等发达国家，智能化和自动化技术在捕捞领域的应用已颇具规模。例如，挪威的一些先进捕捞企业，其渔船配备了高度自动化的捕捞设备。智能拖网系统能够依据传感器实时收集的鱼群信息、海底地形数据等，自动调整拖网的深度、速度及网口大小。通过声呐技术与人工智能算法的结合，可精确识别鱼群的种类、大小和密度，实现精准捕捞。这种智能化的捕捞方式不仅极大提高了捕捞效率，还显著减少了副渔获物，降低了对海洋生态环境的影响。此外，自动分拣装置可依据预设的标准，如鱼类的大小、种类等，快速且准确地对渔获进行分拣，提高了工作效率，保证了渔获质量。

（2）新型材料应用　在渔具材料方面，国外积极研发和应用新型材料。例如，日本成功开发出了高强度、低阻力且具有良好生物相容性的新型合成纤维用于制造渔网。这种材料不仅延长了渔网的使用寿命，还减少了在水中的拖拽阻力，降低了渔船的能耗。同时，一些国家还在探索可降解材料在渔具中的应用，如利用天然聚合物和生物基材料制作鱼线、渔网等，以减少传统渔具材料对海洋环境造成的污染，推动可持续捕捞的发展。

（3）大数据与物联网技术融合　大数据和物联网技术在国外捕捞业中得到了广泛融合应用。通过在渔船上安装各类传感器和监测设备，实时收集捕捞过程中的各种数据，如鱼群位置、海洋环境参数、渔具作业状态等。这些数据通过物联网传输到数据中心，利用大数据分析技术进行深度挖掘和分析。例如，美国的渔业公司利用大数据分析鱼群的迁徙模式、生长环境偏好等信息，从而更准确地预测鱼群的分布和动向，优化捕捞路线和时间，提高捕捞效率，合理规划资源利用，实现可持续捕捞。

（4）科学的配额管理制度　许多发达国家建立了基于科学评估的严格捕捞配额管理制度。例如，欧盟制定的共同渔业政策，通过对渔业资源的定期科学评估，依据鱼类种群的生长率、死亡率、繁殖能力等生物学特征，以及生态系统的承载能力，制定各类鱼种的总可捕量（TAC）。各成员国根据分配的配额进行捕捞作业，并通过严格的监测、控制和监督（MCS）机制确保配额的执行。这种科学的配额管理制度有效避免了过度捕捞，保护了渔业资源的可持续性。

（5）精细的渔业法规与政策　国外渔业法规政策细致且严格，涵盖了捕捞的各个环节。例如，澳大利亚针对不同的渔业区域和鱼种，制定了详细的渔具限制规定，包括网目大小、渔具类型等，以保护幼鱼和非目标物种。同时，对捕捞作业的时间、区域也有明确限制，设立了大量的海洋保护区和禁渔区，以保护海洋生态环境和鱼类的繁殖栖息地。此外，一些国家还通过经济手段，如渔业补贴政策的调整，引导渔民采用可持续的捕捞方式，促进渔业的可持续发展。

（6）广泛的国际渔业合作　在国际层面，发达国家积极参与和推动跨国渔业管理组织的建立与运作。例如，西北大西洋渔业组织（NAFO）、东北大西洋渔业委员会（NEAFC）等组织，由多个国家共同参与，负责管理特定区域的渔业资源。这些组织通过制定统一的渔业管理规则、配额分配方案及执法监督机制，协调各国的捕捞活动，避免因过度捕捞和无序竞争导致资源枯竭，维护了区域渔业资源的可持续利用。在科研领域，国外开展了众多国际合作项目。例如，一些欧洲国家与美国、加拿大等共同参与的海洋生态系统研究项目，旨在深入了解海洋生态系统的结构和功能，以及捕捞活动对其产生的影响。通过共享研究数据、技术和经验，各国能够更全面地认识渔业资源与生态环境的关系，共同开发可持续的捕捞技术和管理策略，推动全球捕捞学的发展。

2. 国内发展历程

（1）传统捕捞阶段（早期～20世纪中叶）　早期，我国捕捞业主要依赖传统的手工工具和简单技术。渔民使用鱼叉、鱼钩、简易编织的渔网等进行捕捞，这些工具制作工艺简单，多由天然材料制成。捕捞方式以手工捕捞和小型渔船作业为主，捕捞范围局限于近海和内陆水域。例如，在沿海地区，渔民常使用小型帆船或划桨船，在近海利用刺网、手钓等方式捕捞；在内陆江河湖泊，多采用小型渔具进行分散式捕捞。这种传统捕捞方式效率较低，渔获量有限，主要满足当地居民的生活需求。

当时渔业生产规模较小，以个体渔民和小型渔业合作社为主要经营主体。渔业市场主要集中在本地，水产品的销售范围有限，多以新鲜捕捞的水产品直接供应周边市场为主，加工和保鲜技术落后，水产品的保存时间较短。

渔业管理处于初步阶段，主要以地方传统习俗和简单的规定来规范捕捞行为，缺乏系统性的管理政策和科学依据。对渔业资源的认识和研究也相对较少，基本没有开展大规模的资源调查和评估工作。

（2）技术引进与发展阶段（20世纪中叶～21世纪初）　随着我国社会经济的发展和对外交流的增加，我国开始引进国外先进的捕捞技术和设备。从20世纪60年代起，陆续引进了大型拖网渔船、围网渔船等机械化捕捞设备，以及声呐、雷达等助渔导航设备。这些设备的引入极大地提高了捕捞效率和作业范围，使我国渔业生产逐渐从近海向远海拓展。例如，大型拖网渔船的使用，能够在短时间内捕获大量的鱼类资源，满足了国内市场对水产品日益增长的需求。同时，国内也开始加强对捕捞技术的研究和改进，逐步实现了部分捕捞设备的国产化生产。

渔业生产规模迅速扩大，渔业产业结构逐渐多元化。除了传统的捕捞业，水产养殖业、水产品加工业等相关产业也得到了发展。渔业市场不断拓展，水产品不仅供应国内各地，还开始出口到国际市场。在这一时期，我国建立了一批现代化的渔业加工厂，提高了水产品的加工和保鲜能力，延长了水产品的产业链，增加了渔业的附加值。

国家开始重视渔业管理的规范化和科学化。制定了一系列渔业法规和政策，如《中华人民共和国渔业法》，明确了渔业资源的保护、增殖、开发和合理利用的原则。建立了渔业资源监测体系，开展了大规模的渔业资源调查和评估工作，为渔业管理提供了科学依据。同时，加强了对捕捞强度的控制，实行了捕捞许可证制度，限制渔船数量和功率，以保护渔业资源。

（3）*可持续发展探索阶段（21世纪初至今）* 近年来，我国加大了对可持续捕捞技术的研发投入。积极开展生态友好型捕捞技术的研究与应用，如研发选择性渔具，通过改进网具结构和材料，提高对目标鱼类的捕获效率，减少对非目标物种和幼鱼的误捕。例如，研制出具有特殊网目设计和逃生装置的选择性拖网，有效降低了副渔获物的比例。同时，推广人工鱼礁建设，为鱼类提供栖息地，促进渔业资源的增殖。此外，在智能化捕捞技术方面也取得了一定进展，部分渔船开始配备智能监测设备，实现对捕捞作业的实时监控和管理。

更加注重渔业资源的保护和生态环境的修复。加强了对海洋和内陆水域生态系统的保护力度，设立了多个海洋保护区和内陆水域保护区，严格限制在保护区内的捕捞活动。实施了大规模的增殖放流活动，向海洋和内陆水域投放大量的鱼苗、虾苗等，增加渔业资源的数量。同时，加强对渔业污染的治理，减少工业废水、生活污水等对渔业水域的污染，改善渔业生态环境。

不断深化渔业管理改革，创新管理方式。进一步完善了渔业资源管理制度，实施了更严格的捕捞配额制度、禁渔期和禁渔区制度等。加强了渔业执法力度，严厉打击非法捕捞行为，维护渔业生产秩序。同时，推动渔业管理的信息化建设，利用大数据、物联网等技术手段，实现对渔业资源、捕捞作业、渔船监管等的实时监测和动态管理，提高渔业管理的科学性和效率。此外，积极参与国际渔业合作，遵循国际渔业管理规则，与其他国家共同保护和合理利用渔业资源。

五、学科的基础理论及其应用

1. 基础理论

（1）*渔业生物学理论*

1）鱼类种群动态原理。鱼类种群数量并非一成不变，而是遵循特定的增长模式。逻辑斯谛增长模型形象地描述了这一过程，初期种群因资源充裕，呈近乎指数的快速增长。随着种群密度加大，资源竞争加剧，增长速率逐渐趋缓，最终达到环境容纳量，种群数量趋于稳定。但随着鱼群数量增多，有限的饵料和空间开始限制其增长，种群增长速度减慢，最终稳定在水域能够承载的数量。

2）鱼类行为学基础。鱼类一生中通常要经历生殖洄游、索饵洄游和越冬洄游。生殖洄游是众多鱼类繁衍后代的关键行为。以鲑为例，它们在海洋中成长成熟后，凭借强大的嗅觉记忆和对地球磁场的感知，历经千难万险，逆流洄游至出生的淡水河流上游产卵。这一过程中，它们要克服湍急的水流、瀑布等重重障碍。索饵洄游则是为了获取充足食物。例如，每年春季，小黄鱼会从越冬海域向近海浅水区洄游，因为此时浅水区水温升高，浮游生物大量繁殖，为小黄鱼提供了丰富的食物资源。季节洄游与水温密切相关，在北半球当秋冬季节水温降低，暖水性鱼类会向水温相对较高的南方海域迁移。

鱼类集群是一种复杂而精妙的行为。视觉上，它们通过识别同类的外形、颜色和游动姿态，保持适当的间距，形成有序的群体。侧线系统则能敏锐感知周围水流的细微变化，帮助个体协调行动，使整个鱼群如同一有机整体般灵活移动。化学信号在集群中也发挥着重要作用，鱼类释放的信息素能够传递种群信息，维持集群的稳定性和凝聚力。例如，沙丁鱼在集群时，通过这些机制紧密协作，不仅降低了被捕食的风险，还提高了觅食效率，因为它们可以共同发现和围捕食物。

（2）渔具与捕捞技术理论

1）渔具力学与设计原理。以拖网为例，拖网在拖曳过程中，水流阻力是其面临的主要作用力。根据流体力学原理，拖网的形状、尺寸、拖曳速度及水流速度都会对阻力产生影响。将拖网设计成流线型，如椭圆或抛物线形状的网口，能够有效降低水流对网具的冲击，减少阻力。同时，鱼群进入网内时会对网壁产生冲击力，这就要求网具具备足够的强度来承受。此外，渔具自身的重力、浮力及与渔船连接部位的拉力等，也会影响渔具在水中的作业性能。例如，深海捕捞渔具需要承受巨大的水压，因此在材料选择和结构设计上都要特别考虑抗压性等。

拖网的结构包括网口、网身、网囊等部分。网口的大小和形状直接影响捕捞范围和鱼群进入的效率，较大的网口有利于快速围捕鱼群，但也会增加阻力。网身的长度和网目大小决定了过滤效果和阻力大小，较长的网身可以更好地过滤水流，而合适的网目大小既能保证捕获目标鱼类，又能让幼鱼和非目标物种逃脱。网囊则用于收集渔获，其强度和容量需要根据捕捞对象的大小和数量进行设计。例如，捕捞中上层鱼类的拖网，网口较大且网身较短，以适应快速游动的鱼群；而捕捞底层鱼类的拖网，网口较小且网身较长，以便贴近海底作业。

围网的结构设计注重包围和收口功能，通过合理设置围网的高度、长度和沉降力，确保能够有效地包围鱼群并防止其逃脱。钓具的结构设计则要根据目标鱼类的习性，如鱼钩的形状、大小和鱼线的强度需与目标鱼的口型和力量相匹配。例如，针对凶猛的掠食性鱼类，应使用较大且坚固的鱼钩和结实的鱼线。

2）捕捞技术的选择性与效率理论。网目大小是决定捕捞选择性的关键因素，合适的网目尺寸能够释放幼鱼，保护渔业资源的可持续性。例如，在捕捞经济鱼类时，规定最小网目尺寸，确保幼鱼能够从网中逃脱，避免过度捕捞幼鱼导致种群数量下降。渔具的形状和结构也对选择性有重要影响，如陷阱类渔具的入口设计，可以控制进入鱼类的种类和大小。此外，捕捞方法和作业参数同样会影响选择性。例如，拖网捕捞时较慢的速度和较短的时间可以减少对非目标物种的误捕。

选择合适的渔具和捕捞方法是提高捕捞效率的关键。围网适合捕捞集群性的中上层鱼类，如沙丁鱼、鲱等；拖网则适合大规模捕捞不同水层的鱼类；钓捕适合针对特定种类和大小的鱼类，如鱿、金枪鱼等。利用先进的探测技术，如声呐等，可以准确寻找鱼群的位置，提高捕捞效率。声呐技术能够探测鱼群的深度、密度和大小，帮助渔船快速定位鱼群。优化捕捞作业流程，如合理安排渔船编队、提高渔具投放和回收速度等，也能有效提高效率。

在实际捕捞中，需要在捕捞选择性和效率之间找到平衡。过度追求效率可能导致过度捕捞和大量副渔获物，对渔业资源和生态环境造成破坏；而过度强调选择性可能会降低捕捞效率，影响经济效益。例如，在使用拖网捕捞时，可以通过改进网具结构，如设置选择性的网目或逃生装置，以及调整作业参数，如控制拖网速度和时间，在保证一定捕捞效率的同时，提高对目标鱼类的选择性，减少对非目标物种和幼鱼的捕获。研发新型渔具和捕捞技术，如智能渔具，能够根据鱼群的信息自动调整释放装置和捕捞方式，实现选择性与效率的更好平衡。

3）捕捞作业的优化与控制理论。现代鱼群探测技术为捕捞作业的实时调整提供了有力支持，声呐系统能够实时监测鱼群的位置、深度、密度和运动方向等信息。例如，渔船在作业过程中，通过声呐发现鱼群深度发生变化，可及时调整拖网或钓具的深度，确保准确捕捞。水下摄像头和传感器则能提供鱼群更详细的信息，如鱼类的种类、大小等。根据这些信息，渔民可以调整捕捞设备的参数，如拖网的网口大小、钓钩的类型等，提高捕捞的精准度和效率。

海洋环境因素对捕捞作业有着重大影响，风浪的大小直接关系到渔船的稳定性和渔具的操作安全性。在大风浪天气下，渔船需要采取防风浪措施，如调整航向、降低航速、加固渔具等，或者暂停作业返回港口，以确保人员和船只的安全。海流的方向和速度会影响渔具的运动轨迹和捕捞效果。在海流较强的海域，需要调整拖网的重量和形状，以保证网具能够按照预定的路线作业。潮汐的变化会影响鱼类的活动和分布，一些鱼类在涨潮或落潮时更为活跃，渔民可以根据潮汐规律选择合适的作业时间。水温、盐度等环境因子也会影响鱼类的行为和分布，通过监测这些因子的变化，预测鱼群的位置和活动，从而优化捕捞作业。

（3）渔业资源评估与管理理论

1）渔业资源评估模型与方法。年龄鉴定是渔业生物学的重要研究内容，可通过分析鱼类的耳石、鳞片、脊椎骨等硬组织的生长轮纹来确定其年龄。例如，鳕的耳石上有明显的生长轮，就像树木的年轮一样，通过显微镜观察和计数这些轮纹，可以准确判断鳕的年龄。繁殖力测定也是渔业生物学的主要研究内容，可以通过解剖鱼类，统计怀卵量或产卵量，了解种群的繁殖能力，对于一些重要的经济鱼类，如大黄鱼，准确测定其繁殖力对于评估种群的增长潜力至关重要。通过分析体长-体重关系可以判断鱼类的生长状况，为资源评估提供基础数据。

剩余产量模型是基于统计分析的重要评估模型之一。它假设渔业产量与捕捞努力量之间存在一定的函数关系，通过分析历年的捕捞产量和捕捞努力量数据，评估渔业资源的最大可持续产量和当前资源的利用状况。例如，对某海域多年的捕捞数据进行拟合，确定剩余产量模型的参数，预测不同捕捞强度下渔业资源的变化趋势。种群动态综合模型则结合生物学参数和统计数据，更全面地评估种群动态，如实际种群分析（VPA）模型，它利用捕捞记录和年龄结构数据，推算不同年份各年龄组鱼类的数量变化，为渔业管理提供详细的信息，帮助管理者制定合理的捕捞策略。

声学评估技术利用声呐发射和接收声波的原理，探测鱼群的密度和分布，从而估算资源量。船载声呐系统可以在大面积海域快速获取鱼群的信息，为资源评估提供鱼群的空间分布数据。水下无人航行器（AUV）和自主水下采样器（AUS）能够深入水下获取更详细的鱼类和环境信息，提高资源评估的准确性。它们可以在复杂的海底环境中进行采样和监测，获取传统评估方法难以得到的数据。

2）可持续渔业管理原则。可持续渔业管理强调从生态系统的角度出发，考虑渔业资源与整个生态系统的相互关系。不仅要关注鱼类种群的数量和健康，还要保护生态系统中的其他生物和环境因子。例如，保护海洋生态系统中的珊瑚礁、海草床等栖息地，这些栖息地为鱼类提供了繁殖、生长和觅食的场所。同时，要考虑捕捞活动对食物链、食物网和生物多样性的影响，避免过度捕捞导致生态失衡。通过综合管理，实现渔业资源的可持续利用与生态系统的健康保护协同发展。例如，在制定渔业管理策略时，充分考虑到某种鱼类在生态系统中的地位和作用，避免因过度捕捞该鱼类而对整个生态系统造成连锁反应。

科学设定捕捞限额是可持续渔业管理的关键措施。依据渔业资源评估结果，确定不同鱼种的总可捕量（TAC）。对于资源量丰富且增长速度快的鱼种，可以适当提高捕捞限额，但也要确保不超过其可持续产量。对于资源量下降或濒危的鱼种，则要严格限制捕捞量，甚至实施禁渔措施，以促进资源的恢复。同时，将捕捞限额合理分配到不同的渔业区域、渔船或渔民，确保公平合理。此外，根据资源的动态变化和生态环境状况，适时调整捕捞限额，保证渔业资源的可持续利用。例如，当某海域的某种鱼类资源量因环境变化而减少时，及时降低该鱼种的捕捞限额，以保护资源。

设立海洋保护区是渔业资源养护的重要手段。在保护区内限制或禁止捕捞活动，保护鱼类的繁殖和生长区域，为鱼类提供安全的栖息环境。例如，建立珊瑚礁海洋保护区，不仅可以保护珊瑚礁生态系统，还能为众多鱼类提供繁殖、育幼和觅食的场所。开展增殖放流活动，向海洋或内陆水域投放人工培育的鱼苗、虾苗等，增加渔业资源的数量。在增殖放流过程中，要选择合适的鱼种、投放地点和时间，确保放流的苗种能够适应环境并成功存活。同时，加强对渔业资源栖息地的保护和修复，如治理水域污染、恢复湿地生态等，改善鱼类的生存环境，促进资源的自然增殖。

3）渔业法规与政策的理论基础。渔业法规的制定基于保护渔业资源、维护生态平衡和促进渔业可持续发展的需求。依据渔业资源评估结果，确定资源保护的重点和管理目标。对于过度捕捞导致资源衰退的鱼种，制定严格的捕捞限制法规，如限制捕捞时间、地点、渔具类型和捕捞量等。考虑生态系统保护的要求，规定禁止或限制在重要生态区域，如红树林、河口等进行捕捞作业，以保护这些区域的生态功能和生物多样性。同时，结合社会经济因素，保障渔民的合法权益，促进渔业产业的健康发展。例如，制定渔业补贴政策，支持渔民采用可持续的捕捞技术和设备，提高渔业生产的效率和可持续性。

渔业政策的实施需要建立有效的监督机制。设立专门的渔业执法机构，加强对捕捞活动的监督检查，确保渔民遵守法规政策。渔业执法人员定期检查渔船的渔具规格是否符合规定、捕捞日志记录是否准确完整等，严厉打击非法捕捞行为。利用现代信息技术，如卫星定位、视频监控等，实现对渔船的实时监控，提高执法效率和准确性。同时，加强国际合作，共同制定和执行渔业管理政策，保护跨国界的渔业资源。例如，在国际渔业协定的框架下，各国共同管理公海渔业资源，通过统一的监测、执法标准，防止过度捕捞和非法捕捞行为的发生。

渔业法规政策并非一成不变，需根据渔业资源状况、生态环境变化及社会经济发展需求不断调整完善。随着渔业资源评估技术的进步，以及对鱼类种群动态、生态系统结构等方面的认识更加深入，这就要求及时修订法规政策，以提高管理的科学性和有效性。

2. 应用领域　捕捞学在现代渔业及相关领域应用广泛，对渔业资源的科学利用、生态保护、经济发展和社会稳定意义重大，可为商业捕捞、资源评估监测、管理政策制定等提供有力支持。

（1）商业捕捞产业　商业捕捞首先要精准选择目标鱼种与渔场，要优先选择资源丰富且处于可持续开发状态的渔场，避免过度依赖资源衰退的区域，确保捕捞作业的长期稳定性与经济效益。

同时，根据目标鱼种的行为特点、体型大小和分布水层，挑选最合适的渔具与捕捞技术。例如，对于集群性强且行动迅速的中上层鱼类如鲱，围网捕捞是高效之选，能够快速包围并捕获大量鱼群。此外，渔场的环境因素，如深度、水流、地形等，也影响着渔具与技术的选择。在浅海且水流平缓区域，小型拖网或刺网操作便捷；在深海复杂地形区域，则需配备专业的深海捕捞渔具和设备。

此外，要运用捕捞作业优化与控制理论，基于实时鱼群探测信息灵活调整捕捞作业。在拖网捕捞中，利用声呐系统实时监测鱼群的深度、密度和移动方向，及时调整拖网的深度、拖曳速度及网口大小，确保高效捕捞。要优化渔船编队与作业协同。例如，在围网捕捞时，多艘渔船通过精确地通信与配合，合理投放和收紧围网，提高围捕成功率。同时，加强对捕捞作业人员的专业培训，提升其操作技能与应急处理能力，确保捕捞作业安全、高效、有序进行。

（2）渔业资源管理　按照科学的评估周期，运用多种评估方法对渔业资源进行全面评估。综合采用基于生物学的评估方法（如年龄结构分析、繁殖力测定等），以及基于统计分析的评估模型（如剩余产量模型、实际种群分析等），结合现代技术手段，如声学评估等，获取准确的资源数据，为渔业管理决策提供科学依据。

依据渔业资源评估结果、生态保护需求及社会经济发展目标，制定科学合理的渔业管理政策。设定捕捞限额，明确不同鱼种的总可捕量，并将其分配到各个渔业区域、渔船或渔民；制定渔具限制政策，规定允许使用的渔具类型、规格和网目大小，减少对幼鱼和非目标物种的捕获；设立禁渔区和禁渔期，保护鱼类的繁殖和生长栖息地，促进资源恢复。针对资源衰退的鱼种，制定严格的禁渔政策，禁止在其繁殖季节和关键栖息地进行捕捞作业。定期对政策执行情况进行评估和总结，发现问题及时解决，确保政策有效实施，实现渔业资源的科学管理和可持续利用。

六、学科未来研究展望

1. 创新可持续捕捞技术与装备　进一步发展智能化捕捞设备，利用物联网、大数据、人工智能等技术，实现捕捞设备的自动控制、实时监测和智能决策。例如，研发智能渔具，可根据鱼群的种类、大小、数量及海洋环境参数自动调整捕捞方式，提高捕捞选择性，减少副渔获物。同时，开发基于人工智能的鱼群预测系统，更准确地预测鱼群的分布和移动趋势，为捕捞作业提供精准指导。

加大对生态友好型捕捞工具的研发力度，探索新型材料和设计理念。研发高强度、可降解的生物材料用于制造渔具，减少渔具对海洋环境的污染。设计更具选择性的渔具，如通过改进网具结构、设置特殊的分隔装置或采用智能识别技术，使非目标鱼类和幼鱼能够从网中逃脱，保护生物多样性。

开展非传统捕捞方法的研究，如利用生物技术、光学技术、声学技术等开发新的捕捞方式。例如，通过释放特定的化学信号或声音信号，引导鱼类进入特定的捕捞区域，减少对环境的干扰和对非目标物种的影响。探索利用光诱技术，根据不同鱼类的趋光特性，设计高效的光诱捕捞设备。

2. 深化基于生态系统的渔业管理　深入研究捕捞活动与生态系统各要素之间的相互作用关系，构建更加全面、准确的综合生态系统模型。该模型不仅要考虑鱼类种群的动态变化，还要涵盖海洋生态系统中的物理、化学和生物过程，以及人类活动对生态系统的影响。通过模型模拟不同捕捞策略和环境变化对生态系统的长期影响，为制定科学的渔业管理政策提供更有力的支持。

基于综合生态系统模型的研究结果，制定精细化的渔业管理策略。实施生态系统水平的捕捞配额制度，综合考虑目标鱼类资源状况、生态系统的承载能力及不同物种之间的相互关系，合理分配捕捞配额。加强对渔业资源的动态监测和评估，及时调整管理措施，确保渔业发展与生态保护协调共进。

研究并实施有效的生态修复和保护措施，减轻捕捞活动对生态系统的负面影响。加强对海洋生态栖息地的保护，如珊瑚礁、海草床等，恢复和维护生态系统的功能。

3. 研究气候变化对渔业的影响及其对策　深入研究气候变化导致的海水温度上升、海洋酸化、海平面上升等环境因素变化对鱼类生理、行为、分布和生态系统的影响机制。通过实验室实验、野外监测和模型模拟等手段，揭示气候变化对鱼类繁殖、生长、洄游等关键生命活动的影响，为制定应对策略提供科学依据。

根据气候变化对渔业资源的影响，制定适应性的捕捞策略。调整渔业生产布局，引导渔民向适宜的捕捞区域转移；优化捕捞时间和方式，适应鱼类分布和行为的变化。加强对气候变化敏感区域的渔业资源监测和管理，提前做好应对准备，减少气候变化对渔业生产的不利影响。

研究通过生态工程等手段，增强海洋生态系统对气候变化的适应能力。例如，开展海洋生态修复工程，种植海草、恢复珊瑚礁等，改善海洋生态环境，为鱼类提供更稳定的生存环境。同时，加强对渔业资源的遗传多样性保护，提高鱼类对气候变化的适应潜力。

4. 拓展跨学科合作系统研究捕捞产业链　进一步加强捕捞学与生态学、工程学、海洋学、生物学、经济学等多学科的深度融合。开展跨学科研究项目，共同解决渔业可持续发展中的复杂问题。例如，与生态学合作研究气候变化背景下海洋生态系统的演变规律和应对策略；与工程学合作研发适应气候变化的新型捕捞设备和技术；与经济学合作分析渔业政策在应对气候变化中的经济可行性和效益。

积极参与国际渔业研究合作项目，加强与国际组织、其他国家科研机构的交流与合作，分享我国在捕捞学研究和渔业管理方面的经验和成果，同时学习借鉴国际先进技术和理念，共同应对全球性的渔业问题，如气候变化对渔业的影响、公海渔业资源管理方面等，推动全球渔业的可持续发展。

5. 迈向海洋捕捞 4.0 时代　在工业 4.0 的框架下，物联网技术将实现全方位、高密度的覆盖。未来，每一艘渔船、每一件渔具都将配备高精度传感器，不仅能实时监测位置、速度、航向等基础信息，还能对渔具的受力、网具状态、渔获装载量等进行精准感知。例如，在拖网的关键部位安装压力传感器和形变传感器，实时反馈网具在水中的受力情况，以便及时调整捕捞参数，避免渔具损坏。同时，通过水下传感器网络，对捕捞区域的水温、盐度、溶解氧、水流等海洋环境参数进行不间断监测。这些海量数据将借助高速、稳定的通信网络实时传输至大数据平台。大数据分析技术将从多维度深度挖掘数据价值，不仅能准确预测鱼群的分布和行为模式，还能分析不同捕捞策略对渔获量、资源可持续性及生态环境的长期影响。通过建立复杂的预测模型，为渔民提供个性化、精准化的捕捞决策建议，如最佳捕捞时机、最优捕捞地点及最适宜的渔具选择。

人工智能将成为海洋捕捞智能化的核心驱动力。在鱼群识别方面，利用深度学习算法对海量的水下图像和视频数据进行训练，使系统能够精准识别不同种类、大小的鱼类，甚至可以判断鱼类的健康状况和生长阶段。这将极大提升捕捞的选择性，减少对非目标物种和幼鱼的误捕。在捕捞过程的自动化控制中，强化学习算法将根据实时监测到的鱼群信息、海洋环境数据及渔具状态，自动调整捕捞设备的运行参数。例如，智能拖网系统能够根据鱼群的密度和分布自动调整拖网的速度、深度和网口大小，实现自适应捕捞。同时，机器学习算法还将用于优化渔业资源评估模型，通过不断学习新的数据，提高对资源动态变化预测的准确性，为可持续捕捞提供更可靠的决策支持。

海洋捕捞 4.0 将推动渔业管理从单一资源管理向生态系统综合管理转变。借助先进的监测技术和大数据分析，全面评估捕捞活动对海洋生态系统的影响。建立生态系统模型，模拟不同捕捞强度和方式下生态系统的演变趋势，为制定科学合理的捕捞政策提供依据。在管理措施上，除了传统的捕捞配额、禁渔区和禁渔期制度，还将引入生态补偿机制，对于采用生态友好型捕捞技术、积极保护海洋生态环境的渔民和渔业企业，给予经济补偿或政策优惠，共同制定全球性的海洋生态保护标准和渔业管理规则，确保在全球范围内实现可持续的海洋捕捞。

第二节　渔业资源学概述

渔业资源学作为水产学的重要分支，是一门整合多学科知识、聚焦研究渔业资源的综合性学科，它借助生物学、生态学、海洋学、气象学、经济学等多学科的理论与方法，研究渔业生物种群的结构特征、自然生活史进程、数量变动规律，以及资源开发利用与社会经济发展的相互关系，旨在为渔业的合理生产、资源的科学管理提供依据，以实现渔业资源的可持续利用，达成经济效益、社会效益和生态效益的最大化，为渔业的可持续发展奠定基础。

一、概念、研究对象及其方法

1. 概念 渔业资源学也称“水产资源学”，是水产学的主要分支之一。渔业资源学是指研究鱼类等种类的种群结构、繁殖、摄食、生长和洄游等自然生活史过程；研究鱼类等种类的种群数量变动规律及资源量和可捕量估算，不同管理策略下种群数量变动规律及其不确定性；研究鱼类等种类的资源开发利用与社会经济发展、资源优化配置规律；以及研究渔业资源管理与保护措施等内容的一门学科，目的是为渔业的合理生产、渔业资源的科学管理提供依据。

2. 研究对象及其方法

（1）*研究对象* 渔业资源学的研究对象广泛，涵盖了水生生物种群及其所处的生态环境、与其相关的人类活动等多个层面。具体包括以下几方面。

1）水生生物种群。以鱼类、虾类、贝类、头足类等为主要研究对象，对其种群的生物学特性进行深入剖析。例如，研究鱼类的种群结构，包括年龄组成、体长体重分布、性别比例等，这些结构特征直接影响着种群的动态变化和资源的可持续利用。同时，关注生物的繁殖特性，如繁殖季节、繁殖方式（卵生、胎生或卵胎生）、繁殖力大小等，为评估种群的补充能力提供依据。对于摄食特性，分析其食物组成、摄食方式（滤食、捕食等）及摄食与环境因子的关系，有助于了解种群在生态系统中的营养地位和能量流动。在生长特性方面，研究生物的生长速度、生长模式（匀速生长、异速生长等）及影响生长的因素（如水温、食物资源等），为预测种群数量和资源量提供基础。在洄游特性方面，则研究生物洄游的路线、时间、原因及洄游对种群分布和资源利用的影响，为渔业资源开发和养护提供依据基础。

2）生态环境。包括物理环境（如水温、盐度、光照、水流、水深等）、化学环境（如溶解氧、酸碱度、营养盐等）和生物环境（如浮游生物、底栖生物、其他水生生物等），这些环境因素相互作用，共同影响着渔业资源的生存、繁殖、生长和分布。例如，水温的变化不仅影响鱼类的新陈代谢和生长速度，还可能改变其洄游路线和繁殖时间；营养盐的含量直接关系到浮游生物的生长繁殖，进而影响以浮游生物为食的鱼类的食物资源。

3）人类活动。人类对渔业资源的开发利用活动，如捕捞、养殖、渔业工程建设等，以及相关的渔业管理政策和措施，都是渔业资源学的研究范畴。捕捞活动的强度、方式和时间等因素，直接影响着渔业资源的种群数量和结构；渔业工程建设（如港口建设、跨海大桥建设等）可能改变海洋生态环境，进而影响渔业资源的栖息和洄游环境。同时，渔业管理政策（如捕捞配额制度、禁渔区和禁渔期规定等）的制定和实施，对渔业资源的合理利用和保护起着关键作用。

（2）*研究方法*

1）生物学调查方法。

现场调查：通过渔业资源调查船、水下机器人等设备，在不同水域进行实地采样。例如，使用拖网、刺网、围网等渔具采集水生生物样本，记录其种类、数量、体长、体重、年龄等生物学数据。同时，利用专业仪器测量水温、盐度等环境参数，了解生物与环境的关系。此外，还可通过水下摄影、摄像等技术，直观观察水生生物的行为、栖息环境等情况。

实验室分析：对采集到的生物样本进行实验室分析，以获取更详细的生物学信息。例如，通过解剖生物样本，观察其内部器官结构，分析消化系统、生殖系统等的特征，了解其食性和繁殖特性。利用显微镜观察鱼类鳞片、耳石、脊椎骨等硬组织的生长轮纹，鉴定鱼类的年龄和生长情况。运用分子生物学技术，如基因测序、遗传标记分析等，研究种群的遗传结构、亲缘关系及种群间的基因交流情况，为种群鉴定和资源保护提供遗传学依据。

2）资源评估模型方法。

单物种渔业资源评估模型：基于单物种的生物学特性和捕捞数据，构建模型，评估种群动态和资源量。例如，剩余产量模型通过分析捕捞产量与捕捞努力量之间的关系，估算渔业资源的最大可持续产量和当前资源利用状况；实际种群分析（VPA）模型利用捕捞记录和年龄结构数据，推算不同年份各年龄组鱼类的数量变化，评估种群的历史动态和未来趋势。

多物种渔业资源评估模型：考虑多个物种之间的相互关系（如捕食、竞争等），以及它们与环境因素的相互作用，构建更复杂的模型。此类模型能够更全面地反映生态系统中渔业资源的动态变化，为多物种渔业资源的综合管理提供科学依据。

基于生态系统的渔业资源评估模型：将渔业资源视为生态系统的一部分，综合考虑物理、化学、生物等多种因素对渔业资源的影响。通过耦合海洋物理-生物过程、基于食物网的数量和能量平衡模型等，模拟生态系统中能量转化、种群间的相互作用及环境变化对渔业资源的影响，为基于生态系统的渔业资源管理提供支持。

3）经济学分析方法。

构建生物经济模型：综合考虑渔业资源的生物学特性、经济因素（如成本、收益、价格等）及管理措施，构建渔业资源生物经济模型。例如，在模型中纳入鱼类种群的生长、繁殖、死亡等生物学参数，以及捕捞成本、渔获物价格、船队规模等经济因素，分析不同管理策略下的经济效益和资源可持续性，为渔业资源的优化配置提供决策支持。

成本效益分析：对渔业资源开发项目进行成本效益分析，评估项目在经济上的可行性。计算项目的直接成本（如渔船购置、渔具配备、燃料消耗等）和间接成本（如环境破坏造成的损失、渔业资源衰退的潜在成本等），以及项目带来的收益（如渔获物销售收入、相关产业带动的收益等），通过比较成本与收益，确定项目是否值得投资，并为优化项目方案提供参考。

政策经济分析：研究渔业管理政策对经济的影响，以及经济因素对政策制定和实施的反馈作用。例如，分析捕捞配额制度、渔业补贴政策等对渔业产业结构、渔民收入、市场供应等方面的影响，为制定合理的渔业政策提供经济理论支持。

4）多学科交叉方法。

与海洋学交叉：结合物理海洋学、化学海洋学和生物海洋学的理论和方法，研究海洋环境对渔业资源的影响。例如，通过分析海洋环流、水温分布、盐度变化等物理海洋学因素，了解其对鱼类洄游、分布和繁殖的影响；利用化学海洋学方法研究海水中营养盐、污染物等化学物质对渔业资源的影响机制；借助生物海洋学研究浮游生物、底栖生物等与渔业资源的相互关系，为渔业资源的保护和利用提供科学依据。

与生态学交叉：运用生态学原理，研究渔业资源在生态系统中的地位和作用，以及渔业活动对生态系统的影响。例如，通过研究食物网结构、生态位分化等生态关系，分析渔业资源与其他生物之间的相互依存和相互制约关系；开展生态系统健康评估，了解渔业活动对生态系统结构和功能的影响，为实现渔业资源的可持续利用和生态系统的平衡提供指导。

与信息技术交叉：利用大数据、人工智能、地理信息系统（GIS）等信息技术，提升渔业资源学的研究水平。例如，通过收集和分析大量的渔业数据（包括捕捞数据、资源调查数据、环境监测数据等），运用大数据技术挖掘数据背后的规律和趋势；借助人工智能算法，对渔业资源的动态变化进行预测，优化渔业资源评估模型；利用 GIS 技术，直观展示渔业资源的空间分布、洄游路线及与环境因素的空间关系，为渔业资源的管理和决策提供可视化支持。

二、学科性质、体系构成及学科特性

1. 学科性质

（1）渔业资源学融合了多个学科领域的知识与方法，具有显著的综合性　它不仅涉及生物学领域，对鱼类、虾类、贝类等水生生物的种群结构、生理特征、繁殖习性、生长规律、摄食行为及洄游模式等进行深入研究，还需借助生态学原理，剖析渔业资源与周围生物及非生物环境之间的相互关系，理解生态系统的结构与功能，以及渔业资源在其中的地位和作用。同时，渔业资源学与经济学紧密相连，通过分析渔业生产的成本、收益、市场供需关系及资源的最优配置等，实现渔业资源开发利用的经济效益最大化。此外，它与海洋学、气象学、地理学等学科也相互交叉，这些学科为研究渔业资源所处的海洋环境、气候变化对其影响及资源的空间分布规律提供了重要支撑。例如，海洋学中的水温、盐度、海流等要素，直接影响着渔业资源的生存与分布；气象学中的气候变化，可能改变渔业资源的洄游路线和繁殖周期；地理学知识有助于理解不同海域渔业资源的特点及地理环境对渔业生产的影响。

（2）渔业资源学兼具应用科学与基础科学的双重属性　从基础科学角度看，它致力于探索渔业资源的自然规律，如研究鱼类种群的动态变化机制、生物与环境的相互作用原理等，为整个学科的发展奠定理论基础。例如，通过对鱼类繁殖生物学的基础研究，了解其繁殖过程中的生理调节机制和环境需求，为制定合理的繁殖保护措施提供理论依据。在应用科学方面，渔业资源学的研究成果直接服务于渔业生产实践、资源管理与保护等领域。例如，利用资源评估模型估算渔业资源的可捕量，为渔业生产提供科学的捕捞指导，避免过度捕捞导致资源枯竭；依据渔业资源学的研究结论，制定科学的渔业管理政策，如设立禁渔区、禁渔期，规定渔具规格等，以实现渔业资源的可持续利用。

（3）渔业资源学是一个处于不断发展演变中的学科　随着科学技术的日新月异，新的研究方法和技术手段不断涌现，推动着该学科的持续进步。例如，分子生物学技术的发展，使得渔业资源学能够从基因层面深入研究种群的遗传结构、亲缘关系及物种进化等问题。同时，渔业资源本身也受到自然环境变化（如气候变化、海洋酸化等）和人类活动（如过度捕捞、海洋污染、水利工程建设等）的双重影响，其种群数量、分布范围、生物学特性等都可能发生改变。因此，渔业资源学需要不断跟踪这些变化，调整研究方向和重点，以适应新的形势和需求。例如，面对全球气候变化导致的渔业资源分布范围的改变，渔业资源学需要研究新的资源分布规律，以及如何调整渔业生产和管理策略。

2. 体系构成

（1）渔业资源生物学　聚焦于研究渔业生物种群的结构特征，包括年龄结构、体长体重分布、性别比例等，这些结构信息是理解种群动态变化的基础。例如，通过分析鱼类种群的年龄结构，可以了解种群的增长趋势、繁殖能力及对捕捞的承受能力。同时，研究种群的遗传结构，利用分子遗传学技术探究种群内个体间的亲缘关系、基因多样性及种群间的基因交流情况，有助于保护种群的遗传资源，避免近亲繁殖导致的种群衰退。

关注于研究渔业生物个体的生理生态特性，如繁殖生物学研究生物的繁殖方式、繁殖周期、繁殖行为及繁殖所需的环境条件，为人工繁殖和资源增殖提供理论支持。生长生物学研究个体从幼体到成体的生长过程，包括生长速度、生长模式（匀速生长、阶段性生长等）及影响生长的内外因素，如水温、食物质量和数量、自身生理调节等。摄食生物学分析生物的食性（肉食性、草食性、杂食性等）、摄食行为（主动捕食、被动滤食等）及摄食节律，有助于理解生物在生态系统中的营养级地位和能量流动规律。

关注探讨渔业生物与周围生物和非生物环境之间的相互关系。在生物间关系方面，研究种内关系，如种群内个体间的竞争、合作行为对种群动态的影响；种间关系，如捕食、寄生、共生等关系对渔业资源种群数量和分布的作用。例如，研究捕食者与被捕食者之间的数量动态变化，以及这种变化对渔业资源的影响。在生物与环境关系方面，分析物理环境（水温、盐度、光照、水流等）、化学环境（溶解氧、酸碱度、营养盐等）对渔业生物的生存、繁殖、生长和分布的影响机制，以及渔业生物对环境变化的适应策略。

（2）*渔业资源评估与管理* 运用多种方法和模型对渔业资源的数量、质量、分布及其动态变化进行评估。传统的评估方法包括基于捕捞数据的分析，如通过统计渔获量、捕捞努力量等数据，运用剩余产量模型、亲体-补充量模型等估算渔业资源的可捕量、最大可持续产量及资源的开发利用程度。同时，结合现代调查技术，如声学评估、水下摄像等，获取渔业资源的实时信息，提高评估的准确性。此外，考虑到生态系统的复杂性，基于生态系统的渔业资源评估方法逐渐兴起，该方法综合考虑生物间的相互关系、环境因素对渔业资源的影响，构建更全面、复杂的评估模型，以更准确地反映渔业资源在生态系统中的动态变化。

基于资源评估结果，结合渔业发展目标和生态保护要求，制定科学合理的渔业管理策略，包括以下几方面。①制定捕捞限额制度，根据资源的可捕量，确定不同鱼种、不同区域、不同季节的捕捞数量上限，以防止过度捕捞。②设立禁渔区和禁渔期，保护渔业生物的繁殖场所和繁殖季节，促进资源的自然恢复。③规范渔具渔法，限制使用对资源破坏较大的渔具，推广选择性捕捞技术，减少对幼鱼和非目标物种的捕获。此外，还涉及渔业资源的产权管理、渔业许可制度等方面，以确保渔业资源的合理利用和可持续发展。

（3）*渔业资源经济学* 利用经济学的基本原理，解决一个社会在目前和将来之间如何分配它的渔业资源，如何在全体社会成员中分配由资源配置决策产生的效益的问题。分析渔业资源在配置中存在的问题及其经济原因，提出用来解决这些问题的各种方案和政策工具，并对这些方案、政策的效益、成本及其对各方面的影响进行评价。

渔业资源的配置及其优化利用涉及静态和动态状态下单一鱼种的资源优化配置，生态与技术影响下的渔业资源优化配置，以及渔业供给与需求对渔业资源配置的影响，渔业资源综合多目标的优化配置等，并研究如何通过制度的安排和利用管理的调整来实现渔业资源的有效配置。同时，人类对渔业资源的需求是不断增加的，要求相应地扩大自然资源开发利用的深度与广度，为此需要进行渔业资源的核算及开发项目和可持续利用的评价，为渔业资源可持续开发提供科学依据。

（4）*渔业资源增殖学* 致力于开发各种渔业资源增殖技术，以增加渔业资源的数量和质量。人工繁殖技术是其中的重要内容，通过研究渔业生物的繁殖生物学特性，掌握其繁殖所需的环境条件和生理调控机制，实现人工催产、授精、育苗等过程，大量培育优质种苗。增殖放流技术则是将人工培育的种苗或采捕的天然种苗，投放到适宜的水域中，以补充和恢复渔业资源种群数量。同时，研究增殖放流的适宜时间、地点、种苗规格和数量等关键技术参数，提高放流效果。此外，还包括栖息地修复技术，通过人工鱼礁建设、海洋牧场构建、湿地恢复等措施，改善渔业资源的栖息环境，为其提供繁殖、生长和索饵的场所。

建立科学的评估体系，对渔业资源增殖措施的效果进行全面评估。从资源数量角度，通过在增殖放流前后对目标水域的渔业资源进行调查监测，统计目标鱼种的数量变化、种群结构改变等，评估增殖放流对资源数量的补充效果。从生态影响角度，分析增殖活动对水域生态系统结构和功能的影响，如对生物多样性、食物链结构、生态平衡的影响等，确保增殖活动不会对生态环境造成负面影响。从经济效益角度，评估增殖活动带来的渔业产量增加、渔民收入提高等经济效益，以及与增殖成本的比较，判断增殖活动的经济可行性。例如，通过长期监测和分析，评估人工鱼礁建设对渔业资源增殖和生态环境改善的综合效果。

基于增殖效果评估结果，制定可持续的渔业资源增殖策略。考虑到生态系统的承载能力，合理确定增殖放流的规模和频率，避免过度增殖对生态系统造成压力。同时，优化增殖种类的选择，优先选择本地适宜物种，避免引入外来物种造成生态入侵。此外，加强对增殖水域的保护和管理，确保增殖资源能够在良好的环境中生长和繁衍。例如，在制定增殖策略时，综合考虑水域的生态容量、物种适应性及渔业发展需求，实现渔业资源的可持续增殖。

3. 学科特性

（1）动态性　渔业资源学所研究的对象-渔业资源处于动态变化之中。渔业生物种群数量受到多种因素的影响，呈现出动态波动。自然因素方面，气候变化导致的水温、盐度、光照等环境因子的改变，会影响渔业生物的繁殖、生长和洄游，进而影响种群数量。例如，水温升高可能使某些冷水性鱼类的生存范围缩小，种群数量下降。人类活动的影响也不容忽视，过度捕捞直接导致渔业资源种群数量减少；而养殖活动的发展可能改变水域生态环境，对野生渔业资源产生间接影响。同时，渔业资源的质量和分布也会随着时间和环境的变化而改变。例如，水域污染可能导致渔业生物体内积累有害物质，影响其品质；海洋生态环境的改变可能使渔业资源的分布范围发生变化，原本集中分布的区域可能出现资源分散或转移。

（2）跨界性　渔业资源的分布往往跨越不同的行政区域、国家甚至大洋。许多重要的渔业资源种类具有洄游习性，它们在不同的海域之间进行季节性洄游，这使得渔业资源的管理和研究需要跨区域、跨国界的合作。例如，一些洄游性鱼类在公海和多个国家的专属经济区之间游动，其资源的保护和合理利用需要相关国家共同制定管理政策和措施，开展联合调查和研究。此外，渔业资源所处的生态系统也是一个跨界的整体，海洋生态系统中的物质循环、能量流动及生物间的相互关系不受行政区域的限制。因此，渔业资源学的研究需要从更宏观的角度出发，加强国际、区域间的协作，共同应对渔业资源管理和保护面临的挑战。

（3）复杂性　渔业资源学的复杂性体现在多个方面。首先，渔业资源本身涉及众多的生物种类，这些生物之间存在着复杂的相互关系，如捕食、竞争、共生等。同时，渔业资源与所处的生态环境之间也存在着千丝万缕的联系，物理、化学和生物环境因子相互作用，共同影响着渔业资源的生存和发展。例如，海洋中营养盐的含量不仅影响浮游生物的生长，进而影响以浮游生物为食的鱼类的食物资源，还可能通过改变水体的化学性质，影响鱼类的生理活动和行为。其次，渔业资源的开发利用涉及众多的利益相关者，包括渔民、渔业企业、政府管理部门、环保组织等，他们的利益诉求和价值观念各不相同，这增加了渔业资源管理和决策的复杂性。例如，渔民希望通过增加捕捞量提高收入，而环保组织则更关注渔业资源的可持续性和生态环境保护，如何平衡各方利益是渔业资源学面临的难题之一。此外，渔业资源学的研究和管理还受到政治、经济、社会等多种因素的影响，这些因素相互交织，使得渔业资源学的研究和实践变得更加复杂。

三、渔业资源学的作用与意义

渔业资源学作为水产领域的关键学科，在渔业可持续发展、生态环境保护、社会经济稳定等诸多方面发挥着不可替代的重要作用。

1. 保障渔业可持续发展　渔业资源学可为渔业生产规划提供科学依据，通过研究鱼类种群动态、生长繁殖规律等，确定合理的捕捞强度。FAO 数据显示，2022 年全球渔业产量约为 2.23 亿 t，其中捕捞产量 9230 万 t。合理的渔业资源管理能确保资源可持续利用，若过度捕捞，部分鱼类种群数量下降，将影响渔业长期稳定生产。渔业资源学可有效指导科学管理，制定有效策略，如设立禁渔区、禁渔期等。FAO 统计，实施严格管理措施的区域，渔业资源恢复效果显著，部分鱼类种群数量在几年内增长了 15%～20%，保障了渔业可持续发展。

2. 促进生态环境保护　渔业资源学可助力认识渔业资源与生态环境的相互关系。研究表明，过度捕捞顶级掠食性鱼类会破坏食物链，影响生态平衡。FAO 指出，一些海域因过度捕捞鲨鱼等顶级掠食者，导致其猎物数量失控增长，破坏了生态系统的稳定。FAO 数据显示，在开展增殖放流的区域，部分鱼类种群数量得到有效补充，生物多样性指数提升了 10%～15%，促进了生态系统的恢复。

3. 推动渔业经济发展　渔业资源学研究可优化渔业产业结构，合理调整捕捞业，发展高附加值的渔业产品，提高渔业经济效益。同时，渔业的发展能带动渔具制造、水产品加工、渔业运输等相关产业的繁荣，创造更多的就业机会，促进区域经济发展。据 FAO 估算，全球渔业及相关产业直接或间接创造了约 6200 万个就业岗位，为经济增长做出了重要贡献。

4. 保障粮食安全　渔业资源学研究有助于稳定提供优质蛋白质。水产品富含蛋白质、不饱和脂肪酸等营养成分，是人类重要的食物来源之一。FAO 数据显示，全球约有 15% 的动物蛋白来自水产品，在一些沿海国家和地区，这一比例更高，部分可达 50%以上。同时，通过合理规划渔业生产和资源管理，可确保市场上水产品的稳定供应，平抑价格波动，保障消费者的利益。FAO 监测数据表明，在渔业资源管理良好的地区，水产品价格波动幅度控制在 10%以内，以保障消费者能稳定获取水产品。

5. 促进国际合作与交流　在全球渔业资源共享的背景下，渔业资源学的研究成果有助于各国共同管理和保护跨国界的渔业资源，避免过度开发和资源争端。FAO 倡导各国通过共享渔业资源数据，共同制定捕捞配额，实现资源的合理利用。目前，已有多个区域渔业管理组织依据这些理念，成功管理跨国渔业资源，如东北大西洋渔业委员会管理区域内，渔业资源利用效率提高了 20%左右。通过国际合作与交流，可以相互学习，共同提高渔业发展水平，FAO 等国际组织积极组织各类国际渔业交流活动，促进了各国在渔业资源学领域的合作与发展。

四、学科发展现状

1. 国外发展简况

（1）*渔业资源生物学*　渔业资源生物学的研究历史久远，可追溯至 Robert Hooke 利用显微镜观察鱼类鳞片结构，此后相当长时期内，鱼类鳞片鉴别成为主要研究内容。早期研究主要聚焦于鱼类的形态特征、生活史基础信息等，为后续深入研究奠定基础。例如，通过对鱼类鳞片生长轮的观察，初步判断鱼类年龄与生长情况。

随着科技发展，研究手段日益先进，学科交叉不断深化。微化学和微结构技术兴起，使得利用微小耳石等材料进行年龄鉴定成为可能。通过逐日跟踪耳石“日轮”生长，观察轮纹分布，分析鱼类早期发育生长规律。同时，借助耳石等硬组织的微量元素，剖析其与海洋环境因子关系，以推测鱼类生活史与种群组成。例如，分析耳石中锶、钙等元素含量变化，推断鱼类的生活水域环境变迁。

在各方面研究深入推进的同时，与分子生物学、生理学、生物能量学及环境科学等多学科交叉融合，催生出众多新兴学科与研究领域。例如，鱼类分子系统地理学，从分子层面研究鱼类种群的地理分布与演化；研究鱼类繁殖策略及其受环境因子的影响，以及气候变化对鱼类种群的作用等。例如，通过分子标记技术研究鱼类种群遗传多样性及地理分布格局。

种群作为核心研究内容，其鉴定与判别技术发展迅猛。近期经典著作如 *Geometric Morphometrics for Biologists* 系统阐述了几何形态学在鱼类种群鉴别中的应用；*Stock Identification methods：Applications in Fishery Science* 介绍了多种种群鉴定新方法，包括分子生物学、微化学、图像识别及标志放流技术等，多学科交叉丰富了研究内容与技术体系。

（2）渔业资源评估　过去 30 多年，在计算机计算能力提升与多学科交叉的推动下，渔业资源评估模型取得显著进展。评估模型不断拓展，从简单到复杂，能融合各种数据源，更精准地模拟种群动态。例如，早期的简单产量模型已逐渐发展为综合考虑多种因素的复杂模型。参数估计方法从单一走向多样，不确定性量化更为完善，管理策略效果评估也更全面。

目前，多数评估模型由种群动态、观测、目标函数和投影或预测 4 个子模型构成，但是不同模型在种群动态模拟、观测模型构建、参数化方式及参数估计方法等方面存在差异。单物种渔业资源评估模型主要针对单一物种进行评估，多物种模型则考虑物种间相互关系，基于生态系统的模型更全面涵盖生态系统各要素对渔业资源的影响。

但是，目前单物种模型仍在渔业资源评估与管理中占据主导，随着模型日益复杂多样，选择与使用难度增加，不当运用可能导致管理失误。因此，研究各模型适用对象与数据需求，总结经验教训，提高模型运用能力，完善模型成为当务之急。同时，借助多物种与基于生态系统的评估模型数据与理论，提升单物种评估模型质量，并结合不确定性进行管理策略评价，规避管理风险。

随着基于生态系统的渔业资源管理成为趋势，掌握种间关系，理解环境、气候变化及人类活动对渔业生态系统影响，成为模型研究重点。通过海洋物理-生物过程耦合、基于食物网模型及物理—生物—渔业过程耦合等，促进基于生态系统的渔业资源评估模型发展，此类模型将是未来重要的方向。

（3）渔业资源经济学　渔业资源经济学发展历经 4 个阶段。古代社会到前资本主义时代，产生朴素的渔业资源经济学思想。前资本主义时代至 20 世纪 50 年代以前，从纯生物角度研究，当时渔业资源过度开发问题不突出。20 世纪 50～80 年代，H. S. Gordon 引入经济效益与成本概念，创立“生物经济平衡”和最大经济产量（MEY）理论，将生物与经济过程相联系，成为学科发展的里程碑。20 世纪 90 年代以后，学科迅速发展完善，特别是在生物经济模型方面取得了诸多成果。

渔业资源开发是一项复杂的系统工程，涉及渔业资源本身、经济效益、社会效益、市场供给、管理规则和海洋环境等多方面。构建综合渔业资源生物经济模型，需全面考虑渔业资源生物学参数变化、环境因素、种间生态关系，以及渔业资源管理者的管理措施、开发者的行为与成本收益等，同时兼顾开发和管理过程中的不确定因素。

不确定因素主要来源于渔业资源丰度变化、模型结构与参数、开发者行为、海洋环境及未来经济政治社会条件等。为应对不确定性，建议运用贝叶斯和非贝叶斯决策理论、极限和目标参考点理论等进行渔业管理。近年来，气候变化对渔业资源影响增大，进一步增加了管理的不确定性。

2. 国内发展简况

（1）渔业资源生物学　我国渔业历史源远流长，距今 5 万多年前就有采食鱼、贝的记录。但古代渔业主要以简单捕捞为主，对渔业资源生物学的科学研究较少。

新中国成立后，国家重视渔业资源调查。1953 年，朱树屏等专家对烟台-威海附近海域的鲐鱼渔场开展综合调查，研究鲐鱼生物学特性与环境的关系。此后，内陆水域和近海渔业资源调查工作有组织地展开。1985 年发展远洋渔业后，远洋渔业资源调查同步推进，多与生产渔船结合。例如，1993～1995 年多单位联合对西北太平洋海域柔鱼资源进行探捕调查。这一时期，渔业资源生物学相关著作和教材不断涌现，如 1956 年《水产资源教学大纲》编制，1960 年《海洋水产资源调查手册》编译，1962 年王贻观教授主编的《水产资源学》的出版等，为学科发展奠定基础并提供系统理论指导。

进入 21 世纪，近海渔业资源专项调查减少，被日常监测取代。沿海海区开展长时间序列、覆盖面广的监测计划，为掌握资源状况提供一手资料。同时，国家持续组织公海渔业资源探捕，对大洋性鱿、金枪鱼等资源有了初步了解。其间，大量专著出版，如 2002 年 126 专项课题组编写出版了《我国专属经济区和大陆架勘测专项综合报告》；郑元甲等于 2003 年出版了《东海大陆架生物资源与环境》；2004 年陈新军教授组织有关兄弟院校，编写了新版的《渔业资源与渔场学》，成为全国高校海洋渔业科学与技术的专业教材。以上这些代表性专著和教材，是对 2000 年以来我国近海及远洋渔业资源调查与生物学研究成果的系统总结，同时也是对渔业资源生物学研究方法和研究内容的拓展与提升。

（2）*渔业资源评估*　早期我国渔业资源评估主要借鉴国外成熟的评估模型与方法，结合国内渔业实际情况进行初步应用与探索。在学习过程中，逐渐积累经验，培养相关专业人才。

随着全球气候变化、人类捕捞强度增加等因素影响，渔业资源发生大规模、突发性和持续性变化，传统评估模型假设受到冲击，出现了回顾性问题。我国主要使用国外开发模型，自主开发较少。

近年来，国内开始关注非定性种群动态下的渔业资源评估模型研究，积极探索将非定性种群动力学过程融入模型结构，引入外部环境变量或随时间变化的种群动力学参数。同时，结合物理海洋学、生物海洋学理论及计算机技术，建立基于生态系统的渔业资源预测与评估技术；积极开展渔业声学研究，构建声学评估新技术，以实现更科学的资源评估。

（3）*渔业资源经济学*　随着渔业发展，渔业资源经济学理论逐渐引入国内，并在实践中初步应用。早期主要学习国外先进理论，分析渔业生产中的经济现象与问题，为渔业经济发展提供理论支持。

随着对渔业资源开发复杂性认识加深，国内学者意识到需综合考虑多方面因素构建渔业资源生物经济模型。开始关注渔业资源本身的生物学特性、环境因素、人类活动及经济社会因素对渔业资源开发的影响，研究如何在保障资源可持续利用前提下，实现经济效益最大化。

面对渔业资源开发和管理中的不确定性，国内研究逐渐深入。分析各种不确定因素来源与影响机制，借鉴国外先进方法，结合国内实际情况，研究如何运用决策理论、参考点理论等进行渔业管理，以应对气候变化和人类活动对渔业资源经济的影响，实现渔业资源可持续开发与经济可持续发展。

五、学科的基础理论及其应用

1. 学科基础理论

（1）*种群动态理论*　种群动态理论旨在阐释渔业生物种群数量随时间的变化规律及其背后的驱动机制。在理想条件下，种群增长通常遵循逻辑斯谛增长模型。初期，由于资源丰富、环境适宜，种群数量呈指数式增长；随着种群密度增加，资源竞争加剧，增长率逐渐降低，最终种群数量达到环境容纳量（K 值）并趋于稳定。例如，在一个新形成的小型湖泊中，放养一定数量的鲫鱼。在初始阶段，湖泊中的食物充足，空间广阔，鲫鱼种群迅速增长。但随着鲫鱼数量增多，食物资源逐渐紧张，种内竞争加剧，种群增长速度减缓，最终种群数量稳定在湖泊所能承载的最大值附近。

影响种群动态的因素众多，包括以下几方面。①生物因素，繁殖、生长、死亡和迁移等生物过程对种群动态起着关键作用。繁殖力强且繁殖周期短的物种，如某些小型鱼类，种群数量增长潜力较大；而生长缓慢、性成熟晚的物种，如大型鲨鱼，种群增长相对缓慢。同时，疾病、捕食和种内竞争等因素会导致种群个体死亡，影响种群数量。例如，当水域中出现某种传染性疾病时，易感鱼类种群数量可能会因大量个体死亡而急剧下降。②环境因素，温度、盐度、光照、水流等物理环境因素及营养盐、溶解氧等化学环境因素，都会对渔业生物的生存、繁殖和生长产生显著影响。例如，水温的变化会影响鱼类的新陈代谢速度，进而影响其生长和繁殖。在适宜水温范围内，鱼类生长迅速，繁殖活动活跃；当水温过高或过低时，鱼类生长缓慢，甚至可能停止繁殖。此外，营养盐的含量会影响浮游生物的生长，而浮游生物作为许多鱼类的食物来源，间接影响着鱼类种群动态。③人类活动因素，过度捕捞是导致渔业种群数量下降的重要人类活动因素。当捕捞强度超过种群的自然恢复能力时，种群数量会逐渐减少。例如，20世纪以来，对大西洋鳕的过度捕捞，导致其种群数量急剧减少，生态系统结构和功能也受到严重影响。此外，海洋污染、栖息地破坏及水利工程建设等人类活动，也会对渔业资源种群动态产生负面影响。

（2）*生物经济平衡理论*　生物经济平衡理论由 H. S. Gordon 提出，该理论将渔业资源的生物自然生态过程与经济开发过程紧密联系起来。通过构建生物经济模型，综合考虑渔业生物的生长、繁殖、死亡等生物学参数及捕捞成本、渔获物价格、捕捞努力量等经济因素。在模型中，生物部分通常基于种群动态理论，描述渔业资源的数量变化；经济部分则分析渔业生产的成本与收益关系。例如，假设渔业资源种群增长符合逻辑斯谛模型，同时考虑到捕捞努力量与渔获量之间的关系，以及捕捞成本与渔获物价格的变动，构建一个完整的生物经济模型。

最大经济产量（MEY）的核心目标是实现生物经济平衡，即在保证渔业资源可持续利用的前提下，追求经济效益的最大化。MEY 指的是在长期内，通过合理控制捕捞努力量，使渔业资源的经济收益达到最大时的产量。当捕捞努力量较低时，虽然渔业资源种群数量较多，但由于捕捞量有限，经济效益不高；随着捕捞努力量增加，渔获量上升，经济效益逐渐提高。然而，当捕捞努力量超过一定限度时，渔业资源种群数量过度减少，导致捕捞成本上升，渔获量下降，经济效益反而降低。因此，找到使经济效益最大化的捕捞努力量水平，即实现 MEY，是生物经济平衡理论的核心任务。例如，在某海域的渔业生产中，通过对历史捕捞数据和资源监测数据的分析，结合生物经济模型，确定出该海域某种鱼类的 MEY 及对应的最佳捕捞努力量，为渔业生产提供科学指导。

（3）*非定性种群动态理论*　非定性种群动态指的是种群的关键动力学过程，如亲体-补充量关系、生长率和密度制约参数等，随时间发生系统性变化，从而改变种群动态特征的现象。传统渔业资源评估与管理通常基于不变性假设，即认为这些关键参数在时间上保持稳定。但越来越多的研究表明，许多渔业生物种群存在非定性动态。例如，加拿大西海岸的三文鱼种群，其生长率参数呈现长期下降趋势；加拿大纽芬兰海域的鳕种群，生长率和密度制约参数均发生变化，导致亲体-补充量关系出现模式转变。

已有研究表明，大尺度的气候变化，如太平洋年代际涛动（PDO）、北大西洋涛动（NAO）等，对分布范围较广的海洋鱼类种群产生显著影响。PDO 被认为是导致加拿大西海岸三文鱼非定性亲体-补充量关系的重要原因，它通过影响海水温度、盐度和海洋环流等环境因素，进而影响三文鱼的繁殖、生长和洄游，最终导致种群关键动力学参数发生变化。同时，中小尺度的生态系统变化，如淡水湖泊中贝类入侵、富营养化等，会影响分布范围较小的淡水鱼类种群。伊利湖因贝类入侵和富营养化，导致生态系统发生变化，影响了黄金鲈幼鱼的存活和鱼卵孵化，最终导致黄金鲈亲体-补充量关系发生系统性改变，形成非定性种群动态。此外，选择性捕捞会改变种群的年龄结构，进而影响种群的关键动力学参数。例如，对欧洲无须鳕的选择性捕捞，移除了大量年龄较大的个体，导致亲体种群中小龄个体占主导，使得未来的补充量出现系统性下降，形成非定性的亲体-补充量关系。

非定性种群动态的出现对传统基于不变性假设的渔业资源评估与管理产生了重大挑战。在资源评估方面，由于历史数据可能无法反映当前种群状态，使用长时间序列数据进行评估可能导致结果不准确。在管理方面，传统的固定生物学参考点和管理策略可能不再适用，需要根据种群动力学过程的变化，发展动态参考点和适应性管理策略。例如，在非定性种群动态下，渔业管理需要更加灵活，根据实时监测到的种群动态变化，及时调整捕捞限额、禁渔期和禁渔区等管理措施。

2. 应用领域

（1）*渔业生产*　通过对渔业资源生物学特性的研究，如鱼类的洄游规律、栖息环境偏好和集群行为等，帮助渔民准确选择捕捞区域和时间，提高捕捞效率。例如，了解到某种鱼类在特定季节会洄游到某一海域索饵，渔民可在该时段前往该海域进行捕捞。同时，依据种群动态理论和资源评估结果，合理确定捕捞强度，避免过度捕捞，确保渔业资源的可持续利用。

渔业资源学为水产养殖提供科学依据。研究不同养殖品种的生物学特性、生长需求和营养需求，有助于优化养殖环境和饲料配方。例如，了解到某种虾类在特定水温、盐度和溶解氧条件下生长速度最快，养殖者可通过调节养殖水体的环境参数，为虾类生长创造最佳条件。同时，运用种群动态理论，合理规划养殖密度，避免因密度过大导致疾病传播和生长受限。此外，通过研究种间关系，开展多品种混养，提高养殖水体的利用率和经济效益。例如，将食性不同的鱼类进行混养，充分利用水体中的各种食物资源。

（2）*渔业资源管理*　基于渔业资源评估结果和生物经济平衡理论，制定科学合理的渔业管理政策。例如，设定捕捞限额，根据不同鱼种的资源状况和可持续产量，确定每年的总可捕量，并将其分配到不同地区、渔船或渔民，以控制捕捞强度。设立禁渔区和禁渔期，保护渔业生物的繁殖和生长场所，促进资源恢复。同时，制定渔具限制政策，规定允许使用的渔具类型、规格和网目大小，减少对幼鱼和非目标物种的捕获，保护生物多样性。

运用渔业资源学的方法和技术，对渔业管理政策的实施效果进行持续监测和评估。通过定期的资源调查，监测渔业资源种群数量、结构和分布的变化，评估管理政策是否达到预期目标。例如，对比禁渔区设立前后某鱼种的种群数量变化，判断禁渔措施对资源恢复的效果。同时，分析管理政策对渔业经济和社会的影响，如对渔民收入、渔业产业结构的影响等，为政策的调整和完善提供依据。

（3）*海洋生态保护*　认识到渔业资源与生态环境的紧密关系，利用渔业资源学的知识，识别和保护重要的渔业资源栖息地，如珊瑚礁、海草床、红树林等。这些栖息地不仅为渔业生物提供繁殖、生长和栖息场所，还对维持海洋生态系统的平衡和生物多样性具有重要意义。例如，通过建立海洋保护区，限制在珊瑚礁区域的捕捞活动和其他人类干扰，保护珊瑚礁生态系统的完整性，从而为众多渔业生物提供适宜的生存环境。

研究渔业资源在生态系统中的地位和作用，以及捕捞活动对生态系统结构和功能的影响，有助于采取措施维护生态系统平衡。例如，过度捕捞顶级掠食性鱼类可能导致其猎物种群数量过度增长，进而影响整个生态系统的食物网结构和能量流动。通过合理管理渔业资源，保持生态系统中各物种之间的相对平衡，避免生态系统功能退化。同时，开展增殖放流活动，补充渔业资源种群数量，促进生态系统的恢复和稳定。

六、学科未来研究展望

世界海洋捕捞渔业正处在十字路口。一方面，渔业资源对经济增长、粮食安全、营养保障和渔民生计等做出了越来越大的贡献，但另一方面，海洋中约有 34% 已评估的鱼类种群处在生物学不可持续水平。同时，气候变化对渔业资源的影响在进一步加剧，影响因子和影响程度及其不确定性在不断加大，对渔业资源种群动力学的研究难度越来越大。如何通过渔业资源学的科技进步来应对未来越来越多的复杂的外部挑战，以确保渔业资源的可持续利用，实现 FAO 倡导的《2030 年可持续发展议程》“目标 14.保护和可持续利用海洋和海洋资源以促进可持续发展”和蓝色经济增长目标，是全世界渔业资源学家面临的共同问题。为此，本研究综合渔业资源学的发展现状，结合行业的重大需求和可持续发展战略的提出，提出未来渔业资源学应重点开展的研究工作。

1）通过学科交叉创新渔业生物学研究新技术和新方法，构建区域性或者全球性的渔业资源调查与监测网络，共同推进渔业生物学的发展与种群特性研究，较为全面系统地摸清重要经济种类的生物学特性。渔业资源生物学是渔业资源学的基础性工作，但是由于海洋鱼类等渔业资源栖息在海洋中，具有隐蔽性和跨界（国）或跨洋分布的特点，以及由于渔业资源调查方法和调查工具的局限性，无法全面了解其种群组成、空间分布及洄游过程等信息，特别是产卵场等早期生活史过程。因此，未来加强国际和区域合作，加强渔业资源调查信息和样品的共享，建立重要经济种类标志放流国际计划，构建国际性渔业资源调查监测平台；加强多学科交叉，发展立体几何形态测量学和人工智能形态测量学，建立水生生物种类的“人脸图谱”大数据，构建多种技术的种群结构鉴别体系；探索建立个体及其组织形态参数与生活史阶段及生长环境的关系，发展基于多环境因子的生长模型；利用标记技术、物种分布模型、生物体组织微量化学元素“印记”反演、环境 DNA 等多种技术，基于海洋环境等大数据，建立水生动物的洄游分布研究新方法；结合肠胃环境 DNA 和脂肪酸等技术，辅以生物地球化学示踪物方法，以单物种摄食与洄游分布为基础，探究多物种时空-营养生态位关系的动态变化，构建重要海域的生物间摄食矩阵及基本食物网结构；基于细胞组织学、繁殖生物学等理论，开展重要经济种类的繁殖策略、能量流动等研究，重点关注资源群体仔稚鱼的营养诉求和成体生殖发育的环境生理学特性，以及对栖息海域环境的选择适应性，探讨影响生殖发育的生物和非生物关键环境因子。在全球水温变暖、海洋酸化等背景下，探讨全球气候变化对种群生长模式、生命周期、洄游路线、栖息分布、摄食生态与繁殖等生物学特性的影响及其适应性的研究，为掌握气候变化背景下渔业资源种类适应能力和科学养护提供依据。

2）创新渔业资源评估技术，充分考虑种群的生活史特性及其非定性种群动力学参数，发展多种渔业资源评估新模型，实现对重要经济种类资源量及其可捕量的准确估算。开展渔业资源评估，掌握渔业资源种群数量变动状况，是开展科学养护和管理渔业资源的基础。百年来，传统渔业资源评估模型的构建通常是假设其种群动力学的复杂过程包括生长与死亡等种群参数是不随时间发生变化的，然而，随着全球气候变化的加剧、人类捕捞强度的增加及各种因素的叠加，海洋中一些种类资源量经常发生大规模、突发性和持续性的变化，这些变化影响着其种群关键动力学过程，形成非定性种群动态（non-stationary population dynamics），并对传统的渔业资源评估产生了很大的影响。同时，数据误差与模型假设错误等原因，使得渔业资源评估产生了回顾性问题（retrospective problem）。因此，未来渔业资源评估学要重点考虑非定性种群动态下的关键种群动力学过程，在发展新型的渔业资源评估模型时，应针对不同种类的生活史特性和种群特性，积极引入外部环境变量或者随时间变化的种群动力学参数，并发展和提出新的生物学参考点。对一些贫数据的渔业，要以预防性措施为原则针对性开发渔业资源评估新模型。同时，要结合物理海洋学和生物海洋学等理论，结合种群生长、死亡等种群参数，借助个体生态模型（IBM）和计算机技术模拟其生长、洄游，以及资源的发生与补充过程，建立基于生态系统的渔业资源预测与评估技术。此外，应积极开展渔业声学研究，构建渔业种类的目标强度和去噪声的新算法，结合人工智能等技术实现对目标种类的判别，建立基于三维的渔业资源声学评估新技术，实现与渔业资源评估数理模型的相互补充和验证，为渔业资源的科学管理和养护提供支撑。

3）创新渔业资源管理与养护的方法，开展海洋渔业的脆弱性评价和资源价值核算，发展主动性适应管理新措施，实现渔业资源的可持续开发和利用。渔业资源管理与养护是实现渔业可持续发展的关键。渔业资源开发是自然系统和人类活动相互作用的过程，因此渔业资源管理和养护必须要把人类经济活动和渔业资源系统看作一个整体来考虑。同时，不同国家和不同地区的社会经济水平与基础条件有差异，人们对渔业资源的认识及其所要求提供的功能与福利也有所不同，因此，作为一种跨界（国家和地区）共享的自然资源，未来渔业资源管理与养护措施必须要结合各国和地区实际，综合平衡生态效益、经济效益和社会效益，利用渔业资源经济学理论和方法，在充分考虑渔业管理中不确定性基础上，深入开展渔业资源的生物-经济-社会管理策略评价，同时结合气候变化等对渔业资源的影响，开展海洋渔业的脆弱性评价，以及渔业资源的价值核算研究，提出渔业资源可持续利用评价体系与方法，科学指导渔业资源的管理与养护。同时，要根据未来种群可能的变化趋势，主动提出管理策略并根据管理效果进行不断改进，从过去被动适应管理发展为主动适应管理，达到渔业资源的优化管理，从而为实现FAO倡导的蓝色经济增长目标提供新的理论支撑。

4）人工智能等新技术在渔业资源学中的应用。进入21世纪，船舶自动识别系统（AIS）、人工智能、机器学习和大数据等新技术不断涌现，其正在不断渗透到渔业研究的各个领域，为渔业资源学的研究与发展提供了新机遇。AIS是一项用于船舶航海安全的跟踪技术，它每隔10～30s会发送船舶的位置、身份、航线和速度等相关信息，这些信息将有助于捕捞活动类型的区分，以实现不同类型渔具捕捞强度的量化，弥补捕捞努力量传统估算方法的不足，并将其捕捞努力量指标用于种群评估，同时，也可对不同类型渔业的渔获量和捕捞努力量进行近实时监测，为不确定性和气候变化下的渔业资源管理提供技术支持。过去十年里，全球约有400颗卫星在观测地球的气候和环境，几千个浮标在收集环境数据，近五万艘渔船及部分捕捞活动和（丢失的）渔具得到跟踪监测，一些渔船、渔具、海洋动物等被安装了感应器，因此，全球海洋渔业的数据正在以前所未有的速度增加，这些庞大的基础数据为开展全球渔业资源监测、评估和科学养护提供了基础。未来，拟采用大数据、人工智能等新技术为主管部门提供渔业活动的实时监管，实现渔业资源的精准管理。例如，可通过科学预测资源量和渔获量为决策者提供实时支持，以确定哪些捕捞区应该关闭及何时关闭，同时可根据渔业实际情况对渔业管理策略做出主动性适应，从而彻底改变目前渔业管理的现状。此外，深水原位生物环境采集与分析装置、无人渔业资源调查船（艇）等新装备与新技术的出现，也为未来渔业资源调查、评估提供更加便捷高效的手段。

纵观渔业资源学科的发展趋势，随着人们对渔业种群认识和研究的深入，以及研究手段和方法的不断发展，未来渔业资源学将会向更细、更广、更深等不同层次拓展，并把人与渔业资源作为一个整体系统来综合考虑，从传统的单鱼种—多鱼种—生态系统，发展到生态社会经济系统，学科更为交叉、综合和深入，考虑的影响因子更多、更全、更加符合和接近实际，调查和监测手段更为先进、系统、完善，获取的数据更为及时、准确，并最终建立起一个基于生态环境、社会经济综合因素下的渔业资源开发与科学养护模拟仿真系统，能够较为准确地预测种群数量变动规律，模拟不同开发策略下资源量状况及可捕量，实现人-自然系统中渔业资源的最优产出，以及渔业资源长期可持续利用。

第三节 水产增养殖学概述

水产增养殖业是利用适宜的内陆水域和浅海滩涂开展水产养殖和增殖（包括天然水域苗种人工放流增殖、养殖环境保护和自然增殖等）的产业，在渔业中地位极为重要。水产增养殖学是一门交叉的综合性学科，它以生物学、生态学、生理学、营养学等学科知识为支撑，深入探索鱼类、虾蟹类、贝类、藻类等各类水生生物在人为干预下的繁殖、生长、发育规律，以及实现种群数量增加的科学方法。该学科不仅涵盖了池塘、湖泊、海洋等各类水域的高效养殖技术，还包括增殖放流、生态修复等提升天然水域水生生物资源量的策略，致力于实现水生生物资源的可持续增长，满足人类社会对水产品的多样化需求，同时维护水域生态系统的稳定。

一、概念、研究对象及其方法

1. 概念 水产增养殖学是一门聚焦于水生生物资源开发与利用的多学科交叉综合性学科。它是研究海水、淡水经济水产品的生物学特点及其与养殖水域生态环境关系的科学，该学科以研究养殖对象的生态、生理、个体发育和群体生长为基础，以保护环境、提供合适的养殖水域和工程设施为前提，在人工控制的条件下，研究经济水产品的人工繁殖、苗种培育、养殖和增殖技术等，旨在实现水生生物资源的可持续增长，满足人类社会对水产品在食用、药用、工业原料等多方面不断增长的需求，并维护水域生态系统的稳定与平衡。

增养殖学不仅涵盖了在池塘、湖泊、水库、海洋等各类水域环境中对水生生物进行高效养殖的技术体系，还包括通过增殖放流、生态修复等手段，提升天然水域水生生物资源量的科学策略。同时，该学科紧密关注养殖与增殖过程对生态环境的影响，致力于探索生态友好型的增养殖模式，以确保水产行业与生态环境的协调发展。

2. 研究对象及其方法

（1）研究对象 增养殖学的研究对象广泛，涉及各种具有经济价值和生态意义的水生生物，按生物类别主要可分为以下几类。

鱼类：包括鲤科鱼类（如鲤、鲫、草鱼等）、鲈形目鱼类（如鲈、石斑鱼等）、鲑形目鱼类（如三文鱼、虹鳟等）等。这些鱼类不仅是人类重要的蛋白质来源，在生态系统中也处于不同营养级位置，对维持水域生态平衡起着关键作用。研究其生长特性、繁殖习性、营养需求及对环境的适应性，对于优化养殖技术和增殖策略至关重要。

虾蟹类：常见的虾类如对虾、小龙虾、罗氏沼虾等，蟹类如河蟹、梭子蟹等。虾蟹类因其肉质鲜美、经济价值高而备受关注。研究它们在不同生长阶段的生理特点、蜕壳规律、繁殖行为，以及对水质、底质等环境因素的要求，有助于解决苗种培育、成体养殖过程中的关键问题。

贝类：涵盖双壳贝类（如牡蛎、扇贝、缢蛏等）和腹足贝类（如鲍、螺等）。贝类具有滤食特性，在水域生态系统的物质循环和能量流动中扮演重要角色。研究贝类的摄食机制、生长模型、繁殖周期，以及应对环境胁迫的生理响应，对于贝类养殖产业的可持续发展及水域生态修复具有重要意义。

藻类：包括大型海藻（如海带、紫菜、裙带菜等）和微藻（如螺旋藻、小球藻等）。大型海藻是重要的水产养殖品种，富含多种营养成分，在食品、医药、化工等领域应用广泛；微藻则在水产动物饵料、生物能源、环境监测等方面具有巨大潜力。研究藻类的光合作用机制、生长调控、营养组成及对环境因子的响应规律，对于藻类的高效养殖和综合利用至关重要。

其他经济水生生物：如棘皮动物中的海参、海胆，两栖类的牛蛙、大鲵等。这些生物具有独特的生物学特性和较高的经济价值，研究其特殊的生理生态需求、繁殖技术及养殖过程中的病害防控，有助于拓展增养殖产业的种类和领域。

（2）研究方法

1）实验研究法。

实验室模拟实验：在实验室内，通过构建小型的养殖系统或实验装置，模拟自然水域的各种环境条件，如水温、盐度、光照、水流等，对水生生物进行研究。例如，研究不同水温对虾蟹胚胎发育速度的影响时，可设置多个水温梯度的实验组，精确控制其他环境因子不变，观察并记录胚胎发育的各个阶段及所需时间，从而得出水温与胚胎发育的关系。这种方法能够严格控制实验变量，深入研究单一因素对水生生物的影响，为理论研究提供基础数据。

养殖实验：在人工可控的养殖设施内，如实验池塘、水族箱、循环水养殖系统等，开展不同养殖模式、饲料配方、放养密度等方面的对比实验。例如，比较不同饲料配方对鱼类生长性能和肉质品质的影响，可选择同一批鱼苗，分成若干组，分别投喂不同配方的饲料，在相同的养殖环境下饲养一段时间后，测定鱼的生长指标（如体重、体长、特定生长率等）和肉质指标（如肌肉营养成分、质构特性等），评估不同饲料的养殖效果。此类实验能够直接反映实际养殖过程中的问题，为优化养殖技术提供实践依据。

2）现场调查法。

水域生态调查：对自然水域（如湖泊、河流、海洋等）或人工养殖水域进行定期的生态调查，包括水质监测（测定水温、酸碱度、溶解氧、营养盐等指标）、底质分析（检测底质的粒度、化学成分等）、水生生物群落结构调查（统计水生生物的种类、数量、生物量等）。通过长期的现场监测，了解水域生态环境的变化规律，以及水生生物与环境之间的相互关系，为制定合理的增养殖规划和生态保护措施提供科学依据。例如，在对某一湖泊进行渔业资源调查时，通过采样分析不同季节湖泊的水质参数和鱼类种群结构变化，评估湖泊的渔业承载能力和生态健康状况。

养殖现场调研：深入实际的养殖场，观察和记录养殖生产过程中的各个环节，如养殖设施的运行管理、苗种投放、饲料投喂、病害防治措施等，与养殖户进行交流，了解实际生产中遇到的问题和经验。这种调研方式能够获取最真实的养殖生产信息，发现理论与实践之间的差距，为解决实际生产问题提供思路。例如，通过对多个对虾养殖场的实地调研，总结出不同养殖区域常见的对虾病害类型及流行规律，为病害防治技术的研发提供方向。

3）数值模拟法。

生长模型模拟：利用数学模型模拟水生生物的生长过程，通过输入水生生物的生物学参数（如初始体重、生长参数等）、环境参数（如水温、饲料质量等），预测水生生物在不同条件下的生长状况。例如，基于逻辑斯谛生长模型或 Gompertz 生长模型，结合特定鱼类的生长数据和环境因素，建立该鱼类的生长模拟模型，预测不同养殖环境和投喂策略下鱼的体重增长情况，为优化养殖方案提供决策支持。

生态系统模拟：构建复杂的生态系统模型，模拟水域生态系统中物质循环、能量流动及生物之间的相互作用。例如，运用生态系统动力学模型（如 ECOPATH with ECOSIM 模型），将养殖生物、饵料生物、浮游生物、底栖生物等纳入模型体系，考虑它们之间的捕食、竞争、共生等关系，以及营养物质的输入输出，模拟养殖活动对整个水域生态系统的影响，评估不同养殖强度和管理策略下的生态风险，为可持续增养殖提供科学指导。

4）生物技术研究法。

分子生物学技术：运用 DNA 测序、基因克隆、基因表达分析等技术，研究水生生物的遗传结构、基因功能，以及与生长、繁殖、抗病等重要性状相关的基因调控机制。例如，通过对水产动物抗病相关基因的克隆和功能验证，了解其抗病的分子机制，为分子标记辅助育种提供理论基础，选育出具有优良抗病性状的新品种。

细胞工程技术：包括细胞培养、细胞融合、细胞核移植等技术。例如，通过细胞培养技术，培养水生生物的特定细胞系，用于研究细胞的生理特性、药物筛选等；利用细胞融合技术，培育具有双亲优良性状的杂交细胞，为新品种培育提供新途径；细胞核移植技术则可用于濒危水生生物的种质保存和繁殖。

免疫生物技术：研究水生生物的免疫系统，开发免疫诊断技术和免疫增强剂。例如，制备针对特定水产病害的单克隆抗体，用于疾病的快速诊断和检测；研发免疫多糖、益生菌等免疫增强剂，提高水生生物的免疫力，预防病害的发生。

二、学科性质、体系构成及学科特性

1. 学科性质　增养殖学是一门综合性、应用型学科，融合了自然科学与社会科学的诸多要素，在水产领域占据关键地位。

（1）自然科学属性　增养殖学以生物学为核心基础，深入探究水生生物的生命活动规律。从细胞层面，研究水生生物细胞的结构、功能及代谢过程，如细胞呼吸、物质跨膜运输等对水生生物生长发育的影响。在个体水平，关注水生生物的生理特征，像鱼类的渗透压调节机制，以适应不同盐度的水环境；虾蟹类的蜕壳生理，明确其生长周期与环境需求。从种群和群落角度，研究水生生物种群动态、种内与种间关系，如捕食、竞争、共生等，为合理规划养殖密度与混养模式提供依据。同时，与生态学紧密相连，研究水生生物与水域生态环境的相互作用，包括物质循环、能量流动在养殖系统中的特点，以及水生生物对环境因子（水温、光照、水质等）的适应性，以维持养殖生态系统的平衡与稳定。

（2）应用科学属性　增养殖学旨在将科学理论转化为实际生产力，解决水产养殖和增殖过程中的实际问题。在养殖技术方面，开发高效的苗种繁育技术，如鱼类的人工催产、贝类的幼虫培育，提高苗种的成活率与质量；研究优化的成体养殖模式，像池塘生态养殖、工厂化循环水养殖，提升养殖产量与经济效益。在增殖领域，通过增殖放流技术，科学规划放流种类、数量与时机，恢复和增加天然水域渔业资源；运用人工鱼礁建设技术，改善水域生态环境，为水生生物提供栖息与繁殖场所。此外，还涉及渔业工程学，包括养殖设施的设计与建造，如新型网箱、养殖池塘的合理布局，以满足水生生物的生长需求，提高养殖效率。

（3）交叉学科属性　增养殖学与多学科相互渗透、融合。与化学紧密相关，分析水体化学性质对水生生物的影响，如酸碱度、溶解氧、营养盐含量等，通过水质调控化学方法，保障良好的养殖水质；运用化学分析技术检测饲料成分、水产品质量安全。与物理学结合，利用物理原理改进养殖设备，如利用流体力学原理优化循环水养殖系统的水流模式，提高水体交换效率；应用声学原理进行鱼类资源探测与监测。此外，还涉及气象学，考虑气候变化、气象条件对水生生物生长、繁殖和病害发生的影响，提前做好应对措施；与计算机科学结合，利用大数据、人工智能技术实现养殖过程的智能化管理，如智能投喂、水质实时监测与预警等。

2. 体系构成　增养殖学体系丰富多样，涵盖基础理论、技术应用、管理与拓展等多个层面。

（1）基础理论体系

水生生物学：研究水生生物的分类、形态结构、生理机能、生态分布等。了解不同水生生物的分类地位，有助于针对性地开展养殖与增殖工作；掌握其形态结构与生理机能，为饲料研发、病害防治提供依据；明确生态分布规律，合理规划养殖区域与增殖放流地点。

水产动物生理学：探究水产动物的生命活动规律，如营养代谢、呼吸、循环、生殖等生理过程。研究营养代谢，确定水产动物不同生长阶段的营养需求，开发精准饲料配方；了解生殖生理，掌握繁殖调控技术，提高繁殖效率。

水产动物遗传学：关注水产动物遗传物质的传递、变异规律及遗传育种技术。通过选择育种、杂交育种、分子标记辅助育种等手段，培育具有优良性状（生长快、抗病强、抗逆性好等）的水产新品种，提升水产养殖的经济效益与竞争力。

水域生态学：研究水域生态系统的结构、功能，以及生物与环境之间的相互关系。分析水域生态系统的能量流动、物质循环规律，构建健康稳定的养殖生态系统；研究水生生物群落结构与生态位，合理搭配养殖品种，提高资源利用率。

水产动物营养学：研究水产动物对营养物质的需求、消化吸收机制及饲料的营养价值评定。确定水产动物所需的蛋白质、脂肪、碳水化合物、维生素、矿物质等营养成分的适宜含量，研发高效、环保的饲料产品，减少饲料浪费与环境污染。

（2）技术应用体系

苗种繁育技术：包括亲体培育、人工催产、受精、胚胎发育、苗种培育等环节。通过优化亲体培育条件，提高亲体的性腺发育质量；采用合适的人工催产方法，诱导亲体产卵排精；精心管理胚胎发育与苗种培育过程，控制水质、水温、光照等环境因子，提供适宜的开口饵料，提高苗种的成活率与质量。

成体养殖技术：涵盖池塘养殖、湖泊养殖、水库养殖、海水养殖（包括浅海养殖、深海养殖）、工厂化养殖等多种模式。每种养殖模式都有其特点与适用范围，需根据养殖品种、养殖环境和市场需求选择合适的养殖模式。同时，涉及养殖密度控制、饲料投喂策略、水质调控技术、病害防治措施等关键技术，以实现高效、可持续的养殖生产。

增殖技术：包括增殖放流技术，选择合适的增殖放流品种，进行苗种的科学培育与标记，确定最佳的放流时间、地点与数量，并开展放流效果评估；人工鱼礁建设技术，根据不同水域的生态特点与增殖目标，设计、制作和投放合适的人工鱼礁，改善水域生态环境，吸引和聚集水生生物；水域生态修复技术，通过生物调控、物理与化学修复等手段，恢复受损的水域生态系统，为水生生物提供良好的栖息与繁殖环境。

饲料加工技术：根据水产动物营养学原理，研发饲料配方，选择优质的饲料原料，采用先进的加工工艺，生产满足不同水产动物生长阶段需求的饲料产品。注重饲料的营养均衡、适口性、水中稳定性及环保性，提高饲料的利用率，降低对养殖环境的污染。

病害防治技术：综合运用预防为主、防治结合的策略。通过加强养殖管理，改善养殖环境，增强水产动物的免疫力，预防病害的发生；利用免疫学、分子生物学等技术，快速准确地诊断病害；研发绿色、高效的药物与生物防治方法，如益生菌、噬菌体等，减少化学药物的使用，保障水产品质量安全。

（3）管理与拓展体系

渔业资源管理：运用渔业资源评估方法，掌握渔业资源的数量、质量与分布状况，制定合理的渔业资源开发利用与保护策略。通过设定捕捞限额、休渔制度、保护区建设等措施，实现渔业资源的可持续利用。

水产养殖管理：涵盖养殖场的规划与设计、生产运营管理、质量管理等方面。合理规划养殖场的布局与设施建设，优化生产流程，加强投入品管理，确保水产品质量安全，提高养殖生产的经济效益与社会效益。

产业经济与贸易：研究水产增养殖产业的经济运行规律，分析市场供求关系、成本效益、价格波动等因素，为产业发展提供经济决策支持。同时，关注水产品国际贸易动态，应对贸易壁垒，促进水产品的进出口贸易，提升水产增养殖产业的国际竞争力。

学科拓展与前沿研究：随着科技的不断进步，增养殖学不断拓展新的研究领域与方向。例如，开展水生生物基因组学、蛋白质组学、代谢组学等组学研究，深入解析水生生物的遗传机制与生命活动本质；探索新型养殖模式，如陆基海水养殖、渔农综合种养等，拓展养殖空间；研究生物技术在水产增养殖中的应用，如基因编辑技术、细胞工程技术等，为产业发展带来新的机遇。

3. 学科特性 增养殖学具有独特的学科特性，这些特性使其在水产领域展现出鲜明的特点，主要表现在以下几方面。

（1）综合性 增养殖学融合了多个学科的知识与技术，从生物学、化学、物理学、工程学、气象学、计算机科学到经济学、管理学等，形成了一个庞大的知识体系。在解决实际问题时，需要综合运用多学科的理论与方法。例如，在设计一个现代化的工厂化循环水养殖系统时，既要运用生物学知识了解养殖生物的生活习性与环境需求，又要借助物理学原理设计合理的水流循环与过滤系统，运用化学知识监测与调控水质，利用工程学知识进行养殖设施的建造，同时还要考虑经济成本与管理运营，以实现高效、可持续的养殖生产。

（2）实践性 增养殖学的理论与技术紧密围绕生产实践，其发展源于解决水产养殖和增殖过程中的实际问题。学科的研究成果需在实际生产中进行检验与应用，通过实践不断优化和完善。例如，一种新的养殖技术或饲料配方，必须经过养殖场的实际应用，验证其在提高产量、改善品质、降低成本等方面的效果，才能得到广泛推广。同时，生产实践中出现的新问题，又为学科研究提供了新的课题与方向，从而推动学科不断发展进步。

（3）生态依赖性 水生生物的生长、繁殖与生存高度依赖水域生态环境。增养殖学必须充分考虑养殖与增殖活动对水域生态系统的影响，遵循生态规律，实现生态友好型发展。一方面，适宜的生态环境是水生生物健康生长的基础，水质、水温、光照、底质等环境因子的微小变化，都可能对水生生物的生理状态、生长速度、繁殖能力产生显著影响。另一方面，不合理的增养殖活动，如过度投喂、高密度养殖、滥用药物等，可能导致水域生态环境恶化，引发病害频发、水质污染、生物多样性下降等问题。因此，增养殖学注重研究如何在保障养殖效益的同时，维护水域生态系统的平衡与稳定，发展生态养殖、增殖模式，实现水产增养殖产业与生态环境的和谐共生。

（4）动态发展性 随着科技进步、社会需求变化及生态环境的演变，增养殖学不断发展与更新。新的研究方法、技术手段与理念不断涌现，推动学科向前发展。例如，近年来生物技术的飞速发展，为水产增养殖带来了基因编辑、分子标记辅助育种、生物防治等新技术；人们对食品安全与生态环境保护的关注度不断提高，促使增养殖学向绿色、生态、可持续方向发展，催生了生态养殖模式、环保型饲料研发等新的研究领域。同时，全球气候变化、水域生态环境恶化等新挑战，也促使增养殖学不断探索适应新形势的发展策略与技术路径。

三、水产增养殖学的作用与意义

水产增养殖学是水产领域的重要学科，对满足人类对水产品的需求、推动渔业经济发展、维护水域生态平衡等方面意义重大。随着全球人口增长和人们对水产品需求的不断提高，其重要性愈发凸显。

1. 保障水产品供应　随着全球人口的增长，以及人们对优质蛋白质需求的增加，水产品的市场需求持续增加。水产增养殖学通过研究各类水生生物的繁殖、生长和发育规律，开发出一系列高效的养殖技术和增殖方法，显著提高了水产品的产量。例如，我国是水产养殖大国，通过运用先进的养殖技术，2022 年我国水产养殖产量达到 5568.66 万 t，占水产品总产量的 79.63%，在保障国内水产品供应方面发挥了关键作用。通过科学规划养殖区域、优化养殖品种结构，以及合理控制养殖密度，水产增养殖学能够实现水产品的稳定供应，减少因自然捕捞产量波动带来的市场供应不稳定问题，确保消费者能够随时获得新鲜、优质的水产品。

2. 促进渔业经济发展　水产增养殖产业涵盖了种苗培育、饲料生产、养殖设施制造、水产品加工与销售等多个环节，形成了完整的产业链。发展水产增养殖学，能够带动这些相关产业的协同发展，创造大量的就业机会。从鱼苗培育的技术人员、饲料生产的工人，到水产品加工的从业者和销售人员，都受益于这一产业的发展。以某沿海地区为例，水产增养殖产业及其相关配套产业吸纳了当地约 30%的劳动力，成为推动地方经济发展的重要力量。通过提高养殖技术水平和管理效率，降低生产成本，以及开发高附加值的水产品，水产增养殖学能够显著提高渔业的经济效益。例如，采用循环水养殖技术，不仅可以节约用水，还能减少病害发生，提高养殖产量和产品质量，从而增加养殖收益。同时，对水产品进行深加工，如制成鱼糜制品、罐头食品等，能够大幅提升产品附加值，进一步促进渔业经济的增长。

3. 维护水域生态平衡　合理的水产增养殖活动可以对水域生态系统起到积极的调节作用。例如，滤食性贝类（如牡蛎、扇贝等）和滤食性鱼类（如鲢、鳙）能够摄食水体中的浮游生物，有效控制浮游生物的数量，防止水体富营养化，改善水质。研究表明，在一些富营养化的水域中投放适量的滤食性鱼类，能够使水体中的藻类生物量降低 30%～50%，显著改善水体的生态环境。通过增殖放流等措施，水产增养殖学可以补充和恢复天然水域的渔业资源种群数量，维护生物多样性。每年在江河湖海中进行的大规模增殖放流活动，投放大量的鱼苗、虾苗等，有助于增加野生渔业资源的数量，保护濒危物种，维持生态系统的稳定和平衡。

4. 推动科技创新与进步　为了实现水生生物的高效养殖和增殖，水产增养殖学不断探索和应用新的技术和方法，涵盖生物技术、信息技术、工程技术等多个领域。例如，基因编辑技术在水产养殖中的应用，有望培育出具有优良性状（如生长速度快、抗病能力强）的新品种；物联网技术的应用，实现了养殖环境的实时监测和智能调控，提高了养殖管理的精细化水平。水产增养殖学的发展促进了相关学科的交叉融合，推动了整个水产领域的科技创新。其与生物学、生态学、营养学等学科的深度融合，为解决水产养殖中的实际问题提供了新的思路和方法，促进了水产科学的整体发展。

5. 保障粮食安全与营养供给　水产品富含优质蛋白质、不饱和脂肪酸、维生素和矿物质等营养成分，是人类重要的食物来源之一。水产增养殖学的发展有助于增加水产品在人类膳食结构中的比例，为全球粮食安全提供重要支持。在一些地区，水产品甚至成为当地居民的主要蛋白质来源。通过提供多样化的水产品，水产增养殖学满足了人们对不同营养成分的需求，促进了公众的健康饮食。例如，富含 Ω-3 不饱和脂肪酸的鱼类，对心血管健康有益，有助于降低心血管疾病的发生风险。

四、学科发展现状

1. 国外发展简况　国外增养殖学发展历史悠久，在不同地区呈现出各自的特色与优势，可分三个阶段进行阐述。

（1）早期探索阶段（20 世纪初～20 世纪中叶） 在这一时期，欧美等国家率先开启对增养殖学的系统性研究。随着工业革命带来的技术进步，显微镜等仪器的应用使人们对水生生物的微观结构和生理特性有了更深入的认识。美国渔业科学家开始研究鱼类的洄游规律和早期生活史，为后续的人工养殖和增殖放流提供了理论基础。例如，对鲑洄游习性的研究，让人们了解到其在不同生长阶段对环境的需求，为鲑人工繁殖和养殖环境模拟提供了关键信息。同时，欧洲一些国家如挪威，开始尝试海水鱼类的养殖。由于当时技术有限，养殖规模较小且主要依赖自然条件，但这些早期尝试为后续海水养殖产业的发展奠定了重要基础。

（2）快速发展阶段（20 世纪中叶～20 世纪末） 20 世纪中叶后，随着科技的迅猛发展，工业化养殖模式在欧美国家逐渐兴起。美国在鲑鳟养殖方面取得显著进展，开发出先进的循环水养殖系统（RAS）。该系统通过对水质的精准调控、高效的过滤和消毒技术，实现了高密度养殖，大大提高了养殖效率和水资源利用率，降低了疾病传播风险。这一技术的应用，使得鲑鳟养殖能够在相对可控的环境中进行，不受自然水域条件的过多限制。

挪威在三文鱼养殖产业中，通过持续的遗传选育工作，培育出多个生长速度快、抗病力强的优良品种。运用先进的遗传技术，对三文鱼的生长性能、肉质品质等重要性状进行定向选育。例如，选育出的某些品种，生长周期缩短了近 1/3，同时肉质更加鲜美，市场竞争力大幅提升。

在亚洲，日本对虾类养殖技术的研究取得突破。日本科学家深入研究对虾的繁殖生物学和幼体发育特性，成功解决了对虾人工繁殖和苗种培育的关键技术难题。通过优化亲虾培育、幼体孵化和苗种培育的环境条件，提高了对虾苗种的成活率和质量，推动了对虾养殖产业的规模化发展。

日本在渔业资源增殖方面开展了广泛的工作，尤其是虾类和贝类的增殖放流。通过建立大规模的苗种培育基地，人工繁育大量的虾苗和贝苗，然后选择合适的海域进行增殖放流。同时，对放流效果进行长期监测和评估，不断优化放流策略，有效补充了天然渔业资源，提升了海洋渔业的可持续发展能力。

美国制定了一系列严格的渔业资源管理法规，同时积极开展增殖放流活动。针对一些重要的经济鱼类如鳕等，通过增殖放流和栖息地保护相结合的方式，恢复其种群数量。此外，美国还注重利用人工鱼礁技术改善海洋生态环境，为水生生物提供更多的栖息和繁殖场所。

（3）现代创新阶段（21 世纪以来） 随着分子生物学技术的飞速发展，欧美国家在水产养殖领域广泛应用基因编辑技术。例如，一些研究团队利用 CRISPR/Cas9 技术对水产动物的特定基因进行编辑，以改良其生长、抗病等性状。在大西洋鲑的研究中，通过基因编辑技术增强了其对某些病毒性疾病的抵抗力，为水产养殖的可持续发展提供了新的技术手段。

为应对水产养殖中日益严重的病害问题，国外加大了生物疫苗的研发力度。美国、欧洲等国家的科研机构和企业成功研发出多种针对水产动物常见疾病的疫苗，如针对鲑传染性胰坏死病（IPN）和传染性造血器官坏死病（IHN）的疫苗。这些疫苗的应用显著降低了疾病的发生率和死亡率，减少了抗生素的使用，保障了水产品的质量安全。

近年来，欧美国家大力发展智能化养殖技术。利用物联网、大数据、人工智能等技术，实现养殖环境的实时监测和精准调控。例如，智能养殖系统可以根据传感器收集的水温、溶氧、pH 等数据，自动调整投喂量、换水频率和增氧设备的运行，提高养殖生产的效率和管理水平，降低人工成本。

面对环境压力和可持续发展的要求，国外增养殖学更加注重生态友好型养殖模式的研究与推广。例如，挪威推行的生态养殖模式，强调养殖过程中对环境的最小化影响，通过优化饲料配方减少氮磷排放，采用生态修复技术改善养殖海域的生态环境，实现了养殖产业与生态环境的协调发展。

2. 国内发展历程　我国增养殖学的发展历经多个重要阶段，从传统的小规模养殖逐渐发展成为世界领先的水产养殖大国，为保障国家粮食安全和促进经济发展做出了重要贡献，大致可以分为 4 个阶段。

（1）传统养殖奠基阶段（古代～新中国成立前）　我国水产养殖历史源远流长，早在春秋战国时期，范蠡的《养鱼经》就记载了池塘养鱼的方法，这标志着我国古代水产养殖技术已具雏形。此后，随着朝代的更迭，池塘养鱼技术不断发展和完善，逐渐形成了以青鱼、草鱼、鲢、鳙“四大家鱼”为主的混养模式，这种模式充分利用了水体空间和不同鱼类的食性差异，提高了养殖产量。然而，在新中国成立前，由于长期的战乱和社会动荡，水产养殖发展缓慢，养殖规模较小，技术水平相对落后，主要以传统的经验养殖为主。

（2）现代养殖起步阶段（新中国成立～20 世纪 70 年代末）　新中国成立后，政府高度重视水产养殖业的发展，加大了对水产科研和教育的投入。这一时期，我国水产科技工作者在艰苦的条件下，开展了一系列基础性研究工作。例如，对“四大家鱼”的生物学特性进行了深入研究，为人工繁殖技术的突破奠定了理论基础。同时，在池塘养殖技术方面，通过合理密养、科学投喂等措施，提高了养殖产量。但总体而言，这一阶段我国水产养殖仍面临诸多困难，如苗种供应不足、养殖设施简陋、饲料缺乏等问题，制约了产业的快速发展。

（3）技术突破与快速发展阶段（20 世纪 70 年代末～20 世纪末）　20 世纪 70 年代末，我国水产科技工作者成功攻克了“四大家鱼”的人工繁殖技术难题。通过对亲鱼培育、催产激素的研制和使用、人工授精等关键技术的突破，实现了“四大家鱼”苗种的规模化生产，解决了长期以来苗种依赖天然捕捞的问题，为淡水养殖业的大规模发展提供了坚实保障。此后，其他淡水鱼类如鲫、鳊等的人工繁殖技术也相继取得成功，进一步丰富了淡水养殖品种。

在海水养殖方面，20 世纪 80 年代，我国对虾人工繁殖技术取得重大突破。通过对虾类繁殖生物学的深入研究，优化亲虾越冬培育、幼体培育等技术环节，实现了对虾苗种的大规模人工繁育。这一技术的成功，推动了我国对虾养殖产业的迅速崛起，使对虾成为我国海水养殖的重要品种之一。同时，贝类、藻类的养殖技术也不断完善，海带、紫菜等藻类的养殖规模不断扩大，扇贝、牡蛎等贝类的养殖产量大幅提高。

在池塘养殖领域，推广了以“八字精养法”为核心的高产养殖技术，即“水、种、饵、密、混、轮、防、管”8 个要素的综合运用。通过合理调控水质、选择优良品种、科学投喂饲料、合理密养与混养、轮捕轮放及加强病害防治和日常管理等措施，池塘养殖产量大幅提高。同时，池塘养殖模式也不断创新，出现了鱼菜共生、生态循环池塘等新型养殖模式，提高了资源利用率和生态效益。

随着海水养殖技术的发展，我国海水养殖模式逐渐从传统的滩涂养殖向浅海养殖、深海养殖拓展。浅海筏式养殖成为贝类和藻类养殖的重要模式，通过在浅海设置筏架，养殖扇贝、海带等品种，充分利用了浅海的空间资源。此外，海水网箱养殖技术也得到推广应用，主要用于养殖鲈、石斑鱼等优质海水鱼类，提高了养殖效益。

（4）全面提升与多元化发展阶段（21 世纪以来）　近年来，我国在工厂化循环水养殖技术方面取得重要突破。研发出具有自主知识产权的循环水养殖系统，实现了养殖水质的精准调控、养殖尾水的高效处理和循环利用。该技术不仅提高了养殖密度和养殖效率，还减少了对环境的污染，为水产养殖的可持续发展提供了新的模式。目前，工厂化循环水养殖已应用于多种水产动物的养殖，如大菱鲆、牙鲆等海水鱼类及罗非鱼、鳗等淡水鱼类。

为拓展养殖空间，我国积极发展深远海养殖。自主研发了大型深远海养殖平台，如“深蓝 1 号”等，其具备抗风浪、智能化养殖等功能。在深远海养殖平台上，开展了三文鱼等冷水性鱼类的养殖试验，并取得了初步成功。深远海养殖的发展，标志着我国水产养殖向更广阔的海洋空间进军，为保障国家粮食安全提供了新的途径。

我国加大了增殖放流工作的力度，增殖放流的品种和数量不断增加。除传统的“四大家鱼”、对虾、贝类等品种外，还开展了珍稀濒危水生生物的增殖放流工作，如中华鲟、长江江豚等。通过科学规划放流区域、放流品种和放流数量，并加强对放流效果的监测评估，增殖放流对恢复渔业资源、改善水域生态环境发挥了重要作用。

随着对生态环境保护的重视，我国积极开展水域生态修复工作。通过投放人工鱼礁、种植水生植物等措施，改善水域生态环境，为水生生物提供栖息和繁殖场所。例如，在一些近海海域和湖泊，大规模投放人工鱼礁，吸引了大量鱼类聚集，促进了生物多样性的恢复。同时，加强对养殖水域环境的监测和管理，推广生态养殖模式，减少养殖对环境的负面影响。

我国增养殖学与其他产业的融合发展趋势明显。一方面，与休闲渔业相结合，发展了垂钓、观赏鱼养殖、渔家乐等多种形式的休闲渔业项目，拓展了水产养殖的产业链，提高了产业附加值。另一方面，与农产品加工、冷链物流等产业协同发展，形成了从养殖生产到加工销售的完整产业链条，提升了水产养殖业的整体竞争力。

积极参与国际水产养殖领域的合作与交流，引进国外先进的养殖技术、设备和管理经验。同时，我国的水产养殖技术和产品也逐渐走向国际市场，如我国的对虾养殖技术在东南亚、非洲等地区得到推广应用，水产品出口量不断增加，提升了我国在国际水产养殖领域的影响力。

五、学科的基础理论及其应用

1. 学科的基础理论　增养殖学的基础理论构建于多学科知识体系之上，为实现水生生物高效养殖与增殖提供了理论支撑，这些理论相互关联，共同指导着增养殖的实践。

（1）生物遗传与育种理论

1）遗传基础理论。作为经典遗传学基础，孟德尔分离定律和自由组合定律阐释了生物性状遗传的基本规律。在水产养殖中，这一定律帮助理解水生生物如鱼类体色、鳞片形态等性状的遗传模式，为选育特定性状的品种提供理论依据。例如，在锦鲤选育过程中，通过对亲鱼体色基因的分析和组合，培育出色彩斑斓、图案各异的锦鲤品种。染色体遗传学说揭示了基因在染色体上的线性排列，以及染色体行为与遗传现象的关系。对于水生生物而言，了解其染色体数目、结构和行为，有助于分析遗传变异机制。例如，某些贝类在进化过程中染色体发生的变异，可能导致其生理特性和适应性的改变，从而为贝类养殖品种的改良提供线索。

2）现代育种技术理论。基于生物个体间的遗传差异，通过连续多代对具有优良性状（如生长速度快、抗病力强等）的个体进行选择与繁殖，逐代积累有利基因，从而培育出新品种。例如，在罗非鱼养殖中，长期选择生长快的个体进行繁殖，经过多代选育，培育出了生长性能显著提高的罗非鱼品系。利用不同品种或种群间的基因重组，将双亲的优良性状结合在一起，创造出具有杂种优势的后代。例如，以生长速度快的尼罗罗非鱼为父本，耐寒性强的奥利亚罗非鱼为母本进行杂交，获得的奥尼罗非鱼兼具生长快和耐寒的优点，扩大了罗非鱼的养殖区域。借助分子生物学技术，识别与目标性状紧密连锁的分子标记，如微卫星标记、单核苷酸多态性（SNP）标记等。通过检测这些标记，能够在早期对个体的遗传潜力进行评估和选择，提高育种效率。例如，在对虾抗病育种中，找到与抗病基因紧密连锁的分子标记，可在虾苗阶段筛选出具有潜在抗病能力的个体，加速抗病品种的培育进程。通过基因克隆、载体构建等技术，将外源基因导入水生生物基因组中，使其获得新的性状。例如，将生长激素基因导入鱼类基因组，可促进鱼类生长，培育出快速生长的转基因鱼品系。然而，由于基因工程涉及生物安全性等问题，在实际应用中受到严格监管。

（2）生态养殖理论

1）生态系统结构与功能理论。一是生物与环境相互作用，水生生物与其所处的水域环境构成一个复杂的生态系统。生物依赖环境提供的物质和能量生存，同时生物的生命活动也会对环境产生影响。例如，养殖池塘中的水生植物通过光合作用吸收二氧化碳并释放氧气，改善水体溶氧状况；而鱼类的呼吸作用和排泄物则影响水体的酸碱度和营养盐含量。二是生态系统的能量流动与物质循环，能量在生态系统中沿食物链单向流动，从太阳能开始，通过生产者（如浮游植物、水生植物）的光合作用转化为化学能，再依次传递给各级消费者（如浮游动物、鱼类等）。物质则在生物与非生物环境之间循环往复，如氮、磷等营养元素在水体、底泥和生物体内不断转换。理解这些过程，有助于优化养殖系统的能量利用效率，减少营养物质流失和环境污染。

2）生态养殖模式构建理论。一是多营养层级综合养殖。模拟自然生态系统中不同营养级生物之间的相互关系，将不同食性的水生生物进行合理搭配养殖。例如，在虾塘中混养滤食性贝类（如缢蛏）和浮游植物，贝类可滤食水中的浮游生物，减少水体富营养化，浮游植物则通过光合作用为水体提供氧气，同时为虾类提供良好的栖息环境，形成互利共生的生态系统，提高养殖系统的稳定性和生产力。二是生态修复型养殖。利用水生生物对污染水体的净化能力，在养殖过程中实现水域生态环境的修复。例如，在富营养化的湖泊中开展莲藕与鱼类的共生养殖，莲藕能够吸收水体中的氮、磷等营养物质，降低水体富营养化程度，同时其茎叶可为鱼类提供栖息和遮阳场所，鱼的活动又有助于改善底质环境，促进莲藕生长。

3）循环水养殖系统理论。通过物理过滤、生物净化、消毒等技术，对养殖用水进行循环处理和再利用，减少水资源消耗和废水排放。系统内的微生物群落将养殖动物排泄物中的含氮化合物转化为无害的硝酸盐，经过处理后的水重新回到养殖池，为水生生物提供稳定的水质环境。这种模式不仅节约用水，还能有效控制养殖环境，减少疾病传播风险。

（3）营养与饲料理论

1）水生生物营养需求理论。一是蛋白质需求。蛋白质是水生生物生长和维持生命活动的重要营养物质，为其提供必需氨基酸。不同种类、不同生长阶段的水生生物对蛋白质的需求量和氨基酸组成要求各异。例如，肉食性鱼类（如鲈）对蛋白质的需求量较高，且对某些必需氨基酸（如蛋氨酸、赖氨酸）的需求更为严格，以满足其快速生长和高代谢的需求。二是脂肪需求。脂肪不仅是水生生物的能量来源，还提供必需脂肪酸，参与细胞膜的构成和一些生理调节过程。例如，海水鱼类对 ω-3 系列多不饱和脂肪酸（如二十二碳六烯酸，DHA；二十碳五烯酸，EPA）有特殊需求，这些脂肪酸对其神经系统发育、繁殖性能和免疫力具有重要作用。三是碳水化合物需求。碳水化合物是水生生物的能量来源之一，但不同水生生物对碳水化合物的利用能力存在差异。一般来说，杂食性和草食性鱼类对碳水化合物的利用能力相对较强，而肉食性鱼类则较弱。适量的碳水化合物可节约蛋白质，提高饲料利用率，但过量摄入可能导致鱼类代谢紊乱和生长受阻。四是维生素和矿物质需求。维生素和矿物质虽然在水生生物体内含量较少，但对其生理功能至关重要。维生素参与水生生物体内的各种代谢反应，如维生素 C 具有抗氧化作用，可提高水生生物的免疫力；矿物质则是构成骨骼、维持渗透压和酸碱平衡等生理过程所必需的。例如，钙、磷是鱼类骨骼发育的重要元素，缺乏会导致骨骼畸形等问题。

2）饲料配方与加工理论。一是饲料配方设计。根据水生生物的营养需求，结合饲料原料的营养成分和成本，设计出科学合理的饲料配方。在配方设计中，需考虑各种营养成分的平衡，以满足水生生物不同生长阶段的需求。例如，为幼鱼设计的饲料配方应含有较高的蛋白质和优质的氨基酸，同时添加适量的维生素和矿物质，以促进其快速生长和发育。二是饲料原料选择与处理。选择合适的饲料原料是保证饲料质量的关键。优质的饲料原料应具有较高的营养价值、良好的适口性和消化率。常见的饲料原料包括鱼粉、豆粕、玉米、小麦等。同时，对饲料原料进行适当的处理，如粉碎、膨化、发酵等，可提高其营养价值和消化利用率。例如，膨化处理后的饲料具有良好的水中稳定性，不易散失营养成分，且能提高淀粉的糊化度，有利于水生生物的消化吸收。三是饲料加工工艺。饲料加工工艺对饲料质量和水生生物的生长性能有重要影响。先进的加工工艺能够保证饲料营养成分的均匀分布，提高饲料的适口性和稳定性。例如，采用制粒工艺将粉状饲料制成颗粒饲料，便于水生生物摄食，减少饲料浪费；通过喷涂工艺在饲料表面添加一些热敏性营养成分（如维生素 C），可避免其在加工过程中损失。

2. 应用领域 增养殖学的理论和技术广泛应用于多个领域，对保障水产品供应、促进渔业经济发展和维护水域生态平衡具有重要意义。

（1）水产养殖产业 池塘养殖作为最传统且广泛应用的养殖方式，具有投资相对较小、管理方便等优点。在池塘中，可根据不同养殖品种的生态习性，进行单养或混养。例如，常见的“四大家鱼”混养模式，草鱼以水草为食，其粪便可肥水，促进浮游生物生长，为鲢、鳙提供食物；青鱼则以底栖生物为食，这种混养模式充分利用了水体空间和饵料资源，提高了养殖产量和经济效益。随着养殖技术的发展，池塘养殖也逐渐向生态化、智能化方向发展，如采用微孔增氧技术提高水体溶氧，利用水质监测设备实时监控水质，实现精准投喂和水质调控。

湖泊与水库养殖利用大型湖泊和水库的广阔水域资源进行水产养殖，这种养殖方式通常采用网箱养殖、围栏养殖或增殖放流等模式。在湖泊和水库中投放适宜的养殖品种，如鲢、鳙等滤食性鱼类，可有效控制水体中的浮游生物数量，改善水质，同时获得水产品收益。此外，一些湖泊和水库还开展特色养殖，如千岛湖的有机鱼养殖，通过严格的生态养殖管理，生产出高品质的有机鱼产品，深受市场欢迎。

浅海养殖利用在潮间带至水深较浅的海域进行养殖，常见的养殖品种有贝类（如牡蛎、扇贝）、藻类（如海带、紫菜）和海水鱼类（如鲈、石斑鱼）等。浅海养殖方式多样，包括筏式养殖、网箱养殖、滩涂养殖等。例如，筏式养殖是在浅海设置浮筏，将贝类或藻类固定在筏架上进行养殖，充分利用了浅海的空间资源；网箱养殖则适合养殖经济价值较高的海水鱼类，便于管理和捕捞。

深海养殖利用深海开阔海域进行养殖。随着养殖技术的进步和对海洋资源开发的深入，深海养殖逐渐兴起。深海具有水质好、水温稳定、水流和溶氧充足等优势，适合开展大型鱼类和冷水性鱼类的养殖。例如，我国研发的大型深远海养殖平台“深蓝 1 号”，在黄海海域成功养殖三文鱼，开创了我国深海养殖三文鱼的先河，为满足国内对优质三文鱼的需求提供了新途径。

工厂化养殖是一种高度集约化、现代化的养殖方式，通过在室内或封闭设施内，对养殖环境进行精准控制，实现水生生物的高密度养殖。工厂化养殖系统通常配备先进的水质处理设备、增氧设备、温控设备和自动投喂系统等。这种养殖方式不受自然环境影响，可全年连续生产，且养殖周期短、产量高、产品质量可控。例如，在工厂化养殖大菱鲆过程中，通过精确控制水温、水质、光照等环境条件，大菱鲆的生长速度明显加快，疾病发生率降低，养殖效益显著提高。

（2）渔业资源增殖 增殖放流是通过人工繁育并向天然水域投放水生生物苗种，以增加渔业资源种群数量的一种渔业方式。增殖放流的品种广泛，包括鱼类、虾蟹类、贝类等。例如，在长江流域，每年都会进行大规模的“四大家鱼”增殖放流活动，补充因过度捕捞和生态环境变化而减少的鱼类资源。同时，对于一些珍稀濒危水生生物，如中华鲟、胭脂鱼等，增殖放流也是保护其种群数量的重要手段。在放流前，需要对放流品种进行严格的检疫和评估，选择适宜的放流地点和时间，并对放流效果进行跟踪监测，以确保增殖放流的有效性和生态安全性。

人工鱼礁是在海洋、湖泊等水域投放人工构建的物体（如混凝土礁体、废旧轮胎等），为水生生物提供栖息、繁殖和索饵场所，吸引鱼类等水生生物聚集，增加生物多样性。例如，在南海海域建设的人工鱼礁，吸引了大量的珊瑚礁鱼类和无脊椎动物栖息，改善了海域生态环境，促进了渔业资源的恢复和增长。此外，人工鱼礁还可以起到保护海岸、防止海水侵蚀等作用。

渔业资源保护与管理是运用增养殖学的理论和技术，制定科学合理的渔业资源保护与管理策略，通过设定禁渔区、禁渔期，限制捕捞强度和渔具规格等措施，保护水生生物的繁殖和生长环境，确保渔业资源的可持续利用。例如，我国实施的长江十年禁渔政策，为长江水生生物的恢复和生态系统的修复提供了重要契机。同时，利用渔业资源评估模型，对渔业资源的数量、结构和分布进行动态监测和评估，为渔业管理决策提供科学依据。

（3）水域生态修复　富营养化水体修复是针对氮、磷等营养物质超标导致的富营养化水体，利用水生生物的吸收、转化作用进行的水域生态修复。例如，种植大型水生植物（如芦苇、菖蒲），这些植物能够吸收水体中的氮、磷等营养物质，同时其根系为微生物提供附着场所，促进微生物对污染物的分解。此外，投放滤食性鱼类（如鲢、鳙）和贝类（如河蚌），通过摄食浮游生物，降低水体中藻类的生物量，改善水体透明度，缓解富营养化程度。

受损水域生态系统恢复是对于人类活动（如围填海、河道整治等）或自然灾害导致的水域生态系统受损情况，采用生态修复技术进行的水域生态恢复。例如，在受损的珊瑚礁海域，通过人工移植珊瑚断枝、投放珊瑚礁礁体等方法，促进珊瑚礁的恢复和生长。在河流生态修复中，通过恢复河道的自然形态、种植河岸植被等措施，为水生生物提供适宜的栖息和繁殖环境，恢复河流生态系统的功能。

生物多样性保护是增养殖学原理在保护水域生物多样性方面的应用。包括通过建立水生生物自然保护区、种质资源保护区等，保护珍稀濒危水生生物的栖息地和种质资源。同时，利用人工繁殖和增殖放流技术，增加珍稀物种的种群数量，防止其灭绝。例如，对中国大鲵进行人工繁育和放归自然，对保护这一珍稀物种的遗传多样性和种群数量具有重要意义。此外，通过合理的养殖规划和管理，避免外来物种入侵，保护本地水生生物的多样性。

六、学科未来研究展望

增养殖学作为水产领域的关键学科，在满足人类对水产品需求及维护水域生态平衡方面意义重大。展望未来，该学科将在革新智能化养殖技术、深化绿色可持续发展、拓展生物技术创新应用及拓展新兴养殖品种等方向发展。

1. 革新智能化养殖技术

（1）全方位智能监测与精准调控　未来的养殖系统将部署更多种类的高精度传感器，不仅能实时监测水温、溶解氧、酸碱度、盐度等常规水质参数，还能对水体中的微生物群落结构、营养物质含量变化等进行动态监测。借助大数据分析技术，构建养殖环境与水生生物生长关系的精准模型，实现对养殖环境的智能感知与深度理解。依据这些数据和模型，系统将自动且精准地调控养殖水体的各项参数，如通过智能阀门调节水温，运用增氧设备精确控制溶解氧含量，确保水生生物始终处于最佳生长环境。

（2）智能投喂与养殖管理自动化　智能投喂系统将不再局限于依据固定时间和投喂量进行投喂，而是能够实时监测水生生物的摄食状态、生长阶段及水质变化等因素，动态调整投喂策略。例如，利用计算机视觉技术识别鱼群的摄食行为，当发现鱼群摄食活跃度降低时，自动减少投喂量，避免饲料浪费和水质污染。同时，养殖管理的各个环节，如换水、清污、疾病预警等都将实现自动化。智能机器人将承担部分繁重的体力劳动，如在池塘中自动清理残饵和粪便，大大降低人力成本，提高养殖效率。

（3）虚拟现实（VR）与增强现实（AR）技术应用　通过 VR 和 AR 技术，养殖从业者无须亲临养殖场，就能以沉浸式方式实时查看养殖设施的运行状况、水生生物的生长情况。例如，借助 AR 眼镜，工作人员在养殖场内巡查时，能直接获取眼前设备的详细参数信息，以及鱼群的健康指标等数据。对于远程养殖项目，管理者可以通过 VR 技术身临其境地“进入”养殖场，仿佛实地进行管理决策，实现高效远程管理。

2. 深化绿色可持续发展

（1）生态友好型养殖模式创新　未来将涌现更多新型生态养殖模式，如“鱼-菜-菌”共生模式。在该模式中，鱼类养殖产生的富含氨氮的废水被输送到种植蔬菜的区域，蔬菜吸收其中的营养物质进行生长，净化后的水再回流到养殖池。同时，蔬菜收获后的残体可作为培养菌类的原料，菌类产生的菌渣又可作为优质肥料用于蔬菜种植，形成一个高效循环的生态系统，实现资源的最大化利用，减少对环境的负面影响。

（2）环保型饲料研发升级　研发更加环保高效的饲料将成为重点。一方面，开发新型蛋白源，如昆虫蛋白、单细胞蛋白等，减少对传统鱼粉的依赖，降低对海洋渔业资源的压力。另一方面，优化饲料配方，精确匹配水生生物不同生长阶段的营养需求，提高饲料转化率，减少粪便中氮、磷等营养物质的排放。此外，添加具有免疫增强功能的天然植物提取物、益生菌等，提高水生生物的免疫力，减少抗生素等药物的使用，保障水产品质量安全和生态环境健康。

（3）养殖废弃物资源化利用拓展　除将养殖废弃物用于肥料生产外，还将探索更多资源化利用途径。例如，利用厌氧发酵技术将养殖粪便转化为沼气，为养殖场提供清洁能源；将废弃的贝壳等加工成生物活性材料，用于医药、化妆品等领域。通过这些方式，不仅解决了养殖废弃物对环境的污染问题，还能创造额外的经济价值，实现养殖产业的循环经济发展。

3. 拓展生物技术创新应用

（1）基因编辑技术精准育种　基因编辑技术将在增养殖学中得到更广泛和精准的应用。科研人员能够针对特定的经济性状，如生长速度、抗病能力、耐逆性等，对水生生物的基因进行精确编辑。例如，通过敲除或修饰与疾病易感性相关的基因，培育出具有高度抗病能力的水产新品种，减少疾病造成的损失。此外，利用基因编辑技术还可以改良水生生物的肉质品质，提高不饱和脂肪酸含量，满足消费者对健康食品的需求。

（2）细胞工程与克隆技术突破　细胞工程技术将取得新的突破，实现水生生物细胞的大规模高效培养。这不仅有助于深入研究水生生物的细胞生物学特性，还为生产生物活性物质提供新途径，如从细胞培养物中提取具有药用价值的成分。克隆技术也将进一步发展，用于保护珍稀濒危水生生物的种质资源，通过克隆个体增加其种群数量。同时，克隆技术还可用于复制具有优良性状的个体，加速优良品种的扩繁。

（3）生物传感器与疾病快速诊断技术升级　开发更加灵敏、快速、便携的生物传感器用于疾病诊断。这些传感器能够在现场快速检测出病原体的存在及其数量，如基于纳米技术的生物传感器，可在几分钟内检测到水体中微量的病毒或细菌。结合分子生物学技术，建立疾病早期预警系统，通过对水生生物群体的基因表达谱、免疫指标等进行实时监测，提前发现疾病的潜在风险，及时采取防控措施，降低疾病暴发的可能性。

4. 拓展新兴养殖品种

（1）高附加值特色水产品养殖　随着消费者对高品质、多样化水产品需求的增加，养殖具有高附加值的特色水产品将成为趋势。例如，养殖一些具有独特风味和营养价值的冷水性鱼类，如哲罗鲑、细鳞鲑等，满足高端餐饮市场需求。同时，发展具有药用价值的水生生物养殖，如海马、海参等，通过科学养殖提高其有效成分含量，开拓医药市场。

（2）观赏水生生物养殖多元化　观赏水生生物市场不断扩大，未来将培育更多新颖、美观的观赏鱼和观赏贝类品种。除传统的金鱼、锦鲤外，开发具有独特色彩和形态的小型热带鱼，如经过基因改良的七彩斗鱼新品种。在观赏贝类方面，养殖具有绚丽外壳的贝类，如鹦鹉螺、宝螺等，满足水族爱好者对个性化观赏生物的需求。同时，发展观赏水生植物养殖，打造多样化的水族景观，为观赏水生生物产业创造更大的发展空间。

综上所述，增养殖学作为一门不断发展的学科，在保障水产品供给、促进渔业经济发展和维护水域生态平衡等方面发挥着重要作用。面对未来的挑战与机遇，学科将持续创新，推动增养殖产业向智能化、绿色化、可持续化方向发展。

第四节　水产品贮藏与加工学概述

水产品加工历史悠久，随着科学的发展和技术的进步，水产原料除可加工水产食品外，许多水产资源和水产食品加工中的废弃物还可用来生产鱼粉、鱼油、海藻化工产品、海洋保健食品、海洋药物、皮革制品、化妆品和工艺品等产品，尤其是已从海洋生物中分离出数百种生理活性物质，未来应用可期。水产品贮藏与加工学是一门应用型学科，它综合运用生物学、化学、物理学、工程学、食品科学等多学科的知识与技术，通过科学合理的贮藏保鲜手段，最大程度保持水产品的原有品质，包括营养成分、风味、质地等；同时，借助多样化的加工工艺，将水产品转化为各类符合市场需求的产品，提升其经济价值与市场竞争力，以满足消费者在食用、营养及保健等方面的多样化需求，推动水产行业的可持续发展。

一、概念、研究对象及其方法

1. 概念　水产品贮藏与加工学是一门综合性应用学科，主要研究水产品在产后处理、贮藏、加工过程中的特性变化规律，以及采用相应技术手段保持或改善其品质、延长货架期、提高附加值等的学科。主要包括研究如何运用物理、化学和生物等方法，抑制水产品在贮藏过程中因微生物、酶及自身化学反应等因素导致的品质下降，最大程度保持其原有鲜度、营养成分和食用价值，以及通过不同工艺和技术，将水产品原料转化为各类可供消费的产品，旨在拓展水产品的利用途径、增加产品种类，满足消费者多样化需求，涵盖了传统的腌制、干制、熏制，也涵盖现代的罐头加工、鱼糜制品加工、功能性食品开发、水产调味品制作等。

2. 研究对象及其方法

（1）研究对象　水产品贮藏与加工学的研究对象极为广泛，涵盖了生活在海洋与内陆水域的众多生物。其中，鱼类作为主要研究对象之一，包含了不同生活习性、体型大小和栖息环境的各类鱼种，如冷水性鱼类、暖水性鱼类、淡水鱼和海水鱼等。软体动物，如贝类（牡蛎、扇贝、蛤蜊等）、头足类（鱿鱼、章鱼、墨鱼等），其独特的身体结构和生理特性影响着贮藏加工方式。甲壳动物，像虾类（对虾、小龙虾、基围虾等）、蟹类（大闸蟹、梭子蟹等），它们的外壳构造及肉质特点决定了加工过程中的处理方式。此外，棘皮动物（海参、海胆等）、腔肠动物（海蜇等）、两栖动物（娃娃鱼等，部分具有经济价值且合法养殖品种）、爬行动物（龟、鳖等）及藻类（海带、紫菜、裙带菜等），这些生物在形态、成分和特性上的巨大差异，为贮藏与加工带来了多样化的挑战与机遇。

水产原料具有显著的特点。其多样性不仅体现在动物类上，还涉及植物类，且在体积上从微小的浮游生物到大型的鲸鱼（部分用于特定加工用途），形状上从规则的圆形贝类到形态各异的鱼类，都存在极大差异。成分的易变性表现为，其化学组成和理化性质易受多种因素影响，如栖息环境的水温、盐度、水质等，生物自身的性别、大小、年龄，以及季节更替、产卵繁殖等生理活动，都会导致原料成分发生变化。例如，不同季节捕获的鱼类，其脂肪含量和肉质口感可能有明显差异。捕捞的季节性源于水产动物生长、栖息和活动的规律性，受气候、食物资源和自身生理周期影响，许多水产动物在不同季节有特定的洄游规律，这使得水产原料的获取具有季节性特点。另外，水产原料普遍含水量较高，结缔组织较少，这使得它们极易因外伤而遭受细菌侵入，且所含与死后变化有关的组织蛋白酶类活性高于陆产动物，导致死后迅速发生腐败变质，这就对贮藏保鲜技术提出了更高要求。

（2）研究方法　通过化学分析手段，对水产原料及加工产品的化学成分进行精确测定。例如，采用凯氏定氮法测定蛋白质含量，索氏抽提法测定脂肪含量，直接干燥法测定水分含量，原子吸收光谱法测定矿物质元素含量等。同时，利用高效液相色谱法（HPLC）、气相色谱-质谱法（GC-MS）等技术，分析水产品中的生物活性成分、风味物质及可能存在的有害物质，如检测水产品中的多不饱和脂肪酸、呈味氨基酸、重金属等，以此为基础研究水产原料在贮藏加工过程中的成分变化规律，为优化工艺提供依据。

运用微生物学技术，研究水产品在贮藏加工过程中微生物的种类、数量、分布及生长繁殖规律。通过微生物培养、分离与鉴定技术，确定导致水产品腐败变质的优势微生物菌群，如嗜冷菌、嗜盐菌等。采用平板计数法、最大可能数（MPN）等方法监测微生物数量变化，评估水产品的微生物安全性。同时，研究不同贮藏加工条件，如温度、pH、水分活度、防腐剂等对微生物生长的抑制作用，为制定科学的保鲜和加工工艺提供微生物学依据，以确保产品在保质期内的微生物质量安全。

借助食品工程学原理与技术，对水产品贮藏加工过程进行系统设计与优化。在贮藏方面，依据传热学、传质学原理，设计高效的制冷系统、通风系统和包装结构，实现水产品的低温保鲜、气调保鲜等。例如，在冷冻贮藏中，通过控制冷冻速率、温度波动等参数，减少冰晶对水产品组织结构的破坏，保持其品质。在加工过程中，运用流体力学原理设计输送管道和搅拌设备，确保加工物料的均匀性；利用机械工程技术开发自动化的采肉机、切片机、灌装机等加工设备，提高生产效率和产品质量稳定性。此外，通过工程模拟和优化算法，对整个加工流程进行优化，降低能耗、提高资源利用率。

感官评价是通过人的视觉、嗅觉、味觉、触觉等感官，对水产品的色泽、气味、滋味、质地等品质特性进行主观评价。组织专业的感官评价小组，按照标准化的评价方法和指标体系，对不同贮藏加工条件下的水产品进行评价，获取消费者对产品品质的直观感受。质构分析则借助质构仪等仪器，对水产品的硬度、弹性、黏性、咀嚼性等物理特性进行客观测定，量化产品的质地变化。将感官评价与质构分析相结合，全面评估水产品在贮藏加工过程中的品质变化，为产品的质量控制和工艺改进提供有力支持，使产品在满足消费者口感需求的同时，保证品质的稳定性和一致性。

二、学科性质、体系构成及学科特性

1. 学科性质

（1）多学科交叉融合性　水产品贮藏与加工学并非孤立存在，而是深度融合了生物学、化学、物理学、工程学及食品科学等多门学科知识。从生物学角度，需熟知水产生物的生理特性、生长规律及在不同环境下的变化，以此为基础理解原料特性对贮藏加工的影响。在化学方面，要深入研究水产原料的化学组成、分子结构及贮藏加工过程中发生的各种化学反应，如蛋白质的变性、脂肪的氧化、美拉德反应等，从而为控制和优化加工工艺提供理论依据。在物理学方面，依据热学和传质学原理研究如何实现对水产品品质的有效保持。在工程学方面，研究如何设计和构建高效的贮藏加工设备与工艺流程，确保生产过程的自动化、规模化和高效化。在食品科学方面，研究更加关注产品的品质、安全、营养及消费者的接受度。这种多学科的交叉融合，体现了水产品贮藏与加工学的综合性和复杂性。

（2）*应用基础学科属性*　该学科既具有坚实的理论基础，又紧密结合实际应用。一方面，通过对水产原料特性、贮藏加工原理等基础理论的深入研究，揭示水产品在不同处理条件下的变化规律，为学科发展提供理论支撑。例如，对鱼糜凝胶形成机制的研究，从分子层面解释了蛋白质在加工过程中的相互作用，为鱼糜制品的生产提供了理论指导。另一方面，将这些理论知识应用于实际生产，开发出各种实用的贮藏加工技术和工艺，解决水产品从捕捞上岸到消费者餐桌过程中的品质保持、增值加工等实际问题，直接服务于水产行业的发展，具有显著的应用导向性。

2. 体系构成

（1）*原料特性研究体系*　对水产原料的化学组成进行全面剖析，包括水分、蛋白质、脂肪、碳水化合物、矿物质、维生素等主要成分，以及色素、浸出物等其他成分。深入研究不同种类水产原料化学组成的差异，以及这些成分在不同生长阶段、环境条件下的变化规律。例如，研究不同季节、不同海域的鱼类，其脂肪含量和脂肪酸组成的变化，以及这种变化对产品风味和营养的影响。

详细研究水产动物死后的生理生化变化过程，包括死后僵硬、自溶和腐败等阶段，分析每个阶段的发生机制、影响因素及对水产品品质的影响。例如，研究死后僵硬过程中 ATP（三磷酸腺苷）的代谢、肌肉 pH 的变化与肌肉僵硬程度的关系，以及如何通过控制条件延缓僵硬期，保持原料鲜度。

（2）*贮藏保鲜技术体系*　低温贮藏技术涵盖冷却、冷藏、微冻、冻结和冻藏等一系列低温处理方式。研究不同低温条件下，水产品的品质变化规律，如冰晶的形成与生长对细胞结构的破坏、蛋白质冷冻变性机制等。开发优化的低温贮藏工艺，包括适宜的降温速率、贮藏温度和湿度控制等，以最大程度地保持水产品的品质。例如，超低温冷冻技术可实现快速降温，减少大冰晶的形成，降低对水产品品质的影响。

干燥贮藏技术包括自然干燥（晒干、风干）和人工干燥（热风干燥、冷冻干燥、真空干燥、冷风干燥等）方法。研究不同干燥方式对水产品水分去除效率、品质变化（如色泽、风味、复水性等）的影响机制。优化干燥工艺参数，如温度、风速、时间等，提高干燥效率，同时保持水产品的良好品质。例如，冷冻干燥能够在低温下使水分升华，最大程度保留水产品的营养成分和风味，但成本较高，需综合考虑应用场景。

气调贮藏技术通过调节贮藏环境中的气体成分（如氧气、二氧化碳、氮气等），抑制微生物生长和酶活性，延缓水产品的腐败变质。研究不同气体组成、比例对水产品保鲜效果的影响，以及气调包装材料的透气性、透湿性等性能对保鲜效果的作用。开发适合不同水产品的气调贮藏方案，如针对鲜活水产品的气调运输保鲜及加工水产品的气调包装贮藏。

化学保鲜技术利用化学保鲜剂抑制微生物生长，延缓化学反应，延长水产品的保质期。研究不同化学保鲜剂的作用机制、适用范围和安全性，如有机酸、防腐剂、抗氧化剂等在水产品保鲜中的应用。同时，关注消费者对化学保鲜剂安全性的担忧，开发新型、安全、高效的天然保鲜剂，如植物提取物、生物抗菌肽等，并研究其在水产品保鲜中的应用效果和工艺。

（3）加工工艺体系

鱼糜制品加工：研究鱼糜的制备工艺，包括原料鱼的选择、采肉、漂洗、精滤、脱水等环节，以及如何通过添加抗冻剂等手段防止蛋白质冷冻变性，提高鱼糜质量。深入探究鱼糜制品的凝胶化原理，包括凝胶化过程、凝胶形成能力的鱼种差异性及影响鱼糜制品弹性的因素。开发多样化的鱼糜制品加工工艺，如鱼丸、鱼糕、模拟蟹肉等产品的成型、加热、冷却等工艺，提高产品的品质和口感。

水产罐头加工：涵盖原料处理（去内脏、去头、去壳、清洗等）、装罐、排气、密封、杀菌、冷却等一系列工艺过程。研究不同水产原料在罐头加工过程中的品质变化规律，如色泽、风味、质地的改变，以及如何通过优化加工工艺减少这些变化。确定合理的杀菌条件，依据微生物学原理和热传递理论，计算和控制杀菌温度、时间，确保罐头食品的商业无菌，同时保证产品的品质和安全性。

水产品腌制品加工：包括盐渍、糖渍、酸渍、糟渍和混合腌渍等腌制方法。研究腌制过程中腌制剂的扩散与渗透机制，以及对水产品水分含量、渗透压、微生物生长和风味形成的影响。分析不同腌制方法对水产品品质的影响，如干腌法产品风味浓烈、结构紧密，湿腌法腌制速度快但风味相对较淡等，根据产品需求选择合适的腌制工艺。

水产干制品加工：依据干燥方式和前处理方法的不同，分为生干品、盐干品、煮干品、冻干品、调味干制品、熏干品等。研究不同干制品的加工工艺特点，如煮干品在煮熟过程中兼具脱水和杀菌作用，调味干制品通过添加调味料赋予产品独特风味。优化干燥工艺，防止干制品在干燥过程中出现干裂、硬化、营养流失等问题，提高产品的质量和复水性。

水产熏制品加工：了解熏制加工原理，包括熏烟的成分（有机酸、酚、醛、酮等）及其对水产品风味、防腐和色泽的影响。研究不同熏制方法（冷熏、温熏、热熏、液熏、电熏等）的特点和适用范围，以及熏制过程中温度、时间、熏烟浓度等因素对产品品质的影响。开发安全、高效的熏制工艺，减少熏制过程中可能产生的有害物质，如多环芳烃等，保证产品的安全性和风味。

（4）质量控制与安全保障体系

HACCP 体系：HACCP 体系是基于科学的原理，通过鉴别食品危害、采用重点预防措施，来确保食品安全的一种食品质量控制体系。HACCP 体系由两部分程序组成，一是食品的危害分析（HA），要求识别食品安全危害中重要的危害；二是建立关键控制点（CCP）这一措施，以减少、防止或剔除影响食品安全的重要危害。总体有以下 7 项原则：进行危害分析；确定关键控制点；设定关键限值；建立监控程序；制定纠偏措施；确认验证程序；建立记录保存系统。例如，在鱼糜制品加工中，原料验收、杀菌环节等可能被确定为 CCP，通过对这些环节的严格控制，确保产品的安全性和质量稳定性。

GMP 与 SSOP：良好操作规范（GMP）注重食品生产过程中的产品质量与卫生安全，从人员、原料、设备、方法等方面进行规范管理，确保食品在卫生状态下制造、加工、包装、储藏和运输。卫生标准操作规范（SSOP）则是在 GMP 基础上，针对食品生产企业的卫生条件和操作程序进行详细规定，为 HACCP 体系的实施提供基础保障。例如，规范车间的清洁消毒程序、员工的卫生操作要求等，防止食品在生产过程中受到污染。

质量检测与分析：运用物理、化学、微生物学等多种检测方法，对水产品及其加工产品进行质量检测。包括感官指标（色泽、气味、滋味、质地等）的评价，理化指标（水分、蛋白质、脂肪、盐分、pH 等）的测定，以及微生物指标（菌落总数、大肠菌群、致病菌等）的检测。通过定期检测和分析，及时发现产品质量问题，为生产过程的调整和优化提供依据。

3. 学科特性

（1）*原料多样性与易腐性带来的挑战*　水产原料种类繁多，从大型的海洋哺乳动物到微小的浮游生物，从硬骨鱼类到软体动物、甲壳动物等，其形态、结构、成分和生理特性差异巨大。这种多样性使得在贮藏加工过程中需要针对不同原料制定个性化的处理方案。同时，水产原料普遍具有易腐性，含水量高、结缔组织少，死后组织蛋白酶类活性高，极易受到微生物污染而迅速腐败变质。这就要求在捕捞后尽快采取有效的保鲜措施，并在加工过程中严格控制微生物污染，确保产品质量安全，对贮藏加工技术的时效性和有效性提出了极高要求。

（2）*技术集成与创新的需求*　水产品贮藏与加工涉及众多技术领域，需要将低温技术、干燥技术、腌制技术、微生物控制技术、食品工程技术等多种技术进行有机集成。而且，随着消费者对水产品品质、安全和多样化需求的不断提高，以及科技的不断进步，必须持续进行技术创新。例如，开发新型的保鲜材料和技术，利用纳米技术、生物技术等提升产品质量和安全性；优化加工工艺，实现自动化、智能化生产，提高生产效率和产品一致性。这种对技术集成与创新的持续需求，推动着学科不断发展。

（3）*产品多样性与市场导向性*　水产品贮藏与加工可以生产出丰富多样的产品，满足不同消费者的需求。从传统的腌制品、干制品到现代的鱼糜制品、功能性食品，从即食食品到工业原料，产品种类繁多。产品的多样性使得学科研究必须紧密围绕市场需求展开，关注消费者的口味偏好、营养需求、消费习惯及市场趋势的变化。例如，随着健康饮食理念的普及，开发富含不饱和脂肪酸、低脂肪、低盐的水产品成为市场热点，学科研究也相应地朝着这个方向进行技术研发和产品创新，以适应市场的动态变化。

三、水产品贮藏与加工学的作用与意义

水产品贮藏与加工学是一门涉及多学科知识的应用科学，在水产品从捕获到消费的全流程中发挥着关键作用，在渔业产业发展、保障食品安全和满足消费者需求等方面意义重大。

1. 延长水产品保质期，减少资源浪费　水产品含水量高、结缔组织少，死后组织蛋白酶类活性高，极易腐败变质。水产品贮藏与加工学研究出的各种贮藏保鲜技术，如低温贮藏、气调贮藏、化学保鲜等，能有效抑制微生物生长和酶的活性，延缓水产品的变质速度，延长其保质期。例如，超低温冷冻技术可使水产品在−30℃甚至更低温度下保存，极大延长了水产品的货架期，减少了因腐败而造成的资源浪费。据统计，采用科学的贮藏保鲜技术后，水产品的损耗率可降低20%～30%，有效提高了资源利用率。

2. 提升水产品附加值，促进渔业经济发展　通过多样化的加工工艺，如鱼糜制品加工、水产罐头加工、水产品腌制品加工等，将水产品转化为各类符合市场需求的产品，这能显著提升水产品的附加值。例如，普通的低值鱼类经过加工制成鱼丸、鱼糕等鱼糜制品后，价格可提高2～3倍；一些特色水产加工品，如即食海参、鲍鱼罐头等，附加值提升更为明显。水产品加工产业的发展还能带动上下游相关产业的协同发展，如包装材料生产、冷链物流等，可促进渔业经济的繁荣，为渔民和相关从业者增加收入来源。

3. 满足消费者多样化需求，提高生活品质　随着人们生活水平的提高和消费观念的转变，消费者对水产品的需求日益多样化。水产品贮藏与加工学能够生产出丰富多样的产品，满足不同消费者在不同场景下的食用、营养及保健等需求。从传统的腌制品、干制品到现代的即食水产品、功能性食品，从满足日常饮食到适应特殊人群（如婴幼儿、老年人、健身人群）的需求，水产品加工品的种类不断丰富。例如，富含 DHA、EPA 等不饱和脂肪酸的鱼油制品，满足了消费者对

健康营养的追求；即食海带丝、即食鱿鱼丝等方便食品，满足了现代消费者快节奏生活的需求，提高了人们的生活品质。

4. 保障水产品质量安全，维护消费者健康 在贮藏与加工过程中，水产品贮藏与加工学强调建立严格的质量控制与安全保障体系，如 HACCP 体系、GMP 和 SSOP 规范等。通过对原料验收、加工过程、成品储存和运输等环节的严格监控，有效防止微生物污染、化学物质残留等问题，保障水产品的质量安全。例如，在鱼糜制品加工中，对原料鱼的新鲜度、重金属含量等进行严格检测，在加工过程中控制微生物生长和食品添加剂的使用，确保产品符合食品安全标准，维护消费者的身体健康。

5. 促进水产品国际贸易，增强国际竞争力 先进的贮藏与加工技术能够保证水产品在国际贸易中的品质稳定，满足不同国家和地区的质量标准和消费需求。通过加工，还可以将水产品进行标准化处理，提高产品的一致性和稳定性，增强我国水产品在国际市场上的竞争力。例如，我国的水产品加工企业通过采用先进的加工工艺和质量控制体系，生产出符合国际标准的水产品，出口到多个国家和地区，推动了我国渔业产业的国际化发展。

四、学科发展现状

1. 国外发展简况

（1）*基础研究深入且广泛* 国外在水产原料特性研究方面投入了大量资源，深入剖析其生物化学和物理特性。例如，日本对金枪鱼、三文鱼等高品质鱼类的研究，不仅明确了不同部位肌肉的蛋白质、脂肪组成差异，还深入研究了其在不同生长阶段的营养成分变化，为精准加工和品质调控提供了坚实基础。欧美国家针对贝类、虾类等，研究其在应激状态下的生理变化，以及这些变化如何影响死后品质，从细胞和分子层面揭示了品质变化的机制。

在贮藏保鲜机制方面，欧美和日本等国家处于领先地位。美国对气调包装（MAP）技术的研究，详细阐述了不同气体比例对水产品微生物生长、脂肪氧化和色泽变化的影响机制，开发出多种针对不同水产品的 MAP 优化方案。欧盟国家对新型保鲜剂的研究，聚焦于天然提取物如植物精油、生物活性肽等的抗菌、抗氧化机制，以及如何将其有效应用于水产品保鲜，提高了保鲜效果并降低了化学残留风险。日本则在低温保鲜技术研究上成果显著，对超低温速冻、微冻等技术的原理进行深入探索，明确了冰晶形成与水产品品质劣变的关系，为优化低温贮藏工艺提供了理论依据。

（2）*先进技术与设备的广泛应用* 欧美国家广泛将超高压技术应用于水产品加工。例如，在西班牙，超高压技术用于牡蛎、贻贝等贝类的杀菌和开壳处理，不仅有效杀灭了有害微生物，还能保持贝类的新鲜口感和营养成分。超高压处理后的贝类产品，在货架期内的品质稳定性得到显著提升，同时减少了传统热力杀菌对产品风味和质地的不良影响。

美国和日本在智能包装技术方面发展迅速。智能包装材料能够实时监测水产品的新鲜度，如通过 pH 敏感指示剂、气体传感器等，直观地向消费者展示产品的品质变化。例如，一些智能包装材料在水产品发生腐败时，颜色会发生明显变化，以此提醒消费者产品质量状况，同时也帮助企业更好地管理产品库存和销售周期。

在水产加工设备方面，欧美国家实现了高度自动化。丹麦的大型鱼类加工企业，采用自动化的采肉机、切片机和分级设备，能够根据鱼的种类、大小和形状进行精准切割和分级，提高了生产效率和产品质量的一致性。同时，自动化设备还能减少人工操作带来的微生物污染风险，保障产品的卫生安全。

（3）完善的质量控制与法规体系　欧美国家建立了完善的水产品质量控制体系，以 HACCP（危害分析与关键控制点）为核心，结合良好生产规范（GMP）和卫生标准操作规范（SSOP）。例如，欧盟要求所有水产品加工企业严格执行 HACCP 体系，从原料采购、加工过程到成品销售，对每个环节进行危害分析和关键控制点监控，确保产品质量安全。同时，企业还需建立完善的追溯体系，能够快速准确地追踪产品的来源和流向，及时处理质量问题。

国外制定了严格且细致的水产品法规标准。美国食品药品监督管理局（FDA）对水产品的微生物限量、重金属含量、添加剂使用等方面都有明确规定。欧盟的相关法规不仅涵盖了产品质量安全标准，还对水产品的标签标识、包装材料等方面进行规范，确保消费者能够获取准确的产品信息，同时保护消费者权益。

2. 国内发展历程

（1）起步阶段（新中国成立初期～20 世纪 70 年代末）　新中国成立初期，我国水产品贮藏与加工主要以传统方法为主，如腌制、干制和简易的低温贮藏。沿海地区渔民传承和改进了传统的盐渍、晒干等方法，用于保存海产品。在低温贮藏方面，开始建设一些小型冷库，主要采用氨制冷系统，用于短期储存鱼类等水产品。这一时期，相关科研机构开始对水产品的基本特性进行研究，为后续发展奠定了一定的理论基础。

随着渔业生产的逐步恢复和发展，水产品加工产业开始初步形成。一些小型加工厂应运而生，主要生产简单的水产加工品，如咸鱼、鱼干等，产品主要满足国内市场的基本需求。然而，加工设备简陋，生产效率较低，加工技术水平有限，产品种类单一。

（2）发展阶段（20 世纪 80 年代～20 世纪末）　改革开放后，我国积极引进国外先进的水产品贮藏与加工技术和设备。从日本、欧美等国家引进了冷冻加工技术、罐头加工生产线及先进的制冷设备等。在此基础上，科研人员进行消化吸收和创新，开发出适合我国国情的加工工艺。例如，在鱼糜制品加工方面，引进日本技术后，对原料鱼的选择、漂洗工艺等进行优化，提高了鱼糜制品的质量和产量。

这一时期，水产品加工产业规模迅速扩张。各地纷纷建立起现代化的水产加工厂，生产能力大幅提升。产品种类逐渐丰富，除传统的加工品外，罐头、鱼糜制品、冷冻调理食品等新产品不断涌现。同时，人们生活水平的提高，对水产品的消费需求增加，推动了加工产业的快速发展。

（3）提升阶段（21 世纪初至今）　进入 21 世纪，我国加大了对水产品贮藏与加工领域的科研投入。许多高校和科研机构在保鲜技术、加工工艺、质量控制等方面取得了众多创新成果。例如，在保鲜技术方面，研发出多种天然保鲜剂，如壳聚糖、茶多酚等在水产品保鲜中的应用技术；在加工工艺方面，对低值水产品的高值化利用取得突破，开发出多种功能性产品。此外，在智能加工、绿色加工等前沿技术领域也开展了积极探索。

随着科技创新的推动，我国水产品加工产业不断升级。企业加大了对设备更新和技术改造的投入，实现了生产过程的自动化和智能化。产品结构进一步优化，高端水产品加工品如即食海参、深海鱼油制品等市场份额逐渐扩大。同时，产业多元化发展趋势明显，除了传统的加工产业，休闲渔业、水产品电子商务等新兴业态也蓬勃发展，进一步拓展了水产品产业的发展空间。

五、学科的基础理论及其应用

1. 基础理论

（1）生物化学与生理学理论　水产品富含多种营养成分，其蛋白质含量丰富，且氨基酸组成与人体需求接近，属于优质蛋白。例如，鱼类蛋白质含量一般为 15%～25%，其中的亮氨酸、赖氨酸等必需氨基酸含量较高。脂肪含量因鱼种而异，部分深海鱼类如三文鱼富含不饱和脂肪酸，特别是ω-3系列的DHA（二十二碳六烯酸）和EPA（二十碳五烯酸），对人体心血管健康有益。此外，水产品还含有一定量的碳水化合物、矿物质（如钙、磷、钾、镁等）及维生素（如维生素A、维生素D、维生素B等）。了解这些成分特性，有助于在贮藏加工中针对性地采取措施，防止营养流失。

水产动物死后会经历一系列生理生化变化，主要包括死后僵硬、自溶和腐败阶段。死后僵硬是肌肉中ATP（三磷酸腺苷）分解，导致肌动蛋白和肌球蛋白结合形成肌动球蛋白，使肌肉失去弹性和伸展性。自溶阶段，组织蛋白酶等内源酶类作用，分解肌肉蛋白质和其他大分子物质，导致肉质变软。腐败则是微生物大量繁殖，分解蛋白质、脂肪等成分，产生不良气味和有毒有害物质。掌握这些变化规律，可通过控制温度、pH等条件，延缓变化进程，保持水产品品质。

（2）微生物学理论　与水产品相关的微生物种类繁多，包括细菌、霉菌和酵母菌等。不同的水产品及其贮藏环境会有特定的优势微生物菌群。例如，在低温贮藏的新鲜鱼类中，嗜冷菌是导致腐败的主要微生物；而在腌制水产品中，嗜盐菌可能成为优势菌群。微生物的生长受温度、水分活度、pH、氧气含量等因素影响。在适宜条件下，微生物快速繁殖，引发水产品变质。研究微生物种类与生长规律，有助于采取针对性措施抑制微生物生长，延长水产品保质期。

微生物在水产品表面和内部生长繁殖，利用其中的营养物质进行代谢活动。它们分解蛋白质产生氨、胺类等物质，使水产品产生腐臭味；分解脂肪产生脂肪酸和甘油，导致油脂酸败；分解碳水化合物产生有机酸和气体，改变水产品的质地和风味。明确微生物与腐败变质的关系，可通过控制微生物数量和活性，如采用杀菌、抑菌等措施，保障水产品质量安全。

（3）食品工程学理论　在水产品贮藏加工过程中，传热与传质现象广泛存在。例如，在冷冻贮藏时，热量从水产品内部传递到周围环境，导致水分冻结形成冰晶。传热速率影响冰晶的大小和分布，进而影响水产品的品质。在干燥过程中，水分从水产品内部向表面扩散（传质），然后从表面蒸发到周围环境。理解传热与传质原理，有助于优化贮藏加工工艺参数，如控制冷冻速率、干燥温度和湿度等，提高加工效率和产品质量。

食品工程中的单元操作，如粉碎、混合、分离、浓缩、干燥、杀菌等，在水产品加工中具有重要应用。以鱼糜加工为例，采肉是利用机械方法将鱼肉与鱼骨、鱼皮等分离；漂洗过程通过水洗去除鱼肉中的血水、脂肪等杂质，涉及固液分离操作；斩拌则是将鱼肉与添加剂等进行混合，使成分均匀分布。掌握这些单元操作原理，能够合理设计加工工艺流程，确保产品质量稳定。

2. 应用领域

（1）水产食品加工　传统水产加工制品包括腌制品、干制品、熏制品等。在腌制品方面，如咸鱼、咸蟹等，利用食盐的高渗透压作用，抑制微生物生长，同时使水产品脱水，改善风味。干制品如鱼干、干贝等，通过自然干燥或人工干燥去除水分，延长保质期。熏制品如熏鱼、熏肠等，利用熏烟中的成分赋予产品独特风味和防腐能力。这些传统加工方法历史悠久，在各地形成了独特的地方特色产品，满足消费者对传统风味食品的需求。

现代水产加工制品更加注重营养、健康和便捷性。鱼糜制品是其中的典型代表，如鱼丸、鱼糕、蟹棒等，以鱼糜为主要原料，通过添加辅料和特定加工工艺制成，具有良好的弹性和口感。冷冻调理食品，如冷冻虾仁、冷冻鱼片等，经过预处理和速冻加工，方便消费者烹饪。此外，还有即食水产品，如即食海带丝、即食鱿鱼丝等，经过调味、杀菌等处理，开袋即食，满足现代消费者快节奏的生活需求。

（2）水产原料贮藏保鲜　低温贮藏是目前应用最广泛的水产品保鲜方法，包括冷藏和冷冻。冷藏一般将水产品温度控制在0～4℃，可抑制微生物生长和酶活性，延缓水产品变质速度，适用于短期保鲜，如新鲜鱼类、虾类在超市冷柜中的贮藏。冷冻则将水产品温度降低至−18℃以下，使水分冻结，微生物生长和化学反应几乎停止，可长期保存水产品。但冷冻过程中需注意控制冷冻速率和贮藏温度稳定性，防止冰晶对水产品组织结构造成破坏。

气调贮藏通过调节贮藏环境中的气体成分，如降低氧气含量、增加二氧化碳含量，抑制微生物生长和氧化反应。例如，在包装新鲜鱼片时，采用高二氧化碳、低氧气的气调包装，可有效延长鱼片的保质期，保持其色泽和新鲜度。气调贮藏保鲜常用于鲜活水产品的运输和短期贮藏，以及部分加工水产品的保鲜。

（3）水产功能性食品开发　水产品中含有多种具有生理活性的成分，如从虾蟹壳中提取的甲壳素及其衍生物壳聚糖，具有抗菌、降血脂、增强免疫力等功能，可应用于保健食品和药品领域。从鱼油中提取的 DHA 和 EPA，常用于开发婴幼儿配方奶粉、中老年保健品等，以促进大脑发育和维护心血管健康。此外，一些水产品还含有抗氧化肽、多糖等活性成分，具有潜在的开发价值。

利用水产活性成分开发功能性食品，如添加鱼油的面包、富含壳聚糖的酸奶等。这些功能性食品既满足消费者对营养健康的需求，又拓宽了水产品的应用领域。同时，通过合理的配方设计和加工工艺，保证活性成分的稳定性和生物利用度，提高产品的质量和功效。

（4）水产加工副产物综合利用　水产加工过程中产生大量副产物，如鱼头、鱼骨、鱼皮、虾壳、蟹壳等。这些副产物富含蛋白质、胶原蛋白、甲壳素等有价值成分。例如，从鱼头、鱼骨中提取的鱼蛋白水解物，可用于生产食品添加剂、饲料添加剂等。利用鱼皮提取胶原蛋白，可应用于化妆品、保健品等行业。虾壳、蟹壳除提取甲壳素外，还可制备壳寡糖等高端产品，提高了水产加工的附加值。

对水产加工副产物进行综合利用，不仅能实现资源的高值化转化，还能减少环境污染。传统处理方式如直接丢弃或简单填埋，不仅浪费资源，还可能对环境造成污染。通过综合利用，将副产物转化为有价值的产品，实现了资源的循环利用，符合可持续发展的理念。

六、学科未来研究展望

1. 品质提升与精准调控技术研究

（1）品质形成与劣变机制深度解析　未来将借助多组学技术，如蛋白质组学、代谢组学和转录组学，深入探究水产品品质形成与劣变的分子机制。通过蛋白质组学分析，全面了解水产品在贮藏加工过程中蛋白质的表达、修饰及相互作用变化，明确影响品质的关键蛋白质。利用代谢组学检测代谢物的动态变化，揭示风味、色泽等品质指标变化背后的代谢途径。转录组学则可从基因转录水平阐释品质变化的调控机制，为精准调控品质提供理论依据。例如，研究鱼类在冷冻贮藏过程中，通过多组学技术解析冰晶形成导致蛋白质变性的分子网络，找到关键调控基因和代谢通路。

深入研究水产品微观结构（如肌肉纤维结构、细胞超微结构等）与品质特性（质地、持水性等）之间的定量关系。采用先进的显微镜技术（如冷冻电镜、原子力显微镜）和光谱技术（如傅里叶变换红外光谱），实时观察和分析贮藏加工过程中微观结构的动态变化及其对品质的影响。例如，明确鱼糜凝胶在加热过程中微观结构的演变如何影响其弹性和凝胶强度，为优化加工工艺提供微观层面的支撑。

（2）精准品质调控技术研发　一是开发智能响应型保鲜材料和技术，使其能够根据水产品品质变化或环境因素自动调节保鲜功能。例如，研制对微生物代谢产物、温度、湿度等敏感的智能包装材料，当水产品出现腐败迹象时，包装材料能释放保鲜剂或改变气体渗透性，延缓品质劣变。又如，利用纳米技术制备智能保鲜涂层，该涂层可在特定条件下响应，如在光照、温度变化时释放抗氧化剂或抗菌剂，精准维持水产品品质。

二是依据不同水产品的品种、产地、生长阶段等特性，结合消费者对品质的多样化需求，定制个性化的加工工艺。通过大数据分析和人工智能算法，整合水产品原料特性、加工工艺参数与品质指标之间的关系，建立数据库和模型。生产时，根据原料信息输入模型，快速生成最优加工方案，实现从原料到产品的精准品质控制。例如，针对不同产地的大闸蟹，制定个性化的蒸煮、调味和包装工艺，最大程度地保留其独特风味和品质。

2. 安全保障与风险防控技术研究

（1）新型危害物识别与评估　随着环境变化和新型化学物质的使用，水产品可能面临新的污染风险，如微塑料、持久性有机污染物（POP）的新型替代物等。未来需研发高灵敏度、高通量的检测方法，实现对这些新兴污染物的快速、准确检测。例如，开发基于纳米传感器或免疫分析技术的微塑料检测方法，能够在复杂的水产品基质中精准测定微塑料的种类、含量和粒径分布。

一些水产品可能富集生物毒素，如麻痹性贝类毒素、腹泻性贝类毒素等。深入研究生物毒素在不同水产品中的积累规律、毒性机制及与环境因素的关系，建立完善的风险评估模型。结合地理信息系统（GIS）和大数据技术，对不同海域、不同季节水产品的生物毒素污染风险进行动态评估和预警，为监管部门和消费者提供科学依据。

（2）高效安全防控技术创新　一是进一步优化非热加工技术，如超高压、脉冲电场、紫外线、臭氧等，在保障水产品安全的同时，最大程度减少对品质的影响。研究不同非热加工参数对微生物、酶和营养成分的作用机制，实现精准调控。例如，通过优化超高压处理的压力、时间和温度组合，在有效杀灭致病菌的同时，保持水产品的色泽、风味和营养成分。

二是利用生物手段防控水产品安全风险，如噬菌体、益生菌、生物抗菌肽等。筛选和改造具有高效抗菌能力的噬菌体，特异性靶向杀灭水产品中的有害细菌，如李斯特菌、沙门菌等。研究益生菌在水产品贮藏加工过程中的益生作用机制，通过添加益生菌调节微生物群落结构，抑制有害菌生长，提高水产品安全性。开发新型生物抗菌肽，明确其抗菌谱、作用机制和安全性，应用于水产品保鲜和加工过程中的微生物控制。

3. 资源高效利用与可持续发展研究

（1）副产物高值化深度开发　一是深入挖掘水产加工副产物中的潜在活性成分，如从鱼鳞中提取胶原蛋白肽、从鱼骨中制备生物活性钙等。研究这些活性成分的结构、功能和生物活性，开发具有高附加值的新产品，如功能性食品、化妆品原料、生物医用材料等。例如，将鱼鳞胶原蛋白肽应用于抗衰老化妆品中，利用其促进皮肤细胞增殖和保湿的功能；将鱼骨生物活性钙用于制备补钙保健品，提高钙的生物利用度。

二是构建从水产原料到加工产品再到副产物综合利用的全产业链循环利用模式。以大型水产加工企业为核心，整合上下游产业资源，实现副产物的集中收集、分类处理和高效利用。例如，将鱼加工过程中的鱼头、鱼骨、鱼皮等副产物用于生产动物饲料、生物肥料或提取活性成分，虾蟹壳用于制备甲壳素及其衍生物，形成资源循环利用的产业生态，提高水产行业的整体经济效益和环境效益。

（2）可持续加工与绿色发展　一是研发和应用绿色环保的加工技术，减少加工过程中的能源消耗和环境污染。例如，采用低温等离子体技术、超声辅助提取技术等替代传统的化学提取和高温加工方法，降低化学试剂使用量和能源消耗。推广使用清洁能源（如太阳能、风能）驱动的加工设备，实现加工过程的低碳排放。

二是合理规划渔业资源捕捞和可持续发展养殖业，确保为水产品加工提供可持续的原料供应，实现水产品贮藏与加工产业的可持续发展。

4. 智能化与数字化转型研究

（1）*智能化加工装备研发*　一是在水产品加工设备中集成智能感知技术，如利用近红外光谱传感器、机器视觉系统等实时监测原料和产品的品质参数（如新鲜度、大小、形状、色泽等）。通过智能控制系统，根据感知数据自动调整加工参数，如切割设备根据鱼的形状和大小自动调整切割路径和力度，实现精准加工。同时，采用自适应控制算法，使加工设备能够根据生产过程中的变化自动优化运行状态，提高加工效率和产品质量稳定性。

二是研发适用于水产品加工的机器人，如具备灵活操作能力的机械臂，能够完成复杂的水产品分拣、去皮、去骨等任务。构建高度自动化的生产线，将各个加工环节通过自动化输送系统和智能控制系统连接起来，实现从原料投入到成品包装的全流程自动化生产。例如，在鱼糜制品生产线上，机器人自动完成采肉、漂洗、斩拌、成型等工序，减少人工干预，降低劳动强度，提高生产效率和卫生水平。

（2）*数字化管理与质量追溯*　一是利用大数据技术收集和分析水产品贮藏加工过程中的各类数据，包括原料信息、加工工艺参数、质量检测数据、市场销售数据等。通过云计算平台对这些海量数据进行存储、处理和挖掘，建立数据模型，为生产决策提供支持。例如，通过分析不同批次产品的质量数据和加工工艺参数之间的关系，优化加工工艺；根据市场销售数据预测产品需求，合理安排生产计划。

二是引入区块链技术构建水产品质量追溯体系，将从原料采购、养殖捕捞、加工生产、流通销售到消费者手中的每一个环节的数据进行加密存储和共享。消费者通过扫描产品二维码等方式，即可获取产品的详细信息，包括产地、养殖方式、加工过程、检测报告等，实现产品质量的全程可追溯。这不仅增强了消费者对产品质量安全的信任，也有助于企业在出现质量问题时快速定位和解决问题，提升企业的管理水平和市场竞争力。

第五节　渔业信息学概述

渔业信息学是一门融合信息技术与渔业科学的交叉学科，旨在通过数据采集、处理、分析和应用，提升渔业资源管理、生产效率和渔业生态环境保护的智能化水平。本节从学科定义、研究对象、研究方法、发展历程、基础理论、应用领域和未来趋势等方面进行系统阐述，旨在全面介绍渔业信息学的发展过程与趋势，为推动该学科的进一步发展提供参考。

一、概念、研究对象及其方法

1. 概念　渔业信息学是以信息技术为核心，结合计算机科学、通信技术、人工智能、遥感技术等多学科知识，研究渔业资源、环境、生产、市场等领域信息的采集、存储、处理、分析和应用的学科。其目标是通过信息化和智能化手段，推动渔业的可持续发展。

2. 研究对象　渔业信息学的研究对象涵盖渔业资源、渔业生产、渔业生态环境、渔业市场及政策法规等多维度信息。具体包括以下几方面。①渔业资源，鱼类种群分布、资源量评估、渔场动态等。②渔业生产，养殖环境监测、捕捞技术优化、生产效率提升等。③渔业环境，水质、水温、污染物等生态环境数据的监测与分析。④渔业市场，水产品供需关系、价格走势、市场预测等。

3. 研究方法 渔业信息学采用多种研究方法和技术手段，主要包括以下几方面。①数据采集技术：利用物联网传感器、遥感技术、无人机等实时获取渔业资源与环境数据。②数据处理与分析：应用大数据分析、机器学习、数据挖掘等技术，从海量数据中提取有价值的信息。③模型构建与仿真：通过渔业资源评估模型、生态系统模型等，模拟渔业资源变化和环境影响。④信息系统开发：构建渔业管理信息系统、专家系统、电子商务平台等，支持渔业生产与管理决策。

二、学科性质、体系构成及学科特性

1. 学科性质 渔业信息学是一门交叉学科，融合了信息技术、渔业科学、数学、统计学、管理学等多个学科的知识和方法。它既具有自然科学的属性，又具有社会科学的特征。从自然科学角度看，它涉及对渔业资源、环境等自然现象的信息采集和分析；从社会科学角度看，它关注渔业生产、管理、经营等社会经济活动中的信息处理和应用，旨在促进渔业产业的可持续发展，实现经济效益、社会效益和生态效益的统一。

2. 体系构成 渔业信息学的体系构成涵盖多个方面，包括渔业信息采集技术，如传感器技术、遥感技术、全球定位系统等，用于获取渔业资源、环境、生产等方面的信息；渔业信息存储与管理技术，如数据库技术、数据仓库技术等，用于对大量的渔业信息进行有效的存储和管理；渔业信息处理与分析技术，如数据挖掘、机器学习、统计分析等，用于从海量的渔业信息中提取有价值的知识和信息；渔业信息应用技术，如渔业专家系统、渔业管理信息系统、渔业电子商务系统等，将处理分析后的信息应用于渔业生产、管理、经营等实际活动中。渔业信息学还涉及渔业信息标准与规范、渔业信息安全等方面的内容，以保障渔业信息的质量和安全。

3. 学科特性 渔业信息学的研究具有多学科交叉融合的特点，需要综合运用多个学科的理论和方法来解决渔业领域中的信息问题。在研究渔业资源评估时，需要结合渔业生物学、统计学和计算机科学的知识，建立科学的评估模型。由于渔业生产环境复杂多变，渔业信息学的研究需要实时获取和处理大量的动态信息，以适应渔业生产的实际需求。在研究渔情预报时，需要实时监测海洋环境信息和渔业资源动态，及时更新预报模型，提高预报的准确性。渔业信息学的研究成果最终要应用于渔业生产实践，因此具有很强的实践性。在开发渔业专家系统时，需要充分考虑渔民和渔业企业的实际需求，确保系统的实用性和可操作性。

三、渔业信息学的作用与意义

渔业信息学作为一门交叉学科，综合运用了信息技术与渔业科学知识，在渔业资源管理、生产、环境保护等多方面发挥着不可替代的作用，对渔业的可持续发展意义深远。

1. 提升渔业资源管理效率 渔业信息学能够实时收集和分析渔业资源数据，包括鱼类种群分布、资源量评估等信息。一是借助物联网传感器、遥感技术等，可对渔业资源进行动态监测，及时掌握资源变化情况，为制定合理的管理策略提供依据。二是通过大数据分析和模型构建，预测资源的变化趋势，如中国水产科学研究院在相关研究中利用渔业信息学模型，对东海带鱼资源进行评估和预测，为制定科学合理的捕捞配额、禁渔区和禁渔期等管理措施提供精准依据。三是利用渔业信息学技术，能整合分析各类渔业数据，评估不同管理策略的效果，为渔业管理部门提供决策支持，提高管理的科学性和有效性。

2. 优化渔业生产过程 在水产养殖中，通过传感器实时监测养殖水体的温度、溶解氧、氨氮等环境参数，实现养殖环境的智能调控。根据监测数据自动控制增氧机、投喂设备等，精准投喂，既满足鱼类生长需求，又减少饲料浪费和水体污染，提高养殖效益和水产品质量。据研究报道，应用相关渔业信息学技术构建的智能养殖系统，可使饲料利用率提高 15%～20%，养殖产量提高 10%～15%。在渔业捕捞环节，利用数据分析技术结合鱼类洄游规律、海洋环境数据，预测渔场位置和渔获量，帮助渔民合理安排捕捞作业，提高捕捞效率，降低捕捞成本。同时，开发智能捕捞设备，实现对捕捞过程的精准控制，减少对非目标物种的捕获。

3. 促进渔业市场与贸易发展　一是收集和分析水产品市场的供求关系、价格走势、消费趋势等信息，可为渔业生产者、加工企业和贸易商提供决策支持，帮助企业根据市场需求调整生产和销售策略，优化产品结构，提高市场竞争力。FAO 研究表明，全球水产品市场规模持续增长，2022 年全球水产品出口额达到 1840 亿美元。二是利用信息技术实现渔业产品从生产、加工、运输到销售的全过程信息追溯和管理。消费者可通过扫码等方式获取产品的详细信息，增强对水产品质量安全的信任。供应链各环节的企业也能实时掌握产品动态，优化库存管理和物流配送，降低成本。例如，欧盟实施的水产品追溯系统，借助渔业信息学技术，提高了消费者对水产品的信任度，促进了区域内水产品贸易的发展。

4. 助力渔业生态环境保护　可借助卫星遥感、无人机监测等技术，实时监测渔业生态环境变化，同时结合渔业资源信息，以此评估环境变化对渔业资源的影响，为制定科学的环境保护措施提供坚实依据。例如，利用卫星遥感数据就能对赤潮进行有效监测与分析，进而评估其对渔业资源的危害程度。此外，通过信息系统合理规划和管理人工鱼礁建设、增殖放流等生态修复活动，能显著提高生态修复效果，有力地促进渔业生态系统的恢复与保护，为渔业的可持续发展奠定良好基础。

5. 推动渔业科技创新与发展　渔业信息学的发展促进了信息技术与渔业科学的深度融合，推动了渔业领域的科技创新。大数据分析、人工智能、机器学习等技术在渔业中的应用，为解决渔业生产和管理中的复杂问题提供了新的方法和手段。通过对大量渔业数据的分析和挖掘，有助于发现新的科学问题和研究方向，推动渔业学科的进步。同时，渔业信息学的研究成果也为渔业技术的创新提供了理论支持。渔业信息学领域的研究不断取得突破，推动了渔业智能化、信息化技术的发展，如智能养殖设备、渔业大数据平台等的研发和应用。

四、学科发展现状

1. 国外发展历程　国外渔业信息学的发展历史颇为悠久，最早可追溯到计算机在渔业中的应用，从早期探索到如今的成熟应用，各阶段特点鲜明、层层递进，推动着渔业向智能化、高效化不断迈进，大致可分为 4 个阶段。

（1）萌芽探索阶段（20 世纪 50～70 年代）　20 世纪 50 年代，农业信息技术起步，主要用于解决农业科学计算问题，如饲料配比、田间试验统计分析等，这些技术理念为渔业信息技术发展提供了一定基础。到了 70 年代，渔业信息技术开始萌芽，以科学计算为主要特征。美国华盛顿大学 L. J. Bledsoe 设计的北太平洋渔业模型在计算机上成功运行，大幅提升了数据处理速度，开启了计算机在渔业领域应用的先河，为后续渔业资源评估和管理提供了全新的思路和方法。

（2）发展积累阶段（20 世纪 80 年代）　这一时期，渔业信息技术进入发展积累阶段，重点在于数据处理和数据库建设。在数据处理方面，人们采用 Basic、Pascal、C 语言等编写程序处理渔业数据，数据格式主要为文件系统。数据库建设也取得重要进展，美国、加拿大、日本和澳大利亚等国纷纷建立起海洋渔业生物资源数据库、环境数据库、灾病害数据库、文献专利技术数据库等。不过，由于当时计算机尚未普及，使用人员多为软件编制人员，与渔业专业人员分离，使得计算机在渔业领域的应用范围受限，未能充分发挥其潜力。

（3）快速拓展阶段（20 世纪 90 年代）　随着以计算机技术为代表的信息技术迅猛发展，渔业信息技术迎来快速拓展阶段。众多信息技术广泛应用于渔业的各个环节，在政府辅助决策、资源管理和环境保护、水面利用和区划管理方面发挥重要作用；气象、海况、渔况预报，鱼群探测，渔船导航及海上生产作业实时指挥等技术不断涌现，显著提高了渔业生产效率和安全性。智能化专家系统开始应用于水产养殖，如池塘理化参数监测、自动投饵、饲料配制、鱼病诊断等，推动了水产养殖的科学化和精细化管理。同时，Internet 技术的普及促使渔业网站大量出现，渔业电子商务等新兴业务兴起，进一步推动了渔业产业的升级发展。

（4）成熟深化阶段（21 世纪以来）　进入 21 世纪，国外渔业信息技术发展逐渐成熟，应用更加深化和广泛。渔业数据库系统不断完善，世界各国建立了众多特色鲜明的渔业基础数据库，如世界渔业研究中心的 FishBase，收集了 30 000 多种鱼类信息；FAO 建立的涵盖全球渔业资源、环境、市场和人力资源等方面的数据库；美国国家海洋和大气管理局相关数据库收录大量海洋和环境科学工程信息。渔业专家系统在水产养殖、渔业资源评估与预测等领域应用愈发深入，不仅提高了生产效率和资源利用效率，还为渔业可持续发展提供了有力支持。渔业管理信息系统广泛应用于渔业行政管理、生产管理、经营管理等各个层面，实现了渔业管理的信息化和智能化。3S 技术在渔业领域的应用持续拓展，从渔况预报、鱼群探测到渔业资源管理、渔场动态监测等，全方位提升了渔业生产和管理的科学性。计算机网络和多媒体技术深度融入渔业，渔业信息网络建设成熟，信息服务功能多样，多媒体技术使渔业信息表现形式更加丰富，增强了渔业信息技术的易用性和实用性。

此外，美国大力发展“数字海洋”计划，运用卫星遥感、水下机器人等高新技术开展海洋渔业资源调查；日本广泛应用人工智能、机器视觉等技术，发展“数字化渔业”，实现了渔获品质自动分级、源头可溯等功能；挪威积极建设国家级海洋数据中心，为渔业决策、科研、产业发展提供数据支撑和信息服务。

2. 国内发展历程　我国渔业信息技术的发展起步于 20 世纪 80 年代初期，历经多个关键阶段，实现了从基础应用到深度融合、从局部探索到全面发展的跨越，与发达国家的差距不断缩小，部分领域已达国际先进水平，大致可以分为 4 个阶段。

（1）起步阶段（1990 年以前）　20 世纪 80 年代初期，电子计算机价格高昂且功能有限，主要集中在科研院所，供专业人员使用。在渔业领域，计算机主要承担科学计算、数学规划，以及简单的数据处理、预测分析等基础任务。

1980 年，厦门大学江素菲等运用 TQ-16 电子计算机，对闽南-台湾浅滩渔场带鱼种群进行研究，成功解决了该海域带鱼种群的分类难题。1983 年，厦门水产学院林瑞镛借助 TRS-80 微型计算机，对福建省渔业机械化展开调查统计，显著提升了统计工作的效率与水平。同年 4 月，黄海水产研究所等单位研制的“渔情测报系统”，开创了微型电子计算机在渔业应用的新领域，为渔情资料的快速传递、处理和发布提供了重要途径。1986～1989 年，福建水产研究所开展“微电脑在渔业上的应用研究”课题，采用多元回归分析方法对闽南地区灯光围网渔获量进行预报研究，并建立了相关数据库。

这一时期，我国积极引进和利用国外先进的渔业信息数据库系统。1985 年，国家海洋信息中心代表中国加入联合国水科学和渔业情报系统（ASFIS），并成为 ASFA 中国国家中心，为我国渔业信息的交流与共享奠定了坚实基础。

（2）发展阶段（1991～1997 年）　随着计算机技术的迅猛发展，计算机逐渐普及，其多媒体、网络等功能不断增强。在渔业领域，计算机的复杂数据处理能力及网络通信、多媒体功能得到广泛应用，人工智能、3S 技术也开始崭露头角。1991 年，中国水产科学研究院渔业综合信息研究中心开发建立了“中国水产文献数据库”，为水产领域的研究和实践提供了丰富的文献资源。1995 年，中国水产科学研究院黄海水产研究所建立渔捞产量数据库，通过分析揭示马面鲀渔场与东海黑潮的关系，为生产企业提供了关键的决策依据。同时，国内相关部门陆续建立了鱼病防治、工厂化养殖、渔业信息、水产养殖技术等数据库，有力地促进了渔业信息的传播与共享。

在遥感技术应用方面，我国自 20 世纪 80 年代初开始研究，90 年代取得快速和深入发展。利用气象卫星红外云图提取海面水温信息，并结合其他海况环境信息和渔场生产数据，制作渔海况速报图，为渔业生产和管理提供信息服务。虽然在智能化、可视化及应用深度广度上与日本同类技术存在差距，但已基本接近其水平。

在渔业信息系统的开发和应用上，中山大学、厦门水产学院等单位开发了一系列渔业相关的专家系统和管理信息系统。沿海地区也开始发展设施渔业，推动了渔业生产方式的变革。

（3）提高阶段（1998～2010 年）　1998 年以后，计算机价格持续下降，软件开发环境不断优化，计算机迅速普及。特别是 Internet 的出现和普及，极大地拓展了信息技术在渔业领域的应用范围和深度。我国逐步形成全国性的渔业信息组织机构体系，农业部发挥统筹协调作用，各级农业行政主管部门建立了相应的信息服务机构和平台。渔业网站数量从 1999 年的 20 多家激增至数百家，为渔业部门、企业和社会公众提供了丰富多样的信息服务。

在数据库和信息系统建设方面，建成了渔业科技文献数据库、科研成果管理数据库、全国渔业区划数据库、水产种质资源数据库等一批实用数据库和信息系统。其中，一些数据库和系统在渔业生产、管理和科研教学中发挥了重要作用。例如，中国水产科学研究院渔业综合信息研究中心创建的中国水产科技文献数据库，收录了大量水产领域的文献资料，成为科研和教学的重要检索工具。

渔业专家系统在国家相关项目的支持下不断发展，开发了多个渔业专家系统平台，并在此基础上研制出不同类型的渔业专家系统，涵盖鱼类病害诊断、水产养殖管理等多个领域，在渔业科研、生产和管理中发挥了积极作用。尽管与国外相比，在准确性、实用性和技术先进性方面仍存在差距，但随着研究的深入，差距逐渐缩小。

3S 技术在我国渔业中的应用取得显著进展。利用卫星信息进行海况、渔况预报，开展渔业资源调查和管理等工作。例如，上海海洋大学等单位利用 3S 技术对渔业资源进行监测和分析，为渔业资源的合理开发和保护提供了科学依据。设施渔业在这一时期得到进一步发展，江苏、湖北等地建设了现代化的渔业科技示范园区和养殖工厂，提升了渔业生产的效率和质量。

（4）深化拓展阶段（2011 年至今）　进入 2011 年以后，随着物联网、大数据、人工智能等新兴技术的快速发展，我国渔业信息技术进入深化拓展阶段。

物联网技术在渔业养殖中的应用日益广泛，通过传感器实时监测养殖水质、水温、溶解氧等参数，实现养殖过程的智能化控制。自动投饵、增氧设备根据监测数据自动运行，降低了养殖风险，提高了养殖效益和水产品质量。一些智能化养殖系统还能根据鱼类生长情况和摄食需求，精准投喂饲料，减少饲料浪费和水体污染。

大数据技术为渔业资源监测与评估、市场分析和预测提供了强大支持。整合渔业生产、资源、环境、市场等多源数据，运用大数据分析方法，实现对渔业资源的动态监测和精准评估。通过对市场数据的分析，预测水产品价格走势和市场需求，为渔业生产和经营决策提供科学依据。

人工智能技术在渔业领域的应用不断创新。利用图像识别技术识别鱼群种类、数量和健康状况；通过机器学习算法预测鱼类疾病发生，提前采取防治措施；智能语音助手为渔民提供技术咨询和操作指导，提升了渔业生产的智能化水平。2024 年上海海洋大学与中水集团远洋股份有限公司成功研制了我国第一套具有国际先进水平的金枪鱼智慧渔情预报系统，系统能提供实时的气压、风场、海浪、海温、盐度、海面高度等 20 多种海洋生境要素，同时，结合金枪鱼生物学、生态学、渔场学等特征知识，采用大数据挖掘和深度学习技术，实现了金枪鱼中心渔场预报和中长期资源量预测，为金枪鱼渔业的科学生产和管理提供科技支撑。

在渔业信息化标准建设方面，我国不断完善相关标准体系，促进渔业信息的规范化和标准化。统一数据格式、接口标准等，提高渔业信息系统之间的兼容性和数据共享能力，推动渔业信息化的协同发展。

渔业电商平台蓬勃发展，拓宽了水产品销售渠道。通过电商平台，渔民和渔业企业能够直接与消费者对接，减少中间环节，提高经济效益。一些电商平台还提供水产品溯源服务，增强消费者对水产品质量安全的信任。

渔业信息技术与生态保护的融合日益紧密。利用卫星遥感、无人机监测等技术，实时监测渔业生态环境变化，如赤潮、海洋垃圾分布等。通过建立生态预警模型，提前预警生态风险，为渔业生态环境保护提供决策支持，推动渔业可持续发展。

五、学科的基础理论及其应用

渔业信息学是一门融合了信息技术、渔业科学等多学科知识的交叉学科，旨在运用信息科学的原理和方法，对渔业相关的各种信息进行采集、存储、处理、分析和传播，以推动渔业的可持续发展。

1. 基本理论

（1）*数据采集与传感技术理论*　涉及如何利用各类传感器准确获取渔业环境、生物等信息。例如，水质传感器基于电化学、光学等原理，可实时监测水体的温度、溶解氧、酸碱度（pH）、盐度等参数。而鱼类行为传感器则通过加速度计、陀螺仪等设备，监测鱼类的游动速度、方向、姿态等行为信息。精准的数据采集是渔业信息学的基础，为后续的分析和决策提供可靠依据。例如，通过连续监测水质数据，能及时发现水质异常变化，提前预防鱼类疾病的暴发。

（2）*数据库与数据管理理论*　研究如何设计和构建渔业数据库，对不同类型的数据进行有效组织和存储。数据库模型如关系型数据库（如 MySQL）和非关系型数据库（如 MongoDB）在渔业数据管理中各有应用。关系型数据库适用于结构化数据，如渔业统计数据、鱼种基本信息等；非关系型数据库则更擅长处理非结构化数据，如渔情监测的图像、视频数据。数据库的建立方便了数据的长期保存、快速检索和共享，支持渔业科研、管理和生产等多方面的应用。例如，科研人员可通过数据库快速查询特定鱼种在不同环境下的生长数据，为研究提供便利。

（3）*数据分析与挖掘理论*　运用统计学、机器学习、深度学习等方法对渔业数据进行分析。例如，聚类分析可将不同生长阶段的鱼类群体进行分类，方便针对性管理；回归分析能建立鱼类生长与环境因子之间的关系模型，预测鱼类生长趋势。机器学习算法如决策树、支持向量机可用于鱼类疾病诊断、渔情预测等；深度学习中的卷积神经网络（CNN）则在鱼类图像识别、物种分类等方面表现出色，它们从海量数据中提取有价值的信息和知识，辅助渔业决策。

（4）*信息系统开发与集成理论*　涵盖渔业信息系统的规划、设计、开发和集成。采用软件工程的方法，结合渔业业务流程，开发如渔业资源管理系统、渔业生产管理系统等，同时，注重不同系统之间的数据交互和功能集成，实现渔业信息的互联互通。例如，将渔情监测系统与渔业物流系统集成，实现从捕捞到销售的全程信息跟踪，提高渔业管理和生产的信息化水平，实现渔业资源的高效利用和科学管理；渔业资源管理系统可实时监控资源动态，为资源保护和合理开发提供决策支持。

（5）遥感与地理信息系统（GIS）理论　遥感技术可利用卫星、无人机等平台获取大面积的渔业水域信息，如海面温度、叶绿素浓度等，这些信息可反映海洋初级生产力和渔场分布。GIS技术则将地理空间数据与渔业数据相结合，进行空间分析和可视化表达。例如，通过 GIS 可分析不同海域渔业资源的空间分布特征，以及人类活动（如捕捞、养殖）对其的影响，为渔业资源调查、渔场分析、养殖规划等提供宏观视角和空间分析手段；在养殖规划中，利用 GIS 可综合考虑水质、水深、底质等因素，选择最佳的养殖区域。

2. 应用领域

（1）渔业资源管理　一是通过收集渔业捕捞数据、鱼类生物学数据（如年龄、体长、体重等）及环境数据，运用数据分析方法评估渔业资源的数量、结构和健康状况。例如，利用体长频率分析法评估鱼类种群的年龄结构，为资源的可持续利用提供依据。二是可借助遥感、水下监测设备等实时监测渔业资源的动态变化，及时发现过度捕捞、栖息地破坏等问题。例如，通过卫星遥感监测海洋生态环境变化对珊瑚礁鱼类资源的影响，采取相应的保护措施。三是可利用 GIS 技术划定渔业资源保护区，合理规划捕捞区域和禁渔区。

（2）水产养殖　一是利用传感器实时监测养殖水体的温度、溶解氧、氨氮等环境参数，通过自动化控制系统调节养殖环境，实现精准投喂、增氧等操作。例如，根据水体溶解氧含量自动控制增氧机的开启和关闭，既保证鱼类生长需求，又节约能源。二是通过分析鱼类生长数据和环境数据，建立生长模型，预测鱼类生长速度和产量，优化养殖方案。采集鱼类的行为数据、生理数据及养殖环境数据，运用数据分析算法建立疾病预警模型。例如，当鱼类行为出现异常（如游动缓慢、集群异常等）且水质参数偏离正常范围时，系统及时发出疾病预警，指导养殖户提前采取防控措施，如调整水质、投喂药物等，减少疾病损失。

（3）渔业捕捞　一是综合分析海洋环境数据（如水温、海流、盐度等）、鱼类洄游规律数据及历史捕捞数据，运用机器学习等方法预测渔场位置、渔获种类和数量。渔民可根据渔情预报合理安排捕捞作业，提高捕捞效率，减少盲目捕捞。例如，通过分析卫星遥感获取的海面温度数据和历史渔获数据，预测金枪鱼等中上层鱼类的渔场位置。二是开发和应用具有信息感知和智能控制功能的捕捞设备。例如，智能拖网配备传感器，可实时监测网内鱼的种类、数量和大小，根据预设条件自动筛选和分拣渔获，减少对幼鱼的捕捞，实现可持续捕捞。同时，利用无人机、无人船等设备进行渔场侦察，提高捕捞作业的安全性和效率。

（4）渔业市场与贸易　一是可收集和分析渔业产品的市场价格、供求关系、消费趋势等信息，为渔业生产者、加工企业和贸易商提供决策支持。例如，通过对市场价格数据的时间序列分析，预测价格走势，帮助企业合理安排生产和销售计划。同时利用大数据分析消费者对不同渔业产品的偏好，指导企业调整产品结构。二是利用信息技术实现渔业产品从生产、加工、运输到销售的全过程信息追溯和管理。通过在产品上粘贴二维码或采用 RFID 标签等方式，消费者可查询产品的来源、养殖过程、捕捞时间、加工工艺等详细信息，增强消费者信任。同时，供应链各环节的企业可实时掌握产品动态，优化库存管理和物流配送，降低成本。

（5）渔业科研　一是可通过在鱼类身上安装电子标签、传感器等设备，实时监测鱼类的洄游路线、栖息环境偏好、繁殖行为等信息。结合水下视频监测和数据分析，深入了解鱼类的生态习性和行为规律。例如，研究鲑鱼的洄游行为，为保护其洄游通道和栖息地提供科学依据。二是利用分子生物学技术获取鱼类的基因数据，结合信息技术进行基因分析和遗传图谱构建。通过大数据分析筛选优良基因，开展鱼类遗传育种工作，培育生长速度快、抗病能力强的新品种。例如，运用基因组编辑技术结合信息分析，改良罗非鱼的品种特性。

六、学科未来研究展望

随着物联网、大数据、人工智能、区块链等新一代信息技术的快速发展，渔业信息学将在多个领域深度融合，推动渔业向数字化、智能化、绿色化方向转型。未来将在渔业资源管理、渔业生产、渔业环境保护等方面发挥越来越重要的作用，其未来发展重点与趋势如下所述。

1. 渔业资源智能化评估与管理 利用大数据和人工智能技术，结合卫星遥感、无人机、传感器等多源数据，对渔业资源进行动态监测和精准评估，为渔业资源管理提供科学依据。开发基于人工智能的渔业资源管理系统，实现资源动态监测、渔情预报、渔场预测、灾害预警等功能，支持渔业资源的可持续利用。构建渔业生态系统模型，模拟不同管理措施对生态环境的影响，为渔业资源养护和生态修复提供决策支持。

2. 渔业生产智能化与装备升级 研发智能渔船、智能渔网、自动化捕捞系统，提高捕捞效率和安全性，降低人力成本。利用物联网和人工智能技术，实现水质监测、智能投喂、疾病预警等功能的自动化，提升养殖效率和产品质量。通过数据分析优化养殖密度、饲料投放、捕捞时机等，实现精准养殖和捕捞，降低生产成本，提高经济效益。

3. 渔业全产业链数字化与协同管理 从渔业资源评估、养殖规划到捕捞、加工、销售，实现全流程数据共享和协同管理，提升产业链效率。利用区块链技术构建水产品质量追溯体系，保障产品安全，提升市场竞争力。通过大数据分析预测市场需求，优化供应链管理，减少资源浪费，提高经济效益。

4. 渔业生态环境保护与可持续发展 利用传感器和遥感技术对水质、水温、污染物等环境指标进行实时监测，及时发现和预警环境问题。构建渔业生态预警系统，预测环境变化对渔业资源的影响，制定应急响应措施。推动海洋牧场、休闲渔业等新业态发展，促进渔业与生态环境的协调发展。

5. 渔业信息服务与知识共享 利用大数据和人工智能技术，为渔民、企业和政府部门提供定制化的渔业信息服务，如渔情预报、市场行情、政策解读等。构建渔业知识库，实现渔业知识的智能化检索和应用，促进知识的共享与传播。加强与国际组织和科研机构的合作，推动渔业信息学领域的国际交流与技术合作。

渔业信息学的发展将深度融合新一代信息技术，推动渔业全产业链的数字化转型和智能化升级。通过数据驱动的决策支持、智能化装备的应用、全产业链的协同管理及生态环境的保护，渔业信息学将为渔业的可持续发展提供强有力的科技支撑，助力实现渔业的高质量发展。

第六节 渔业经济学概述

渔业经济学是应用经济学的一个分支学科，其目标在于通过对渔业经济现象的系统剖析，为渔业产业的高效运作、资源的合理配置及可持续发展提供坚实的理论支撑与切实可行的决策依据。本节从学科定义、研究对象、研究方法、发展历程、基础理论、应用领域和未来趋势等方面进行系统阐述，旨在全面介绍渔业经济学的发展过程与趋势，为渔业可持续发展提供理论基础。

一、概念、研究对象及其方法

1. 概念 渔业经济学是一门研究渔业经济活动及其发展规律的学科，它以经济学的基本原理和方法为基石，深度探究渔业生产、分配、交换及消费等一系列经济活动过程中所蕴含的经济规律，以及这些经济活动背后所涉及的生产关系及其动态发展规律。从本质上讲，渔业经济学不仅关注渔业生产活动所带来的直接经济效益，更着眼于整个渔业产业在社会经济体系中的地位与作用，以及其与其他产业之间的相互关联和影响。它致力于揭示渔业经济活动中各种因素之间的内在联系，诸如渔业资源的有限性与人类对水产品需求无限性之间的矛盾，以及如何通过合理的经济手段来协调这些矛盾，实现渔业经济的可持续增长。

2. 研究对象

（1）*渔业产业系统的各个层面*　作为渔业生产的自然基础，渔业生态系统涵盖了水域环境、水生生物群落及它们之间复杂的相互关系。例如，不同的水温、盐度、酸碱度等水质条件，会对鱼类的生长、繁殖和分布产生显著影响。同时，水生生物之间的食物链关系也制约着渔业资源的数量和质量。渔业经济学研究如何在保护渔业生态系统平衡的前提下，实现渔业资源的可持续开发利用，评估生态环境变化对渔业经济的长期影响，如海洋酸化、水体富营养化等环境问题对渔业产量和经济效益的冲击。

渔业技术系统涉及渔业生产过程中所运用的各种技术手段和工艺方法，包括捕捞技术、养殖技术、水产品加工技术等。先进的捕捞技术如声呐探测、高效渔具的使用，能够提高捕捞效率，但也可能对渔业资源造成不同程度的影响；现代化的养殖技术，如循环水养殖、智能化养殖设备的应用，有助于提升养殖产量和质量，但同时也需要考虑技术投入成本与产出效益之间的关系。渔业经济学关注渔业技术的创新与应用如何影响渔业生产效率、成本结构及市场竞争力，研究如何通过技术进步推动渔业产业升级。

渔业经济系统是渔业经济学研究的核心层面，主要包括渔业生产、流通、分配和消费等经济环节。在生产环节，研究渔业生产要素（如劳动力、资本、土地等）的投入与产出关系，如何实现资源的最优配置以达到最大经济效益；在流通环节，分析水产品的市场渠道、价格形成机制及物流配送等问题，探讨如何降低流通成本，提高市场效率；分配环节关注渔业生产成果在不同利益主体（如渔民、渔业企业、政府等）之间的分配方式及其合理性；消费环节则研究消费者对水产品的需求偏好、消费行为，以及市场需求变化对渔业生产的导向作用。

渔业生产活动与社会的各个方面紧密相连，渔业社会系统涉及渔村社区、渔业政策法规、渔业文化等诸多要素。渔村社区的社会结构、人口流动、就业状况等因素会影响渔业劳动力的供给和稳定性；渔业政策法规，如渔业资源保护政策、渔业补贴政策等，对渔业经济活动起着引导和规范作用；而渔业文化则潜移默化地影响着渔民的生产方式、价值观念及消费习惯。渔业经济学研究这些社会因素如何与渔业经济相互作用，探索如何通过政策引导和社会文化建设，促进渔业经济与社会的协调发展。

（2）*渔业经济活动中的利益主体及其相互关系*　渔民作为渔业生产的直接参与者，其生产决策（如捕捞区域选择、养殖品种确定等）受到市场价格、成本收益等经济因素的影响。渔业企业则在更大规模上组织渔业生产、加工和销售活动，追求利润最大化。渔民与渔业企业之间存在着多种经济联系，如渔民可能为渔业企业提供初级水产品原料，而渔业企业则为渔民提供生产资料、技术支持和市场渠道。渔业经济学研究两者之间的合作模式、利益分配机制及可能存在的矛盾冲突，寻求如何通过合理的制度安排和市场机制，实现双方利益的共赢。

政府在渔业经济发展中扮演着重要角色，通过制定和实施各种政策法规来引导和调控渔业产业。例如，政府可以通过渔业资源保护政策，限制捕捞强度，保护渔业生态环境；通过渔业补贴政策，扶持渔业企业发展，提高渔民收入；通过质量监管政策，保障水产品质量安全，维护消费者权益。渔业经济学研究政府政策对渔业经济的影响效果，评估政策的合理性和有效性，为政府制定科学合理的渔业政策提供理论依据和决策参考。

消费者对水产品的需求是渔业经济活动的出发点和落脚点。消费者的收入水平、消费观念、饮食习惯等因素决定了对水产品的需求数量、品种结构和质量要求。渔业经济学研究消费者的需求行为及其对渔业市场的影响，分析市场供求关系的变化规律，帮助渔业生产者和经营者更好地适应市场需求，优化产品结构，提高市场竞争力。

3. 研究方法

（1）实证分析与规范分析相结合

实证分析：通过收集和整理渔业经济活动中的实际数据，运用统计学、计量经济学等方法，对渔业经济现象进行客观描述和解释。例如，利用时间序列数据建立渔业生产函数模型，分析不同生产要素（如劳动力、资本、技术等）对渔业产量增长的贡献程度；通过问卷调查和市场调研，获取消费者对水产品的消费偏好和购买行为数据，运用统计分析方法揭示消费者需求的影响因素。实证分析旨在回答“是什么”的问题，即客观地描述渔业经济现象的现状和发展趋势，为进一步的理论研究和政策制定提供事实依据。

规范分析：基于一定的价值判断标准，对渔业经济活动的合理性、公正性及应该采取的政策措施进行分析和评价。例如，从社会公平和可持续发展的角度出发，探讨渔业资源分配是否合理，渔业补贴政策是否符合公平与效率原则；根据生态环境保护的要求，评估现行渔业生产方式对环境的影响，并提出改进的方向和建议。规范分析回答“应该是什么”的问题，为渔业经济发展提供价值导向和政策建议。

（2）定性分析与定量分析相结合

定性分析：运用经济学理论、专业知识和逻辑推理，对渔业经济现象进行理论性的分析和探讨。例如，从产业经济学的角度分析渔业产业结构的特点、存在的问题及优化方向；从制度经济学的视角研究渔业产权制度、管理制度等对渔业经济发展的影响机制。定性分析能够深入揭示渔业经济现象背后的本质原因和内在规律，为定量分析提供理论框架和方向指导。

定量分析：借助数学模型、统计方法和计算机技术，对渔业经济活动中的各种变量进行量化分析。例如，通过成本效益分析，计算不同渔业生产项目的成本、收益和利润率，评估其经济可行性；运用投入产出分析方法，研究渔业产业与其他产业之间的关联程度和波及效应；利用计量经济模型预测水产品市场价格走势、渔业产量变化等。定量分析能够使研究结果更加精确和直观，为渔业经济决策提供具体的数据支持。

（3）微观分析与宏观分析相结合

微观分析：聚焦于渔业经济中的个体行为主体，如渔民、渔业企业等，研究它们在既定市场条件下的生产决策、成本控制、市场竞争等行为。例如，分析单个渔民如何根据市场价格和成本变化调整捕捞强度或养殖规模；研究渔业企业如何制定产品定价策略、选择销售渠道以实现利润最大化。微观分析有助于深入了解渔业经济个体的行为动机和决策机制，为优化个体经济行为提供理论指导。

宏观分析：从整个渔业产业或国民经济的宏观层面出发，研究渔业经济总量的增长、产业结构的调整、渔业与其他产业的相互关系及渔业政策对宏观经济的影响等问题。例如，分析渔业经济增长对国民经济增长的贡献率，研究渔业产业结构调整对就业、资源利用和环境保护的影响；评估国家宏观经济政策（如货币政策、财政政策等）对渔业经济发展的作用效果。宏观分析能够把握渔业经济发展的总体趋势和宏观影响，为制定国家渔业发展战略和宏观政策提供依据。

（4）案例研究与比较研究相结合

案例研究：选择具有代表性的渔业经济案例，进行深入细致的调查和分析，从中总结经验教训，揭示一般性规律。例如，对某个成功的渔业养殖合作社案例进行研究，分析其组织架构、运营模式、利益分配机制，以及在促进渔业发展和渔民增收方面的成效和经验，为其他地区发展渔业合作组织提供借鉴；对某一地区因过度捕捞导致渔业资源衰退的案例进行剖析，找出问题根源和影响因素，为制定渔业资源保护政策提供参考。案例研究能够使理论研究更加贴近实际，增强研究成果的实用性和可操作性。

比较研究：对不同地区、不同国家的渔业经济发展模式、政策措施、技术水平等进行比较分析，找出差异和共性，借鉴先进经验，为改进本国或本地区的渔业经济发展提供参考。例如，将挪威、日本等渔业发达国家在渔业资源管理、渔业科技创新方面的成功经验，与我国的实际情况进行对比，探索适合我国国情的渔业发展路径；对比我国不同沿海地区渔业产业结构的特点和发展差异，分析其形成原因和发展趋势，为区域渔业经济协调发展提供建议。比较研究有助于拓宽研究视野，吸收和借鉴国际国内先进经验，推动渔业经济理论和实践的创新发展。

二、学科性质、体系构成及学科特性

1. 学科性质

（1）学科归属的多元视角　渔业经济学与水产科学紧密相连，从研究对象来看，渔业生产活动中的养殖、捕捞等环节，涉及众多水产科学知识，如鱼类生物学特性、水域生态环境等。渔业经济学需基于对这些水产科学基础知识的理解，研究渔业生产中的经济规律。例如，了解不同鱼类的生长周期、繁殖习性等生物学特性，有助于分析养殖成本与收益，以及捕捞时机对渔获量和经济效益的影响。因此，从这个角度，渔业经济学可被视为水产科学的重要组成部分，为水产科学在实际生产应用中的经济合理性提供理论支持。

从经济学的学科体系看，渔业经济学运用经济学的基本原理、方法和分析框架，研究渔业领域的资源配置、生产决策、市场行为等经济问题。它遵循经济学的一般规律，如供求规律、成本收益分析等，以此来解释和解决渔业经济现象与问题。例如，通过分析水产品市场的供求关系，确定合理的价格水平，引导渔业资源的有效配置。这使得渔业经济学在本质上符合应用经济学的特征，即运用经济学理论解决特定领域的实际经济问题，为渔业经济发展提供决策依据。

（2）交叉学科属性的深度剖析　渔业经济学融合了众多学科的理论和方法，具有显著的交叉学科性质。它不仅涉及经济学领域的微观经济学、宏观经济学、产业经济学、计量经济学等，用于分析渔业生产、市场、产业结构等经济问题，而且还涵盖水产科学中的鱼类学、水产养殖学、渔业资源学等，以理解渔业生产的生物和生态基础。它不仅涉及资源与环境经济学，研究渔业资源的合理利用与保护，以及渔业活动对生态环境的影响与经济代价，而且还包括制度经济学，为分析渔业产权制度、管理制度等对渔业经济发展的作用提供理论支持。不仅涉及数理经济学，为渔业经济模型构建提供数学工具，而且还涉及管理学，助力渔业企业和产业的高效管理，此外，还涉及社会学、政治学等学科知识，以研究和理解渔业经济活动中的社会关系和政策背景。

渔业经济活动的复杂性决定了单一学科难以全面深入地研究。多学科交叉融合使渔业经济学能够从不同视角审视问题，综合考虑生物、经济、社会、环境等多方面因素，更全面准确地揭示渔业经济现象背后的本质规律。例如，在研究渔业可持续发展问题时，仅从经济学角度考虑经济效益，可能忽视渔业活动对生态环境的破坏；而结合资源与环境经济学、水产科学等多学科知识，就能综合评估经济发展与生态保护的平衡，制定出更科学合理的发展策略。这种跨学科研究方法为解决渔业经济发展中的复杂问题提供了更全面、系统的理论和方法支持。

2. 体系构成

（1）*宏观层面* 研究全球范围内渔业资源的分布与开发利用情况，分析不同国家和地区渔业经济的发展水平、产业结构特点以及在国际渔业市场中的地位。例如，对比分析挪威、日本、中国等渔业大国的渔业发展模式，探讨其在资源管理、技术创新、国际贸易等方面的差异与优势，以及全球渔业资源分配不均对各国渔业经济发展的影响。研究全球渔业市场的供求关系、价格波动趋势及其对各国渔业生产和贸易的引导作用，分析国际贸易政策、区域渔业协定等对全球渔业经济格局的塑造与调整。

关注国家层面的渔业发展战略、政策法规制定及其对渔业经济的宏观调控作用。例如，研究国家的渔业资源保护政策（如休渔制度、禁渔区划定等）如何在保护资源的同时，平衡渔民利益和渔业产业发展；分析渔业补贴政策的实施效果，包括对渔业生产规模、结构调整及市场竞争力的影响；探讨国家如何根据自身资源禀赋、经济发展需求和国际渔业形势，制定科学合理的渔业发展规划，引导渔业产业的可持续发展。

（2）*中观层面* 深入剖析渔业产业内部各子产业（如捕捞业、养殖业、水产品加工业、渔业流通与服务业等）之间的比例关系、相互依存与制约机制。例如，研究捕捞业与养殖业的发展平衡对渔业资源可持续利用和产业稳定性的影响；分析水产品加工业的发展水平如何影响渔业产业链的附加值和市场竞争力；探讨渔业流通与服务业对渔业生产与消费的衔接作用，以及如何促进渔业产业各环节的协同发展。同时，研究渔业产业与其他相关产业（如农业、食品工业、旅游业等）之间的产业关联和融合发展模式，如休闲渔业与旅游业的融合，分析其对渔业产业结构优化和经济增长的带动作用。

针对不同区域（如沿海地区、内陆水域地区等）的渔业经济发展特点进行研究，考虑区域的自然地理条件、资源禀赋、经济发展水平、政策环境等因素，分析区域渔业经济的发展模式、优势与劣势。例如，研究沿海发达地区如何利用技术、资金和市场优势，发展高端渔业产业；探讨内陆水域地区如何根据本地水资源特点，发展特色渔业养殖和加工产业。同时，关注区域间渔业经济的合作与竞争关系，以及区域渔业经济发展对区域整体经济增长、就业和社会发展的贡献。

（3）*微观层面* 聚焦渔业企业和渔农户在生产、经营、投资等方面的决策行为及其影响因素。研究渔业企业如何根据市场需求、成本结构和技术条件，制定生产计划、选择养殖品种或捕捞方式，以及进行资源配置和投资决策，以实现利润最大化。例如，分析渔业养殖企业在面临不同养殖品种市场价格波动和生产成本变化时，如何调整养殖规模和品种结构；探讨渔业捕捞企业如何根据渔业资源状况和捕捞成本，选择合适的捕捞区域和渔具。对于渔农户，研究其在家庭渔业生产中的劳动投入、生产技术选择、销售渠道决策等行为，以及如何通过政策扶持和技术指导，提高其生产效率和收入水平。

分析渔业市场中各类主体（渔民、渔业企业、批发商、零售商、消费者等）的市场行为，包括价格形成机制、市场竞争与合作策略等。研究水产品市场的供求弹性，分析市场价格波动对生产者和消费者行为的影响，以及如何通过市场机制引导渔业资源的合理配置。例如，探讨渔业企业在市场竞争中如何通过产品差异化、品牌建设等策略提高市场竞争力；研究渔民专业合作社等组织形式如何通过集体行动，增强渔民在市场中的谈判地位和议价能力。同时，关注渔业市场中的信息不对称问题及其对市场效率的影响，以及如何通过建立信息服务平台等方式改善市场信息流通，促进渔业市场的健康发展。

（4）*渔业交叉学科领域* 研究渔业技术创新与应用的经济效果，分析渔业技术研发、引进、推广过程中的成本与收益。例如，评估新型养殖技术（如循环水养殖、智能化养殖设备）、捕捞技术（如高效节能渔具、遥感监测技术）在提高生产效率、降低成本、增加产量和改善产品质量等方面的经济效益，以及技术应用对渔业资源和生态环境的影响。通过技术经济分析，为渔业企业和政府部门在技术选择、投资决策、技术推广政策制定等方面提供科学依据，促进渔业技术与经济的有机结合，推动渔业产业的技术升级和可持续发展。

以经济学理论和方法研究渔业资源的合理配置、保护与可持续利用，以及渔业活动对生态环境的影响与经济价值评估。分析渔业资源的稀缺性和产权制度对资源开发利用行为的影响，探讨如何通过经济手段（如渔业资源税、配额制度、生态补偿机制等）实现渔业资源的有效管理和可持续利用。同时，研究渔业生产活动（如养殖废水排放、捕捞对海洋生态的影响等）对生态环境造成的经济损失，以及如何通过环境成本内部化等措施，促使渔业生产者在追求经济效益的同时，注重生态环境保护。此外，评估渔业生态系统提供的生态服务价值（如水质净化、生物多样性保护等），为渔业生态补偿和可持续发展政策制定提供经济依据。

关注渔业领域的制度安排及其对渔业经济绩效的影响。研究渔业产权制度（如渔业权制度、海域使用权制度等）如何界定渔业资源的归属和使用权限，如何影响渔业生产者的激励机制和资源配置效率；分析渔业管理制度（如渔业行政管理体制、渔业法规政策等）在规范渔业生产行为、维护渔业市场秩序、保护渔业资源和生态环境等方面的作用和效果。通过对不同渔业制度的比较研究，探讨制度创新和制度变迁对渔业经济发展的推动作用，为完善渔业制度体系、促进渔业经济可持续发展提供理论支持和政策建议。

从生态经济系统的角度出发，研究渔业经济与生态环境之间的相互关系和协调发展机制。强调渔业生产过程中生态系统与经济系统的相互依存性，分析渔业经济活动对生态系统结构和功能的影响，以及生态环境变化对渔业经济的反馈作用。例如，研究渔业养殖活动中的生态平衡问题，如养殖密度对水质和水生生物多样性的影响，以及如何通过生态养殖模式实现经济与生态效益的双赢；探讨渔业资源开发与生态保护的协同发展路径，如发展海洋牧场、生态渔业等新型渔业模式，实现渔业经济的可持续发展。同时，运用生态经济学的方法，评估渔业生态系统的生态经济价值，为渔业生态经济综合管理提供理论和方法支持。

3. 学科特性

（1）产业特性

1）自然依赖性与不确定性。渔业生产高度依赖自然资源，无论是海洋捕捞还是水产养殖，都与水域环境、渔业资源状况密切相关。海洋捕捞受渔业资源分布、洄游规律、气候变化等自然因素影响，渔获量具有较大不确定性。例如，厄尔尼诺现象可能导致海洋生态环境变化，影响鱼类洄游路线和分布，使渔民难以准确预测渔获量。水产养殖则对水质、水温、溶氧等水体环境条件要求苛刻，一旦环境发生不利变化，如水体污染、水温骤变等，可能引发养殖生物疾病甚至死亡，给养殖户带来巨大经济损失。这种对自然条件的高度依赖和结果的不确定性，增加了渔业生产的风险，也使得渔业经济学在研究中需要充分考虑自然因素的影响，探索有效的风险管理策略。

2）产业跨度与复杂性。渔业产业涵盖多个环节和领域，具有较大的产业跨度。从上游的渔业资源培育、种苗生产，到中游的捕捞、养殖，再到下游的水产品加工、流通与销售，以及与其相关的渔业科研、渔业金融、渔业保险等服务业，构成了一个复杂的产业链条。同时，渔业产业涉及不同的生产经营主体和管理部门，如小规模的个体渔民、大型渔业企业、政府渔业管理部门、科研机构等，各主体之间的利益诉求和行为方式存在差异，协调难度较大。此外，海洋渔业还涉及国际渔业资源开发与管理、国际渔业贸易等复杂的国际关系和法律问题。这种产业跨度大、主体多元、关系复杂的特点，要求渔业经济学在研究中综合考虑各方面因素，运用多学科知识和系统分析方法，深入研究渔业产业发展中的各种经济问题。

3）产品鲜活易腐性与产业链协同性。水产品具有鲜活易腐的特性，这对渔业产业链各环节的协同运作提出了极高要求。从捕捞上岸或养殖收获后，水产品需要迅速进行保鲜、加工、运输和销售，以确保其品质和价值。任何一个环节出现延误或处理不当，都可能导致水产品质量下降，甚至失去商品价值。例如，在运输过程中，如果冷链设备不完善，水产品可能因温度过高而变质。因此，渔业产业链各环节必须紧密协作，实现高效的物流配送、精准的市场对接和及时的信息传递。渔业经济学需要研究如何通过优化产业链结构、建立有效的供应链管理机制、发展先进的保鲜技术等手段，降低因产品鲜活易腐性带来的经济损失，提高渔业产业的整体经济效益。

（2）研究特性　随着渔业经济发展的复杂性和多元化，渔业经济学各分支学科之间的交叉渗透不断加强。例如，渔业资源与环境经济学不仅需要运用经济学理论分析资源环境问题，还需借助生态学、环境科学等知识评估渔业活动对生态环境的影响；渔业技术经济学在研究技术创新的经济效果时，需要结合水产养殖学、捕捞学等技术学科知识，准确分析技术应用的实际效果。同时，新的交叉学科领域不断涌现，如渔业生态经济学、渔业大数据经济学等，这些学科融合了更多学科的前沿理论和方法，为解决渔业经济发展中的新问题提供了新的视角和思路。这种学科交叉融合的深化趋势，要求渔业经济学研究人员具备跨学科的知识结构和研究能力，以适应不断发展的研究需求。

渔业经济学研究呈现出多层面和多角度的特点。在研究层面上，既关注微观层面的渔业企业和农户的经济行为，如生产决策、成本控制等；又关注中观层面的渔业产业结构调整、区域渔业经济发展等问题；同时也重视宏观层面的国家渔业经济政策制定、全球渔业经济格局等研究。在研究角度上，综合运用规范分析与实证分析、定性分析与定量分析等多种方法。例如，在研究渔业补贴政策时，既从规范分析角度探讨政策的合理性和公平性，又通过实证分析评估政策对渔业生产、市场结构和渔民收入等方面的实际影响；在分析渔业产业发展趋势时，既运用定性分析方法阐述产业发展的理论基础和影响因素，又通过建立数学模型、统计分析等定量方法进行预测和验证。这种多层面、多角度的研究特性，有助于全面、深入地理解渔业经济现象，为渔业经济发展提供科学、全面的决策依据。

随着渔业经济的发展和社会环境的变化，渔业经济学的研究范围不断动态扩展。一方面，传统渔业领域不断衍生出新的研究问题，如渔业可持续发展背景下的渔业资源精细化管理、渔业生态产品价值实现等；另一方面，新兴渔业业态的出现，如渔业电子商务、智慧渔业、渔业碳汇交易等，为渔业经济学研究开辟了新的领域。此外，渔业经济与其他领域的融合发展，如渔业与旅游、文化、健康等产业的融合，也产生了诸多新的研究课题。这种研究范围的动态扩展，要求渔业经济学不断创新研究方法和理论体系，以适应新的研究需求，为渔业经济的多元化发展提供理论支持和实践指导。

三、渔业经济学的作用与意义

渔业经济学聚焦于渔业领域的经济活动，其原理和方法为渔业产业发展提供了关键支撑。它不仅有助于优化资源配置、提升经济效益，还能在政策制定、产业规划、可持续发展等多方面发挥重要作用，推动渔业产业在经济、社会和生态层面协调发展。

1. 优化渔业资源配置　运用资源稀缺与优化配置理论，对渔业资源进行合理分配。通过成本-效益分析，确定不同渔业生产环节（捕捞、养殖、加工等）和不同地区的资源投入比例。根据市场需求和资源状况，引导渔业资源向高效益的领域流动，促进渔业产业结构的优化升级。例如，随着市场对高品质养殖水产品需求的增加，渔业经济学指导资源向养殖领域倾斜，推动养殖技术的发展和养殖规模的扩大。

2. 提高渔业经济效益　借助成本-收益分析理论，帮助渔业生产者了解生产活动的成本构成和收益来源，从而做出科学决策。通过优化生产流程、降低成本、提高产品质量和附加值等方式，提高渔业生产的经济效益。渔业经济学还为渔业企业的市场竞争和合作提供策略指导，如通过分析市场结构和竞争对手情况，制定合理的定价策略和市场拓展方案，提高企业的市场竞争力。

3. 指导渔业政策制定　通过研究渔业经济活动中的各种关系和规律，评估政策的实施效果，为政策制定者提供参考。在制定渔业补贴政策时，渔业经济学分析补贴对渔业生产、市场结构和渔民收入的影响，确保政策的合理性和有效性。帮助政府实现渔业资源的可持续利用和渔业产业的健康发展。通过制定渔业资源保护政策、产业扶持政策等，引导渔业产业朝着可持续方向发展。例如，通过设定捕捞限额、禁渔期等措施，保护渔业资源，促进渔业的可持续发展。

4. 促进渔业产业可持续发展　依据可持续发展理论，综合考虑经济、社会和生态因素，制定渔业发展战略。在追求经济效益的同时，注重保护渔业生态环境，保障渔民的就业机会和生活质量。发展生态养殖模式，既减少对环境的污染，又能提高水产品品质，实现经济与生态效益双赢；通过加强渔业职业培训，提高渔民技能，增加渔民就业机会，促进社会发展。指导渔业产业应对市场变化和资源约束，实现可持续发展。通过分析市场动态和资源状况，引导渔业产业调整结构，创新发展模式，提高应对风险的能力。

5. 推动渔业产业结构调整与升级　分析渔业产业结构的现状和问题，为产业结构调整提供方向。通常认为，某地区捕捞业占比过高，养殖和加工环节相对薄弱，会导致产业附加值低。基于此，渔业经济学建议加大对养殖和加工产业的扶持力度，促进产业结构优化。促进渔业产业与其他相关产业的融合发展，如推动休闲渔业与旅游业的融合，拓展渔业的发展空间，提高渔业产业的综合竞争力。

四、学科发展现状

1. 国外发展历程　渔业经济学伴随资本主义商品经济在渔业中的发展而形成。1776 年，英国古典经济学家亚当·斯密在《国民财富的性质和原因的研究》中，深入分析了海洋、江河和湖泊的地理条件、渔业投资、成本对水产品价格的影响。他以 1724 年英国某渔业公司经营捕鲸业为例，阐述了渔业发展的风险，强调发展渔业需具备承担风险的精神并注重经济效益。亚当·斯密的理论为渔业经济学的发展奠定了基础，促使人们开始从经济学的角度思考渔业生产活动。

19 世纪中叶，马克思主义经济学对渔业经济活动有所论述。马克思高度评价了水产品对人脑的作用，将捕鱼业归类于采掘工业，认为渔业劳动能创造剩余价值，为渔业经济学发展做出重要贡献。马克思的观点揭示了渔业生产在社会经济中的地位和价值，为后续研究提供了重要的理论视角。

20 世纪初期，人类开始系统研究渔业经济学。1933 年，日本学者蜷川虎三撰写的《水产经济学》是早期的重要专著。1961 年，冈村清造重新编著的《水产经济学》多次再版。日本学者近藤康男 1979 年编写的《水产经济论》、清光照夫等 1982 年合著的《水产经济学》，运用经济学理论对渔业生产、流通、消费等环节进行深入分析。这些著作对日本渔业经济的发展起到了重要的指导作用，也为国际渔业经济学研究提供了宝贵经验。

美国、加拿大、俄罗斯等渔业经济发达国家，常将渔业经济作为采掘业或工业的一个部门经济研究。苏联渔业经济学家琴索耶夫在《苏联渔业经济学》中，将渔业经济视为工业经济的一部分，探讨了渔业在国民经济中的地位、水产资源经济评价、渔业科技进步和经济管理等问题。北欧挪威等国着重研究渔业资源经济问题，评价捕捞经济效果，并提出限制渔船生产的技术经济措施。挪威通过对渔业资源的科学评估，制定合理的捕捞配额和渔船限制政策，有效保护了渔业资源，实现了渔业经济的可持续发展。

2. 国内发展历程 在我国，渔业被视为大农业的重要组成部分，渔业经济管理隶属于农业经济管理学科。我国渔业经济学是在总结国内外渔业发展经验教训的基础上逐步发展起来的，大致可以分为4个阶段。

（1）初建阶段（20世纪50年代起） 部分高等水产院校参照苏联的农业经济学和工业经济学体系，结合我国渔业实际讲授渔业经济学。这一时期主要研究计划经济体制下的渔业发展，侧重海洋渔业，对计划体制下的政策进行解释。渔业管理侧重于渔业的国民经济计划或水产企业的生产作业计划，尚未形成科学规范的渔业经济学概念和系统学科体系。由于受到计划经济体制的限制，渔业生产主要以完成国家计划任务为目标，缺乏对市场需求和经济效益的关注，导致渔业资源配置效率低下。

（2）起步阶段（改革开放初期） 改革开放初期，水产品市场率先开放，渔业经济体制改革急需理论支持，渔业经济学研究空前活跃。1978年全国渔业经济科学规划会议提出编写《社会主义渔业经济学》，随后相关研究机构和研究会相继成立，水产院校和农业院校开设渔业经济管理专业，多种教材出版。这一时期，开始以渔业生产力规律为思路构建学科体系，将渔业经济学学科体系界定为渔业生产关系经济学、渔业生产力经济学和渔业经济管理学三个层次。随着市场经济的逐步发展，渔业生产开始注重市场需求和经济效益，渔业经济体制改革不断推进，渔业经济学研究也逐渐从理论探讨转向实际应用。

（3）转型阶段（20世纪90年代） 随着社会主义市场经济理论的提出和制度建立，大量西方渔业经济学专著和教材引入我国。挪威学者 Hannesson 的《渔业生物经济分析》和日本学者清光照夫、岩崎寿男合著的《水产经济学》，对我国渔业经济学研究产生重大影响。渔业经济研究开始吸收和运用现代经济学理论与方法，在整合苏联渔业经济学和西方经济理论的过程中创新发展，众多渔业经济教材和专著相继出版。在这一阶段，我国渔业经济学研究逐渐与国际接轨，研究方法和理论体系不断完善，为渔业经济的快速发展提供了有力的理论支持。

（4）发展阶段（2004年至今） 2004年，渔业经济成为水产专业二级学科，建立了以马克思主义经济理论和社会主义市场经济为指导的学科框架。“渔业经济学” 成为水产类专业重要的基础课程，在综合国内外理论和实践的基础上不断发展。随着渔业经济的快速发展和渔业资源环境问题的日益突出，渔业经济学研究更加注重可持续发展、资源保护和生态平衡等方面的问题，为渔业经济的科学发展提供了更加全面的理论指导。

五、学科的基础理论及其应用

1. 基础理论

（1）资源稀缺与优化配置理论 渔业资源，如特定海域的鱼类种群、适宜养殖的水域面积等，并非取之不尽用之不竭，而是具有稀缺性。随着人类对水产品需求的增长，以及渔业生产活动的扩张，这种稀缺性愈发凸显。例如，过度捕捞导致某些经济鱼类种群数量急剧减少，使得渔业资源的供给难以满足市场需求。这种稀缺性不仅体现在数量上，还包括质量方面，如优质的养殖水域因污染等原因减少。

为应对资源稀缺，需将有限的渔业资源，包括劳动力、资本、水域等，在不同渔业生产环节（捕捞、养殖、加工等）和不同地区间进行优化配置。这涉及运用成本-效益分析等方法，评估不同配置方案的经济可行性。例如，通过比较在不同海域进行捕捞作业的成本（包括燃油费、船只损耗、人力成本等）与预期收益（渔获物的市场价值），来决定捕捞力量的投放，或者根据不同养殖品种的市场需求、生长特性及养殖成本，选择最优的养殖品种组合和养殖规模。

市场机制在渔业资源配置中起基础性作用，价格信号引导着资源的流向。当某种水产品价格上涨，会吸引更多资源投入到该产品的生产中。然而，由于渔业资源的公共属性及市场的不完全性，可能出现市场失灵，如过度捕捞导致资源枯竭。因此，政府需通过制定政策，如渔业配额制度、资源保护法规等，来纠正市场失灵，实现资源的合理配置。

（2）*成本-收益分析理论*　渔业生产的成本涵盖多个方面。直接成本包括购买渔船、渔具、种苗、饲料、药品等的费用，以及雇佣劳动力的工资支出。间接成本则涉及渔船的折旧、维修保养费用，养殖水域的租赁费用，以及为获取渔业生产许可证等支付的费用。此外，还存在外部成本，如渔业生产对环境造成的破坏所带来的经济损失，虽然这部分成本通常不由生产者直接承担，但从社会整体角度看是存在的。

收益主要源于水产品的销售，其大小受多种因素影响。市场价格是关键因素，水产品价格受供求关系、品质、市场竞争及消费者偏好等影响。产量也至关重要，捕捞量或养殖产量的多少取决于资源状况、技术水平、养殖管理等。例如，采用先进的养殖技术和科学的管理方法可提高养殖产量，进而增加收益。同时，产品的附加值也会影响收益，如对水产品进行深加工，制成高附加值的产品，可提高销售价格，增加收益。

通过对成本与收益的细致分析，渔业生产者可做出科学决策。若成本高于收益，生产者需考虑降低成本（如优化生产流程、寻找更经济的投入品）或提高收益（如改进产品质量、拓展销售渠道），甚至调整生产方向。对于政府而言，成本-收益分析可用于评估渔业政策的实施效果，如某项渔业补贴政策是否能在增加生产者收益的同时，实现社会整体福利的提升。

（3）*产业组织理论*　渔业产业包含捕捞业、养殖业、水产品加工业、渔业流通与服务业等多个子产业。不同子产业在渔业经济中所占比例及相互关系构成了渔业产业结构。例如，一些地区捕捞业发达，而另一些地区则以养殖业为主导。合理的产业结构有助于提高渔业产业的整体竞争力和经济效益。近年来，随着人们对水产品加工品需求的增加，水产品加工业在渔业产业中的地位逐渐提升。

渔业企业的行为，如生产决策、定价策略、市场竞争手段等，受市场结构影响。在完全竞争市场结构下，众多小型渔业企业面临激烈竞争，产品同质化程度高，企业只能是价格接受者，主要通过降低成本来获取利润。而在垄断竞争市场中，企业可通过产品差异化（如打造特色水产品品牌）来提高市场竞争力和定价能力。在寡头垄断市场，少数大型渔业企业占据主导地位，它们之间的竞争与合作关系对市场价格和产量有重大影响。

政府通过制定产业组织政策，如反垄断政策、产业扶持政策等，来优化渔业产业组织结构。对于过度竞争的捕捞业，政府可实施减船转产政策，减少捕捞船只数量，优化产业结构；对于具有发展潜力的渔业加工企业，政府可通过税收优惠、财政补贴等政策，支持其扩大规模、提升技术水平，增强产业竞争力。

（4）*产权理论*　明确渔业资源的产权归属至关重要。渔业产权包括渔业资源的所有权、使用权、收益权和处置权等。在实践中，渔业资源的所有权通常归国家或集体所有，但使用权的界定方式多样。例如，在一些地区，通过颁发捕捞许可证来确定渔民对特定海域或水域的捕捞使用权；在养殖领域，养殖户通过租赁或承包等方式获得养殖水域的使用权。

清晰的产权界定能为渔业生产者提供稳定的预期，激励他们合理利用和保护渔业资源。当渔民拥有明确的捕捞权时，会更注重渔业资源的可持续性，避免过度捕捞，因为过度捕捞可能导致资源枯竭，影响其长期收益。相反，产权不明晰易引发“公地悲剧”，即人人都可无限制地利用渔业资源，从而导致资源被过度开发。

为适应渔业经济发展需求，需不断创新产权制度。例如，推行个别可转让配额（ITQ）制度，将捕捞配额分配给个体渔民或渔业企业，且配额可在市场上交易。这不仅能有效控制捕捞强度，还能提高资源配置效率，使捕捞权向更具经济效率的生产者转移。

（5）可持续发展理论　渔业可持续发展要求在追求经济增长的同时，需要保障社会公平与生态环境健康。经济方面，确保渔业产业具有长期的盈利能力，提高渔业从业者的收入水平。社会方面，要保障渔民的就业机会和生活质量，促进渔村社会的稳定与发展。生态方面，维持渔业生态系统的平衡和生物多样性，防止渔业资源过度开发和生态环境破坏。例如，发展生态养殖模式，既减少对环境的污染，又能提高水产品品质，实现经济与生态效益双赢；同时，通过加强渔业职业培训，提高渔民技能，增加渔民就业机会，促进社会发展。

为衡量渔业可持续发展水平，需建立一套科学的指标体系。经济指标包括渔业生产总值增长率、渔业产业利润率等；社会指标有渔民人均收入增长率、渔村就业率等；生态指标涵盖渔业资源生物量变化、水域生态环境质量指数等。通过对这些指标的监测和评估，可及时发现渔业发展中存在的问题，调整发展策略。

实现渔业可持续发展需一系列政策与措施支持。制定严格的渔业资源保护法规，限制捕捞强度，保护产卵场和幼鱼保护区；推广生态友好型渔业技术，如生态养殖、选择性捕捞技术等；加强渔业生态环境监测与治理，减少污染排放；开展渔业资源增殖放流活动，补充渔业资源。同时，通过国际合作，共同应对跨国渔业资源管理问题，实现全球渔业可持续发展。

2. 应用领域

（1）渔业资源管理　运用经济学方法评估渔业资源的经济价值，不仅考虑当前捕捞的直接经济收益，还包括资源的潜在价值，如生态服务价值（维持生物多样性、净化水质等）。通过建立经济模型，结合生物学数据（如鱼类生长率、死亡率、种群数量等）和市场数据（水产品价格、成本等），对渔业资源进行动态评估。同时，利用卫星遥感、水下监测设备等技术手段，实时监测渔业资源的分布、数量变化等情况，并将监测数据与经济模型相结合，为资源管理提供科学依据。

基于资源评估结果，制定合理的渔业资源管理策略。采用渔业配额制度，根据资源状况和可持续发展目标，确定年度捕捞总量，并将配额分配给不同地区、渔业企业或渔民。实施渔业资源保护区域规划，划定禁渔区、休渔期，保护渔业资源的繁殖和生长。同时，通过经济手段，如征收渔业资源税、对资源保护行为给予补贴等，引导渔业生产者合理利用资源。

运用成本-收益分析等方法，评估渔业资源管理政策的实施效果。计算实施管理政策的成本，包括监测成本、执法成本、对渔民造成的短期经济损失等；同时评估政策带来的收益，如渔业资源恢复后增加的捕捞产量、生态环境改善带来的综合效益等。根据评估结果，及时调整管理策略，提高资源管理的有效性。

（2）水产养殖　帮助养殖户进行养殖规划，根据市场需求、当地资源条件（水质、水温、土地等）和技术水平，选择合适的养殖品种和养殖模式。通过成本-收益分析，评估不同养殖项目的经济可行性，确定最优的养殖规模和投资方案。例如，分析不同养殖品种的市场价格波动趋势、生长周期、饲料转化率等因素，结合当地养殖成本，选择最具经济效益的养殖品种。

对各种养殖技术进行经济评估，包括新技术的引进、研发和推广。评估新技术对养殖产量、质量、成本和收益的影响，如循环水养殖技术虽前期投资较大，但能节约用水、减少病害发生，提高养殖效益。通过比较不同养殖技术的成本效益，为养殖户和政府部门提供技术选择和推广的依据，促进养殖技术的升级和创新。

研究水产养殖产业化发展模式，推动养殖企业、养殖户与加工企业、销售企业之间的合作与联合。通过建立专业合作社、产业联盟等组织形式，实现养殖生产的规模化、标准化和专业化，提高产业竞争力。分析产业化发展过程中的利益分配机制，确保各参与主体的合理收益，促进产业可持续发展。

（3）渔业捕捞　运用经济学原理优化捕捞策略，考虑捕捞成本、渔获物价值、资源可持续性等因素。通过分析不同捕捞区域、不同季节的渔业资源分布和市场需求，确定最佳捕捞地点和时间。研究不同渔具、捕捞方式对捕捞效率和资源破坏程度的影响，选择既高效又环保的捕捞方式。例如，采用选择性渔具，减少对幼鱼和非目标鱼种的捕捞，提高渔获质量和经济效益。

鉴于过度捕捞导致渔业资源衰退，需对捕捞能力进行有效控制。政府通过制定政策，如限制渔船数量、功率，实施渔船报废拆解制度等，减少捕捞强度。同时，运用经济手段，如征收捕捞许可费、对减船转产渔民给予补贴等，引导渔民调整捕捞规模。此外，通过国际合作，共同制定和执行跨国渔业资源捕捞规则，控制全球捕捞能力。

随着捕捞强度的控制，部分渔业劳动力需要转移到其他产业。研究渔业劳动力转移的途径和机制，为渔民提供职业培训和就业指导，帮助他们顺利转产转业。例如，引导渔民从事水产养殖、渔业加工、休闲渔业等相关产业，或者向其他非渔业产业转移，促进渔业劳动力资源的合理配置，保障渔民的收入和生活水平。

（4）渔业市场与贸易　分析水产品市场的供求关系、价格波动规律及市场竞争态势。通过收集市场数据，运用统计分析和经济模型，预测水产品市场的未来发展趋势，包括市场需求规模、品种结构变化、价格走势等。例如，随着人们健康意识的提高，对高品质、绿色水产品的需求不断增加，通过市场分析预测，引导渔业生产者调整生产结构，满足市场需求。

研究国际贸易政策对渔业贸易的影响，如关税、配额、技术性贸易壁垒等。帮助渔业企业制定应对贸易政策变化的策略，提高产品质量和竞争力，突破贸易壁垒。同时，政府通过制定合理的贸易政策，促进水产品出口，保护国内渔业产业。例如，推动渔业企业开展国际认证（如 HACCP 认证、ISO 认证等），提高产品质量和国际认可度；加强与其他国家的贸易谈判，争取更有利的贸易条件。

水产品市场存在价格波动、市场需求变化等风险，渔业生产者和经营者需要进行有效的风险管理。通过期货市场、期权市场等金融工具，开展套期保值业务，锁定水产品价格，降低价格波动风险。同时，建立市场信息预警机制，及时掌握市场动态，调整生产和销售策略，应对市场风险。

（5）渔业保险与风险管理　根据渔业生产的特点和风险状况，设计针对性的保险产品。针对海洋捕捞，设计涵盖自然灾害（台风、风暴潮等）、意外事故（渔船碰撞、沉没等）、渔业资源衰退导致的捕捞减产等风险的保险产品；对于水产养殖，设计保障因水质污染、病害暴发、极端气候等原因造成养殖损失的保险产品。同时，考虑渔民和渔业企业的经济承受能力，合理确定保险费率和赔偿标准。

除提供保险保障外，保险公司还可为渔业生产者提供风险管理服务。开展风险评估，帮助渔民和渔业企业识别潜在风险，制定风险防范措施。例如，为养殖户提供养殖环境监测、病害防治指导等服务，降低养殖风险。同时，通过建立风险数据库，分析风险发生的规律和趋势，为保险产品优化和风险管理提供依据。

由于渔业保险的高风险特性，需要政府提供政策支持，如财政补贴、税收优惠等，降低渔民和渔业企业的保险成本，提高其参保积极性。同时，加强渔业保险的宣传推广，提高渔民和渔业企业对保险的认知度和接受度，促进渔业保险市场的发展。

（6）渔业科技与现代化　对渔业科技成果进行经济评估，分析其转化为实际生产力后的经济效益和社会效益。评估指标包括新技术、新品种的推广应用对渔业产量、质量、成本、生态环境等方面的影响。例如，评估某种新型渔业饲料对养殖鱼类生长速度、饲料利用率、肉质品质及养殖成本的影响，为科技成果的转化和推广提供经济依据。

研究渔业科技投入的合理规模和方向，优化科技资源配置。政府和企业加大对渔业关键技术研发的投入，如渔业资源养护技术、高效养殖技术、水产品精深加工技术等。通过建立产学研合作机制，促进科研机构、高校与渔业企业之间的合作，加速科技成果转化。同时，鼓励渔业企业自主创新，提高产业的科技含量和竞争力。

运用现代信息技术、智能化设备等推动渔业现代化建设。发展智慧渔业，实现养殖过程的智能化监控和管理，如通过传感器实时监测养殖水质、水温、溶氧等参数，自动控制投喂、增氧等设备，提高养殖效率和产品质量。在渔业捕捞中，应用卫星定位、遥感监测等技术，提高捕捞作业的精准性和安全性。通过渔业现代化建设，提升渔业产业的整体水平和经济效益。

六、学科未来研究展望

渔业经济学作为一门对渔业可持续发展至关重要的学科，在面对全球经济格局变化、资源环境约束加剧及渔业产业转型升级需求等诸多挑战与机遇时，未来的研究将聚焦于多个关键领域，以推动渔业经济的科学发展。

1. 可持续渔业发展战略与政策研究

（1）绿色发展战略规划　随着全球对环境保护和可持续发展的关注度日益提升，渔业必须遵循绿色发展理念。未来研究将深入探讨如何制定符合生态文明建设要求的渔业发展战略。这需要综合考虑渔业资源的可持续利用、生态系统的保护及渔业经济的增长。例如，研究如何在发展渔业的同时，减少对海洋和淡水生态环境的负面影响，通过推广生态养殖模式、科学规划捕捞区域和强度等措施，实现渔业经济与生态环境的协调发展。同时，分析不同地区的渔业资源禀赋、生态环境承载能力及经济社会发展需求，制定因地制宜的绿色渔业发展战略规划，明确各地区渔业发展的方向和重点。

（2）政策协同与创新　研究如何优化和协同现有的渔业政策，包括资源保护政策、产业扶持政策、贸易政策等，以形成政策合力，共同推动渔业可持续发展。例如，探讨渔业补贴政策如何在促进渔业发展的同时，避免对资源环境造成负面影响，实现补贴政策与资源保护政策的有效衔接。此外，随着渔业发展面临的新问题不断涌现，需要创新渔业政策工具。比如，研究建立渔业生态补偿机制，对因保护渔业资源和生态环境而遭受经济损失的主体给予合理补偿；探索基于市场机制的渔业资源管理政策，如渔业碳排放交易制度，以应对气候变化对渔业的影响。

2. 渔业产业创新与转型研究

（1）新兴业态发展　随着人们生活水平的提高和消费需求的多样化，渔业新兴业态如休闲渔业、渔业电商等迅速发展。未来研究将聚焦于这些新兴业态的经济运行规律和发展模式。对于休闲渔业，分析不同类型休闲渔业（如休闲垂钓、渔家乐、渔业观光等）的市场需求特点、经济效益影响因素，以及与传统渔业的融合发展路径。研究如何通过挖掘渔业文化内涵、提升服务质量和丰富产品体验，打造具有特色和竞争力的休闲渔业品牌。针对渔业电商，研究其供应链管理、营销模式创新及对渔业产业升级的推动作用。探索如何利用大数据分析消费者需求，精准定位市场，优化产品配送和售后服务，提高渔业电商的运营效率和市场份额。

（2）*产业技术创新经济分析*　技术创新是推动渔业产业升级的关键动力。未来需深入研究渔业技术创新的经济影响和扩散机制。评估新型养殖技术（如循环水养殖、智能化养殖）、捕捞技术（如高效节能渔具、精准捕捞技术）及水产品加工技术（如精深加工、保鲜技术）等创新对渔业生产效率、成本结构、产品质量和市场竞争力的影响。分析技术创新在渔业产业内的扩散速度和影响因素，研究如何通过政策引导、产学研合作等方式加速新技术的推广应用，提高渔业产业的整体技术水平。同时，关注技术创新带来的就业结构变化和技能需求，为渔业劳动力的转型和提升提供指导。

3. 渔业资源与环境经济研究

（1）*资源价值评估与核算*　准确评估渔业资源的价值是实现其合理利用和有效保护的基础。未来研究将进一步完善渔业资源价值评估方法，不仅考虑资源的直接经济价值（如捕捞和养殖收益），还将纳入生态服务价值（如水质净化、生物多样性维护）和社会文化价值（如渔业文化传承、休闲娱乐价值）等非市场价值。建立科学的渔业资源核算体系，将资源损耗和环境破坏纳入渔业经济核算框架，真实反映渔业经济活动对资源环境的影响。通过资源价值评估和核算，为渔业资源的定价、有偿使用及生态补偿等政策制定提供科学依据。

（2）*环境经济政策与管理*　研究如何运用环境经济政策手段，如税收、补贴、排污权交易等，引导渔业生产者的行为，实现渔业资源的可持续利用和环境保护。例如，分析征收渔业资源税对渔业生产规模和结构的影响，以及如何确定合理的税率水平，既能有效保护资源，又不影响渔民的合理收益。探讨建立渔业排污权交易市场的可行性和运行机制，通过市场机制激励渔业企业减少污染物排放。同时，研究如何加强渔业环境管理，建立健全环境监测、评估和监管体系，确保环境经济政策的有效实施。

4. 渔业市场与贸易研究

（1）*市场动态与风险管理*　随着全球经济一体化的推进，渔业市场面临着更加复杂多变的形势。未来研究将密切关注渔业市场的供求动态、价格波动及消费趋势变化。运用大数据、人工智能等技术手段，构建精准的市场预测模型，提高对水产品市场价格、需求数量和品种结构变化的预测精度。同时，研究渔业市场风险的形成机制和传导路径，包括自然风险（如自然灾害对渔业生产的影响）、市场风险（如价格波动、市场竞争加剧）和政策风险（如贸易政策调整）等。开发有效的风险管理工具和策略，如期货、期权等金融衍生工具在渔业市场中的应用，帮助渔业生产者、加工企业和贸易商规避市场风险，稳定经营收益。

（2）*国际贸易与竞争力提升*　在国际贸易保护主义抬头的背景下，研究如何提升我国渔业产品的国际竞争力具有重要意义。深入分析国际贸易规则和贸易壁垒的变化趋势，特别是技术性贸易壁垒（如欧盟、美国、日本等国家和地区对水产品质量安全标准的不断提高）对我国渔业出口的影响。研究我国渔业企业应对贸易壁垒的策略，包括提高产品质量、加强品牌建设、开展国际认证等。同时，探索拓展国际市场的新途径，如加强与“一带一路”沿线国家的渔业贸易合作，推动渔业产业的国际化发展。研究如何优化我国渔业产业结构，提高水产品的附加值，增强在国际市场上的价格话语权和市场份额。

5. 渔业社会经济与政策研究

（1）*渔民生计与社会发展*　渔业经济的发展与渔民的生计和渔村社会的稳定息息相关。未来研究将关注渔业政策对渔民收入、就业和生活质量的影响。分析不同渔业发展模式（如规模化养殖、合作经营、家庭渔业等）对渔民生计的作用机制，研究如何通过政策引导和扶持，提高渔民的组织化程度，增强其在市场中的谈判地位和抗风险能力。关注渔业劳动力的转移和就业结构调整，特别是在渔业资源衰退和产业转型背景下，研究如何为渔民提供职业技能培训和就业机会，促进渔民转产转业，实现渔区经济的多元化发展。同时，研究渔村社会发展问题，如基础设施建设、教育医疗保障、文化传承与发展等，推动渔村社会的全面进步。

（2）政策效果评估与优化　对现有的渔业政策进行全面、科学的效果评估是政策优化和调整的重要依据。未来将建立完善的渔业政策评估指标体系和方法，综合运用定性与定量分析方法，从经济、社会、环境等多个维度评估政策的实施效果。例如，评估渔业资源保护政策对资源恢复和生态环境改善的成效，以及对渔民收入和渔业产业发展的影响；分析渔业补贴政策是否达到了预期的扶持目标，是否存在资源浪费或政策扭曲现象。根据评估结果，提出针对性的政策优化建议，提高政策的科学性、有效性和适应性，确保渔业政策能够更好地服务于渔业经济的可持续发展和社会的和谐稳定。

第七节　人工智能渔业学概述

人工智能渔业学是一个跨学科领域，它不同于渔业信息学，它融合了人工智能、计算机科学、海洋生物学、环境科学和渔业经济学等多个学科的知识和技术，旨在运用机器学习、深度学习、计算机视觉等人工智能技术，提高渔业生产的效率、可持续性和智能化水平，以解决当前渔业面临的资源衰退、生态环境恶化、生产效率低下等问题，推动渔业向高质量、绿色化方向发展，为实现渔业的可持续发展提供强大的技术支持和创新思路。

一、概念、研究对象及其方法

1. 概念　人工智能渔业学是一门极具创新性与前瞻性的跨学科领域，它深度融合了人工智能、计算机科学、海洋生物学、环境科学及渔业经济学等多学科的前沿知识与先进技术。其核心要义在于，借助人工智能所涵盖的机器学习、深度学习、计算机视觉、自然语言处理等一系列先进技术，全方位、深层次地渗透到渔业生产、管理、保护等各个环节，以实现渔业生产效率的显著提升、可持续发展能力的稳定增强及智能化水平的跨越式发展。

2. 研究对象

（1）智能养殖系统　研究如何利用各类传感器（如温度传感器、溶解氧传感器、pH 传感器等）实时采集养殖水体的环境参数，运用人工智能算法对这些数据进行分析处理，实现对养殖环境的智能调控。例如，根据水温、溶解氧等参数的变化，自动控制增氧机、温度调节设备等，确保养殖环境始终处于鱼类生长的最佳状态。

基于鱼类的生长阶段、体重、摄食习惯及养殖环境等多方面数据，利用人工智能技术构建精准投喂模型。通过分析鱼类的实时摄食情况，自动调整饲料投喂量和投喂频率，不仅满足鱼类的营养需求，还能避免饲料浪费，降低养殖成本，同时减少对水体环境的污染。

借助图像识别技术对鱼类的行为、外观特征进行实时监测，结合深度学习算法分析鱼类的健康状况，实现对鱼类疾病的早期预警。当检测到疾病迹象时，系统能够自动启动相应的处理措施，如精准施药、隔离病鱼等，有效控制疾病传播，减少养殖损失。

（2）精准捕捞技术　整合海洋环境数据（如水温、盐度、海流等）、渔业资源历史数据及卫星遥感、无人机监测等实时数据，运用机器学习算法构建渔场资源分布预测模型。通过对这些海量数据的分析，预测不同鱼种在不同时间和海域的分布情况，为渔民提供准确的渔场信息，帮助他们合理规划捕捞路线，提高捕捞效率。

考虑渔船的航行速度、油耗、捕捞设备性能及渔场资源分布等因素，利用智能算法为渔船规划最优捕捞路线。同时，结合实时监测数据，动态调整捕捞路线，确保渔船在最短时间内到达资源丰富的区域进行捕捞，减少捕捞作业时间和成本。

利用卫星定位、视频监控等技术，对渔船的捕捞行为进行实时监测。通过人工智能算法识别和分析捕捞过程中的违规行为，如过度捕捞、非法使用渔具等，并及时发出预警。同时，为渔业管理部门提供监管数据支持，规范渔业捕捞行为，保护渔业资源和生态环境。

（3）*渔业资源管理*　运用声学探测、水下摄像、卫星遥感等技术手段，结合人工智能图像识别和数据分析算法，对渔业资源的种类、数量、分布等进行全面调查。例如，通过对水下摄像获取的图像进行分析，识别不同鱼类的种类和数量，为渔业资源评估提供准确的数据基础。

基于调查获取的数据，利用人工智能建立渔业资源评估模型。综合考虑鱼类的生长、繁殖、死亡等生物学特性，以及环境因素对渔业资源的影响，评估渔业资源的现状和发展趋势，为渔业资源的合理开发和保护提供科学依据。例如，通过分析历史数据和实时监测数据，预测未来一段时间内渔业资源的数量变化，为制定捕捞限额提供参考。

结合气候变化、海洋生态环境变化等因素，运用机器学习和深度学习算法对渔业资源的未来变化进行预测。提前预判渔业资源的变动趋势，可帮助渔业管理部门制定相应的应对策略，实现渔业资源的可持续利用。例如，预测全球气候变暖对特定海域渔业资源的影响，为调整渔业生产和保护措施提供依据。

（4）*渔产品加工与流通*　利用计算机视觉技术对渔产品进行识别和分类，根据不同的产品特征自动调整加工设备，实现渔产品切割、分拣、去鳞、去内脏等加工环节的自动化。例如，通过图像识别技术准确识别鱼类的大小、形状和品种，控制切割设备按照预设的规格进行切割，提高加工效率和产品质量的一致性。

运用光谱分析、机器视觉等技术，结合人工智能算法对渔产品的新鲜度、营养成分、有无病害等进行快速准确检测。例如，通过分析渔产品的光谱特征，判断其新鲜度和是否含有有害物质，确保上市产品的质量安全。

整合渔产品的生产、加工、销售等环节的数据，利用人工智能算法优化物流配送路线，合理安排库存，减少运输时间和成本，确保渔产品能够以最快的速度、最佳的品质到达消费者手中。例如，通过分析市场需求和物流数据，预测不同地区的渔产品需求量，提前调配库存，避免产品积压或缺货。

（5）*渔业信息化与大数据分析*　收集和整合渔业生产、资源、环境、市场等多方面的数据，建立渔业大数据平台。这些数据包括渔船捕捞数据、养殖环境监测数据、渔业资源调查数据、市场价格和销售数据等，为人工智能分析提供丰富的数据来源。

运用机器学习、深度学习等人工智能技术对渔业大数据进行挖掘和分析，提取有价值的信息和知识。例如，通过分析历史捕捞数据和海洋环境数据，找出影响渔获量的关键因素；通过对市场销售数据的分析，预测市场需求变化趋势，为渔业生产和销售决策提供支持。

基于数据分析结果，为渔业从业者、管理者和决策者提供决策支持。例如，为渔民提供养殖品种选择、养殖密度调整、捕捞时机等方面的建议；为渔业管理部门制定渔业政策、规划渔业资源保护措施提供科学依据；为企业制定市场策略、产品定位等提供参考。

（6）*渔业智能装备研发*　研发具备自动驾驶、智能导航、精准定位、智能捕捞等功能的智能渔船。通过安装各类传感器和智能控制系统，实现渔船的自动化操作和智能化管理。例如，智能渔船可以根据预设的航线和捕捞计划自动航行，利用声呐、雷达等设备实时监测周围环境，自动调整捕捞设备进行精准捕捞。

开发适用于渔业监测的无人机系统，搭载高清摄像头、多光谱传感器、热成像仪等设备，对渔场进行空中监测。无人机可以实时获取鱼群分布、水质状况、养殖设施运行情况等信息，并将数据传输到地面控制中心进行分析处理。例如，通过无人机的热成像仪监测养殖池塘中鱼类的活动情况，及时发现异常。

研制能够在水下进行作业的机器人，用于渔业资源调查、养殖环境监测、水下设备维护等工作。水下机器人配备高清摄像头、传感器、机械臂等设备，可以在复杂的水下环境中执行任务。例如，利用水下机器人对深海渔业资源进行调查，获取鱼类的生活习性和分布信息；对养殖网箱进行检查和维护，及时发现并修复破损部位。

（7）*渔业环境监测与保护*　利用卫星遥感、无人机、传感器网络等技术手段，结合人工智能图像识别和数据分析算法，对渔业环境进行全方位监测。监测内容包括水质（如酸碱度、溶解氧、化学需氧量等）、海洋生态系统（如珊瑚礁、海草床等的分布和健康状况）、气象条件（如气温、降水、风速等）等。例如，通过卫星遥感图像分析海洋中赤潮的发生区域和面积，及时发出预警。

运用人工智能技术建立环境影响评估模型，综合考虑渔业活动（如捕捞、养殖等）和自然因素（如气候变化、海平面上升等）对渔业环境的影响。通过模拟不同情景下渔业环境的变化，评估渔业活动对生态系统的潜在影响，为制定合理的渔业发展规划和环境保护措施提供科学依据。例如，评估大规模养殖活动对周边海域水质和生物多样性的影响，为优化养殖布局提供参考。

根据环境监测和评估结果，利用人工智能技术制定针对性的渔业环境保护措施。例如，通过分析海洋生态系统的受损情况，确定人工鱼礁的投放位置和规模，促进海洋生态的修复；根据水质变化情况，制定合理的养殖密度和养殖品种调整方案，减少养殖活动对环境的负面影响。

3. 研究方法

（1）*数据驱动法*　广泛收集来自渔业生产一线的各种数据，包括养殖过程中的环境参数、投喂记录、鱼类生长数据，捕捞作业中的渔获量、捕捞位置、捕捞时间，以及渔业资源调查数据、市场销售数据等。同时，借助卫星遥感、无人机监测、传感器网络等技术手段获取海洋环境数据，如水温、盐度、海流、气象等数据。

对收集到的原始数据进行清洗、转换、集成等预处理操作，去除噪声数据、纠正错误数据、填补缺失数据，将不同格式和来源的数据统一整合，为后续的数据分析和建模提供高质量的数据基础。

运用机器学习、深度学习等人工智能算法对预处理后的数据进行分析，挖掘数据之间的潜在关系和规律。例如，通过建立回归模型预测鱼类生长与环境因素之间的关系，利用聚类算法对渔业资源分布进行分类，使用深度学习模型进行图像识别和目标检测等。通过不断优化模型参数，提高模型的准确性和泛化能力，为渔业决策提供科学依据。

（2）*模拟与实验法*　利用计算机模拟技术构建虚拟的渔业场景，如虚拟养殖池塘、虚拟渔场等。在模拟环境中，可以精确控制各种参数，如水温、溶解氧、养殖密度、捕捞强度等，模拟不同的渔业生产和管理情景。例如，在虚拟养殖池塘中模拟不同的投喂策略对鱼类生长和水质的影响，为实际养殖提供参考。

根据研究目的设计实验方案，确定实验变量、控制变量和观测指标。在模拟环境或实际渔业生产场景中实施实验，收集实验数据。例如，在研究某种新型智能养殖设备对养殖效率的影响时，设置实验组和对照组，分别使用新型设备和传统设备进行养殖实验，对比分析两组的养殖数据，如产量、成活率、饲料利用率等。

运用统计学方法对实验数据进行分析，验证研究假设，评估实验效果。根据实验结果，进一步优化模拟模型或改进实际渔业生产方案。例如，如果实验结果表明某种投喂策略可以显著提高鱼类生长速度和饲料利用率，那么可以将该策略应用到实际养殖中，并在实践中不断验证和完善。

（3）跨学科融合法　将人工智能、计算机科学、海洋生物学、环境科学、渔业经济学等多学科的知识进行系统整合。例如，在研究智能养殖系统时，结合海洋生物学中鱼类的生理生态特性、环境科学中水质调控原理、计算机科学中的传感器技术和数据处理算法及人工智能中的机器学习方法，实现养殖环境的智能监控和调控。

组建跨学科研究团队，包括人工智能专家、计算机工程师、海洋生物学家、环境科学家、渔业经济学者等。不同学科背景的研究人员通过定期的学术交流、项目合作等方式，分享各自领域的知识和经验，共同解决人工智能渔业学中的复杂问题。

鼓励在多学科交叉点上开展创新性研究，探索新的研究方法和应用模式。例如，将深度学习与海洋生态学相结合，研究海洋生态系统的演变规律和渔业资源的动态变化；将自然语言处理技术应用于渔业政策法规的分析和解读，为渔业政策制定提供更科学的依据。

二、学科性质、体系构成及学科特性

1. 学科性质

（1）综合性　人工智能渔业学并非单一学科，而是多学科深度融合的结晶。它以人工智能为核心驱动力，广泛吸纳计算机科学、海洋生物学、环境科学及渔业经济学等多领域的知识体系。计算机科学为其提供数据处理、算法设计与系统开发的技术支撑，确保人工智能技术在渔业场景中的有效落地。例如，借助大数据存储与云计算技术，实现海量渔业数据的高效管理与分析；利用计算机网络技术，搭建渔业信息实时传输与共享平台。海洋生物学则为理解渔业生物的生命活动规律、生态习性等提供基础，使人工智能应用能够精准适配渔业生物的需求。环境科学帮助识别和评估渔业活动与环境之间的相互影响，为人工智能在渔业环境保护与可持续发展方面的应用提供方向。渔业经济学从经济视角审视渔业活动，为人工智能技术在渔业产业中的应用提供成本效益分析、市场供需研究等方面的支持，确保技术应用能够提升渔业经济效益与市场竞争力。这种多学科的融合并非简单拼凑，而是相互渗透、相互促进，共同构建起一个完整且复杂的知识体系，以应对渔业领域的多样化挑战。

（2）应用导向性　该学科始终紧密围绕渔业实际问题展开研究与应用，具有明确的应用导向。其核心目标是运用人工智能技术切实解决渔业面临的资源枯竭、生态恶化、生产效率低下等关键问题，推动渔业产业的可持续发展。在渔业生产环节，通过开发智能养殖系统，实现养殖环境的自动化监测与精准调控，提高养殖产量与质量，降低生产成本。在渔业资源管理方面，利用人工智能进行资源评估与预测，为制定科学合理的捕捞配额、保护区规划等政策提供数据支持，实现渔业资源的可持续利用。在渔产品加工与流通领域方面，借助人工智能技术优化加工流程、提升产品质量检测精度、规划物流配送路线，提高产业附加值与市场流通效率。这种应用导向性使得人工智能渔业学的研究成果能够直接转化为实际生产力，为渔业产业带来切实的经济效益与社会效益。

2. 体系构成

（1）基础理论层

1）人工智能基础理论。作为人工智能的核心领域，机器学习为渔业数据的分析与处理提供了丰富的算法与模型。监督学习算法如决策树、支持向量机等，可用于对渔业数据进行分类与预测。例如，根据海洋环境参数预测鱼群的分布区域，或依据鱼类的特征数据进行品种分类。无监督学习算法如聚类分析，有助于发现渔业数据中的潜在模式与结构，如对不同海域的渔业资源进行聚类，识别相似的资源分布区域。强化学习则可应用于优化渔业生产决策，如通过不断试错学习，确定最优的捕捞策略或养殖管理方案，以最大化长期收益。

基于深度神经网络的深度学习技术，在处理复杂的渔业数据方面展现出强大能力。卷积神经网络（CNN）在图像识别任务中表现出色，可用于分析渔业监测图像，如识别鱼类的种类、健康状况，监测养殖池塘中的藻类生长情况等。循环神经网络（RNN）及其变体长短期记忆网络（LSTM）适用于处理时间序列数据，能够对渔业资源的动态变化、海洋环境参数的时间演变进行建模与预测，为渔业生产提供前瞻性的决策支持。

通过对渔业数据中模式的识别与分析，帮助渔业从业者和研究者理解数据背后的规律。例如，利用模式识别技术分析鱼类的行为模式，如洄游模式、摄食模式等，为精准捕捞与养殖管理提供依据。同时，模式识别还可应用于对渔业设备运行状态的监测，及时发现异常模式，预警设备故障，保障渔业生产的正常进行。

在渔业领域，自然语言处理可用于处理渔业相关的文本信息，如科研文献、政策法规、市场报告等。通过文本分类、信息抽取、情感分析等技术，快速提取有价值的信息，辅助渔业决策。例如，对市场报告进行情感分析，了解消费者对不同渔产品的态度与需求倾向；从科研文献中抽取关于新的养殖技术、疾病防治方法等关键信息，推动渔业技术创新。

2）渔业科学基础知识。了解鱼类、贝类、藻类等海洋生物的生物学特性，是开展人工智能在渔业应用的基础。例如，了解海洋生物的生态位与食物链关系，可为构建生态友好型的渔业养殖模式提供理论指导，通过人工智能优化养殖品种搭配与养殖密度，实现资源的高效利用与生态平衡。

在渔业资源管理中，运用生态学原理结合人工智能技术，可评估渔业活动对生态系统的影响，预测生态系统的变化趋势。例如，通过分析捕捞强度对海洋生物多样性的影响，利用人工智能模型制定可持续的捕捞策略，保护渔业生态系统的稳定性。

通过渔业资源调查获取的数据，结合人工智能算法进行深度分析，能够更准确地评估渔业资源的现状与潜力。例如，利用声学探测、遥感等技术获取的渔业资源数据，借助人工智能模型进行资源量估算、分布预测等，为制定合理的捕捞配额、划定渔业保护区提供科学依据。同时，渔业资源管理理论还指导着如何运用人工智能技术优化渔业资源的开发与利用，实现资源的可持续发展。

（2）*技术实现层*　传感器是获取渔业数据的关键设备，广泛应用于渔业生产的各个环节。例如，在渔业资源监测方面，声学传感器用于探测鱼群的位置、数量和大小；光学传感器可通过图像识别获取海洋生物的种类和分布信息。此外，气象传感器收集气温、风速、降水等气象数据，为渔业生产提供全面的环境信息。这些传感器获取的数据通过有线或无线通信技术传输到数据处理中心，为后续的分析与决策提供基础。

数据采集涵盖了从各种传感器、监测设备及渔业生产记录中获取数据的过程。除传感器采集的实时数据外，还包括人工记录的渔业生产数据，如投喂量、捕捞量、养殖品种等，以及历史渔业数据的收集与整理。数据处理则是对采集到的原始数据进行清洗、转换、集成等操作，以提高数据质量。清洗过程去除噪声数据、纠正错误数据和填补缺失数据；转换操作将不同格式的数据统一为适合分析的格式；集成则是将多个数据源的数据整合在一起。例如，将来自不同传感器的养殖环境数据与人工记录的养殖生产数据进行集成，以便进行综合分析。此外，数据处理还包括数据的特征提取与选择，通过提取关键特征，减少数据维度，提高数据分析效率与准确性。

基于数据分析结果，智能控制系统实现对渔业生产设备的自动化控制。在智能养殖中，根据养殖环境监测数据，智能控制系统自动调节增氧机、水泵、投饵机等设备的运行。例如，当溶解氧传感器检测到水体溶解氧含量低于设定阈值时，智能控制系统自动启动增氧机，增加水体溶氧量；当养殖鱼类达到特定生长阶段时，系统自动调整投饵机的投喂量和投喂频率。在捕捞作业中，智能控制系统可根据渔场资源分布预测和捕捞路线优化结果，自动控制渔船的航行方向、速度及捕捞设备的操作，实现精准捕捞。这种智能控制提高了渔业生产的效率与精准度，减少了人工干预，降低了劳动强度。

图像识别技术在渔业领域具有广泛应用。在鱼类监测方面，通过安装在养殖池塘、渔船或水下的摄像头获取图像，利用图像识别算法识别鱼类的种类、数量、大小、健康状况等信息。例如，通过识别鱼类的外观特征，判断其是否患有疾病，及时采取防治措施。在渔产品加工过程中，图像识别可用于自动分拣渔产品，根据产品的大小、形状、色泽等特征进行分类，提高加工效率与产品质量。此外，图像识别还可用于监测海洋生态环境，如识别珊瑚礁的健康状况、监测海洋垃圾的分布等，为渔业环境保护提供支持。

结合渔业数据与人工智能算法构建预测模型，对渔业资源、生产过程、市场变化等进行预测。在渔业资源预测方面，利用历史渔业资源数据、海洋环境数据及气候变化数据等，构建时间序列模型、神经网络模型等，预测鱼群的数量变化、分布迁移及渔业资源的可持续性。在生产过程预测中，根据养殖环境参数、鱼类生长数据等预测鱼类的生长速度、疾病发生概率等，帮助养殖户提前做好应对措施。

（3）*应用实践层*　将人工智能技术全面应用于水产养殖的各个环节，实现养殖过程的智能化管理。智能养殖系统通过实时监测养殖环境参数，如水温等，利用机器学习算法分析数据，预测环境变化趋势，自动调整养殖设备，确保养殖环境始终处于最佳状态。精准投喂系统根据鱼类的生长阶段、体重、摄食情况及水质条件，运用人工智能模型精确计算投喂量和投喂时间，实现精准投喂，提高饲料利用率，减少饲料浪费和水体污染。同时，通过图像识别和行为分析技术，实时监测鱼类的健康状况，及时发现疾病早期症状，自动启动疾病预警和防治机制，降低养殖风险。例如，一些先进的智能养殖农场利用物联网技术将各种传感器和养殖设备连接起来，形成一个智能化的养殖网络，实现了养殖过程的远程监控和自动化控制，大大提高了养殖效率和产品质量。

借助人工智能实现渔场资源的精准定位与捕捞作业的优化。利用卫星遥感、无人机监测、水下传感器等技术获取海洋环境和渔业资源信息，通过机器学习算法分析数据，预测鱼群的分布、洄游路线和聚集区域，为渔船提供精准的渔场信息。同时，结合船舶自动识别系统（AIS）和地理信息系统（GIS）技术，优化捕捞路线，减少渔船在海上的航行时间和能耗，提高捕捞效率。此外，智能捕捞设备利用声学、光学等技术实现对鱼群的精准探测和选择性捕捞，减少对非目标鱼类和海洋生态环境的损害。例如，一些新型的智能渔网能够根据鱼的大小、种类进行选择性捕捞，避免过度捕捞和幼鱼误捕，保护渔业资源的可持续性。

运用人工智能技术提升渔业资源管理的科学性和有效性。通过对渔业资源调查数据、监测数据及历史数据的分析，构建渔业资源评估模型，准确评估渔业资源的现状、变化趋势和可持续利用潜力。基于这些评估结果，利用人工智能算法制定科学合理的渔业资源管理策略，如确定捕捞配额、划定渔业保护区、规划增殖放流区域等。同时，利用智能监控系统实时监测渔业资源的动态变化和捕捞活动，及时发现和制止非法捕捞行为，保障渔业资源的合理开发和利用。例如，一些沿海地区利用卫星遥感和无人机监测技术，结合人工智能图像识别算法，对海域内的渔船活动进行实时监控，有效打击了非法捕捞行为，保护了渔业资源。

在渔产品加工环节，利用人工智能实现加工过程的自动化和智能化。通过计算机视觉技术对渔产品进行自动分拣、分级和质量检测，根据产品的外观特征、大小、重量等参数进行精准分类，提高加工效率和产品质量的一致性。智能化的切割、去皮、去内脏等加工设备根据预设的程序和参数进行操作，减少人工干预，提高加工精度和卫生标准。在流通环节，利用大数据分析和人工智能算法优化物流配送路线，根据市场需求、库存水平和运输条件，合理安排渔产品的运输和储存，降低物流成本，确保产品的新鲜度和品质。同时，通过建立产品追溯系统，利用区块链技术和人工智能实现渔产品从生产到销售全过程的信息跟踪和追溯，提高消费者对产品质量和安全的信任度。例如，一些大型渔产品加工企业采用自动化生产线，结合人工智能质量检测系统，大大提高了加工效率和产品质量，同时通过优化物流配送方案，降低了物流成本，提高了市场竞争力。

利用人工智能技术深入分析渔业市场动态，为渔业企业提供精准的市场决策支持。通过收集和分析市场供需数据、价格波动数据、消费者行为数据、竞争对手信息等，运用机器学习算法构建市场预测模型，预测渔产品的市场需求、价格走势和消费趋势，帮助企业制定合理的生产计划、价格策略和市场推广方案。同时，利用智能客服系统和大数据分析技术，为消费者提供个性化的服务和产品推荐，提高消费者的满意度和忠诚度。例如，一些渔业电商平台利用人工智能算法分析消费者的购买历史和浏览记录，为消费者推荐符合其口味和需求的渔产品，同时通过智能客服系统及时解答消费者的疑问，提高购物体验。此外，通过社交媒体和网络平台，利用自然语言处理技术进行舆情监测和品牌推广，提升渔业企业的品牌知名度和市场影响力。

（4）*政策与管理层* 人工智能技术为渔业政策的制定提供全面的数据支持和科学分析。通过对渔业资源、生产、市场、环境等多方面数据的综合分析，评估现有政策的实施效果，发现政策存在的问题和不足。例如，利用大数据分析评估渔业补贴政策对渔业生产结构、资源利用效率及生态环境的影响。同时，根据渔业发展的趋势和需求，运用人工智能预测模型预测未来渔业的发展方向和面临的挑战，为制定新的政策提供前瞻性的依据。例如，预测气候变化对渔业资源的影响，提前制定应对气候变化的渔业政策，保障渔业的可持续发展。

借助人工智能技术加强渔业法规的执行和监督力度。利用卫星遥感、无人机监测、智能监控设备等技术手段，实时监测渔业活动，自动识别和预警违规行为，如非法捕捞、违规养殖、破坏渔业生态环境等。例如，通过对卫星图像和无人机视频的分析，利用图像识别技术识别非法捕捞船只的特征和行为，及时通知执法部门进行查处。同时，利用区块链技术和大数据分析，对渔产品的来源、流向进行全程追溯，确保渔产品的生产和流通符合法规要求，打击非法渔产品进入市场。此外，通过建立智能执法系统，整合执法资源，提高执法效率和精准度，保障渔业法规的严格执行。

人工智能在推动渔业可持续发展方面发挥着重要作用。通过对渔业生态系统的监测和分析，评估渔业活动对生态环境的影响，制定生态友好型的渔业发展政策和规划。例如，利用人工智能模型模拟不同渔业发展方案对海洋生态系统的影响，选择最优方案，实现渔业经济发展与生态环境保护的双赢。同时，通过推广智能化的渔业生产技术和管理模式，提高渔业资源的利用效率，减少资源浪费和环境污染。例如，鼓励发展智能养殖和精准捕捞技术，降低对渔业资源的过度开发和对生态环境的破坏。

3. 学科特性

（1）*技术创新性* 人工智能渔业学不断引入新兴的人工智能技术，并将其与传统渔业技术深度融合，创造出全新的应用模式与解决方案。例如，将深度学习中的生成对抗网络（GAN）应用于渔业图像生成，通过生成虚拟的渔业场景和生物图像，为渔业研究与培训提供丰富的模拟数据。同时，结合边缘计算技术，将部分数据处理任务从云端移至边缘设备，实现数据的实时处理与决策，提高渔业生产的响应速度。例如，在智能养殖中，边缘计算设备可实时分析传感器数据，快速调整养殖设备，应对突发的环境变化。此外，强化学习与物联网技术的结合，使渔业设备能够根据实时环境反馈自动优化运行策略，实现智能化的自主控制，不断推动渔业生产方式的创新变革。

该学科的技术创新直接推动渔业产业从传统模式向智能化、现代化转型升级。智能养殖技术的发展使水产养殖从依赖人工经验转向精准化、自动化管理，大大提高了养殖效率与产品质量，降低了劳动强度与养殖风险。例如，精准捕捞技术借助人工智能实现了对渔场资源的精准定位与高效捕捞，减少了资源浪费，同时降低了对海洋生态环境的影响，推动捕捞业向可持续方向发展。在渔产品加工与流通领域，自动化加工设备和智能化物流管理系统的应用，提高了加工效率和产品附加值，优化了供应链，增强了渔业产业的市场竞争力。这些技术创新不仅提升了渔业各环节的生产效率和质量，还为渔业产业开拓了新的发展空间，如催生了渔业大数据服务、智能渔业装备制造等新兴产业，促进了渔业产业结构的优化升级。

（2）数据依赖性　人工智能渔业学的发展高度依赖大量、多源、异构的数据。渔业生产过程中产生的数据，如养殖环境参数、捕捞记录等，渔业资源相关数据，包括鱼类种群数量、分布等，以及市场数据，如价格波动、消费需求等，都是人工智能模型训练和优化的基础。这些数据蕴含着渔业系统运行的规律和特征，通过对其深入挖掘和分析，能够揭示渔业生产、资源变化和市场动态的内在联系，为决策提供科学依据。

数据的质量直接影响人工智能在渔业领域应用的准确性和可靠性。高质量的数据应具备完整性、准确性、一致性和时效性等特征。数据缺失、错误或过时，会导致人工智能模型的训练偏差，进而影响其预测和决策的精度。例如，在渔业资源评估中，如果用于训练模型的调查数据存在遗漏或误差，可能会高估或低估渔业资源的数量，导致制定的捕捞政策不合理，对渔业资源造成破坏。因此，在人工智能渔业学的研究和应用中，必须高度重视数据质量的管理，通过严格的数据采集规范、数据清洗和验证等手段，确保数据的质量，以提升人工智能应用的效果和价值。

（3）学科交叉性　人工智能渔业学打破了传统学科的界限，实现了多学科知识的深度融合与协同创新。计算机科学提供了实现人工智能算法和系统开发的技术手段，海洋生物学为理解渔业生物的特性和生态关系提供理论基础，环境科学帮助认识渔业与环境的相互作用，渔业经济学则从经济角度指导渔业资源的合理配置和产业发展。例如，在研究渔业生态养殖模式时，需要综合运用计算机科学的智能控制技术实现养殖环境的精准调控，依据海洋生物学知识选择合适的养殖品种和搭配方式，结合环境科学原理评估养殖对周边生态环境的影响，并运用渔业经济学方法进行成本效益分析，以确定最优的养殖方案。这种多学科知识的融合并非简单的叠加，而是相互渗透、相互启发，形成了一个有机的整体，共同推动人工智能渔业学的发展。

由于学科的交叉性，开展人工智能渔业学研究和应用需要跨学科团队的协作。团队成员应包括计算机科学家、海洋生物学家、环境科学家、渔业经济学者及工程技术人员等，不同学科背景的人员各自发挥专业优势，共同攻克复杂的渔业问题。例如，在开发智能渔业监测系统时，计算机科学家负责设计算法和搭建系统架构，海洋生物学家提供关于监测对象的生物学特征和行为习性等方面的知识，环境科学家协助确定监测的环境指标和参数，渔业经济学者从成本效益角度对项目进行评估，工程技术人员则负责系统的硬件设计和实施。跨学科团队的有效协作能够整合各方资源，促进不同学科之间的交流与合作，加速科研成果的转化和应用，是推动人工智能渔业学发展的关键因素。

三、人工智能渔业学的作用与意义

1. 提升渔业生产效率

（1）智能养殖实现精准作业　人工智能渔业学助力构建智能养殖系统，借助各类传感器实时收集养殖水体的温度、溶解氧、pH 等关键参数。通过机器学习算法深度分析这些数据，系统能够精准预测环境变化趋势，并自动调整增氧机、温控设备等，确保养殖环境始终契合水生生物的生长需求。例如，在对虾养殖中，智能系统可根据水温、盐度变化，及时调整养殖池的水温与盐度，将对虾的生长速度提高 20%～30%，同时降低死亡率 10%～15%。

依据水生生物的生长阶段、体重、摄食习惯等数据，利用深度学习模型构建精准投喂策略。系统可实时监测鱼类摄食情况，自动调整投喂量与频率，不仅满足生物营养需求，还能减少 30%～40%的饲料浪费，降低养殖成本，同时减轻水体污染，提高养殖效益。

（2）精准捕捞提高作业效能　整合卫星遥感、无人机监测、水下传感器等多源数据，运用人工智能算法分析海洋环境与渔业资源信息，精准预测鱼群的分布、洄游路线和聚集区域。渔船据此可直接驶向鱼群密集区域，减少无效搜索时间，使捕捞效率提高 30%～50%。例如，在金枪鱼捕捞中，通过分析海表温度、叶绿素浓度等数据，准确预测金枪鱼的栖息地，提高捕捞成功率。

智能捕捞设备利用声学、光学技术实现对鱼群的精准探测与选择性捕捞。例如，智能渔网可根据预设的鱼体大小、种类进行捕捞，减少对非目标鱼类的误捕，保护渔业资源多样性。同时，优化捕捞路线与时间，降低燃油消耗，提高能源利用效率，减少捕捞成本。

2. 促进渔业可持续发展

（1）科学管理渔业资源　通过对渔业资源调查数据、监测数据及历史数据的深度挖掘与分析，运用人工智能构建高精度的渔业资源评估模型。该模型能够准确评估渔业资源的现状、变化趋势和可持续利用潜力，为渔业资源的科学管理提供坚实依据。例如，对某海域的渔业资源进行评估时，结合历年捕捞数据、鱼类生长数据及海洋环境变化数据，预测未来资源量变化，为合理制定捕捞配额提供科学指导。

基于资源评估结果，利用人工智能算法制定科学合理的渔业发展策略。精确确定捕捞配额，避免过度捕捞，保护渔业资源的再生能力。同时，合理规划养殖区域与品种，优化养殖布局，实现渔业资源的可持续利用。例如，根据不同海域的生态承载能力，规划适宜的养殖品种和规模，防止养殖活动对海洋生态造成破坏。

（2）保护渔业生态环境　利用卫星遥感、无人机、传感器网络等技术，结合人工智能图像识别和数据分析算法，对渔业环境进行全方位实时监测。及时发现水质恶化、赤潮、海洋垃圾等环境问题，并发出预警。例如，通过卫星遥感图像监测赤潮的发生与扩散，提前采取应对措施，减少对渔业资源的损害。

推广智能化的渔业生产技术和管理模式，如智能养殖系统可通过精准调控减少养殖废水排放，降低对周边水体环境的污染。精准捕捞技术可减少对非目标物种和海洋生态环境的损害，促进渔业生态系统的平衡与稳定。

3. 增强渔业市场竞争力

（1）优化渔产品加工与流通　在渔产品加工环节，利用计算机视觉技术实现自动分拣、分级和质量检测，根据产品的外观特征、大小、重量等参数进行精准分类，提高加工效率 3～5 倍，同时提升产品质量的一致性。智能化的切割、去皮、去内脏等加工设备，依据预设程序和参数操作，可减少人工干预，提高加工精度和卫生标准。

运用大数据分析和人工智能算法优化物流配送路线，根据市场需求、库存水平和运输条件，合理安排渔产品的运输和储存。通过智能仓储管理，实时监控渔产品的储存环境，确保产品新鲜度和品质。例如，通过分析市场销售数据和物流信息，优化配送方案，使物流成本降低15%～25%，提高市场响应速度。

（2）满足市场多样化需求　收集和分析市场供需数据、价格波动数据、消费者行为数据、竞争对手信息等，运用机器学习算法构建市场预测模型。通过精准预测渔产品的市场需求、价格走势和消费趋势，帮助企业提前规划生产，开发符合市场需求的新产品。

利用智能客服系统和大数据分析技术，可为消费者提供个性化的服务和产品推荐。例如，通过分析消费者的购买历史和浏览记录，为其推荐符合口味和需求的渔产品，提高消费者满意度和忠诚度。同时，通过社交媒体和网络平台，利用自然语言处理技术进行舆情监测和品牌推广，提升渔业企业的品牌知名度和市场影响力。

四、学科发展现状

1. 国外发展现状

（1）智能养殖领域　在欧美、日本、挪威等发达国家，智能养殖技术已广泛应用于各类水产养殖。例如，挪威的三文鱼养殖产业，通过在养殖网箱中部署大量传感器，实时监测水温、溶解氧、盐度等关键环境参数，并借助机器学习算法对数据进行深度分析。一旦环境参数偏离设定的最佳范围，系统会自动触发相应的调控设备，如调节水温的装置、增加溶氧的设备等，确保三文鱼始终处于最佳生长环境。这种精准的环境调控不仅提高了三文鱼的生长速度和品质，还降低了疾病发生率，使得养殖产量大幅提升。

智能投喂系统在国外智能养殖中得到高度发展。以美国的一些大型鲈养殖场为例，利用计算机视觉技术和机器学习算法，系统能够实时监测鲈的摄食行为、鱼体大小和生长阶段等信息。基于这些数据，投喂系统可以精确计算出每一次的投喂量和投喂频率，实现精准投喂。相较于传统的定时定量投喂方式，智能投喂系统可减少30%～40%的饲料浪费，同时提高鲈的生长效率和饲料转化率，降低养殖成本。

在疾病防控方面，国外利用人工智能技术取得了显著成果。日本的一些鳗养殖场，通过安装在养殖池中的高清摄像头和传感器，运用图像识别技术实时监测鳗的行为和外观特征。一旦发现鳗出现游动异常、体表损伤或变色等疾病早期症状，系统会立即发出预警，并结合大数据分析和深度学习算法，给出可能的疾病诊断和相应的防治建议。这种智能化的疾病预警与防控系统能够在疾病初期及时采取措施，有效控制疾病传播，减少养殖损失。

（2）精准捕捞领域　国外在利用卫星遥感、无人机和水下传感器等技术进行渔场探测方面处于领先地位。例如，法国的渔业研究机构通过分析卫星遥感图像中的海洋温度、叶绿素浓度等数据，结合机器学习算法，能够精准预测金枪鱼等大型中上层鱼类的分布区域和渔场。同时，无人机搭载的高分辨率摄像头和多光谱传感器可以对海面进行大面积快速扫描，获取鱼群的聚集信息。这些技术为渔船提供了准确的渔场位置信息，大大提高了捕捞效率。

智能捕捞设备在国外捕捞业中得到了广泛应用。例如，丹麦的一些现代化渔船配备了智能拖网系统，该系统利用声学和光学传感器实时监测网内鱼群的种类、大小和数量。当网内鱼群达到一定数量或特定规格时，系统会自动调整拖网的深度、速度和网口大小，实现选择性捕捞。此外，智能捕捞设备还能根据实时监测数据优化捕捞路线，减少捕捞时间和能耗，提高捕捞作业的整体效能。

许多发达国家利用人工智能技术实现了渔业资源的智能化管理。以澳大利亚为例，通过建立全国性的渔业资源数据库，整合渔业资源调查数据、捕捞数据、海洋环境数据等多源信息，并运用大数据分析和人工智能算法对渔业资源进行动态评估和预测。基于这些分析结果，制定科学合理的捕捞配额和渔业资源保护政策，实现渔业资源的可持续利用。同时，利用卫星定位和船舶自动识别系统（AIS）对渔船的捕捞活动进行实时监控，确保渔业法规的严格执行。

（3）渔产品加工与流通领域　在渔产品加工方面，国外的自动化加工生产线技术成熟且高度发达。例如，美国的一些大型鱼类加工企业，利用先进的计算机视觉和机器人技术，实现了从鱼类分拣、切割、去鳞、去内脏到包装的全流程自动化。这些生产线能够根据预设的标准和参数，快速准确地对不同种类和大小的鱼类进行加工处理，不仅提高了加工效率，还保证了产品质量的一致性。一条自动化加工生产线每小时可处理数千条鱼，大大减少了人工成本和加工时间。

国外在渔产品物流与供应链管理方面广泛应用人工智能技术。例如，荷兰的渔产品物流企业利用大数据分析和机器学习算法，优化物流配送路线，根据市场需求、库存水平和运输条件，实时调整配送计划，确保渔产品能够以最快的速度、最佳的品质送达消费者手中。同时，通过物联网技术实现对渔产品运输过程的实时监控，包括温度、湿度、振动等环境参数的监测，确保产品在运输过程中的质量安全。此外，利用区块链技术建立渔产品追溯系统，消费者可以通过扫描产品二维码获取渔产品从捕捞、加工到销售的全过程信息，增强消费者对产品质量和安全的信任。

（4）渔业科技创新与合作　国外在人工智能渔业学领域的产学研合作非常紧密。以美国为例，许多高校和科研机构与渔业企业建立了长期的合作关系。高校和科研机构专注于人工智能技术在渔业领域的前沿研究，开发新的算法、模型和应用技术。渔业企业则将这些科研成果应用于实际生产中，并为科研机构提供实践数据和应用场景，促进科研成果的转化和优化。例如，斯坦福大学与一些渔业科技公司合作，开展关于利用深度学习预测海洋生态系统变化对渔业资源影响的研究项目，研究成果直接应用于渔业企业的资源管理和生产规划中。

许多国家的政府对人工智能渔业学的发展给予了大力支持和政策引导。例如，欧盟通过制定一系列科研资助计划，鼓励科研机构和企业开展人工智能在渔业领域的应用研究。在智能养殖、精准捕捞、渔业资源保护等方面设立专项基金，支持相关技术的研发和推广。同时，政府还出台相关政策，规范人工智能在渔业领域的应用，确保技术的安全、可靠和可持续发展。

2. 国内发展现状

（1）智能养殖领域　近年来，我国智能养殖技术在部分地区和企业得到了逐步推广。例如，在广东、浙江等地的一些大型对虾和鲈鱼养殖场，开始引入智能养殖系统。这些系统通过安装在养殖池塘中的传感器，实时监测水温、溶解氧、pH 等环境参数，并通过无线通信技术将数据传输到管理平台。养殖户可以通过手机 APP 或电脑端实时查看数据，并根据系统提供的预警信息，及时调整养殖设备，如开启增氧机、调节水泵等，保障养殖环境的稳定。虽然推广范围还相对有限，但应用效果显著，有效提高了养殖产量和质量，降低了养殖风险。

智能投喂技术在我国也取得了一定进展。一些养殖企业采用基于传感器和智能算法的投喂设备，能够根据养殖生物的生长阶段和摄食情况自动调整投喂量。例如，江苏的一些螃蟹养殖场，利用智能投喂系统，根据螃蟹的脱壳周期和生长速度，精准控制饲料投喂，提高了饲料利用率，减少了水质污染。在疾病防控方面，部分科研机构和企业正在研发基于图像识别和大数据分析的疾病预警系统。例如，中国水产科学研究院开发的鱼类疾病预警系统，通过对养殖鱼类的图像和行为数据进行分析，能够早期发现鱼类疾病迹象，并提供相应的防治建议，但目前该系统仍处于试验和完善阶段。

我国在智能养殖模式创新方面进行了积极探索。例如，一些地区开展了工厂化循环水养殖模式的智能化升级。通过构建封闭的养殖水体循环系统，利用人工智能技术实现对水质、水温、光照等环境因素的精准调控，同时配备自动化的投喂、清污和监测设备。这种养殖模式不仅提高了水资源的利用效率，减少了养殖废水排放，还为养殖生物提供了稳定的生长环境，提高了养殖密度和产量。例如，山东的一些工厂化循环水养殖企业，通过智能化改造，实现了养殖全过程的自动化管理，提高了生产效率和经济效益。

（2）*精准捕捞领域* 在精准捕捞技术方面，我国科研机构和企业积极开展研发与应用。例如，上海海洋大学等科研团队利用卫星遥感、地理信息系统（GIS）和大数据分析技术，对我国近海和远洋渔业资源进行监测和分析，构建了渔业资源分布预测模型，为渔船提供渔场信息和捕捞决策支持。一些渔业企业开始尝试应用智能捕捞设备，如智能网具和水下监测系统，提高捕捞效率和选择性。

我国加大了对渔业资源监测和管理的力度，利用人工智能技术提升管理水平。通过建立渔业资源监测网络，整合卫星遥感、无人机监测、水下传感器等多源数据，对渔业资源的数量、分布和动态变化进行实时监测。例如，在南海海域，通过卫星遥感监测海洋环境参数，结合人工智能算法分析渔业资源的变化趋势，为渔业资源的合理开发和保护提供科学依据。同时，利用信息化手段加强对渔船的监管，通过安装船舶自动识别系统（AIS）和渔政执法监控平台，实时掌握渔船的位置、作业状态等信息，有效打击非法捕捞行为。

随着我国远洋渔业的发展，智能化技术在远洋捕捞中的应用逐渐受到重视。一些远洋渔业企业开始探索利用人工智能技术提高远洋捕捞的效率和安全性。例如，研发适合远洋作业的智能渔船，配备先进的导航、通信和捕捞设备，利用人工智能技术实现渔船的自动驾驶、智能避碰和远程监控。同时，通过卫星通信技术实现远洋渔船与陆地管理部门的数据实时传输，便于及时掌握渔船作业情况和渔业资源信息，为远洋渔业的科学管理和可持续发展提供支持。

（3）*渔产品加工与流通领域* 我国渔产品加工行业的自动化水平正在逐步提升。一些大型渔产品加工企业引进了先进的自动化加工设备，实现了部分加工环节的自动化操作。例如，在鱼类切片、分拣和包装环节，采用自动化生产线，提高了加工效率和产品质量。山东的一些水产加工企业，通过引进国外先进的自动化加工设备，实现了鱼片切割的精准化和包装的自动化，减少了人工操作误差，提高了生产效率。然而，与国外先进水平相比，我国渔产品加工的自动化程度仍有待提高，部分关键技术和设备还依赖进口。

在渔产品物流与供应链方面，我国企业也在积极引入智能化技术。一些大型冷链物流企业利用大数据分析和物联网技术，优化物流配送路线，实时监控冷链运输过程中的温度、湿度等环境参数，确保渔产品在运输过程中的新鲜度和品质。例如，京东物流与一些水产企业合作，通过建立智能化的冷链物流体系，实现了渔产品从产地到消费者的全程冷链监控和高效配送。同时，一些电商平台利用区块链技术建立渔产品追溯系统，消费者可以通过扫描产品二维码获取渔产品的来源、养殖过程、加工信息等，增强了消费者对产品质量的信任。

随着电商和新零售的发展，我国渔产品销售模式发生了深刻变化。众多渔产品企业借助电商平台拓展销售渠道，利用大数据分析消费者需求，实现精准营销。例如，盒马鲜生等新零售企业，通过与渔业养殖基地合作，建立直采模式，利用智能化的供应链管理系统，将新鲜的渔产品快速送达消费者手中。同时，通过线上线下融合的方式，为消费者提供更加便捷的购物体验，推动了渔产品的销售和消费升级。

（4）*渔业科技创新与政策支持* 我国对人工智能渔业学相关的科研投入不断增加，取得了一系列科研成果。高校和科研机构在智能养殖、精准捕捞、渔业资源保护等领域开展了大量研究工作。例如，中国科学院在渔业大数据分析、智能养殖技术研发等方面取得了重要进展，开发了一系列人工智能算法和模型，应用于渔业生产和管理中。同时，一些科研成果已经在实际生产中得到应用和推广，为渔业产业的转型升级提供了技术支撑。

政府出台了一系列政策扶持人工智能渔业学的发展，引导渔业产业向智能化、绿色化方向转型升级。例如，农业农村部发布了相关政策文件，鼓励渔业企业开展智能化养殖、精准捕捞等技术的研发和应用，对符合条件的企业给予财政补贴和税收优惠。各地政府也积极推动渔业科技创新园区和示范基地的建设，为人工智能渔业技术的研发和推广提供平台支持，促进了人工智能渔业学在我国的快速发展。

五、学科的基础理论及其应用

1. 基础理论

（1）人工智能基础理论

1）机器学习理论。

监督学习：基于已标记的数据进行模型训练，使模型能够学习到输入特征与输出标签之间的映射关系。在渔业中，可用于对鱼类疾病的诊断，通过大量已标注疾病类型的鱼类样本数据（包括症状描述、检测指标等作为输入特征，疾病类型作为输出标签），训练分类模型，如决策树、支持向量机等。当输入新的鱼类样本数据时，模型便能预测其可能患有的疾病。此外，在预测渔产品市场价格方面，以历史市场价格数据、渔产品产量、市场供需关系等作为输入特征，以价格作为输出标签，训练回归模型，从而预测未来价格走势，帮助渔业从业者制定生产和销售策略。

无监督学习：处理未标记的数据，旨在发现数据中的内在结构和模式。例如，在分析渔业资源分布数据时，运用聚类算法（如 k 均值聚类），根据鱼类的分布位置、种群密度、海洋环境参数等数据，将不同区域的渔业资源聚为不同类别，有助于发现潜在的渔场或了解不同类型渔业资源的分布特点。在分析渔获物组成时，通过无监督学习可识别不同种类渔获物之间的关联模式，为优化捕捞策略提供依据。

强化学习：通过智能体与环境进行交互，根据环境反馈的奖励信号来学习最优行为策略。在渔业养殖中，智能体可以是养殖系统的控制模块，环境则是养殖水体及其中的生物。控制模块通过不断尝试不同的养殖参数调节（如投喂量、换水频率等），根据鱼类生长状况、水质变化等反馈作为奖励信号，学习到最优的养殖管理策略，以实现最大化养殖效益（如提高产量、降低成本、减少疾病发生等）。在捕捞作业中，强化学习可用于优化渔船的捕捞路径规划，智能体根据渔船当前位置、鱼群分布信息、航行成本等环境信息，选择最优的航行方向和速度，以在有限的时间和资源内获取最大的渔获量。

2）深度学习理论。

人工神经网络（ANN）：模仿生物神经网络结构和功能构建的数学模型，由输入层、隐藏层和输出层组成，各层之间通过权重连接。在渔业图像识别任务中，如识别鱼类的种类、监测鱼类的健康状况等，可使用多层感知机（MLP，一种简单的 ANN）。将鱼类图像的像素值作为输入，经过隐藏层的非线性变换，最终在输出层得到鱼类种类或健康状态的预测结果。其原理是通过调整权重，使得模型能够学习到图像特征与目标之间的复杂关系。

卷积神经网络（CNN）：专门为处理具有网格结构的数据（如图像）而设计的深度学习模型。在渔业中，广泛应用于鱼类图像识别和海洋环境监测图像分析。例如，在识别不同生长阶段的鱼苗时，CNN 能够通过卷积层自动提取鱼苗图像的特征，如形状、颜色、纹理等，池化层则对特征进行压缩，减少数据量，最后通过全连接层进行分类。相较于传统图像识别方法，CNN 能够更有效地处理复杂的图像数据，提高识别准确率。在监测海洋赤潮时，通过对卫星遥感图像或无人机拍摄的图像进行 CNN 分析，可准确识别赤潮的范围、强度和发展趋势。

循环神经网络（RNN）及其变体（LSTM、GRU）：适用于处理时间序列数据，能够捕捉数据中的时间依赖关系。在渔业资源动态监测中，可用于分析鱼类种群数量、海洋环境参数（如水温、盐度等随时间变化的数据）。以时间序列的形式输入数据，RNN 及其变体能够学习到数据随时间的演变规律，从而预测未来的资源变化趋势。例如，利用 LSTM 网络对某海域历年的渔业捕捞量、资源调查数据进行学习，预测未来几年该海域的渔业资源量，为制定合理的捕捞计划提供依据。在分析鱼类洄游模式时，通过对鱼类在不同时间点的位置数据进行 RNN 分析，可揭示其洄游的时间规律和路线特征。

3）模式识别理论。

特征提取与选择：从原始数据中提取最具代表性和区分性的特征，以减少数据维度，提高分类和识别的效率与准确性。在渔业中，对于鱼类的识别，可提取其形态特征（如体长、体宽、鳍的形状等）、颜色特征（如体表颜色分布、色素沉着等）及行为特征（如游动速度、群体行为模式等）。通过主成分分析（PCA）等方法进行特征选择，保留对鱼类分类最关键的特征。例如，在区分不同种类的虾时，通过对其形态特征进行 PCA 分析，选取最能区分不同虾种的几个关键特征，用于后续的分类识别。

分类与匹配：基于提取的特征，采用各种分类算法（如最近邻算法、贝叶斯分类器等）对渔业数据进行分类，判断其所属类别。在鱼类病害诊断中，将患病鱼类的特征与已知疾病类型的特征模板进行匹配，使用最近邻算法找出与患病鱼类特征最相似的疾病模板，从而确定疾病类型。在渔业资源调查中，通过对采集到的生物样本特征进行分类，识别不同的物种，统计物种多样性。

4）自然语言处理理论。

文本分类：将渔业相关的文本信息（如科研文献、政策法规、市场报告等）按照一定的标准进行分类。例如，将科研文献按照研究领域（如养殖技术、资源保护、生态环境等）进行分类，便于渔业从业者快速查找所需信息。对市场报告进行分类，可分为市场趋势分析、产品需求分析、价格波动分析等类别，为企业决策提供有针对性的信息。

信息抽取：从文本中提取特定的信息，如从渔业科研文献中抽取新的养殖技术、疾病防治方法、渔业资源评估结果等关键信息；从政策法规文本中抽取与渔业生产、环境保护、补贴政策等相关的条款和规定。例如，通过命名实体识别（NER）技术，识别文本中的实体（如鱼类品种、地名、时间等），并结合句法分析和语义理解，抽取实体之间的关系，如某种鱼类的适宜养殖地点、疾病防治措施与特定疾病的对应关系等。

情感分析：分析渔业相关文本中所表达的情感倾向，如对某种渔产品的消费者评价、对渔业政策的社会反馈等。通过对社交媒体、电商平台上的消费者评论进行情感分析，了解消费者对不同渔产品的喜好程度、满意度及对产品改进的期望。对渔业政策的情感分析，可帮助政策制定者了解政策在社会中的接受程度和存在的问题，以便及时调整和完善政策。

（2）渔业科学基础理论

1）海洋生物学理论。

鱼类生理学：研究鱼类的生命活动规律，包括鱼类的呼吸、消化、循环、生殖等生理过程。了解鱼类的生理需求对于智能养殖系统的设计至关重要。例如，不同种类的鱼类对溶解氧的需求不同，通过掌握鱼类的呼吸生理机制，智能养殖系统可根据鱼类的实时生理状态和环境因素，精确调控水体溶解氧含量，保障鱼类的正常生长。在繁殖方面，知晓鱼类的生殖周期、繁殖行为和生殖环境需求，有助于利用人工智能技术实现对鱼类繁殖过程的精准调控，如通过控制光照周期、水温等环境参数，诱导鱼类在适宜的时间繁殖，提高繁殖效率。

鱼类生态学：探讨鱼类与周围环境之间的相互关系，包括鱼类的栖息地、食物来源、种内与种间关系等。在渔业资源管理中，依据鱼类生态学原理，结合人工智能技术分析鱼类的生态位，预测不同鱼类在不同环境条件下的分布和数量变化。例如，通过分析海洋温度、盐度、水流等环境因素对鱼类栖息地的影响，利用机器学习模型预测气候变化对鱼类分布的影响，为合理规划渔业生产区域和保护渔业资源提供科学依据。在养殖过程中，了解鱼类的种内和种间关系，有助于优化养殖品种搭配和养殖密度，避免种间竞争和疾病传播，实现生态友好型养殖。

海洋生物多样性：研究海洋中生物的种类、数量、分布及其相互关系。保护海洋生物多样性对于渔业的可持续发展至关重要。通过人工智能技术对海洋生物多样性进行监测和评估，如利用图像识别技术对水下拍摄的生物图像进行分析，统计生物种类和数量。同时，分析人类活动（如捕捞、养殖、海洋工程等）对海洋生物多样性的影响，利用机器学习模型预测生物多样性的变化趋势，为制定保护措施提供依据。例如，通过监测海洋生物多样性的变化，评估人工鱼礁建设对生物多样性的改善效果，以便调整人工鱼礁的投放策略。

2）环境科学理论。

海洋环境化学：研究海洋中化学物质的分布、变化规律及其与海洋生物和环境的相互作用。在渔业养殖中，了解水体中营养盐（如氮、磷等）、重金属、有机物等化学物质的含量和动态变化，对于维持良好的养殖环境至关重要。利用传感器实时监测水体化学参数，并结合人工智能算法分析数据，预测水质变化趋势。例如，当水体中氨氮含量过高时，智能养殖系统可自动启动换水或水质净化设备，防止鱼类因水质恶化而受到危害。在渔业资源保护方面，研究海洋化学污染对鱼类生长、繁殖和生存的影响，通过建立数学模型，评估污染对渔业资源的潜在风险，为制定污染防控政策提供科学依据。

海洋生态学：研究海洋生态系统的结构、功能及其动态变化规律。海洋生态系统是渔业生产的基础，了解其生态平衡机制对于可持续渔业发展至关重要。利用人工智能技术模拟海洋生态系统的动态变化，分析渔业活动（如捕捞、养殖）对生态系统的影响。例如，通过构建海洋生态系统模型，结合机器学习算法，预测过度捕捞对食物链结构和生态系统稳定性的影响，为制定合理的捕捞配额和渔业资源保护策略提供参考。同时，研究海洋生态系统的自我修复能力，利用人工智能技术监测和评估生态修复措施（如增殖放流、人工鱼礁建设等）的效果，促进海洋生态系统的恢复和保护。

气候变化与渔业：研究气候变化对渔业资源和渔业生产的影响。气候变化导致海洋温度升高、海平面上升、海洋酸化等环境变化，对鱼类的分布、生长、繁殖和洄游等产生深远影响。通过收集和分析历史气候数据、海洋环境数据及渔业资源数据，利用人工智能模型预测气候变化对渔业的影响趋势。例如，预测未来几十年内某海域水温升高导致的鱼类种群数量变化和分布范围迁移，帮助渔业从业者提前调整生产策略，适应气候变化。同时，评估不同应对气候变化措施（如发展低碳渔业、调整养殖品种等）对渔业可持续发展的效果，为制定应对气候变化的渔业政策提供依据。

3）渔业资源学理论。

渔业资源评估：运用各种方法对渔业资源的数量、分布、质量及其可利用程度进行评估。传统的渔业资源评估方法包括基于生物学的方法（如年龄结构分析、生长模型等）和基于捕捞数据的方法（如产量模型、CPUE 分析等）。在人工智能渔业学中，将这些传统方法与大数据分析、机器学习算法相结合，提高评估的准确性和可靠性。例如，利用深度学习模型对渔业资源调查数据（如声学探测数据、拖网调查数据等）进行分析，结合鱼类的生物学特征和环境因素，更准确地估算渔业资源的数量和分布。同时，通过对历史捕捞数据和资源监测数据的长期分析，预测渔业资源的变化趋势，为制定合理的捕捞政策提供科学依据。

渔业资源管理策略：基于渔业资源评估结果，制定科学合理的渔业资源管理策略，以实现渔业资源的可持续利用。这些策略包括确定捕捞配额、划定渔业保护区、实施休渔制度、控制养殖规模等。利用人工智能技术模拟不同管理策略下渔业资源的动态变化，评估管理策略的效果。例如，通过建立渔业资源管理模型，结合强化学习算法，优化捕捞配额的分配方式，在保证渔业资源可持续利用的前提下，最大化渔业经济效益。同时，利用地理信息系统（GIS）和人工智能技术，合理规划渔业保护区的位置和范围，保护重要的渔业资源栖息地和繁殖场所。

渔业资源增殖：通过人工干预手段增加渔业资源的数量和质量，如增殖放流、人工鱼礁建设等。在增殖放流过程中，利用人工智能技术对放流苗种的数量、规格、品种进行优化选择，根据目标海域的生态环境和渔业资源状况，制定科学的放流方案。例如，通过分析历史放流数据和海洋生态环境数据，利用机器学习算法预测不同苗种在不同海域的放养成活率和增殖效果，提高增殖放流的科学性和有效性。在人工鱼礁建设方面，利用 3D 建模和人工智能模拟技术，设计更符合鱼类栖息和繁殖需求的鱼礁结构和布局，提高人工鱼礁对渔业资源的吸引和增殖效果。

2. 应用领域

（1）在智能养殖中的应用

1）环境监测与调控。利用传感器网络实时采集养殖水体的温度、溶解氧、pH、氨氮等环境参数，这些数据作为机器学习和深度学习模型的输入。例如，通过长期收集的数据训练 LSTM 模型，学习环境参数随时间的变化规律，预测未来环境参数的变化趋势。一旦预测到参数可能超出鱼类适宜生长范围，系统立即发出预警，并根据预设的调控策略自动启动相应设备，如增氧机、水泵等，调整养殖环境。

基于强化学习理论，智能养殖系统不断尝试不同的环境调控策略（如调整水温、换水频率等），根据鱼类生长状况（如体重增长、健康指标等）作为奖励信号，学习到最优的调控策略。例如，在对虾养殖中，系统通过不断调整水温、盐度和投喂量，根据对虾的生长速度和存活率反馈，找到最适合对虾生长的环境参数组合和投喂方案，实现养殖环境的精准调控和养殖效益的最大化。

2）精准投喂管理。运用计算机视觉技术和模式识别理论，通过安装在养殖池中的摄像头实时监测鱼类的摄食行为。提取鱼类的摄食动作、速度、聚集程度等特征，利用分类算法判断鱼类的摄食状态（如饥饿、饱腹等）。例如，通过对大量鱼类摄食图像的学习，训练卷积神经网络模型，准确识别鱼类的摄食行为模式，为精准投喂提供依据。

结合鱼类的生长阶段、体重、摄食行为数据及养殖环境参数，利用机器学习算法建立投喂量预测模型。例如，使用回归模型根据鱼类的体重、水温、溶解氧等因素精确计算出每次的投喂量，实现精准投喂。相较于传统的经验投喂方式，精准投喂可减少饲料浪费 30%～40%，同时提高鱼类的生长速度和饲料利用率，降低养殖成本。

3）疾病预警与防控。利用图像识别技术对鱼类的外观进行实时监测，通过深度学习模型（如 CNN）识别鱼类的体表症状（如斑点、溃疡、充血等），判断鱼类是否患病。同时，结合传感器收集的鱼类行为数据（如游动速度、活跃度等），利用机器学习算法分析鱼类的行为模式变化，早期发现疾病迹象。例如，当发现鱼类游动缓慢、离群独游等异常行为时，系统及时发出预警，提示养殖户关注鱼类健康状况。

一旦检测到鱼类可能患病，系统基于大量的疾病案例数据和专家知识，利用自然语言处理技术从相关科研文献和病例库中抽取疾病诊断和防控信息。通过文本分类和信息抽取，为养殖户提供可能的疾病类型、诊断依据及相应的防治建议。例如，系统根据识别出的鱼类症状和行为变化，判断可能患有某种疾病，并从知识图谱中提取该疾病的治疗方法、用药剂量等信息，帮助养殖户及时采取有效的防控措施，减少疾病损失。

（2）在精准捕捞中的应用

1）渔场预测与定位。整合卫星遥感数据（如海洋温度、叶绿素浓度、海流等）、无人机监测数据（如鱼群聚集情况、海面特征等）、水下传感器数据（如声学探测鱼群位置、数量等）及历史渔业数据（如历年渔获量、渔场分布等）。利用机器学习算法对这些多源数据进行融合分析，挖掘数据之间的潜在关系。例如，通过对卫星遥感图像中的海洋温度和叶绿素浓度数据进行分析，结合历史渔获数据，发现某些鱼类与特定海洋环境参数之间的关联，从而预测鱼群的分布区域。

基于深度学习模型构建渔场预测模型，输入多源数据作为特征，输出可能的渔场位置和鱼群密度预测结果。例如，使用卷积神经网络对卫星遥感图像进行处理，提取图像中的海洋环境特征，结合循环神经网络对时间序列的海洋环境数据和渔业数据进行分析，预测未来一段时间内鱼群的移动方向和聚集区域，为渔船提供精准的渔场定位信息，提高捕捞效率。

2）捕捞作业优化。利用模式识别和机器学习技术，对智能捕捞设备（如智能网具、水下机器人等）收集的数据进行分析。例如，通过对智能网具上安装的传感器数据（如网内鱼群数量、大小、种类等）进行分析，利用分类算法识别网内鱼群的种类和规格，根据预设的捕捞目标，自动调整网具的捕捞参数（如网口大小、捕捞深度等），实现选择性捕捞。同时，利用强化学习算法优化水下机器人的捕捞路径和操作策略，提高捕捞效率和资源利用率。

结合渔船的位置、鱼群分布信息、航行成本（如燃油消耗、时间成本等）及海洋环境因素（如风浪、海流等），利用智能算法（如 Dijkstra 算法等）规划最优的捕捞路径。同时，考虑实时的鱼群动态变化和海洋环境变化，通过强化学习实现捕捞路径的动态调整。例如，渔船在前往预测渔场的途中，若监测到鱼群位置发生变化，系统能根据新的鱼群信息和环境数据，重新规划路径，引导渔船以最快速度、最低成本到达鱼群所在位置，提高捕捞作业的整体效能。

（3）在渔业资源管理中的应用

1）资源评估与监测。利用历史渔业资源调查数据（包括鱼类种群数量、年龄结构、生长率等）、捕捞数据（如渔获量、捕捞努力量等）及海洋环境数据（如水温、盐度、水流等），训练模型学习资源动态变化规律。例如，运用循环神经网络（RNN）对时间序列的渔业资源数据进行建模，预测未来渔业资源的数量和分布变化，为制定合理的捕捞政策提供科学依据。

利用图像识别技术对卫星或无人机拍摄的图像进行分析，识别鱼群的聚集区域和规模；通过水下声学传感器监测鱼类的数量和种类变化。基于这些实时监测数据，利用机器学习算法进行实时分析，当发现渔业资源出现异常变化（如资源量急剧下降、种群结构改变等）时，及时发出预警信号，提醒管理部门采取相应措施。

2）管理策略制定与优化。通过建立渔业资源管理模型，将不同管理策略作为输入参数，利用机器学习算法模拟资源的动态变化过程，评估各策略对资源可持续性、经济效益和生态效益的影响。例如，通过模拟不同捕捞配额方案下渔业资源的增长和衰退情况，以及对渔民收入的影响，为管理部门选择最优的捕捞配额策略提供决策支持。

管理部门（智能体）根据当前渔业资源状态（环境）采取不同的管理策略（行动），以实现渔业资源可持续利用和经济效益最大化的目标。通过不断尝试不同策略并根据资源状态变化得到的反馈（奖励信号），学习到最优的动态管理策略。例如，随着渔业资源的实际变化情况，实时调整捕捞配额，在保护资源的同时，确保渔业产业的稳定发展。

（4）在渔产品加工与流通中的应用

1）加工过程智能化。通过摄像头获取渔产品的图像信息，提取其大小、形状、颜色、纹理等特征，利用机器学习算法（如支持向量机、随机森林等）对渔产品进行分类，根据预设的质量标准将其分为不同等级。例如，在鱼类加工中，能够快速准确地将不同大小、品质的鱼进行分类，提高分拣效率和准确性，为后续的加工和销售提供便利。

基于深度学习技术，开发智能加工设备控制系统，实现加工过程的自动化和精准化。例如，在鱼类切割过程中，通过对鱼类形态的3D建模和深度学习算法，控制切割设备按照预设的切割路径和规格进行操作，确保切割的准确性和一致性，提高加工质量和生产效率。同时，利用传感器实时监测加工设备的运行状态，通过机器学习算法预测设备故障，提前进行维护，减少设备停机时间。

2）流通与供应链优化。收集和分析渔产品市场的历史销售数据、消费者行为数据、季节变化数据及经济指标等多源信息，利用机器学习算法（如时间序列分析、神经网络等）构建市场需求预测模型。通过预测市场对不同渔产品的需求量，合理安排库存，避免库存积压或缺货现象。例如，根据预测结果，提前调整冷库的存储量，优化库存周转率，降低运营成本。

结合地理信息系统（GIS）技术和智能算法，根据渔产品的发货地、目的地、运输时间要求、运输成本等因素，规划最优的物流配送路径。同时，利用物联网技术实时监控运输过程中的温度、湿度、振动等环境参数，确保渔产品在运输过程中的品质。如果运输环境出现异常，系统及时发出预警，以便采取相应措施。例如，通过安装在冷链运输车辆上的传感器，实时收集温度数据，当温度超出设定范围时，自动报警并启动应急制冷设备，保证渔产品的新鲜度。

（5）在渔业市场与服务中的应用

1）市场分析与预测。整合渔业市场的各类数据，包括价格数据、供需数据、竞争对手数据、消费者评价数据等。利用自然语言处理技术对消费者在社交媒体、电商平台上的评论进行情感分析，了解消费者对不同渔产品的喜好、需求和满意度。通过机器学习算法对市场数据进行挖掘和分析，发现市场趋势、潜在需求和竞争态势。例如，通过分析大量的消费者评论，发现消费者对有机渔产品的关注度上升，企业可据此调整产品策略，加大有机渔产品的生产和推广。

基于时间序列分析和机器学习算法，构建渔产品价格和需求预测模型。考虑到季节因素、经济形势、政策变化等影响因素，对渔产品的价格走势和市场需求进行预测。例如，利用长短期记忆网络（LSTM）对历史价格数据进行学习，结合宏观经济指标和季节因素，预测未来渔产品的价格波动，帮助企业制定合理的价格策略和生产计划，提高市场竞争力。

2）智能营销与客户服务。根据消费者的购买历史、浏览记录、搜索行为等数据，利用机器学习算法（如协同过滤算法、深度学习推荐模型等）构建个性化推荐系统。为消费者提供符合其兴趣和需求的渔产品推荐，提高营销效果和客户满意度。例如，电商平台根据消费者之前购买过的鱼类产品，推荐相关的加工调料、烹饪工具等周边产品，增加消费者的购买意愿和消费金额。

利用自然语言处理技术开发智能客服系统，能够自动回答消费者关于渔产品的咨询问题，如产品特点、食用方法、储存方式等。通过对大量常见问题的学习和理解，智能客服可以快速准确地回应消费者的疑问，提供24h不间断服务。同时，对于复杂问题，智能客服可以将问题转接给人工客服，并提供相关的知识库信息，提高客服效率和服务质量。

六、学科未来研究展望

1. 技术创新与融合

（1）深化人工智能技术应用　未来，强化学习在人工智能渔业学中的应用将更为深入。在渔业资源管理方面，通过强化学习算法，渔业管理系统能够依据实时的资源监测数据、环境变化及经济社会因素，不断调整管理策略，如动态优化捕捞配额与规模等，实现渔业资源的自适应可持续管理。在智能养殖中，养殖系统利用强化学习，根据养殖生物的实时生长状态、水质变化及市场价格波动，自动调整投喂策略、环境调控参数及养殖品种结构，以达到经济效益与生态效益的最大化。

生成式对抗网络可用于生成虚拟的渔业数据，解决数据稀缺问题。例如，在研究罕见鱼类疾病或特殊海洋环境对渔业影响时，由于实际数据难以获取，GAN 可生成具有真实分布特征的虚拟数据，用于训练和优化人工智能模型。同时，在渔业教育培训中，GAN 生成的虚拟渔业场景和生物图像，能为学员提供更丰富多样的学习素材，增强学习体验与效果。

（2）融合新兴技术　区块链技术的分布式账本、不可篡改等特性与人工智能结合，可提升渔业数据的可信度与安全性。在渔业供应链中，通过区块链记录渔产品从养殖、捕捞、加工到销售的全过程数据，人工智能对这些数据进行分析处理，实现渔产品质量安全的精准追溯与全程监管。例如，消费者通过扫描产品二维码，不仅能获取产品的基本信息，还能借助人工智能分析结果，了解产品的品质评估、生产环境等详细信息，增强消费者信任。在渔业资源管理方面，区块链确保资源监测数据的真实性和完整性，为人工智能驱动的资源评估与决策提供可靠依据。

随着量子计算技术的发展，其强大的计算能力将为人工智能渔业学带来突破。量子计算能够加速复杂的人工智能模型训练，如在处理海量的渔业大数据时，可大幅缩短训练时间，提高模型的准确性和实时性。例如，在预测复杂海洋生态系统变化对渔业资源的影响时，量子计算助力人工智能模型更快地处理多变量、高维度的数据，实现更精准的预测，为渔业生产和管理提供更具前瞻性的决策支持。

2. 数据管理与利用

（1）提升数据质量与规模　建立统一、规范的数据标准是未来人工智能渔业学发展的关键。涵盖渔业生产、资源、环境、市场等各领域的数据，从采集、存储到分析，都遵循统一标准。例如，制定传感器数据采集的统一格式、渔业资源调查数据的规范记录方式等。同时，整合来自不同部门、机构和企业的数据，打破数据孤岛，形成全面、系统的渔业大数据集。通过建立数据共享平台，促进渔业科研、生产、管理等各方的数据交流与合作，提高数据的利用效率。

运用先进的数据清洗、验证和修复技术，确保渔业数据的准确性、完整性和一致性。开发智能的数据质量检测算法，自动识别和纠正数据中的错误、缺失值和异常值。例如，通过机器学习算法分析数据的时空分布规律，识别并修复异常数据点。同时，利用数据增强技术，如对渔业图像数据进行旋转、翻转、缩放等操作，增加数据的多样性，提高人工智能模型的泛化能力。

（2）挖掘数据潜在价值　利用深度学习、知识图谱等技术，对渔业大数据进行深度挖掘。不仅分析数据之间的相关性，还挖掘数据背后的因果关系和潜在知识。例如，通过构建渔业知识图谱，整合鱼类生物学特性、养殖技术、市场信息等多源知识，实现知识的可视化与推理。利用深度学习算法对渔业生态系统的复杂数据进行分析，发现新的生态规律和渔业资源变化机制，为渔业可持续发展提供新的理论支持。

基于深度数据分析，开展预测性分析，为渔业生产、管理和市场决策提供更精准的预测。除预测渔业资源变化、市场供需和价格走势外，还能预测渔业政策实施效果、气候变化对渔业的长期影响等。例如，通过对历史政策数据和渔业经济数据的分析，预测新的渔业补贴政策对不同地区、不同规模渔业企业的影响，帮助政策制定者优化政策方案，实现决策的科学化和精准化。

3. 可持续发展与生态保护

（1）推动渔业可持续发展　借助人工智能技术探索和创新可持续渔业模式。例如，发展智能化的生态循环养殖模式，利用人工智能实现养殖系统内物质和能量的高效循环利用，减少对外部资源的依赖和对环境的污染。在养殖过程中，通过智能监测和调控，精准匹配养殖生物的营养需求，优化饲料配方，降低饲料浪费和水体污染。同时，结合区块链技术，对可持续渔业产品进行认证和标识，满足消费者对环保、可持续产品的需求，推动渔业产业向绿色、可持续方向转型。

构建更完善的人工智能驱动的渔业资源可持续利用决策支持系统。综合考虑渔业资源现状、生态环境承载能力、社会经济发展需求等多因素，为渔业管理者提供科学合理的决策方案。例如，在制定渔业发展规划时，系统通过模拟不同发展策略下渔业资源的变化趋势、生态环境影响及经济效益，为管理者提供最优决策建议，确保渔业资源的开发利用在可持续的框架内进行。

（2）加强渔业生态保护 利用人工智能技术构建全方位、多层次的渔业生态系统监测网络。融合卫星遥感、无人机、水下传感器等多种监测手段，实时获取海洋生态系统的各类数据，包括水质、生物多样性、海洋地貌等。通过深度学习算法对监测数据进行分析，实现对生态系统变化的实时监测与预警。例如，及时发现海洋生态系统中的异常变化，如赤潮、珊瑚礁白化等，为采取有效的生态保护措施争取时间。

基于人工智能对渔业生态系统的监测和分析结果，优化生态修复与保护策略。通过模拟不同生态修复措施（如人工鱼礁投放、增殖放流等）对生态系统的影响，评估其效果，为制定科学合理的生态修复方案提供依据。例如，利用机器学习算法分析不同类型人工鱼礁对海洋生物栖息地的改善效果，优化人工鱼礁的设计和投放位置，提高生态修复的效率和效果，促进渔业生态系统的恢复与保护。

4. 开展国际合作 积极开展国际联合科研项目，整合全球资源，共同攻克人工智能渔业学领域的关键难题。例如，针对气候变化对全球渔业资源的影响、跨国渔业资源的可持续管理等问题，各国科研团队联合开展研究。通过共享数据、技术和研究成果，提高研究效率和质量，推动人工智能渔业学的全球发展。

参与国际标准制定和政策协调，推动人工智能渔业学相关标准和政策的国际化统一。在全球范围内，统一人工智能在渔业数据采集、处理、应用等方面的标准，规范人工智能渔业产品和服务的质量与安全标准。通过国际组织和多边合作机制，共同制定人工智能驱动的渔业资源管理政策框架，促进全球渔业的可持续发展。

思 考 题

1. 如何通过调控水产品贮藏条件（温度、pH 等）平衡营养保留与保鲜需求？其科学依据是什么？
2. 微生物活动是水产品腐败的主因之一，如何通过生态学视角设计更可持续的抑菌策略？
3. 在熏制、冷冻等传统加工技术中，如何协调“效率提升”与“有害物质控制”的矛盾？
4. HACCP 体系能否直接套用于小型渔业企业？若不能，需如何优化以适应不同规模主体？
5. 逻辑斯谛模型能否解释气候变化下的鱼类生长及其资源波动？若存在局限，需补充哪些因素？
6. 选择性渔具减少副渔获物的同时，是否可能引发新的生态问题（如食物链失衡）？
7. 当渔业资源衰退时，政府应优先补贴渔民转业还是支持技术升级？经济学依据是什么？
8. 配额制与禁渔期哪种制度更能适应发展中国家的管理实际？需考虑哪些本土化因素？
9. 公海渔业资源争夺中，如何通过国际协议既保障国家利益又避免“公地悲剧”？
10. 面对深海采矿、海洋保护区扩张等新趋势，渔业应如何重新定位自身角色？
11. 从传统捕捞到智慧渔业，技术创新如何推动产业变革？关键挑战有哪些？
12. 海洋变暖和酸化对渔业经济的长远影响是什么？适应性策略如何制订？

第六章

可持续发展与渔业蓝色增长

本章资源

可持续发展是渔业高质量发展的理论指导。本章围绕可持续发展与渔业蓝色增长展开深入探讨，详述了可持续发展理论及渔业资源可持续利用基本理论，对影响渔业资源可持续利用的因素进行了分析，剖析了渔业资源呈现过度捕捞的原因。同时，介绍了渔业可持续发展的国际行动——蓝色增长，并探讨了全球各海区渔业资源可持续利用评价及碳汇渔业，为渔业资源可持续利用提供了理论基础。

第一节　可持续发展理论概述

自20世纪70年代起，人类通过对长期以来传统经济增长战略所引起的人口、资源、环境问题的反思提出了一种崭新的发展模式，即可持续发展，并正在成为全球的社会经济发展战略。发展战略的转变，意味着经济增长方式和资源配置机制的转换。

一、从经济增长到可持续发展

1. 从经济增长到经济发展　自工业革命以来，人们沉溺于对经济增长的追求。所谓经济增长是指一定时期内人均国民生产总值实际水平的提高，有时也指个人收入或实际消费水平的增加。尤其是第二次世界大战后，经济增长战略主宰着半个世纪的社会经济发展。其特征是伴随着科技进步，人们不断地增加资源开发利用的广度与深度，通过资源的大量消耗支撑着国民生产总值（GNP）或人均GNP的快速增长。20世纪五六十年代，世界经济增长进入了黄金时代。例如，1963～1968年，世界工业生产总产量的平均增长率是每年7%，人均增长率为5%。人们确实从经济增长战略中得到了许多史无前例的好处：GNP的快速增长提高了整个世界的经济水平，每个国家的经济及综合国力得到加强；人均GNP的增长，使许多国家消除了贫穷，大大提高了人们的收入和消费水平，消费方式也向更舒适、更高层次发展。

经济增长战略在使经济水平不断提高、人均收入不断增加的同时，也引起了一系列的社会问题，如贫富不均状况严重，由此引起了相当一部分人们受到良好教育和医疗保障的机会在减少，表现为失业、健康状况恶化、犯罪率上升等种种社会矛盾，导致社会出现不稳定。因此，到了20世纪70年代，人们提出了经济发展的概念，并试图用经济发展战略代替经济增长战略。所谓经济发展是指“使一系列社会目标实现的发展”。从此观点出发，一种经济如果随时间的推移不断地使人均收入得到提高，却未能使其社会和经济结构发生变化，就不能称其为发展。由于一系列的社会目标会随时间的推移而不断变化，因此某种程度上经济发展是一个社会进步的过程，这样一个经济发展的过程通常包括3种彼此相联系的提高或改善。

（1）个人或社会福利的改善　包括人均收入的提高（尤其是在发展中国家）和环境质量的

改善，因为人均收入和环境质量共同决定着个人或社会福利（效用）的高低。

（2）*教育、健康、总的生活质量等方面的改善* 表现为人们的技能、智力、能力等方面的进步。

（3）*国家的自重与自爱意识的增强* 一个国家的社会经济发展还应当展示出独立意识的提高。

由此看见，经济发展的内涵与外延要比经济增长广泛得多，它不仅包含了经济增长的内容，而且还涉及其他社会福利的改善或社会进步。从经济增长到经济发展的过程中，人们开始摆脱单纯对经济增长的追求而把发展的目标逐步转移到对社会和经济结构的改善和变化上来。

2. 从经济发展到可持续发展 尽管经济发展与经济增长相比，前者意识到了经济目标与社会目标的统一，但它与传统的经济增长观存在着相同的缺陷，即忽视了资源与环境对经济发展的作用。正是这种忽视，导致和加速了经济增长过程中资源的耗竭和环境的恶化，其主要表现如下。

（1）*自然资源正在遇到前所未有的破坏，资源日趋枯竭* 全球土壤在迅速退化，过去 50 年间，12 多亿 hm^2 土地生产力已明显下降，每年大约有 600 万 hm^2 的生产土地变为不毛之地，1100 多万 hm^2 的森林遭到破坏，仅 1980～1990 年这 10 年间，森林面积就下降了 11.6%。森林破坏引起了水土流失、土地沙化和气候反常。而水资源的普遍短缺已成为影响整个世界人类生存与发展的“瓶颈”因素。对非再生资源无节制地开采，使得许多矿产资源面临枯竭。不仅如此，资源的过度利用和环境的恶化，导致自然群体和生物物种资源（全球最重要的资源库）以惊人的速度减少或灭绝。1989 年，著名生物学家爱德华·威尔逊估计，每年有数万个物种灭绝，全世界有 10% 的高等植物的物种生存受到威胁，3/4 的鸟类在逐渐减少且有灭绝的危险。估计到 21 世纪末，将有 50 万～100 万种生物将从地球上消失。物种消失和生物多样性的丧失，将人类置于一个非常危险的境地：人类所依赖生存的生物链正在缩小、变短。

（2）*环境污染现象日趋严重* 经济生产和人类消费过程中各类废弃物的大量排放，使得世界环境从第一代的区域性大气污染、水污染、固体废弃物及噪声污染扩展为第二代的全球性环境问题，全球气候变暖、臭氧层破坏、酸雨及生物多样性减少。石化燃料的过多消耗，使 CO_2 的排放量急剧增长，引起温室效应，导致海平面升高。工业废气过量排放导致平流层臭氧层枯竭，还将导致人和牲畜的癌变发病率急剧提高，甚至危及海洋的食物链。另外，世界大多地区硫氧化物和氮氧化物排放量呈继续上升趋势，酸雨在全球范围扩展，导致森林死亡，破坏湖泊水系和土壤。

所有这些都使人们越来越清楚地认识到，资源的破坏与枯竭难以确保未来经济的不断增长，而环境的恶化又阻碍着经济的增长和社会福利的提高，现有的经济发展方式正在侵蚀着人类生存和经济发展所最终依赖的资源环境基础。人们开始担心目前的经济发展能否持续下去。为此，人类不得不开始反思和总结传统经济发展理论的缺陷和不足，努力寻求一种建立在环境和自然资源基础上的长期发展、持续到未来的模式。因而，从 20 世纪 70 年代开始，就产生了可持续发展这一崭新的发展理论。

可持续发展理论的产生与发展经历了一个认识不断深化的过程。这一理论从思想的产生、理论体系的形成到作为一种发展战略被人们普遍接受大致经历了 4 个非常重要的里程碑。

第一个里程碑是 1972 年在斯德哥尔摩召开的联合国人类环境会议上，提出了人类面临的因资源利用不当而造成的广泛的生态破坏和多方面的环境污染，强调经济与环境必须协调发展。这是人类首次在世界范围内正视经济发展和资源环境之间的相互关系。尽管这次会议并未提出明确的可持续发展思想，但却使人们认识到资源环境对经济发展具有十分重要的作用。可持续发展思想就是在环境和发展关系的讨论之中产生出来的。所以，这次会议被认为是可持续发展思想产生的第一个里程碑。

第二个里程碑是 1980 年《世界自然资源保护大纲》的发表。该大纲呼吁“必须确定自然的、社会的、生态的、经济的，以及利用自然资源过程中的基本关系，确保全球可持续发展”，从而最早在国际文件中提出了可持续发展这一命题。

1987 年，世界环境与发展委员会（WCED）发表的《我们共同的未来》被看作是可持续发展的第三个里程碑。这一研究报告在客观分析了全人类社会经济发展成功经验与失败教训的基础上，对可持续发展做出了明确定义，并制定了到 2000 年乃至 21 世纪全球可持续发展战略及对策。在这一报告中，可持续发展被定义为“既满足当代人的需要，又不对后代人满足其需要的能力构成危害的发展”。因此，可持续发展首先要满足全体人民，尤其是世界上贫困人民的基本需要，确保能满足每个人要求较好生活的愿望；而且，可持续发展要求技术状况和社会组织对环境满足当前和将来需要的能力施加限制，至少，经济的发展不应当危害支持地球生命的自然系统——大气、水、土壤和生物。这一可持续发展思想得到了广泛接受和认可，引发了全球对可持续发展问题的热烈讨论，并极大促进了可持续发展理论体系的形成和成熟。

第四个里程碑是 1992 年在巴西里约热内卢召开的联合国环境与发展大会。此次会议通过了《里约宣言》《21 世纪议程》及《生物多样性公约》等纲领性文件，并形成了对可持续发展的共识，认识到环境与经济发展密不可分。大会通过的《21 世纪议程》则是一个广泛的行动计划，为全球实施可持续发展提供了行动蓝图，并要求每个国家都要在政策制定、战略选择上加以实施。联合国“环境与发展”大会的召开，作为一个重要的里程碑，标志着可持续发展从思想和理论走向实践，已成为人类共同追求的实际目标。1994 年 3 月，中国也发表了相应的《中国 21 世纪议程》，表明中国正式选择了可持续发展战略。

从经济增长到可持续发展，是人类认识上的两大飞跃。如果说从经济增长到经济发展，使人们的认识从单一的经济领域扩展到社会领域，认识到经济目标与社会目标的统一，那么，可持续发展的提出则使人们认识到资源环境在社会经济发展中的作用和地位，认识到资源环境系统与经济系统之间的动态平衡，经济、社会与环境目标的统一，这也是对传统经济学的一次突破和发展。

二、可持续发展的概念

人们自从认识到可持续发展问题之后，对于可持续发展的基本概念进行了长期而广泛的讨论。由于可持续发展涉及社会经济发展的各个方面，因此从不同角度有不同的理解。

1. 几种具有代表性的观点

（1）*着重从自然属性定义可持续发展，即所谓的生态持续性*　它旨在说明自然资源及其开发利用程度间的生态平衡，以满足社会经济发展所带来的对生态资源不断增长的需求。例如，1991 年 11 月，在国际生态学联合会和国际生物科学联合会联合举行的可持续发展问题专题研讨会上就将可持续发展定义为“保护和加强环境系统的生产和更新能力”。另外，还有学者从生物圈概念出发，认为可持续发展是寻求一种最佳的生态系统以支持生态的完整性和人类愿望的实现，使人类的生存环境得以持续。

（2）*着重从社会属性定义可持续发展*　例如，1991 年由世界自然保护联盟、联合国环境规划署和世界野生动物基金会共同发表《保护地球：可持续生存战略》，将可持续发展定义为：“在生存于不超出维持生态系统承载能力的情况下，改善人类的生活品质”，着重指出可持续发展的最终落脚点是人类社会，即改善人类的生活质量，创造美好的生活环境。这一可持续发展思想，特别强调社会公平是可持续发展战略得以实现的机制和目标。因此，“发展”的内涵，包括提高人类健康水平、改善人类生活质量和获得必需资源的途径，并创建一个保障人们平等、自由、人权的环境。

（3）着重从经济属性定义可持续发展　认为可持续发展鼓励经济增长，而不是以保护生态环境为名制约经济增长，因为经济发展是国家实力和社会财富的基础。但经济的可持续发展要求不仅注重经济增长的数量，更要注重经济增长的质量，实现经济发展与生态环境要素的协调统一，而不是以牺牲生态环境为代价。例如，有学者把可持续发展定义为“在保护自然资源的质量和其所提供服务的前提下，使经济发展的净利益增加到最大限度”。还有的学者提出，可持续发展是“今天的资源使用不应减少未来的实际收入”。

（4）着重从科技属性定义可持续发展　实施可持续发展，除政策和管理因素外，科技进步起着重大作用。没有科学技术的支撑，就无从谈起人类的可持续发展。因此，有的学者从技术选择的角度扩展了可持续发展的定义，认为可持续发展就是转向更清洁、更有效的技术：尽可能接近“零排放”或“密闭式”工艺方法，尽可能减少能源和其他自然资源的消耗。还有的学者提出可持续发展就是建立极少产生废料和污染物的工艺或技术系统。他们认为污染并不是工业活动不可避免的结果，而是技术差、效率低的表现。他们主张发达国家与发展中国家之间进行技术合作，以缩小技术差距，提高发展中国家的经济生产力。同时，应在全球范围内开发更有效地使用矿物能源的技术，提供安全而又经济的可再生能源技术来限制使全球气候变暖的二氧化碳的排放，并通过恰当的技术选择，停止某些化学品的生产与使用，以保护臭氧层，逐步解决全球环境问题。

2. 国际社会普遍接受的观点　尽管以上可持续发展的概念具有代表性，但都是从一个方面所做的定义，还不能得到国际社会的普遍承认。1987 年，挪威前首相布伦特兰夫人主持的世界环境与发展委员会，在对世界经济、社会、资源和环境进行系统调查和研究的基础上，发表了长篇专题报告——《我们共同的未来》，将可持续发展定义为：可持续发展是指既满足当代人的需要，又不损害后代人满足需要的能力的发展。1989 年举行的第 15 届联合国环境规划署理事会期间，通过了《关于可持续的发展的声明》，该声明指出：可持续的发展是指满足当前需要，而又不削弱子孙后代满足其需要能力的发展，而且绝不包括侵犯国家主权的含义。环境规划署理事会认为，要达到可持续发展，涉及国内合作和国际的均等，包括按照发展中国家的国家发展计划的轻重缓急及发展目的，向发展中国家提供援助。此外，可持续发展意味着要有一种支持性的国际经济环境，从而导致各国特别是发展中国家的持续经济增长与发展，并对环境的良性管理也产生重要影响。可持续发展还意味着维护、合理使用并且提高自然资源基础，这种基础支撑着生态稳定性及经济的增长。

因而，“满足当前需要，而又不削弱子孙后代满足其需要能力的发展”，这一布氏定义成为国际社会普遍接受的可持续发展的概念。其核心思想是，健康的经济发展应建立在生态可持续能力、社会公正和人民积极参与自身发展决策的基础上。它所追求的目标是，既要使人类的各种需要得到满足，个人得到充分发展，又要保护资源和生态环境，不对后代人的生存和发展构成威胁，它特别关注的是各种活动的生态合理性，强调应对对资源、环境有利的经济活动应给予鼓励，反之则应予以抛弃。

3. 可持续发展的基本原则　作为人类新的发展模式的可持续发展，若要真正得以有效实施，即在生态环境、经济增长、社会发展方面形成一个持续、高效的协调运行机制，必须遵循公平性、可持续性和共同性三项原则。

（1）公平性原则　所谓的公平是指机会选择的平等性。可持续发展所需求的公平性原则包括 3 层意思：一是本代人的公平，即同代人之间的横向公平性。可持续发展要满足全体人民的基本需求和给全体人民机会以满足他们要求较好生活的愿望。当今世界的现实是一部分人富足，而另一部分人则处于贫困状态。这种贫富悬殊、两极分化的世界，不可能实现可持续发展。因此，要给世界以公平的分配和公平的发展权，要把消除贫困作为可持续发展进程特别优先的问题来考虑。二是代际间的公平，即世代人之间的纵向公平性。要认识到人类赖以生存的自然资源是有限的，当代人不能因为自己的发展与需求而损害人类世世代代满足需求的条件——自然资源与环境。要给世世代代以公平利用自然资源的权利。三是公平分配有限资源。目前有限自然资源的分配十分不均，如占全球人口26%的发达国家消耗的能源、钢铁和纸张等都占全球消耗的80%以上，而发展中国家经济发展却面临着严重的资源约束。

由此可见，可持续发展不仅要实现当代人之间的公平，而且也要实现当代人与未来各代人之间的公平，向所有的人提供实现美好生活愿望的机会。从伦理上讲，未来各代人应与当代人有同样的权利来提出他们对资源与环境的需求，可持续发展要求当代人在考虑自己的需求与消费的同时，也要对未来各代人的需求与消费负起历史的道义与责任，因为同后代人相比，当代人在资源开发和利用方面处于一种类似于"垄断"的无竞争的主宰地位。各代人之间的公平要求任何一代都不能处于支配地位，即各代人都应有同样多的选择发展的机会。

（2）可持续性原则　可持续性原则的核心是人类的经济和社会的发展不能超越资源与环境的承载能力。资源与环境是人类生存与发展的基础和条件，离开了资源与环境就无从谈起人类的生存与发展。资源的永续利用和生态系统可持续性的保持是人类可持续发展的首要条件。可持续发展要求人们根据可持续性的条件调整自己的生活方式，在生态可能的范围内确定自己的消耗标准。这一原则从另一侧面反映了可持续发展的公平性原则。

（3）共同性原则　鉴于世界各国历史、文化和发展水平的差异，可持续发展的具体目标、政策和实施步骤不可能是唯一的。但是，可持续发展作为全球发展的总目标，所体现的公平性和可持续性原则，则应该是共同遵从的。并且，实现这一总目标，必须采取全球共同的联合行动。从广义上讲，可持续发展的战略就是要促进人类之间及人类与自然之间的和谐。如果每个人在考虑和安排自己的行动时，都能考虑到这一行动对其他人（包括后代人）及生态环境的影响，并能真诚地按"共同性"原则行动，那么人类及人类与自然之间就能保持一种互惠共生的关系，也只有这样，可持续发展方能实现。

4. 可持续发展的基本特征　与传统的发展思想和环境保护主义主张相比较，可持续发展思想具有明显的特征，理解这些特征对于把握可持续发展的内容具有十分重要的意义。总的来讲，可持续发展具有三个基本特征。

（1）可持续发展鼓励经济增长，因为经济增长是国家实力和社会财富的体现　可持续发展不仅重视增长数量，更追求改善质量、提高效益、节约能源、减少废物，改变传统的生产和消费模式，实施清洁生产和文明消费。

（2）可持续发展要以保护自然为基础，与资源和环境的承载能力相协调　发展的同时必须保护自然资源与环境，包括控制污染、改善环境质量、保护生命支持系统、保护生物多样性、保持地球生态的完整性及保证以可持续的方式使用可再生资源，使发展保持在地球承载能力之内。

（3）人类可持续发展要以改善和提高生活质量为目的，与社会进步相适应　当代社会经济发展不可回避的一个事实是世界大多数人口仍然处于半贫困或贫困状态。可持续发展必须与解决大多数人口的贫困联系在一起。对于发展中国家来说，贫困与不发达是资源与环境破坏的基本原因之一。只有消除贫困，才能产生保护和建设环境的能力。世界各国的发展阶段不同，发展的具体目标也不相同，但发展的内涵均应包括改善人类生活质量、提高人类健康水平，并创造一个保障人们平等、自由、教育、人权和免受暴力的社会环境。

以上三大特征表明，可持续发展包括生态可持续、经济可持续和社会可持续，它们之间互相关联、不可分割。孤立追求经济可持续必然导致经济崩溃；孤立追求生态可持续并不能最终防止全球环境的衰退。生态可持续是基础，经济可持续是条件，社会可持续是目的，人类共同追求的应该是自然-经济-社会复合系统的持续、稳定、健康发展。

第二节　渔业资源可持续利用基本理论

一、渔业资源数量变动的基本原因

影响渔业资源数量变动的因素很多，但从基本的方面来看，大体可归纳为鱼类本身的生物学特性，以及生活环境因素和人为捕捞因素等。鱼类本身的生物学因素包括繁殖、生长和死亡等，生活环境因素则包括水温、盐度、饵料生物、种间关系和敌害生物等。影响数量变动的因素不仅很多而且比较复杂，数量变动往往是各种因子综合的结果，也就是内外因子相互制约的结果。

鱼类的繁殖受到种群亲体的繁殖力、产出卵子的受精率及鱼卵仔鱼的成活率的制约，而且鱼卵仔鱼的成活率与环境因素是否适宜也有很大关系。生长受到种群的密度、年龄组成、外界环境的饵料和水文条件的影响。死亡包括自然死亡和捕捞死亡，自然死亡又包括敌害、疾病及由外界环境的急剧变化而引起的死亡。种群及种间的相互关系也影响种群的数量变动，在饵料条件较差的情况下，有些鱼类摄食本身的卵子和仔鱼，不同的种类摄食相同的饵料，产生了种间的食物竞争，影响了种群的食物保证，从而影响种群的数量变动。

捕捞是影响鱼类种群数量变动的主要因素之一。适当的捕捞可以使种群数量减少的部分由种群补充部分来补偿，过度的捕捞将由于得不到适当的补偿而使平衡遭到破坏，使种群大幅度下降，这就是人们通常所说的资源遭到破坏和不可持续利用，这一情况在生长缓慢、性成熟晚、寿命长的鱼类种群中经常发生和看到。

不同的渔业资源，影响其数量变动的因素可能很不同。但对一个种类来说，影响其数量变动的可有多种因素，是错综复杂的。总的来说，种群数量变动是种群补充程度和减少程度对比关系变化的结果。引起两者对比关系变化的原因，基本上可以归纳为两大类：一类是自然的因素，另一类是人为的因素。在两大类因素中又包括许许多多的因素。一般来说，影响补充的因素比起影响减少的因素要复杂得多，而且难以掌握。然而，了解和掌握种群数量变化的原因是掌握资源变化和可持续利用状况的基础，缺乏这一基础，就很难于掌握渔业资源利用的状况。

二、渔业资源数量变动的基本模型

英国著名渔业资源学专家 Russell 于 1931 年在总结了苏联学者巴拉诺夫等前人对渔业理论研究的基础上，对渔业资源数量变动的研究作了系统的理论性概括。Russell 指出：“捕捞加强，可以使渔获量增加，但到最高限度以后，鱼捕得越厉害，渔获量也越减少”。他根据资源群体数量增加和减少的 4 个因素，提出资源数量变动的基本模型。

被捕捞的资源群体，由于自然死亡和捕捞，数量减少，其依靠幼鱼长到能被捕捞的规格来补充，以及资源群体中现有鱼的生长来补偿。在没有渔业（未开发）的情况下，通过补充和生长而获得的资源增长量，补偿自然死亡所造成的减少量，进而达到平衡。随着渔业的捕捞开发，又增加了资源的一项损失，即捕捞所增加的死亡使资源中的捕捞群体数量减少，使年龄移向较低的年龄组，最后，当捕捞增加到渔业条件所能允许的最大规模时，就建立了一个新的平衡。在此情况下，渔获量由于自然死亡、生长和补充中的一项或各项重要因素变化而得到平衡。

影响渔业资源群体数量变化的 4 个因素（自然死亡、生长、捕捞和补充）及其数量变动见图 6-1。Russell 提出资源数量变动基本模型的表达式为

$$B_2=B_1+R+G-M-Y \tag{6-1}$$

式中，B_1、B_2 分别表示某一期间始、末可利用资源群体的资源生物量；R、G、M 和 Y 分别表示补充量、生长量、自然死亡量和产量（即渔获量）。

从上式可以知道，当 $Y<(R+G-M)$ 时，则资源量增加，即 $B_2>B_1$；当 $Y>(R+G-M)$ 时，则资源量减少，即 $B_2<B_1$；当 $Y=(R+G-M)$ 时，则资源量保持平衡，即 $B_2=B_1$。

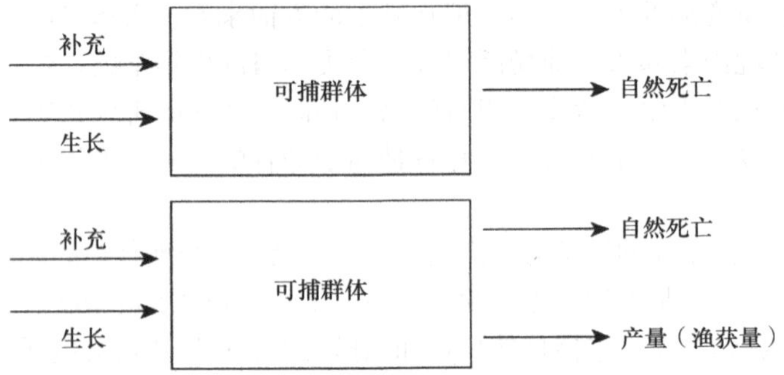

图 6-1　可利用渔业资源群体数量变动图

注：上图为无渔业时；下图为有渔业时

三、补充群体和剩余群体的数量变动对渔业资源可持续利用的影响

渔业资源群体通常由两部分组成，即补充部分和剩余部分，前者也称为补充群体，后者也称为剩余群体。一般来说，鱼类有着固有的生活习性，生长到一定规格后，它们将要与原来的成鱼一起，进行索饵、越冬并进入产卵场。当然，对于一年生长的渔业资源群体来说，就无所谓原有的成鱼群体，而是由当年生的补充群体进行生命活动，这种资源群体就没有剩余群体。

从渔业资源开发角度来讲，凡幼鱼成长到一定规格后，首次进入渔场与渔具相遇，有可能被大量捕捞的那些个体就称补充群体，经首次捕捞而余下的个体称为剩余群体。补充群体进入渔业的形式是复杂的，但基本上可归纳为 3 个基本类型：①一次性补充；②分批补充；③连续补充。

补充群体数量变动的原因是复杂的，比较难于掌握，它是渔业盛衰和渔业丰歉的决定性因素，是影响渔业资源可持续利用的重要因素。引起补充量变化的原因，虽然许多学者所持观点不同，但综合起来主要有水温、食物和海流等因素，对于不同的资源群体其影响是不同的。当然，资源补充群体的数量变动首先取决于产卵亲鱼的数量及其总繁殖力和受精卵的数量，而水文环境（包括水温、海流等）、气象条件和饵料基础是制约卵子、仔鱼发育、生长及成活率的极其重要的因素。而产卵亲鱼的数量在很大程度上又受人为捕捞因素的制约。此外，凶猛鱼类及其他敌害动物的掠食，对于补充群体的影响也是不能忽视的。当然，食物的保证程度也影响其补充群体数量，鱼类生长的快慢直接影响到性成熟的平均年龄和平均长度，这也直接影响补充群体的实力。

剩余群体数量变动大多数是由捕捞所引起的，也就是说，捕捞是引起资源群体剩余部分数量变动的主要因素，其影响程度的大小则取决于捕捞的强度（包括捕捞工具的数量、性能和捕捞技术及捕捞作业时间的长短等）。剩余部分的数量变动还取决于作为补充群体为渔业所利用的那一

个世代的数量，该世代的数量越雄厚，其被渔业所利用的时间就越长。也就是说，渔业上一个世代一生中所得到的渔获量与该世代成为补充群体时的数量成正比。

图 6-2 是一个世代的资源群体数量减少过程示意图。一般资源群体世代初始资源数量较大。经过自然死亡和生长，进入补充年龄（t_r），此时种群数量为补充量（R）。游到渔场的补充群体还在因自然死亡而减少的同时长大，长到开始成为捕捞对象的大小，这时的大小是由该渔业所用网具的网目大小决定的，若网目尺寸较大，起捕规格较高，那么补充群体再经历生长和自然死亡后，其数量再被减少，当长到首次捕捞年龄（t_c）时，此时其数量以符号 R'表示。此后，虽然生长使个体逐渐增大，但其数量将因自然死亡和捕捞死亡两方面的原因减少，直到生命终结（t_λ）。

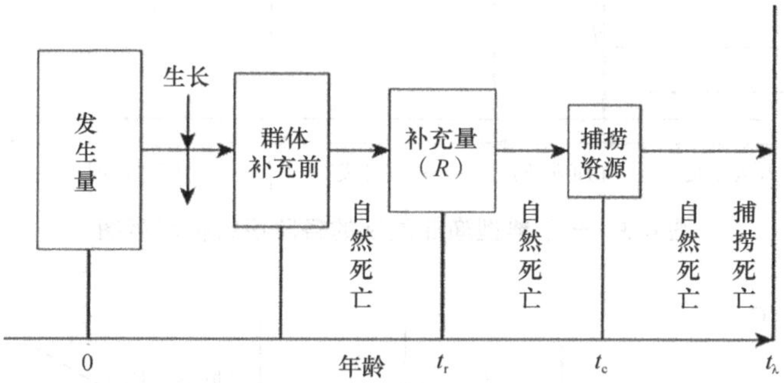

图 6-2　一个世代的资源群体数量减少过程示意图

正如上述所分析的，渔业资源可持续利用是一个复杂的系统，包括了人为因素和自然环境的因素，人为因素是可以控制和管理的，但是自然环境是一个非可控因素，具有很大的不确定性，从而给渔业资源可持续利用的评价带来了困难。

四、渔业资源开发利用的一般过程

人类对渔业资源开发利用的发展过程，一般都经历“开发不足、加速增长、过度开发和资源管理”4 个阶段（图 6-3）。①开发不足阶段。渔业资源没有得到利用或者渔获量远低于渔业资源潜在的再生产能力，此时渔获量处在一个较低的水平，而单位捕捞努力量渔获量（CPUE）则相对较高，边际报酬（或边际生产率）处在一个递增阶段。②加速增长阶段。由于有利可图，渔业发展迅速，捕捞能力和渔获量迅速增长，CPUE 先增加后下降，渔业发展处在旺盛时期。③过度开发阶段。若继续加大对渔业资源的利用，则会进入过度开发阶段，此时捕捞能力将维持在一个高水平，并且超过了渔业资源的自然增长率，渔获量急剧下降并维持在一个低水平上。如果任其发展，渔业资源将崩溃灭绝。④资源管理阶段。当人们认识到这一问题的严重性，加强了渔业资源的科学管理，捕捞能力将降低到一定的水平，从而使资源得到恢复，渔获量上升，并持续维持在一个较高的水平上。但是，在实践中，渔业发展的第四阶段（管理的成功阶段）只有少数渔业资源才能达到，多数传统经济种类的资源状况都处在第三阶段，如我国近海渔业资源。

从经济-生物学的角度分析，由于渔业资源是一种“共享资源”，因此渔业发展的过程必然在经济效益的驱动下向无盈亏点（图 6-4 中的 Q 点）接近，捕捞努力量一直增加到生物经济平衡点 f_Q（图 6-4 中 Q 点所对应的捕捞努力量）。由于对渔业投资的惯性等原因，多数渔业的设备和劳

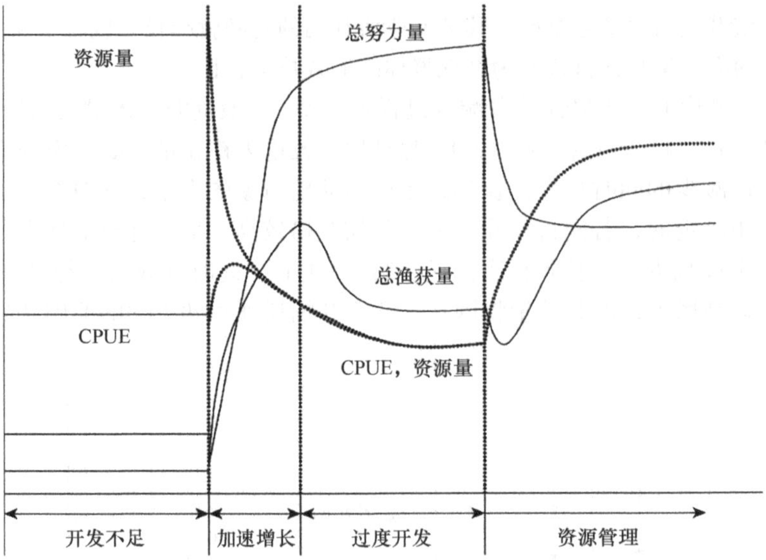

图 6-3　一个典型渔业发展的各阶段特征示意图

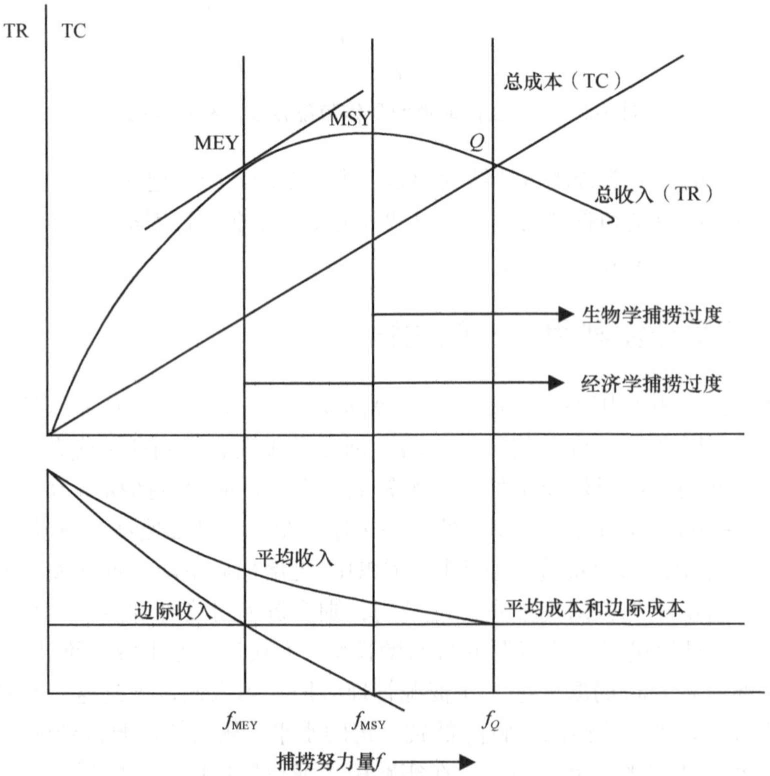

图 6-4　渔业资源衰退的经济分析示意图

动力都是超容量的。同时由于对渔业的投资往往具有不可逆转性，以及渔业劳动力与其他行业部门隔离，因此捕捞努力量可能甚至超过 f_Q 的水平，并且很难再降到一个较低的水平。

从图 6-4 可知，当每增加一个单位捕捞努力量的边际成本等于边际收入时，总资源租金最大，产量达到“最大经济产量”（maximum economic yield，MEY）。然而，以后每增加一个单位的捕捞努力量，就会发生经济学上的过度捕捞，即边际成本大于边际收入，总资源租金出现下降。但由于平均收入仍大于平均成本，此时的渔业仍有利可图，总渔获量可能继续增加。当一个单位捕捞努力量所产生的边际收入为零时，此时总渔获量达到最大持续产量（maximum sustainable yield，MSY）。以后随着捕捞努力量的增加，总渔获量开始下降，边际收入出现负值，总收入开始递减，此时就会发生生物学上的过度捕捞。但平均收入仍然大于平均成本，生产者仍能获得一定的资源租金。因此捕捞努力量继续增加直到平均收入与平均成本相等的无盈亏点才停止，此时该渔业不会产生资源租金，渔业资源已出现了严重的生物学捕捞过度，资源衰退。但更为糟糕的是，一些经济价值较高的传统鱼类，产量下降、需求量上升，会反过来导致鱼价的上升，从而使 Q 点向右上方移动，使得渔业生产者又可获得高额的利润，这样将进一步增加捕捞努力量，加剧了渔业资源的衰退，直至资源枯竭。

五、渔业资源衰退的原因分析

渔业资源的可持续利用是渔业经济可持续发展的基础。渔业资源衰退的原因是多方面的。渔业资源是一种可更新的、有限的、流动的和多变的自然资源，受制于环境退化、自然条件、政治等因素的影响。深刻分析渔业资源衰退的原因对确保资源的可持续利用及更好地开展可持续利用评价将有着重要的意义。总体来说，渔业资源衰退的主要原因有以下几个方面。

（1）渔业资源的有限性与人们需求量增加的矛盾日益突出　尽管渔业资源是一种可再生资源，但其再生能力也是有限的。在 19 世纪以前或更早，由于人口相对较少，科技水平和生产能力有限，人们对渔业资源的需求量低，没有超过渔业资源的可再生能力，此时渔业资源可以得到持续利用。因此，人们一度认为渔业资源是取之不尽、用之不竭的天然资源，这种观念一直持续到 20 世纪 70 年代。但是，随着社会发展，人口的增加，人们对蛋白质的需求量也进一步增加，人为的捕捞能力已大大超过了资源的可再生能力，同时对自然资源的干预程度也大大增强，渔业资源出现衰退。据联合国粮食及农业组织估计，全世界每人平均消费的海洋和内陆水产品将会从 1993 年的 10.2kg/人，减少到 2050 年的 5.1～7.6kg/人。这将会严重威胁依靠鱼类作为主要蛋白质来源的近 10 亿人的生活，这些人绝大多数生活在发展中国家。持续地解决和满足水产品的需求是一项非常艰巨的任务。

（2）从用于制鱼糜的低价值种类到高价值的奢侈品，水产品及其种类之间在经济价值方面存在着极大的差异　渔业发展过程中表现出人们对高价值种类的偏好。只有当受偏好的种类达到极限，价格急剧增加（许多高价值的种类有着高的价格弹性系数），消费者才会转移到偏好程度低的低价值种类，这种发展模式已经导致世界许多传统的经济价值高的渔业资源的衰退和资源稀缺。

（3）公开和自由入渔　在很多渔业中都存在这种现象。海洋渔业资源具有很大的流动性，难以固定分配给特定的单位和个人专属使用，必然处于共同使用状态。在传统海洋法中，“公海捕鱼自由”是公认的原则之一。长期以来，渔业资源的使用并不完全受所有权的约束，人们可以自由进入和退出渔业生产。在这种条件下，只要他们愿意投资渔具和其他设备，渔业对任何人都是公开的。渔民受短期利益驱动，市场会促使人们开发新技术，如渔业机械化、最大渔船单位与马力等来捕获更多的鱼。而渔业资源和渔场是公开的，结果会使鱼越捕越少，资源收获者在渔业水产活动中获取利益，而将经济上的不利影响转嫁给他人。这种转嫁超出了市场的作用范围，经济成本不由获利人承担。因此，他们会过度开发利用资源，直接影响渔业资源的可持续利用状态。其原因是生产者承担的那部分成本与社会成本不一致。使用者仅仅根据自己所承担的平均成本来决定使用水平，而对自己的使用行为所带来的更高的边际社会成本却不承担责任，而是把它留给社会全体使用者来分担。这种现象也称为市场非对称性。

（4）渔业资源产权的虚置及产权难以确定　《中华人民共和国宪法》总纲第九条规定“矿藏、水流、森林、山岭、草原、荒地、滩涂等自然资源，都属于国家所有，即全民所有”。渔业资源作为自然资源，其所有权属于国家。但在我国经济管理体制中，谁代表国家统一行使渔业资源职权却没有进一步明确。产权虚置致使所有权的责任权利无人监督落实，忽视了渔业资源的所有者所具备的权益，所有权事实上被使用权所替代，甚至资源的开发利用者侵吞所有者的权益。在我国，国家所有权还受到条块的多元分割，渔业主管部门与各级地方政府之间存在利益的矛盾，生产部门往往只强调渔业资源的技术开发，注重其使用价值，而忽视了资源的养护和保护。渔业资源的产权难以监督和控制，更难以固定给个人。

（5）渔业资源的无偿使用　所有权的存在应在经济上有所体现，如果所有权在经济上没有体现就是一种虚幻的所有权，实际上是对所有权的否定。对渔业资源的无偿开发和利用，导致渔业资源重开发利用而轻保护和管理，使得人们对资源不加珍惜，以粗放型的经营方式来换取短期的经济利益，掠夺式地使用渔业资源，很少人去保护渔业资源，造成渔业资源的过度开发和严重浪费。据联合国粮食及农业组织（FAO）统计，每年约有占世界海洋捕捞产量32%（即2700万t）的副渔获物被抛弃。对渔业资源的无偿使用也导致了综合利用效果差、经济效益不佳，渔业资源的开发利用得不到合理的配置；对渔业资源的无偿使用，使得难以用经济手段加强对资源的管理和保护，资源耗竭速度和紧缺程度不能用价格信号准确地反映出来，往往会出现以低值、低龄和小型化为主的鱼类来维持高产量的现象，而高值、大型鱼类产量的比例很少，造成了资源基础不断削弱的“资源空心化”现象。

（6）技术进步的非对称性　技术进步的非对称性是指资源开发利用技术和环境保护技术的不相称，一方面技术进步（如动力技术在渔船上的应用等）在客观上促进了渔业资源的开发利用，但另一方面，技术进步往往忽视了环境资源的保护和持续。捕捞作业中所产生的大量副渔获物就是一个很好的例证。但是渔业的技术进步大多数来自渔业部门的外部，因此要控制渔业技术的进步是不容易的。

渔业生产对资源具有负面的影响，可以减少但不能避免。这些负面影响包括资源量的减少，繁殖能力的降低和恢复能力的下降；生物生态系统多变性增强；渔获加工对沿岸和海上的污染；重要栖息地的退化（如底拖网和大型公海流刺网等）；大规模高密度的养殖业也对环境产生了很大的危害。一些兼捕物尽管其经济价值不高，但是它们在食物链和作为其他重要鱼类的食物方面的影响是重大的，对生态系统的恢复与增强及生产力能力的提高都有着重要的意义。在沿岸水域，由于其他行业或农业的发展，渔业资源的重要栖息地正在受到侵害，这些都影响渔业资源的潜力。

（7）过剩的渔业补贴　补贴作为一种财政和经济手段，在渔业生产的发展和管理中发挥着重要的推动作用，同时对渔区稳定和渔民就业也起到了积极的作用。但是渔业补贴也起着相反的作用，巨大的财政补贴使得那些本已无利可图的渔业仍然可以继续开发和生产，导致捕捞能力剧增，使资源出现衰退甚至枯竭。渔业部门习惯采用补贴等经济手段来促进渔业的现代化捕捞技术开发和远洋捕捞。对公共津贴性投资项目（如码头、养殖设施、渔船），通常使用周期长，同时又很少有机会转移到别的用途。当资源量出现下降时，在短期内调整捕捞努力量变得很困难。另外，渔业部门对公众参与渔业投资只有有限的控制，不能直接对码头投资、财政政策、贸易和投资政策等方面负责。一些学者指出，渔业补贴是过剩捕捞能力产生和存在的主要原因之一，同时也导致了渔业资源的衰退。

（8）缺乏及时对渔业资源利用状况进行正确评价和监测的手段和方法　目前，国内外科学工作者或渔业管理机构往往按种群或海区建立复杂的生物数学模型，以用来评估渔业资源的状况。但是，他们没有充分认识到这些方法的缺陷性，低估了不确定性的影响，没有将种类之间，以及种类与外界条件之间的相互关系考虑进去，包括捕食与被捕食之间的关系，高等捕食者的作用（如哺乳动物和鲨鱼等）及陆地污染源的影响。同时也没有正确分析与评价社会、制度、经济等方面对资源利用的影响。因此，利用这些纯生物资源模型进行评估得出的结果往往具有很大的不确定性，也无法全面反映渔业资源利用所涉及的各个方面。这样给渔业管理和政策的制定带来了困难，无法正确评价渔业资源利用的现状及其潜力，也无法为渔业资源的可持续利用提供科学的决策依据。为了确保渔业资源的可持续利用，必须及时了解渔业资源的利用现状与趋势，为此需要尽快展开这方面的研究。

六、渔业资源可持续利用的概念及其标准

1. 可持续性的概念与内涵　可持续性的概念在我国有着悠久的历史。春秋战国时代就有保护正在怀孕和产卵的鸟兽鱼鳖以利“永续利用”的思想和封山育林、定期开禁的法令。孟子就曾批评过“竭泽而渔”的做法，并成为传世的警句。孔子主张“子钓而不纲，弋不射宿”，意思指只用一个钓钩而不用多钓钩的鱼竿钓鱼，只射飞鸟而不射巢中的鸟（《论语·述而》）。《逸周书·文传解》指出“山林非时，不升斤斧，以成草木之长；川泽非时，不入网罟，以成鱼鳖之长”。春秋齐国宰相管仲认为从发展经济、富国强兵的目标出发，应十分注意保护山林川泽及其生物资源，反对过度采伐，在《管子·地数》中讲到“故为人君而不能谨守其山林、菹泽、草莱，不可以立为天下王”，在《管子·国准》中也有“童山竭泽者，君智不足也”等论述。战国时期的荀子把自然资源的保护作为治国安邦之策，特别注重遵从生态学的季节规律，重视自然资源的持续保存和永续利用。《田律》是秦朝的环境法律，也是世界上最早的环境法律之一。《田律》中规定：“春二月，毋敢伐木山林及雍堤水。不夏月，毋敢夜草为灰，取生荔，毋……毒鱼鳖，置穽罔，到七月而纵之”。这些都是古代朴素的可持续发展思想的体现。

“可持续性”的概念产生于对可再生资源如渔业、林业利用的分析。实际上，一个可持续的过程是指该过程在一个无限长的时期内，可以永远地保持下去，而系统的内外不仅没有数量和质量的衰减，甚至还有所提高。从经济学角度讲，单纯使用存在银行里的本金所产生的全部利息就是一种可持续的过程，因为它保持了本金的数目不变，而任何比这高的使用速度都会造成本金损失。对自然资源来讲，可持续性的最基本的、必不可少的条件就是保持自然资源总存量不变或比现有的水平更高。

可持续性的基本含义是既满足当代人的需要，又不对满足后代人需要的能力构成危害，它是一种经济-自然-社会复合系统的持续性，集中表现在经济持续性、生态持续性和社会持续性等三方面。经济持续性是指在保持自然资源的质量和其所提供服务的前提下，使经济发展的利益增加到最大的限度；生态持续性是指不超过生态环境系统更新能力的发展，确保自然资源及其开发利用程度间的平衡；社会持续性的核心是指资源在当代人群之间，以及代与代人群之间公平合理的分配。作为可再生的渔业资源，要确保其可持续利用，则必须建立在强可持续性利用方式的基础上。

2. 渔业资源可持续利用的概念与内涵　可持续发展实质上是自然资源的合理配置与持续利用。从狭义上理解，渔业资源的可持续利用就是人类的捕捞强度不超过渔业资源的可承受能力或自我更新能力；从广义上来讲，渔业资源的可持续利用是指在不损及后代人满足其需求的渔业

资源基础的前提下，满足当代人对水产品需要的资源利用的方式。

渔业资源可持续利用是实现渔业可持续发展战略的一个重要方向。从社会道义和公正的角度看，任何国家、地区和个人对渔业资源的合理利用，不仅要考虑自身的需要，而且也要考虑到其他国家、地区和个人乃至未来几代人的需要。当今人们从自身需要出发对渔业资源进行有效开发和利用，只能是渔业资源合理利用的一个方面，而不是其全部内容。渔业资源的可持续利用内涵应该包括以下几个方面。

1）渔业资源的可持续利用必须以满足经济发展对渔业资源的需求为前提。人类生产的终极目标是经济发展，并在此基础上提高全人类的福利水平。经济发展在一定程度上总不可避免地将以渔业资源的消耗为代价，并且随着经济增长速度的加快，对渔业资源的消耗速度也将越来越快。但是，如果以牺牲经济发展的代价来维持渔业资源的环境基础，无疑是违背人类本身愿望和伦理基础的。因此，人类只有通过渔业资源利用方式的变革，实现渔业资源的可持续利用，以此来协调经济发展与渔业资源环境保护两者之间的矛盾，从而保证经济发展对渔业资源的需求。

2）渔业资源可持续利用的“利用”，是指渔业资源的开发、使用、管理、保护全过程，而不单单只指渔业资源的简单使用。合理的开发、使用就是寻求和选择渔业资源的最佳利用目标和途径，以发挥渔业资源的优势和最大结构功能；而所谓“治理”，是要采取综合性措施，以改造那些不利于渔业资源可持续利用的条件，使其由不利条件变为有利条件，如改善渔场环境、营造人工牧场；所谓“保护”，是要保护渔业资源及其环境中原先有利于生产和生活的状态。人类对渔业资源的利用不仅仅是简单意义上的索取，在某种意义上更意味着对渔业资源生产的再投入。

3）渔业资源生态质量的保持和提高，是渔业资源可持续利用的重要体现。渔业资源的可持续利用对渔业资源生态质量保持和提高的要求是鉴于以往的渔业资源开发利用活动，虽然带来巨大的财富，同时也酿成了对渔业资源生态质量的严重破坏和渔业资源的衰退，并将危及人类对水产品的需求这一情况而提出的。渔业资源的可持续利用意味着维护、合理提高渔业资源基础，意味着在渔业资源开发利用计划和政策中加入对生态和环境质量的关注和考虑。

4）在一定的社会、经济、技术条件下，渔业资源的可持续利用意味着对一定的渔业资源数量有要求。在人类目前认识范围可预测的前景内，渔业资源的可持续利用涉及公平问题。因为目前的渔业资源利用方式导致渔业资源数量的减少并进而使后代人的需求受到影响，这种方式是不可持续的。渔业资源的可持续利用必须在可预期的经济、社会和技术水平上保证一定的渔业资源数量，以满足后代人生产和生活的需要。

5）渔业资源的可持续利用不仅是一个简单的经济问题，同时也是一个社会、文化、技术的综合概念。上述各因素的共同作用形成了特定历史条件下人们对渔业资源的利用方式，为了实现渔业资源的可持续利用，须对经济、社会、文化、技术等诸因素进行综合分析与评价，保持其中有利于渔业资源可持续利用的部分，对不利的部分则通过变革来使其有利于渔业资源的可持续利用。

3. 影响渔业资源可持续利用的因素

（1）资源丰度与环境容量　渔业资源丰度与环境容量是影响某个区域渔业资源利用方式的首要因素。渔业资源和环境在经济分析中可以看作生产活动所必需的资本，或者说是大自然向人类提供了他们所需的产品和服务。从某种意义上来说，渔业资源和环境是人类生产和生活所必需的一种生态资本。对生态资本的非持续利用会造成对渔业资源和环境的严重破坏，使不可逆性越来越明显，而最低安全标准则设立了一条由渔业资源和环境条件决定的分界线，用来表示渔业资源开发所允许的程度。因此，一个区域渔业资源丰度与环境容量的大小就直接影响该区域渔业资源开发利用中最低安全标准的设立，并进一步决定了渔业资源可持续利用实现程度的难易。通常意义上讲，一个渔业资源和环境条件较优的地区要比较差的地区更易实现渔业资源的可持续利用。

（2）人口和经济　人口和经济对渔业资源可持续利用的影响主要表现在人口多少和经济发展程度对渔业资源和环境的压力上。一方面，渔业人口越多，对渔业资源和环境的需求越大，客观上造成了对实现渔业资源可持续利用不利的外部环境，更容易突破渔业资源和环境的最低安全标准，造成对渔业资源的掠夺性使用；另一方面，人口素质问题也同渔业资源利用密切相关，人口素质越高，越容易在意识上和行动上接受并实行渔业资源的可持续利用。经济发展程度与渔业资源的利用之间也具有很强的相关性。一般意义上来说，经济越发展，对渔业资源和环境的需求越大，给渔业资源和环境可能带来的损失也越大，但是另一方面，经济的发展又为渔业资源的可持续利用提供了先进的技术手段和财力支持，客观上又有利于渔业资源可持续利用的实现。

（3）技术进步和结构变迁　科学技术在改变人类命运的过程中具有伟大而神奇的力量，如在海洋捕捞业中，动力渔船、新材料、导航仪器等的应用，大大提高了捕捞能力和强度。在今天，人类面临渔业资源衰退、环境退化与经济发展两难的境地，要确保和寻求渔业的可持续发展，将希望再次寄托于科学技术的发展上。在渔业资源的开发利用过程中，应用对渔业资源环境无害甚至有益的技术来取代对渔业资源环境具有潜在和现实危害的技术，即对环境友好的捕捞渔具和方法，将极大地降低渔业资源利用过程中的环境和生态风险。事实上，在生产实践活动中确实存在着这样的机会和可能，科学技术的发展和应用在促进经济发展的同时，也起到了减轻污染、改善环境质量的作用，如渔具选择性和海洋牧场的研究。在一个国家和地区的经济结构中，工业、农业、服务业及其内部各产业对渔业资源的依赖程度是不一样的。同时，各产业部门利用渔业资源产生的后果对渔业资源和环境的影响也是不同的。因此，经济结构有效和合理的变迁可以将一个国家和地区的产业结构引向渔业资源节约和生态环境防范的方向，发展节约渔业资源和减少生态环境的产业，实现经济结构的根本改变。

（4）文化和制度　任何一种渔业资源开发活动都是在一定的文化背景和制度条件下进行的，文化和制度的外在约束对人们的渔业资源开发利用形式会产生重要的影响。一个国家的传统文化中，是否包含着基本的、朴素的渔业资源和环境保护的思想因子，对激发人们的内在力量，从而采取可持续性的渔业资源利用形式构成影响。而制度主要表现为外在的正式约束。由于人们在渔业资源利用过程中所表现出来的各种非持续利用行为无法通过其他形式得到有效解决，因此有意识地构建一个有利于渔业资源可持续利用的制度体系，如渔业资源有偿使用制度、产权制度、价格制度等就构成了渔业资源可持续利用的重要保证。

4. 渔业资源可持续利用应达到的目标

（1）经济与生态利益的统一　所谓渔业资源开发的经济利益，就是在渔业资源的开发利用这一经济形式中满足主体经济需要的一定数量的社会经济成果。人们从事物质资料生产活动，以解决衣、食、住、行等消费资料，是经济系统生产的经济产品。人们的一切渔业资源开发利用的最终目的就是获得和享受这些经济产品，实现其经济利益。然而，人们对渔业资源的开发利用过程不仅仅是一个经济过程，同时也是一个生态过程，对渔业资源的进一步开发利用都意味着对原有生态环境的改变。与以往的渔业资源开发形式相比，渔业资源的可持续利用形式更强调在渔业资源开发利用过程中经济利益和生态利益的有机统一，不但能产生最优的经济效益，同时可使渔业资源的生态质量保持或有所提高。这里所指的生态利益，主要是指在渔业资源的开发利用过程中，以一定的人为主体的生态系统中满足人们生态需要的渔业生态成果的质的提高和量的增加。

在现实生活中，生态利益和经济利益是相互联系、相互制约、相互作用而形成的有机统一体，这就是生态经济利益。渔业资源可持续利用追求的就是两者的高度统一。

（2）*眼前和长远利益的统一* 在渔业资源的开发利用中，人类由于自身存在的短视行为，追求短期效益的倾向在一定的时空范围内相当明显，而长期效益由于时段的更替，所关联的因素多种多样，产生的原因十分复杂而且经常性地被忽略，直到情况发展到十分危险的程度时，才发现损失是巨大的甚至是不可弥补的。

在渔业资源开发利用过程中，短期效益的“利”，是十分明显的，对渔业资源的耗竭性使用在短期内确实能给开发者带来利益上的增加。相对于短期效益的“利”而言，短期效益的“弊”的出现总是滞后的。在正常情况下这往往需要经过较长一段时间后才能显现出来，而此时，造成的损失已经不可逆转。

渔业资源可持续利用追求的是目前利益和长远利益的有机统一，是涉及代际公平的根本问题。追求两者的统一，要求我们增强对目前利益“利”和“弊”的科学分析，并能有效地增强对长期利益进行前瞻性的正确预见。

（3）*局部和全局利益的统一* 在渔业资源的开发利用过程中，必须正确地处理局部利益和全局利益的统一问题，这是影响代内公平问题的关键所在。某种形式的渔业资源开发行为，可能对地方的局部利益有利，但是因为存在的生产外部性问题，其渔业资源开发利用的外在成本会转嫁到周围地区，影响到全局利益的实现。另外，在某些时候，在某种情况下，也会存在为了追求实现全局整体利益，暂时妨碍甚至减少局部利益的情况。渔业资源的可持续利用形式追求的是在渔业资源开发利用过程中局部利益和全局利益的统一。需要通盘考虑，统筹安排，充分发挥两者之间的一致性，使局部利益和全局利益能够实现有机结合和协调发展。

第三节　渔业可持续发展的国际行动——蓝色增长

一、《2030年可持续发展议程》概述

在2015年9月召开的联合国可持续发展峰会上，联合国各成员国领导人通过了《2030年可持续发展议程》（以下简称《2030年议程》），其中包含一整套共17项“可持续发展目标”。《2030年议程》明确了全球可持续发展重点及对2030年的期望，力争动员全球力量造福人类和地球，打造繁荣、和平和伙伴关系。它不仅包含“可持续发展目标”，还涉及有关发展筹资问题的《亚的斯亚贝巴行动议程》及有关气候变化的《巴黎协定》。“可持续发展目标”特别指出，到2030年要实现以下目标：消除贫困和饥饿；进一步发展农业；支持经济发展和就业；恢复和可持续管理自然资源和生物多样性；与不平等和不公正做斗争；应对气候变化。“可持续发展目标”是真正变革性的目标，其相互之间密切关联，呼吁将各项政策、计划、伙伴关系和投资进行创新性结合，以实现共同目标。

《2030年议程》致力于打造一个公正、基于权利、公平、包容的世界。它呼吁相关方联手合作，共同推动持续、包容性经济增长以及社会发展和环境保护，造福所有人，包括妇女、儿童、青年和子孙后代。该议程展示了一个普遍尊重人权、平等和不歧视的世界，其最高信念是“不让任何一个人掉队”，确保“所有国家、所有人们和社会所有阶层的目标得到实现”“首先尽力帮助落在最后面的人”，其中有两项目标专门涉及消除不平等和歧视。

通过《2030年议程》，各国认识到必须恢复全球伙伴关系的活力，“推动全球高度参与，把各

国政府、私营部门、民间社会、联合国系统和其他行为体召集在一起，调动现有的一切资源，协助落实所有目标和具体目标”。恢复活力后的全球伙伴关系将通过“国内公共资源、国内和国际私人企业和融资、国际发展合作、起推动发展作用的国际贸易、债务和债务可持续性、如何处理系统性问题以及科学、技术、创新、能力建设、数据、监测和后续行动”，努力为《2030年议程》的实施提供执行手段。

联合国粮食及农业组织强调，粮食和农业是实现《2030年议程》的关键。联合国粮食及农业组织实际上已经开始为实现各项“可持续发展目标”做出贡献。各项“可持续发展目标”和联合国粮食及农业组织的《战略框架》均致力于解决造成贫困和饥饿的根源，打造一个更加公平的社会，不让任何人掉队。具体而言，“可持续发展目标 1”（消除一切形式的贫困）和“可持续发展目标 2”（消除饥饿，实现粮食安全，改善营养和促进可持续农业）反映了联合国粮食及农业组织的愿景和使命。其他“可持续发展目标”还涵盖性别问题（“可持续发展目标 5”），水（“可持续发展目标 6”），经济增长、就业和体面工作（“可持续发展目标 8”），不平等（“可持续发展目标 10”），生产和消费（“可持续发展目标 12”），气候（“可持续发展目标 13”），海洋（“可持续发展目标 14”），生物多样性（“可持续发展目标 15”）及和平和公正（“可持续发展目标 16”）等，而各方提出的执行手段和恢复活力后的全球伙伴关系（“可持续发展目标 17”）则为粮食和农业各部门实现《2030年议程》提供了基础，这些部门包括渔业、水产养殖业和捕捞后水产加工业。

《2030 年议程》所提供的框架、进程、利益相关方和伙伴关系有助于：①让当代人和子孙后代从水生资源中获益；②帮助渔业和水产养殖业为不断增长的人口提供富含营养的食物，并促进经济繁荣、创造就业和保障人民福祉。

二、《2030年可持续发展议程》与渔业可持续发展

海洋、沿海及江河、湖泊和湿地，包括渔业和水产养殖业所利用的相关资源和生态系统，在可持续发展中所发挥的重要作用目前已得到国际社会的普遍认可。这一点已在 1992 年召开的联合国环境与发展大会上得到明确，充分体现在《21 世纪议程》第 17 章（及第 14 章和第 18 章）和具有历史性意义的 1995 年《负责任渔业行为守则》（以下简称《守则》）中。这一点也在后来的“里约+20”峰会成果文件中得到提倡，文件中各成员国呼吁要“以通盘整合的方式对待可持续发展，引导人类与自然和谐共存，努力恢复地球生态系统的健康和完整性。”

多项“可持续发展目标”与渔业和水产养殖业及相关部门的可持续发展有着关联。其中一项（“蓝色目标”）直接侧重于海洋（“可持续发展目标 14”：养护和可持续利用海洋和海洋资源以促进可持续发展），强调养护和可持续利用海洋及其相关资源对可持续发展的重要性，包括通过为减贫、持续经济增长、粮食安全和创造可持续生计和体面工作做出贡献而推动可持续发展。

为促使海洋及海洋资源继续为人类福祉做出贡献，“可持续发展目标 14”认识到有必要管理和养护海洋资源，同时为对人类至关重要的生态系统服务提供支持。更有效利用资源，改变生产和消费方式，改进对人类活动的管理和监管，将有助于减少对环境的负面影响，让当代人及子孙后代从水生生态系统中获益。推动可持续捕捞和水产养殖将不仅有助于资源及生态系统管理与养护，还有助于确保世界上的海洋能提供富含营养的食物。

海洋和内陆水域在对全球粮食和营养安全、生计和各国经济增长做出重要贡献的同时，还为地球提供宝贵的生态系统产品与服务。大气中被固存在自然系统中的碳中约有 50%通过循环进入海洋和内陆水域。但这些海洋和内陆水域却正面临着过度开发、污染、生物多样性丧失、入侵物种蔓延、气候变化和酸化等带来的威胁。人类活动给海洋生物支持系统带来的压力已达到不可持

续的水平。

2016年，世界上接受评估的商业化海洋水产种群中有31%被过度捕捞。红树林、盐滩和海草床均在以令人震惊的速度被破坏，从而加剧气候变化和全球变暖。水域污染和生境退化继续威胁着内陆和海洋水域中与渔业和水产养殖业相关的资源。同样面临风险的还有那些依赖渔业和水产养殖业谋生和实现粮食及营养安全的人们。此外，渔业和水产养殖业对世界福祉与繁荣做出的重要贡献正因为治理不力、管理不善和措施不当等因素而遭到削弱，同时非法、不报告、不管制捕捞活动则仍是实现可持续渔业的障碍。

“可持续发展目标 14”项下的多项具体目标呼吁在渔业部门采取具体行动，特别是：有效监管捕捞活动；结束过度捕捞和非法、不报告、不管制捕捞；解决渔业补贴问题；为小规模渔民提供获取资源和进入市场的机会；执行《联合国海洋法公约》条款。“可持续发展目标 14”项下的其他具体目标则涵盖海洋污染防治，以及对可持续渔业和水产养殖业而言同样重要的海洋和沿海生态系统管理和保护。因此，“可持续发展目标 14”明确指出有必要推动所有利益相关方开展合作和协调，以实现更加可持续的渔业管理，更好地保护资源，为可持续管理和保护海洋及沿海生态系统提供了一个框架。

目前在渔业和水产养殖业可持续管理和发展过程中采取的统筹方式，如联合国粮食及农业组织“蓝色增长倡议”所提倡的那样，其目的在于使经济增长与促进生计和社会平等之间实现相互协调。它致力于平衡自然水生资源的可持续管理和社会经济管理，其间强调在捕捞渔业和水产养殖业、生态系统服务、贸易、生计和粮食系统中高效利用资源。

渔业和水产养殖业中的利益相关方在国家、区域和国际层面为实现《2030年议程》做出努力时，应利用以往及当前在相互合作、互相支持和达成共识方面的经验。为实施《守则》采取的措施将成为实现相关“可持续发展目标”具体目标的基础。向联合国粮食及农业组织渔业委员会及其贸易和水产养殖分委员会汇报《守则》实施情况将有助于了解各方在朝着实现《2030年议程》目标努力的过程中所取得的进展，这些进展将通过各国渔业管理部门、区域渔业机构和国际民间社会组织和政府间组织的报告体现出来。国际渔业界将利用相关国际文书，包括《守则》，为全球渔业治理提供有力的框架。

《2030年议程》强调建立伙伴关系和加强利益相关方参与的重要性，将其作为成功促进和有效实施各项活动来支持各项相互关联的“可持续发展目标”具体目标的关键。目前渔业和水产养殖部门正在开展的国际举措包括：①全球气候、渔业和水产养殖伙伴关系；②地方、国家和国际民间社会组织及多国政府就《粮食安全和扶贫背景下保障可持续小规模渔业自愿准则》所开展的宣传和实施工作；③国家机构之间的合作以联合国粮食及农业组织、国际海事组织和国际劳工组织之间在打击非法、不报告、不管制捕捞及其他与捕捞相关的犯罪行为方面开展合作，主要通过以下措施：支持针对打击非法、不报告、不管制捕捞制定国家和区域行动计划；实施《船旗国表现自愿准则》；建立“渔船全球记录”等。

三、渔业可持续发展的国际行动进展

在联合国各成员的推动下开展史无前例的一轮磋商后，目前已经得到通过的可持续发展目标框架中共包括169项具体目标和用于在全球层面衡量和监测进展的231项指标。

“可持续发展目标 14”包括10项具体目标，其中几项明确涉及渔业相关问题，其他目标也可能对渔业产生直接影响。与渔业相关的具体目标呼吁采取行动：有效监管捕捞活动；结束过度捕捞及非法、不报告、不管制捕捞和破坏性捕捞行为；解决渔业补贴问题；提高渔业和水产养殖可持续管理的经济效益；为小规模个体渔民提供获取海洋资源和市场准入的机会。其他目标包括海洋污染防治、海洋和沿海生态系统管理、《联合国海洋法公约》和相关现行区域、国际法规的实施。

目前正在加大力度评估渔业管理方面的进展。此项行动将为相关国家、区域和全球举措提供协助，同时还为国家和全球可持续发展目标监测活动提供支持。在此背景下，联合国粮食及农业组织积极为有关改进进展报告工作和推动实现“爱知生物多样性目标”的 2016 年专家会议做出了贡献，会议制定了一份概念框架草案，可作为一项指南，指导《生物多样性公约》各缔约方报告自身在实现有关可持续渔业的目标上所取得的执行进展。会议确定了与实现目标相关的一系列行动和潜在指标，并讨论了如何通过改进生物多样性公约组织、粮食组织和区域渔业机构之间的协调性来促进此项工作。

此外，在联合国粮食及农业组织/全球环境基金“沿海渔业倡议”的框架下，正在采取具体行动建立和实施一项渔业绩效评价体系，用于以下几方面：①有效评价沿海渔业项目所产生的影响；②监测渔业环境、社会和经济效益方面的变化；③通过寻求管理战略的实施方法来实现可持续渔业，促进知识共享。

为促进实现可持续发展目标，联合国粮食及农业组织及其成员国和伙伴方一直致力于在近东及北非及亚太区域促使“蓝色增长倡议”主流化。亚太区域目前正侧重于可持续水产养殖发展，以扭转环境退化局面和缓解对红树林空间和淡水资源的竞争。水产养殖业负责任管理和可持续发展还能为亚洲的水产养殖户（尤其是青年）提供良好的工作机遇，同时还可提高他们的收入和加强营养安全，保护相关自然资源。此项倡议是一个绝好的范例，说明了应采取何种类型的行动来确保水产养殖业能符合可持续发展目标，具备环保性和真正的可持续性。

同样，一项全面研究目前也在近东及北非开展，以挖掘这一地区在蓝色增长方面的潜力。在这一区域开展的活动包括：在阿尔及利亚推广沙漠水产养殖；评估埃及和苏丹尼罗河沿岸渔民的生计状况；改善突尼斯的价值链，确保负责采集蛤蜊的女性能获得更多、更多样化的收入；宣传有关减少渔业部门损失与浪费的《努瓦克肖特宣言》。渔业还提供了一个绝好的创造就业的机会，尤其是针对青年，能让他们留在本村实现收益良好的就业，而不是被迫外出去城市地区或国外寻找工作机会。研究将对在干旱地区发展水产养殖业的可行性提供宝贵的信息和参考，还将对价值链改善和损失与浪费减少之后带来的潜在社会、经济效益开展评估，而这些都是影响可持续发展目标和蓝色增长是否能够得以实现的重要因素。

四、蓝色增长

1. 蓝色增长的重点内容　　联合国粮食及农业组织的“蓝色增长倡议”（BGI）是一项多目标综合举措，涉及可持续发展的方方面面，如经济、社会和环保方面。作为一种以事实为依据的管理举措，其成功实施离不开及时、可靠的跨学科信息，只有这样才能确立基准，监测变化，为社会、经济和环境可持续性相关的决策提供支持。

“蓝色增长倡议”重点：实现可持续渔业发展，减轻鱼类栖息地的退化，保护生物多样性。这需要数据来评估和监测自然资源（如渔业资源、水生生态系统、水和土地、水生遗传资源等）状况及渔业的绩效和可持续性。

（1）*评估和监测鱼类种群*　　“蓝色增长倡议”认识到，渔业资源对可持续渔业而言极为重要，而渔业资源总量评估则对了解渔业资源整体状况而言至关重要。资源总量的评估过程需要大量数据，而很多时候我们面临的恰恰是数据短缺问题。然而，各种估测方法，包括专家判断，对预防性管理都有帮助。数据齐备与否及数据的质量往往都会对评估结果的准确性产生影响。此外，管理行动往往滞后于评估结果。为解决这一问题，较常用的方法是采用一种建立在事先确定的捕捞模型之上的适应性管理方法。必须保证及时提供高质量的渔获量、努力量和其他相关数据，并供各利益相关方共享。例如，能在评估开始前对这些数据进行汇总，形成综合数据库，就能给分析工作带来极大便利。一些知识库，如 FishBase2 和 SealifeBase3 已经为各方提供了便捷、综合的生态及生物知识。进一步提升信息技术和数据管理能力可起到促进作用。

资源量评估结果共享是实现更有效渔业管理的另一重要步骤。在科学层面，记录完善的数据组让人们可以重复开展评估，有助于提高透明度，让发展中国家有能力参与资源评估，为渔业管理人员提供建议。此外，应采用简单易懂的格式向各利益相关方提供评估结果。各国案例证明，在对渔业资源状况、管理方案和相关结果开展明确、综合的评估后，各方就能针对过度捕捞采取坚定的政策行动。

将被评估渔业种群的相关数据与已知种群进行比较分析，并将被评估渔业资源的状况在不同种群、物种和区域之间进行比较，就可以得出有用的信息，尤其有助于确定渔业监测工作的优先重点。“渔业和资源监测系统”有助于推动此项工作，通过对已知鱼类种群量进行全面评估，从而汇总出种群评估结果，但该系统仍需获得更多评估结果才能最终得出全面完整的结论。

（2）保护生物多样性，恢复栖息场　“蓝色增长倡议”认识到，必须恢复业已退化的栖息场，保护生物多样性，以提高渔业系统的生产率和可持续性。目前正在努力建设一个生物多样性综合信息库，其中包括水生物种种群数量和出现情况，以便更好地监测相关变化，描绘多样性和生态足迹。“海洋生物地理信息系统”在全球各地分类学家和生态学家的共同努力下，为我们提供了有关物种出现的独特的全球信息源。除该信息库外，还在开发多个分析模型用于物种分布绘图（如 AquaMaps）和生物多样性丰富度分布和演化分析，以便在气候变化背景下进一步了解物种范围的变化及其产生的环境和社会经济影响。

为最大限度降低捕捞活动对生物多样性的负面影响（如金枪鱼捕捞中的标志性海洋哺乳动物，或脆弱海洋生态系统中的海绵和珊瑚），必须在设计管理策略时具备相关数据。此类数据包括捕捞作业过程中对兼捕物种的个体观测或与指示性物种的“意外相遇”。此项活动通常要求在渔船上派驻科学观测人员，或让渔民参与数据收集工作。前一种做法成本高昂，且容易存在偏见，而后一种做法则会带来保密和隐私问题。采用图像识别技术的自动化系统具有较大潜力，但近期可能难以广泛应用。

通常情况下，要想在数据共享方面取得进展，就必须鼓励数据所有方（各国和捕捞行业）采取更为开放的政策和措施。令人鼓舞的是，深海捕捞业目前正在与科学界和管理人员开展合作，致力于推动渔业生态系统方法（EAF）相关工作。在沿岸栖息地（如红树林和海滩湿地）问题上，地理信息系统和遥感技术正在推动各类植被的识别和绘图工作，这对于确立基准和监测变化十分重要。

（3）打击非法、不报告、不管制捕捞　“蓝色增长倡议”高度重视对非法、不报告、不管制捕捞的打击。在这方面，信息技术的发展已彻底改变了数据收集工作。主要技术包括：渔船登记和许可证数据库共享，便于对捕捞授权进行评价；自动化识别系统和渔船监测系统，便于监测渔船移动轨迹；电子日志，便于及时报告渔获量；船上摄像监控，便于全面观测捕捞活动；出入港通信，便于执法工作；市场信息电子传输，便于加强可追溯性；渔获记录，便于获取渔获量信息。这些技术能促进严格、高效地开展监测、监控和监督工作，在整个销售链中通过贸易认证跟踪鱼品动向，根据来自运营方的数据获得整体统计数据。

然而，保密问题，加上缺乏相关标准和对数据安全性的信任等，都在阻碍着不同系统之间开展直接数据汇总。通过全球标准化的电子监测、监控和监督来促进负责任的用户之间开展信息共享是一件至关重要的工作，有助于消除覆盖盲点，避免被非法、不报告、不管制捕捞活动钻空子。全球协调方面的进展十分缓慢，而由于成本和技术能力方面的要求，各国和各区域为此做出的承诺水平也大相径庭。从事小规模渔业的渔船数量众多，是实施中面临的最大挑战，因此，此类技术和计划通常先在大型渔船上使用，随后才能推广到小型渔船，手机应用软件已给此项工作带来了新的机遇。

（4）监测绩效，促进可持续性　渔业绩效可体现在社会经济、环境和管理各方面。渔业资源存量调查是一个出发点，便于各方了解和宣传渔业在社会经济方面的重要性，具体体现为人民的参与度、经济投资（渔船大小和数量）及回报（渔获数量和货币价值）。联合国粮食及农业组织建议将渔业资源存量调查作为提高对小规模渔业及相关生计的关注度的一个方法，以便对政策和管理决策产生影响。存量调查还可以成为了解渔业对生物多样性的潜在影响的一种方法（如列出兼捕物种清单）。在水产养殖业中，养殖场存量调查能为决策者提供相关知识，帮助他们有效开展规划和管理。最后，存量调查还有助于了解渔业管理工作在实现可持续性方面的有效性。这反过来会影响消费者的购买行为，从而对改进管理工作形成一种激励，鱼品生态标签的使用日益广泛就是一个例子。

2.“蓝色增长倡议”的焦点：将社会经济效益最大化　实现这一目标需要在整个价值链中对水生资源利用相关活动的绩效和可持续性进行监测，并且要和其他农业和商业活动分开监测。然而，有关该行业社会、经济贡献的相关信息十分零散，且往往与其他行业合并在一起，侧重点在于初级生产部门的商业活动（不包括手工式渔业和自给自足型渔业），未能全面覆盖整个价值链或相关活动。数据上的缺失会导致政策失误。

有必要制定准则和标准方法，便于评价水生生物资源利用在整个价值链中做出的具体贡献，已着手采用普查的方法获取整个价值链中的社会、经济贡献相关数据（包括非商业性活动）。然而，这种方法要求在最终确定全球标准之前，进一步开展测试和微调。联合国粮食及农业组织的“鱼品价格指数”已被用于多项与鱼品相关的粮食安全与经济评估和预测工作，在此处也能发挥作用。

评估生态系统服务水生生物资源所提供的生态系统服务，包括休闲型渔业和与鱼类相关的旅游项目、对生物多样性和生境的贡献，以及生态系统恢复能力（如保护海岸线生物群的红树林）。此类服务还包括气候变化减缓作用，如海藻的碳循环作用，红树林或珊瑚礁的碳汇作用。

有必要让各方进一步了解自然资源和生态系统在各国经济中发挥的作用，以便更好地认识可再生水生资源对经济的贡献（如通过环境经济核算体系）。在气候变化方面，努力开展工作，将用于评估农业和林业部门碳足迹的通用方法应用于水生资源。

3.“蓝色增长倡议”的国际行动　人们已逐步认识到“蓝色增长倡议”对数据的需求。例如，欧洲海洋委员会已敦促欧洲的公共研究投资将重点放在对人们知之甚少的深海系统的基础研究和环境基准的确立上。又如，加勒比和巴西北部大陆架大型海洋生态系统行动计划，旨在消除该区域蓝色增长过程中所面临的破坏性威胁。该计划的一个辅助项目将侧重于治理和合作方面的相关安排，并促进在涉及生境退化、不可持续的渔业活动和污染的多项独立举措之间开展协同合作。这一项目还将利用自身在该区域海洋生态系统和共享海洋生物资源状况方面所获得的信息进行汇总，制作一份全面的网上一览表。

此外，iMarine 举措（由欧盟委员会供资）证明，“蓝色增长倡议”的数据需求可通过“科学 2.0”得以满足，通过创新性联网技术实现信息共享和合作。iMarine 项目旨在通过数据库、软件、方法和专业力量等资源的整合，提供成本更低、高效率的数据服务。最近启动的

BlueBRIDGE 项目将利用 iMarine 的虚拟研究环境，实现多个目标，为渔业生态方法提供支持。它还努力将自身范围扩大至“蓝色增长倡议”的其他领域，如水产品的可追溯性、空间规划、水产养殖业的社会经济和环境影响。

“蓝色增长倡议”有必要让不同的数据收集工作实现跨部门、全价值链的一体化，尤其是涉及可持续性的社会经济估值工作。首先，强化信息标准和提高协调统一能力，将有助于信息交流，因为它能促使人们使用统一的分类、概念和数据结构；其次，必须提供全球性、区域性和全国性数据和信息共享平台；最后，加强伙伴关系和其他连通安排也十分重要，因为没有任何一个组织能单枪匹马满足“蓝色增长倡议”的所有相关要求。虽然联合国粮食及农业组织的现行战略依然有效，并成为满足蓝色增长数据需求的指导方针，各项局限因素仍表明，目前必须将某些领域作为重点，以便真正取得进展。因此，联合国粮食及农业组织正呼吁建立全球伙伴关系/联盟，为蓝色增长打造一项全球性数据框架。通过这一框架，联合国粮食及农业组织将协调各项伙伴关系，为不同举措、不同学科之间数据的收集和综合利用奠定必要的基础（数据库、信息标准、方法、工具、专业力量和合作型数据基础设施）。

第四节　全球各海区渔业资源可持续利用评价

全球气候变化及人类对海洋渔业资源的高强度开发导致传统海洋渔业资源在全球范围内持续衰退。建立易于评估并能有效监测渔业资源开发状态的指标体系，从而避免渔业资源的衰退，具有重要意义。渔获物平均营养级概念由 Pauly 等（1998）提出，其营养级水平与作用在生态系统内的外界干扰直接相关，被生物多样性公约（Convention on Biological Diversity）、欧盟（European Union）、加勒比大海洋生态系统项目（Caribbean Large Marine Ecosystem and Adjacent Project）等用于评价捕捞行为对海洋生态系统的影响。

近年来，很多学者深入探究了渔获物平均营养级（mean trophic level，MTL）下降的潜在原因，并对以 MTL 作为海洋生态系统健康状况指标的有效性提出了质疑，提出了 4 种不同渔业开发模式下 MTL 的变化趋势。①捕捞降低海洋食物网（fishing-down），该渔业表现为当高营养级资源出现衰退时，捕捞目标从高营养级种类向低营养级种类转移；②捕捞沿着海洋食物网（fishing-through），该渔业表现为持续增加低营养级种类的渔获量，而高营养级种类未出现衰退；③开发至过度捕捞（increase to overfishing），该渔业表现为伴随捕捞强度的不断上升，所有种类逐步开发至过度捕捞；④基于资源的可获得性（based-on-availability），该渔业表现为首先开发高资源量且易捕捞的种类，其次开发低资源量且不易捕捞的种类。由于“基于资源的可获得性”模式无证据支持，因此，所观察到的 MTL 变化趋势主要由 3 种渔业开发模式所引起。“捕捞降低海洋食物网”和“捕捞沿着海洋食物网”模式会导致 MTL 呈下降趋势；而“开发至过度捕捞”模式不会引起 MTL 的下降，但海洋生态系统却遭到严重破坏。阐明 MTL 的变化机制对于全面掌握捕捞活动对海洋生态系统的影响及制定有效的管理措施至关重要。然而，至今仍缺乏在全球和区域范围内明确阐明 MTL 潜在变化机制的研究。

尽管近年来渔获物平均营养级遭到质疑，但目前仍广泛用于监测和评估捕捞活动对海洋生态系统产生的影响。太平洋、大西洋、印度洋是海洋捕捞作业的主要海区，产量占全球海洋捕捞量的 98%以上，且各渔区受环境的影响程度及开发模式有所不同，分别对各渔区进行评价非常必要。

一、全球渔获物平均营养级的变化

图 6-5A 显示了 1950～2010 年全球三大洋渔获量的变化情况。渔获量由 1950 年的 1486 万 t 逐步上升至 1996 年的 7374 万 t，为历史最高值；之后，渔获量逐渐下降，2010 年渔获量为 6530 万 t。全球三大洋 MTL 以 0.057/10 年的速度由 1955 年的历史最高值 3.50 下降至 1986 年的历史最低值 3.21（R^2=0.48，P<0.05）。秘鲁鳀（*Engraulis ringens*）产量在 20 世纪 60 年代至 70 年代初大幅上升，导致 MTL 在此期间出现大幅下降。伴随 1972～1973 年秘鲁鳀的衰退，MTL 在 1973～1986 年继续下降，之后，逐步上升至 2010 年的 3.37（图 6-5B）。渔业均衡（fishing in balance，FiB）指数由 1950 年的基准值 0 快速上升至 1973 年的 0.44，这表明由于渔业地理扩张，MTL 的下降被渔获量的增加所补偿；之后，FiB 指数先下降后逐步上升并稳定在 0.54 左右（图 6-5C）。

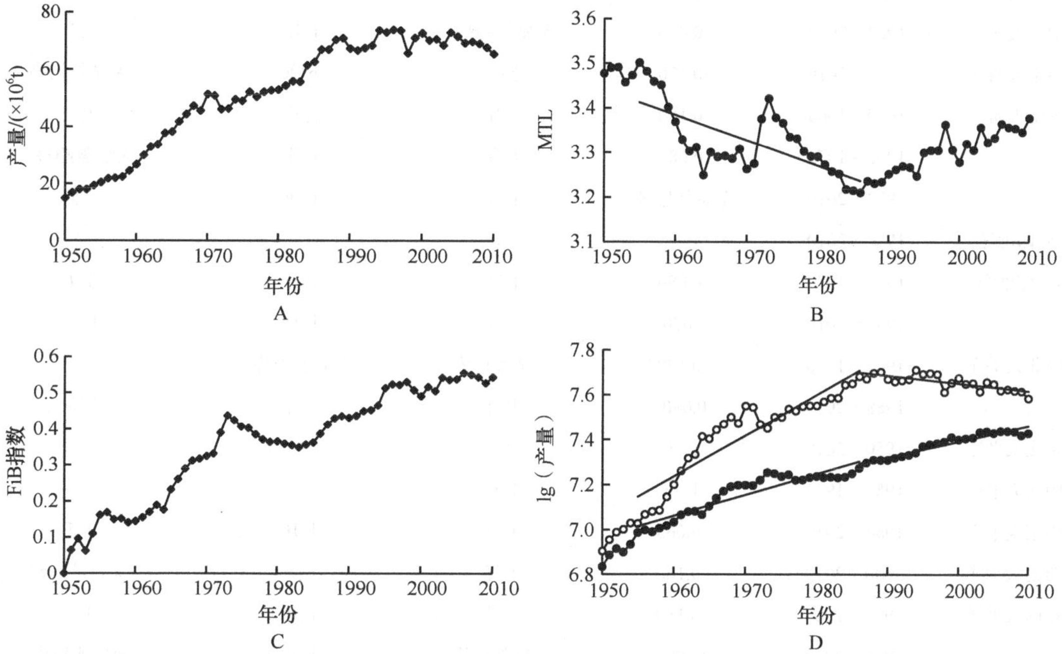

图 6-5　1950～2010 年全球三大洋的变化趋势

A. 产量；B. 渔获物平均营养级；C. FiB 指数；D. 高营养级（●）和低营养级（○）种类的 lg（产量）

在三大洋 14 个 FAO 渔区中，10 个 FAO 渔区的 MTL 出现显著降低。其中，西北大西洋、东北大西洋、西南大西洋和西南太平洋的 MTL 和 FiB 指数均呈显著下降趋势（表 6-1）。西北大西洋 MTL 在 1965～2010 年以 0.24/10 年的速度下降；东北大西洋 MTL 在 1969～1992 年以 0.064/10 年的速度下降；西南大西洋 MTL 在 1996～2010 年以 0.12/10 年的速度下降；西南太平洋 MTL 在 2000～2010 年以 0.16/10 年的速度下降。然而，其他 6 个渔区 MTL 逐步降低时，其 FiB 指数无显著变化趋势或呈上升状态。具体来说，中东大西洋 MTL 在 1982～2010 年以 0.040/10 年的速度下降，中东太平洋 MTL 在 1964～2010 年以 0.065/10 年的速度下降。而西北太平洋 MTL 在 1963～1988 年以 0.17/10 年的速度下降，东南太平洋 MTL 在 1952～1985 年以 0.18/10 年的速度下降，东印度洋 MTL 在 1952～1987 年以 0.08/10 年的速度下降，之后，上述 3 个渔区 MTL 均呈恢复上升趋势，且 FiB 指数也逐步上升。东南大西洋 MTL 在 1950～1963 年以 0.18/10 年的速度下降，并在 1963～1972 年逐步恢复上升，之后，MTL 稳定在 3.44 左右；而其 FiB 指数在 1972～2010 年大幅下降（表 6-1）。中西大西洋、西印度洋、东北太平洋和中西太平洋 MTL 在 1950～2010 年呈逐步上升趋势（表 6-1）。

表 6-1 全球三大洋 14 个渔区渔获物平均营养级的变化速度及相应 FiB 指数、高营养级和低营养级种类的产量变化趋势

渔区	回归年份	MTL 变化速度/10 年	FiB 指数变化趋势	高营养级种类的产量变化趋势	低营养级种类的产量变化趋势
西北大西洋	1965～2010	−0.240	下降	下降	下降
东北大西洋	1969～1992	−0.064	下降	下降	无显著趋势
	1992～2010	0.066	无显著趋势	无显著趋势	下降
中西大西洋	1950～2010	上升	上升		
中东大西洋	1982～2010	−0.040	无显著趋势	上升	上升
西南大西洋	1996～2010	−0.120	下降	下降	无显著趋势
东南大西洋	1950～1963	−0.180	上升	上升	上升
	1963～1972	0.68	上升	上升	无显著趋势
	1972～2010	无显著趋势	下降	下降	下降
西印度洋	1984～2010	上升	上升		
东印度洋	1952～1987	−0.080	上升	上升	上升
	1987～2010	0.070	上升	上升	上升
西北太平洋	1963～1988	−0.170	无显著趋势	无显著趋势	上升
	1988～2010	0.090	上升	上升	下降
东北太平洋	1950～2010	上升	上升		
中西太平洋	1950～1985	上升	上升		
中东太平洋	1964～2010	−0.065	上升	上升	上升
西南太平洋	2000～2010	−0.160	下降	下降	无显著趋势
东南太平洋	1952～1985	−0.180	上升	上升	上升
	1985～2010	0.084	无显著趋势	上升	无显著趋势

注：表中所有值均达到显著水平（$P<0.05$），且“上升”和“下降”均达到显著水平（$P<0.05$）

二、MTL 的潜在变化机制

全球三大洋海域高营养级种类（R^2=0.85，$P<0.05$）和低营养级种类（R^2=0.85，$P<0.05$）渔获量在 1955～1986 年均呈显著上升趋势，表明全球海域发生“捕捞沿着海洋食物网”现象（图 6-5D）。在 MTL 显著下降的 10 个 FAO 渔区中，东南大西洋、东印度洋、中东太平洋和东南太平洋的高营养级种类渔获量显著上升，中东大西洋和西北太平洋的高营养级种类渔获量无明显趋势，表明上述海域发生“捕捞沿着海洋食物网”现象（表 6-1）。西北大西洋、东北大西洋、西南大西洋和西南太平洋的高营养级种类产量显著下降，表明其发生“捕捞降低海洋食物网”现象，且低营养级种类的渔获量在上述海域中无明显变化趋势（表 6-1）。

值得注意的是，全球三大洋 MTL 在经历显著下降后呈恢复上升趋势（图 6-5B）。本处以 MTL 开始出现下降时对应的值作为高营养级种类和低营养级种类的分界点，进一步检验 MTL 呈恢复上升状态时，高营养级种类和低营养级种类的渔获量变化情况。研究发现，低营养级种类的产量显著下降（R^2=0.58，P<0.05），而高营养级种类的产量稳定上升（R^2=0.92，P<0.05）（图 6-5D）。东北大西洋、东印度洋、西北太平洋和东南太平洋 MTL 在近年来呈恢复上升趋势，但是，尽管高营养级种类的渔获量在上述 4 个海域均逐步上升或无明显变化趋势，低营养级种类的渔获量在东北大西洋和西北太平洋大幅下降（表 6-1）。

中西大西洋、东北太平洋、中西太平洋和西印度洋的 MTL 呈大幅波动上升趋势（表 6-1）。拟合高营养级种类和低营养级种类的产量变化情况发现，中西太平洋和西印度洋的高营养级种类和低营养级种类的产量均呈显著上升趋势(图 6-6)；但是，中西大西洋的低营养级种类产量自 1984 年开始大幅下降（R^2=0.53，P<0.05），且高营养级种类渔获量也在 1998～2010 年逐步下降（R^2=0.67，P<0.05）。东北太平洋的低营养级种类渔获量自 1987 年开始也呈显著下降趋势（R^2=0.46，P<0.05）（图 6-6）。

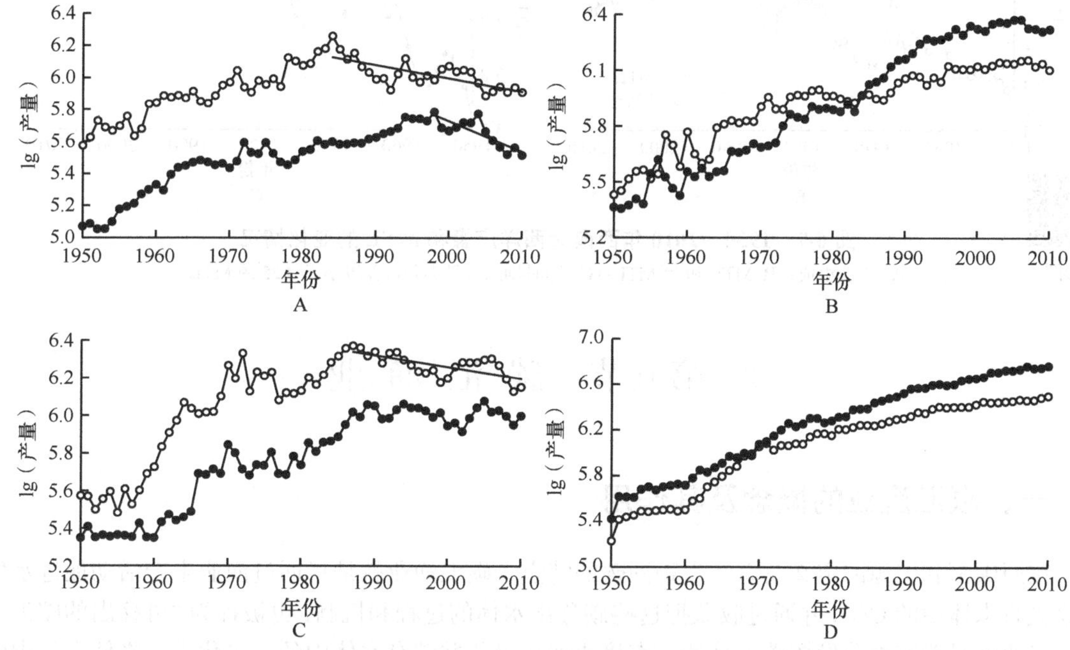

图 6-6　1950～2010 年高营养级（●）和低营养级（○）种类的 lg（产量）变化情况

A. 中西大西洋；B. 西印度洋；C. 东北太平洋；D. 中西太平洋

三、渔业开发历程对 $^{3.25}$MTL 指标有效性的影响

西南大西洋海洋捕捞量在 1997 年达到最高值 2.6×10^6t，之后，渔获量波动在 1.7×10^6～2.5×10^6t（图 6-7A）。西南大西洋渔获物主要由高营养级的 TrC3 和头足类组成（图 6-7A）。作为头足类的重要捕捞海域，西南大西洋头足类自 20 世纪 80 年代开始加速开发。西南大西洋 MTL 以 0.12/10 年的速度在 1996～2010 年稳定下降（R^2=0.84，P<0.05）；但其 $^{3.25}$MTL（营养级大于 3.25）自 1950 年逐步上升，并从 20 世纪 70 年代开始维持稳定，并未出现显著的下降趋势（图 6-7B）。在剔除营养级小于 3.25 的渔获种类和头足类后，西南大西洋 MTL 自 20 世纪 90 年代中期开始稳定下降（R^2=0.80，P<0.05）（图 6-7C）。

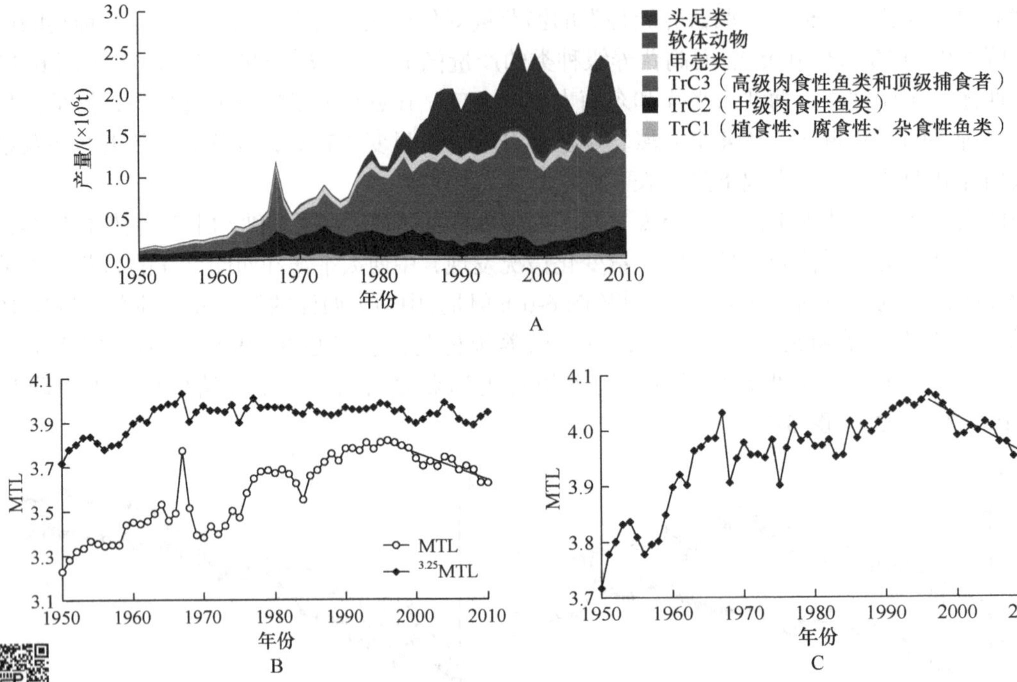

彩图

图 6-7 1950～2010 年西南大西洋产量和 MTL 的变化情况

A. 渔获组成；B. MTL 和 $^{3.25}$MTL；C. 同时剔除头足类和营养级小于 3.25 的 MTL

第五节 碳汇渔业

一、碳汇渔业的概念及其作用

按照碳汇和碳源的定义及海洋生物固碳的特点，碳汇渔业就是指通过渔业生产活动促进水生生物吸收水体中的 CO_2，并通过收获把这些碳移出水体的过程和机制，也被称为“可移出的碳汇”。碳汇渔业就是能够充分发挥碳汇功能，直接或间接吸收并储存水体中的二氧化碳，降低大气中的二氧化碳浓度，进而减缓水体酸度和气候变暖的渔业生产活动的泛称。因此，凡无须投饵的渔业生产活动，都能形成生物碳汇，相应地也可称其为碳汇渔业，如藻类养殖、贝类养殖、滤食性鱼类养殖、人工鱼礁、增殖放流及捕捞渔业等。

碳汇渔业具有以下的作用：提高水体吸收大气二氧化碳的能力；由于水生生物（浮游生物、藻类）能吸收水体中的 CO_2，通过捕获水产品，从而把这些碳移出水体。所以，碳汇的过程和机制可以提高水体吸收大气二氧化碳的能力，从而为二氧化碳减排做出贡献。

（1）海水养殖与碳汇渔业　海水藻类、贝类等养殖生物通过光合作用和大量滤食浮游植物，从水域中吸收碳元素的过程和生产活动，以及以浮游生物和贝类、藻类为食的鱼类、头足类、甲壳类和棘皮动物等生物资源种类通过食物网机制和生长活动所使用的碳，都是碳汇渔业的具体表现形式。因此，在低碳经济时代，我国作为渔业大国，应积极发展以海水养殖业为主体的碳汇渔业，抢占蓝色低碳经济的技术高地。

（2）水库生态渔业　水库生态渔业也是一种碳汇渔业。水库生态渔业的碳汇过程：地表径流带入的大量有机物→经微生物分解为氮、磷等无机物→被藻类和水生植物吸收利用→鱼类通过摄食各种动植物将氮、磷等营养盐类富集到体内→捕鱼带走。所以，在水库把鲢鳙等鱼类捕捞出库就是水体氮、磷输出的最有效方式。任何一个从事渔业生产的水库，其生产活动的结果对碳汇、对水库水质都具有显著的改善作用。在一定范围内，水库鱼产量越高，其碳汇作用对水体的净化作用也就越强。所以，发展碳汇渔业是一项一举多得的事业，它不仅为百姓提供更多的优质蛋白，同时，对减排 CO_2 和缓解水域富营养化有重要贡献，如浅海贝藻养殖、水库以投放鲢鳙为主的生态渔业。

2010 年 11 月，由中国工程院主办的工程科技论坛——“碳汇渔业与渔业低碳技术”在北京成功召开。40 余位专家围绕“水生生态系统碳循环特征与生物固碳机制”“渔业生物碳汇过程与评价技术”“海水高效低碳养殖技术”“淡水高效低碳养殖技术”“海洋牧场与生态礁构建技术”“绿色安全饲料与加工低碳技术”“渔业装备与节能减排技术”等 7 个专题作了学术报告。我国首个碳汇渔业实验室于 2011 年 1 月已在中国水产科学研究院黄海水产研究所挂牌成立，实验室主任由中国工程院院士唐启升研究员担任。

二、海洋渔业碳汇及其扩增战略

生物固碳是安全高效、经济可行的固碳途径与固碳工程。除森林、草地、沼泽等陆地生态系统外，海洋生物的固碳也已经引起全世界的普遍关注，海洋碳不仅通过调控和吸收直接影响全球的碳循环，还以其巨大的碳汇功能吸收了人类排放 CO_2 总量的 20%～35%，大约为 2×10^9t，有效延缓了温室气体排放对全球气候的影响，海洋是最大的长期碳汇体（图 6-8）。根据联合国环境规划署《蓝碳：健康海洋对碳的固定作用》报告，海洋生物（包括浮游生物、细菌、海藻、盐沼和红树林等）固定了全球 55%的碳。海洋植物（海草、海藻、红树林等）的固碳能力极强、效率极高，其生物量虽然只有陆生植物的 0.05%，但两者的碳储量不相上下。海洋生物固碳构成了碳捕

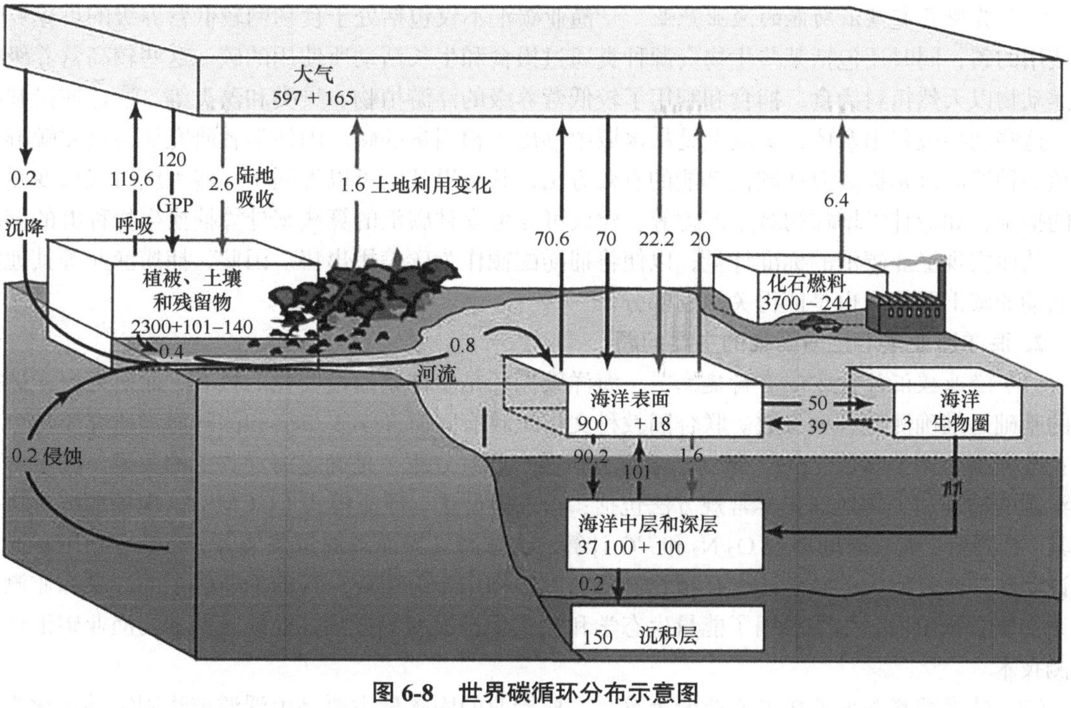

图 6-8　世界碳循环分布示意图

集和移出通道，使生物碳可长期储存，最高达上千年，所以海洋生物碳也被称为“蓝碳”或“蓝色碳汇”。蓝色碳汇是沿岸带生产力的中心，为人类提供了大量利益（如作为抵抗污染和极端气象事件的缓冲带，以及粮食安全、生计安全和社会福祉的来源）和服务，预计每年超过 25 万亿美元。世界渔业大约 50%来自这些沿海水域。

海洋渔业碳汇是海洋生物“蓝色碳汇”的重要组成部分。海洋碳汇渔业被视为最具扩增潜力的碳汇活动。通过实施养护、拓展和强化等管理措施，并与养护、恢复和提升自然海域蓝色固碳能力相结合，大力发展健康、生态、可持续的碳汇渔业新生产模式。同时，碳汇渔业也是绿色、低碳发展新理念在渔业领域的具体体现，能够更好地彰显生态系统的气候调节、净化水质和食物供给等服务功能，大力发展碳汇渔业不仅对减缓全球气候变化做出了积极贡献，同时对于食物安全、水资源和生物多样性保护、增加就业和渔民增收都具有重要的现实意义。

1. 海洋渔业碳汇研究现状　海洋渔业碳汇既包括养殖贝类通过滤食、藻类经由光合作用从海水中吸收碳元素的“固碳”过程，也包括以浮游生物、藻类和贝类为食的捕捞种类（如鱼类、头足类、甲壳类和棘皮动物等）通过摄食和生长所利用的碳。凡无须投放饵料的渔业生产活动就具有碳汇功能，属于碳汇渔业。

（1）海水贝藻养殖具有高效“固碳”作用　藻类等海洋植物是公认的高效固碳生物。通过光合作用直接吸收海水中的 CO_2，从而增加了海洋的碳汇，促进并加速了大气中的 CO_2 向海水中扩散，有利于减少大气中的 CO_2。贝类在养殖生长过程中大量滤食水中的浮游植物等，已起到减排作用，贝类在外壳形成过程中，直接吸收海水中的碳酸氢根（HCO_3^-）形成碳酸钙（$CaCO_3$），每形成 1mol 碳酸钙即可固定 1mol 碳。一个扇贝在一个生长周期中所使用的水体中的碳，有 30%通过收获被移出水体，40%沉至海底（大部分被封存在海底）。另外，据测算，山东桑沟湾养殖扇贝的固碳速率为 3.36tC/（hm^2·年），不仅明显高于自然水域蓝碳生物的固碳速率，同时，也达到或略高于欧盟、美国、日本、新西兰等发达国家或地区单位面积森林生物量中碳储量的年变化上限[–0.25～0.260tC/（hm^2·年）]。可见，海水贝藻养殖“固碳”作用是高效的，碳汇功能显著。

（2）其他具有碳汇功能的渔业产业　渔业碳汇不仅包括处于食物网较低营养级的贝藻养殖等使用的碳，同时还包括某些生物资源种类通过摄食和生长活动所使用的碳。这些较高营养级的海洋动物以天然饵料为食，捕食和利用了较低营养级的浮游植物、贝类和藻类等。通过捕捞和收获，这些动物被移出水体，实质上是从水域中移出了相当量的碳。国外学者研究认为重建鲸群和大鱼的种群应该是提高海洋碳汇功能的有效方法，其效果甚至可以等同于一些为应对气候变暖采取的措施，如造林以增加初级生产力等；建议可参考森林碳汇的算法来计算捕捞生物种群的储碳量，从而实现渔业碳汇的标准计量，以便将捕捞配额作为碳信用出售。因此，捕捞渔业等其他渔业活动的碳汇及扩增也是值得关注的部分。

2. 海洋渔业碳汇扩增面临的主要问题

（1）渔业碳汇计量方法有待建立　海洋碳循环是全球碳通量变化的核心，而研究海洋碳循环的基础是准确测定各项参数。联合国教科文组织政府间海洋学委员会和国际海洋研究委员会认为：准确测定 4 个参数（pH、碱度、溶解有机碳、CO_2 分压）是确定海洋碳汇的关键，测定海洋碳汇源的物理和生物地球化学常规方法包括：箱式模型法、环流模式（GCMS）、现场溶解有机碳及其 ^{13}C 测量、大气时间序列 O_2/N_2 和 ^{13}C 计算、全球海气界面碳通量集成等。有学者利用碳通量法证明陆架海是巨大的碳汇源，且植物群落的固碳作用十分重要。目前渔业碳汇的计量和监测还处于初步尝试阶段，主要沿用了能量生态学和箱式生态模型等方法，尚缺乏精准的渔业碳汇计量监测技术。

（2）过度捕捞与发展碳汇渔业的矛盾　捕捞业的固碳量主要是由浮游植物固定并转化为捕

捞种类的生物量。因此，捕捞产量提高意味着从海洋生态系统移出的碳量增加了，但是渔业资源的过度捕捞使渔业碳汇的功能被削弱了。与此同时，资源量下降导致封存于水体和海底的碳减少，也不利于捕捞业发挥可持续的碳汇功能。过度捕捞使海洋生态系统的营养级下降、食物链缩短、食物网结构趋于简单、渔业捕捞种类的个体小型化，从而减少捕捞渔业对海洋碳汇的贡献。要增加海洋生物碳汇，尤其是捕捞渔业相关的碳汇，就需要严格控制过度捕捞。

3. 扩增海洋渔业碳汇的关键技术需求

（1）*多营养层次综合养殖技术*　贝藻养殖和多营养层次的综合养殖是应对多重压力胁迫下近海生态系统显著变化、维护近海渔业碳汇的有效途径。这些生态友好型养殖方式不仅能促进生态系统的高效产出，而且能最大限度地挖掘生态系统的气候调节服务。因此，应继续大力发展健康、生态、多营养层次的综合养殖等碳汇渔业技术，不断优化其模式，系统而深入地研究其碳汇功能和机制。

（2）*海草床栽培和养护技术*　在全球海洋生态系统中，海草以不足0.2%的分布面积占到了全球海洋每年碳埋藏总量的10%～18%，而海草床又是渔业生物的关键生态环境，承载着产卵场、育幼场、索饵场等多重生态功能。因此，海草床在海洋固碳中的地位是非常重要的。鉴于目前世界范围内海草床快速消失的状况，研发海草床保护、移植、种植和修复技术将对渔业碳汇扩增发挥重要作用。

（3）*陆基和浅海集约化高效养殖技术*　发展陆基工厂化循环水和池塘循环水养殖，是我国水产养殖业升级改造的重要发展方向。通过水体循环利用、集约增效和养殖废物的集中收集和处理，可以促进养殖业节能减排、生态高效，从而进一步推动渔业碳汇扩增。

（4）*深远海养殖设施和技术*　拓展贝藻等不投饵种类的养殖空间、发展深水养殖是渔业碳汇扩增不可忽视的一个方面，但突破工程装备与技术是关键。以我国深水网箱为例，经过近10年的发展，2014年产量仅占海水养殖总产量的0.62%，占网箱养殖总产量的17%。制约深水养殖发展的关键仍然是工程装备不过硬，无法支撑长时间、高海况条件的需要。另外，由于缺少高效、耐用的深水养殖配套装备，如吊装机、清洗机、收获机械等，深水养殖风险高、劳动强度大的问题尚未根本解决。急需发展相关的深水装备技术及新生产工艺。

4. 发展我国碳汇渔业的对策建议

（1）*查明我国海洋渔业碳汇潜力及动态机制*　为全面了解我国海洋渔业碳汇潜力，需要建立海洋生物碳汇与渔业碳汇计量和评估技术，建立系统的近海生态系统碳通量与渔业碳汇监测体系和观测台站。同时，应加强基础科学研究，整合生态学和生物地球化学研究手段，完善现有海洋碳通量模型，研究主要海洋生物碳通量和固碳机制，评估我国海洋渔业生物碳汇源特征及其动态，对不同渔业类型碳汇进行比较，建立渔业碳汇源收支模型，减少碳汇估算的不确定性。

（2）*不断探索渔业碳汇扩增的新途径*

1）大力发展以海水养殖为主体的碳汇渔业。中国的海水养殖业是以贝藻养殖为主体的碳汇型渔业。这种不投饵型、低营养级的渔业不但在水产品供给、食物安全保障等方面具有重要作用，而且在改善水域生态环境、缓解全球温室效应等方面具有积极意义，其生态、社会和经济效益非常显著。为此，国家需从战略高度规划和支持海水养殖业发展，扩增渔业碳汇。主要包括：大力发展健康、生态、环境友好型水产养殖，着力推进海洋生态牧场建设，降低捕捞强度、扩大增殖渔业规模，从而增加海洋渔业碳汇的储量。

2）加强近海自然碳汇及其生态环境的养护和管理。红树林、珊瑚礁、盐沼和天然海藻（草）床是海洋碳汇的重要组成部分，应采取有效措施，对现存的海洋植物区系进行养护。开展海藻、海草、珊瑚的移植和种植，仍然是恢复和扩增海洋蓝色碳汇的重要手段之一。但是，全世界目前在海藻床移植和重建方面仍有很多技术问题没有解决。因此，建设人工海藻床，加强养护和管理，恢复海洋生态系统服务功能，扩增蓝色碳汇，是十分必要的。

（3）实施渔业碳汇扩增工程建设

1）碳汇渔业关键技术与产业示范工程。需要端正认识，强力推动以海水增养殖为主体的碳汇渔业的发展，充分发挥渔业生物的碳汇功能，为发展绿色、低碳的新兴产业提供示范。建议加强5个方面的建设：海水增养殖良种工程，生态健康增养殖工程，安全绿色饲料工程，养殖设施与装备工程，以及产品精深加工技术与装备等，重点是大力发展多营养层次综合养殖和深水增养殖技术。

2）规模化海洋“森林草地”工程建设与管理。需要大力开展意在提升我国近海自然碳汇功能的公益性工程建设，包括浅海海藻（草）床建设、深水大型藻类种养殖，以及生物质能源新材料开发利用等，进一步加强海洋自然碳汇生物的养护和管理。

三、淡水渔业碳汇的发展路径

全球淡水水域面积虽然仅占海洋面积的0.8%和陆地面积的2%，但其在全球碳循环中占有重要的地位，淡水水体不仅可以通过渔获物等移出碳，而且可以沉积碳。此外，还可以通过水流将一部分碳带入海洋中。湖泊每年碳沉积量可达海洋总沉积量的25%～42%，且固定在湖泊中的碳极少返回到大气中（吴斌等，2016）。

对淡水渔业碳汇功能的认知不足是制约其发展的一个重要因素。我国具有丰富的淡水生物资源，淡水生物在生长过程中会产生一定的碳，并在生物死亡后存在于水体中。淡水养殖和捕捞是淡水渔业碳汇的重要组成部分。近年我国淡水渔业的碳移出量保持着稳定态势，这为碳汇渔业的发展提供了良好的条件。做好以下几个方面的工作，有利于促进淡水渔业碳汇的进一步发展。

（1）构建交易中心，实行碳汇补偿　碳汇技术、碳汇市场和碳汇项目是碳汇产业开发的关键要素。碳汇技术是支撑碳汇产业的基础条件，碳汇市场是碳汇产业持续发展和良性循环的根本保证，而碳汇项目是进行碳汇实践的运行载体。我国碳汇渔业要实现科学发展，首先要完善碳汇渔业理论，提高渔业碳汇技术水平，增强渔业碳汇能力。同时，国家应设立碳汇渔业专项科研项目，围绕与渔业活动相关的温室气体排放和碳循环的动态机制等开展综合研究；建立相应的长期监测观察站以进行数据收集和研究；并仿照森林碳汇建立绿色基金，建立与其相适应的碳汇渔业交易中心，积极推行省份核算体系，探索实行淡水渔业碳汇补偿机制。在条件成熟时，力争设立全球渔业碳汇基金，推进碳汇渔业的市场化进程。

（2）保护碳汇能力，发挥碳汇功能　根据对水域生态系统食物链结构的研究，自然渔业的碳汇能力包括水域生物的直接碳汇功能和食物链的间接增汇功能。一些水生生物利用自身的碳汇功能固定空气或水体中的二氧化碳；而处于食物链更高层次营养级的生物具有间接的碳汇功能，即通过食用较低级具有碳汇功能的生物来增加碳汇。需要特别强调的是，捕捞产量和渔业碳汇之间存在权衡关系，捕捞产量的增加直接表现为渔业碳汇的增强；但过度捕捞会破坏水生态系统的生态平衡，表现为食物链趋短、食物网简化、渔业资源退化等，渔业碳汇功能会受到严重损害。因此，应当基于可持续开发理念，强化渔业环境生态修复和渔业资源生态养护能力，充分发挥自然渔业的碳汇功能。

（3）立足生态养殖，扩增渔业碳汇　目前，基于碳汇理念的生态养殖业正发展成为碳汇渔业的主导产业，并将进一步发展成为绿色新兴产业。应充分利用淡水生态系统中的食物链传递规律及各种物理化学作用机制，实行立体化综合养殖，在净化水体养殖环境、提高养殖效率的同时，增强渔业碳汇功能。淡水养殖应当重点选择鲢、鳙等滤食性鱼类并进行大规模生态养殖；充分利用生态位原理，合理规划水域中食物链的传递，既可以消耗水域生态系统中的富营养化物质，起到调节水质、保护饮用水源安全的功效，又可以达到扩增淡水渔业碳汇的目的。碳汇渔业有希望带动现代渔业产业形成新的经济增长点，成为低碳高效的新兴产业示范模式，推动生物经济和生态经济发展壮大。

（4）*夯实发展基础，拓展碳汇空间*　政府应加大渔业碳汇理念的宣传，推广高效碳汇的新品种和新技术，突破碳汇养殖的关键技术，提供财政补贴和低息贷款等政策支持，夯实碳汇渔业的发展基础，拓展渔业的碳汇空间。渔业碳汇技术的创新主体是企业，其应与相关院校和科研机构组建碳汇渔业人才库，并建立有效的配套人才流动机制，推动产、学、研联动。通过积极调整渔业结构，减少资源和能源的消耗，努力提高水产品品质，大力增强其碳汇能力，促使渔业在节能减排和扩增碳汇容量等方面发挥更加重要的作用。

思　考　题

1. 简述可持续发展提出的背景及概念与内涵。
2. 简述渔业资源可持续利用的基本理论及其含义。
3. 简述蓝色增长提出的背景，以及对渔业发展的作用表现在哪些方面。
4. 简述渔业资源可持续利用评价的意义，以及全球各海区的现状。
5. 简述碳汇渔业的概念，以及实施碳汇渔业的意义。

第七章

全球环境变化与渔业

本章资源

全球环境变化由人类活动与自然过程共同驱动，带来如富营养化、全球气候变暖、臭氧层破坏、海洋酸化等诸多问题。这些变化对渔业产生了深远影响，并威胁渔业的产量与质量。为此，本章重点介绍了气候变化对不同海洋生态系统的影响，气候变化对水产养殖业的显著影响，并分析了气候变化对海洋渔业中粮食安全脆弱性的评价。通过上述学习，了解气候变化对渔业发展的影响，为渔业高质量发展提供理论基础。

第一节　全球环境变化概述

全球环境变化（global environmental change，GEC）是由人类活动和自然过程相互交织的系统驱动所造成的一系列陆地、海洋与大气的生物物理变化，可以给人类带来巨大威胁。由于日益严重的全球环境变化问题，地球系统科学联盟（Earth System Science Partnership，ESSP）对地球系统进行集成研究（the integrated study of the Earth System），旨在促进地球系统集成研究和变化研究，以及利用这些变化进行全球可持续发展能力研究，主要由以下四大全球环境变化计划组成：①世界气候研究计划（World Climate Research Programme，WCRP）；②国际地圈-生物圈计划（International Geosphere-Biosphere Programme，IGBP）；③全球变化人文因素计划（International Human Dimension Programme on Global Environmental Change，IHDP）；④国际生物多样性计划（An International Programme of Biodiversity Science，DIVERSITAS）。全球性环境问题主要有：全球变暖、臭氧层空洞、酸雨、富营养化、森林破坏与生物多样性减少、荒漠化与水资源短缺、海洋污染等。大量的研究和事实表明，全球环境变化，尤其是气候变化，对渔业产生了深远和显著的影响，包括物种变化、生产力下降、生态系统结构变化等，气候变化对渔业的影响具有敏感性、不可逆转性、不可预知性、全面性、脆弱性和不确定性等特征，这些变化需要全球范围内的关注和适应策略。

一、富营养化

人类行为造成的污染已经遍及地球的每个角落，即使南极也无法幸免。据统计，人类现在每年排放到大气中的各种废气近百亿吨，工业废水及生活污水总量更高达 2 亿多吨。废水和污水除了一小部分残留于江河湖泊，其余的最后都汇入海洋。排到大气里的废物（包括温室气体在内）通过下雨、降雪和空气对流等多种渠道，最后也大多汇入大海。人类活动造成的污染多种多样。其中，水体富营养化是造成水域生态系统构造发生量变和质变，并最终导致渔业退化，尤其是具重要经济价值的名优品种产量急降的重要原因之一。

富营养化是一种氮、磷等植物营养物质含量过多所引起的水质污染现象。在自然条件下，随着河流夹带冲击物和水生生物残骸在湖底的不断沉降淤积，湖泊会从平营养湖过渡为富营养湖，进而演变为沼泽和陆地，这是一种极为缓慢的过程。但由于人类的活动，将大量工业废水和生活污水及农田径流中的植物营养物质排入湖泊、水库、河口、海湾等缓流水体后，水生生物特别是藻类将大量繁殖，使生物的种类及其数量发生改变，破坏了水体的生态平衡。大量死亡的水生生物沉积到湖底，被微生物分解，消耗大量的溶解氧，使水体溶解氧含量急剧降低，水质恶化，以致影响鱼类的生存，进而大大加速水体的富营养化过程。

水体出现富营养化现象时，浮游生物大量繁殖，往往使水体呈现蓝色、红色、棕色、乳白色等，这种现象在江河湖泊中叫水华，在海中叫赤潮。在发生赤潮的水域里，一些浮游生物暴发性繁殖，使水变成红色，因此叫“赤潮”。这些藻类恶臭、有毒，鱼类不能食用。

浮游植物的过量增殖还会造成水体缺氧，直接杀死水生动物，尤其是网箱养殖海产品，或使生活在这些水域的鱼类逃离。例如，日本后丰水道东侧的宇和岛周边水域是日本的一个大型增养殖基地，1994 年一种称为多纹膝沟藻（*Gonyaulax polygramma*）的有毒赤潮发生，给海水养殖业带来了沉重的打击。经调查认为，养殖海产品因赤潮致死的原因是缺氧和无氧水块大规模形成，并伴有高浓度的硫化物和氮生成。在水体缺氧期间，湾内养殖的珍珠贝大量死亡。

二、全球气候变暖

全球气候变暖是一种“自然现象”。人们焚烧化石矿物或砍伐森林，且焚烧时产生了二氧化碳等多种温室气体，这些温室气体对来自太阳辐射的可见光具有高度的透过性，而对地球反射出来的长波辐射具有高度的吸收性，能强烈吸收地面辐射的红外线，导致全球气候变暖，也就是常说的“温室效应”。全球变暖会使全球降水量重新分配、冰川和冻土消融、海平面上升等，既危害自然生态系统的平衡，又威胁人类的食物供应和居住环境。全球气候变暖一直是科学家关注的热点。

全球变暖（global warming）指的是在一段时间中，地球的大气和海洋因温室效应而造成温度上升的气候变化现象，为公地悲剧之一，而其所造成的效应称为全球变暖效应。近 100 多年来，全球平均气温经历了：冷→暖→冷→暖 4 次波动，总的来看气温为上升趋势。进入 20 世纪 80 年代后，全球气温明显上升。

全球气候变暖产生的主要原因有以下几点。①人为因素，人口剧增，大气环境污染，海洋生态环境恶化，土地遭侵蚀、盐碱化、沙化等破坏，森林资源锐减等；②自然因素，火山活动，地球周期性公转轨迹变动等。许多科学家都认为，大气中二氧化碳排放量增加是造成地球气候变暖的根源。

“在过去 50 年观察得到的大部分暖化都是人类活动所致的”，这一结论在抽样调查中有 75%的受访对象联合国接受了这个观点。但也有学者认为，全球温度升高仍然在自然温度变化的范围之内；全球温度升高是太阳辐射的变化结果及云层覆盖的调节效果；全球温度升高正反映了城市热岛效应等。

据联合国政府间气候变化专门委员会（IPCC）预测，未来 50～100 年人类将完全进入一个变暖的世界。由于人类活动的影响，21 世纪温室气体和硫化物气溶胶的浓度增加很快，这将使未来 100 年全球的温度迅速上升，全球平均地表温度将上升 1.4～5.8℃。到 2050 年，中国平均气温将上升 2.2℃。全球变暖的现实正不断地向世界各国敲响警钟，气候变暖已经严重影响到人类的生存和社会的可持续发展。它不仅是一个科学问题，而且是一个涵盖政治、经济、能源等方面的综合性问题，全球变暖的事实已经上升到国家安全的高度。

全球气候变暖的后果是极其严重的。主要表现在以下几方面。①气候变得更暖和，冰川消融，海平面将升高，引起海岸滩涂湿地、红树林和珊瑚礁等生态群丧失，海岸侵蚀，海水入侵沿海地下淡水层，沿海土地盐渍化等，从而造成海岸、河口、海湾自然生态环境失衡，给海岸带生态环境带来了极大的灾难。②水域面积增大。水分蒸发也更多了，雨季延长，水灾正变得越来越频繁。洪水泛滥的机会增大、风暴影响的程度和严重性加大。③气温升高可能会使南极半岛和北冰洋的冰雪融化，北极熊和海象会逐渐灭绝。④许多小岛将会被淹没。⑤改变原有生态系统，对生产领域如农业、林业、牧业、渔业等产生了影响。

三、臭氧层破坏

臭氧层是指大气层的平流层中臭氧浓度相对较高的部分，其主要作用是吸收短波紫外线。大气层的臭氧主要以紫外线打击双原子的氧气，把它分为两个原子，然后每个原子和没有分裂的氧合并成臭氧。自然界中的臭氧层大多分布在离地 20～50km 的高空。臭氧层中的臭氧主要是由紫外线制造的。

臭氧层破坏是当前面临的全球性环境问题之一，自 20 世纪 70 年代以来就开始受到世界各国的关注。联合国环境规划署自 1976 年起陆续召开了各种国际会议，通过了一系列保护臭氧层的决议。在 1985 年发现了南极周围臭氧层明显变薄，即所谓的“南极臭氧洞”问题之后，国际上保护臭氧层的呼声更加高涨。

2003 年“海洋酸化”（ocean acidification）这个术语第一次出现在英国著名科学杂志《自然》上。2005 年，研究灾难和突发事件的专家詹姆斯·内休斯为人们勾勒出了“海洋酸化”潜在的威胁：距今 5500 万年前海洋里曾经出现过一次生物灭绝事件，罪魁祸首就是溶解到海水中的二氧化碳，估计总量达到 45 000 亿 t，此后至少花了 10 万年时间海洋才恢复正常。2009 年超过 150 位全球顶尖海洋研究人员齐聚于摩纳哥，并签署了《摩纳哥宣言》。这一宣言的签署意味着全球科学家对海洋酸化严重伤害全球海洋生态系统的密切关注。该宣言指出，海水酸碱值（pH level）的急剧变化，比过去自然改变的速度快 100 倍。而海洋化学物质在近几十年的快速改变，已严重影响到海洋生物、食物网、生态多样性及渔业等。该宣言呼吁决策者将二氧化碳排放量稳定在安全范围内，以避免危险的气候变迁及海洋酸化等问题。倘若大气层的二氧化碳排放量持续增加，到 2050 年时，珊瑚礁将无法在多数海域生存，进而导致商业性渔业资源永久改变，并严重威胁数百万人民的粮食安全。

四、海洋酸化

海洋酸化是指海水吸收了空气中过量的二氧化碳，导致酸碱度降低的现象。酸碱度一般用 pH 来表示，范围为 0～14，pH 为 0 时代表酸性最强，pH 为 14 时代表碱性最强。蒸馏水的 pH 为 7，代表中性。海水应为弱碱性，海洋表层水的 pH 约为 8.2。当空气中过量的二氧化碳进入海洋中时，海洋就会酸化。研究表明，由于人类活动影响，到 2012 年，过量的二氧化碳排放已使海水表层 pH 降低了 0.1，这表示海水的酸度已经提高了 30%。

1956 年，美国地球化学家洛根·罗维尔开始着手研究大工业时期制造的二氧化碳在未来 50 年中将产生怎样的气候效应。洛根和他的合作伙伴在远离二氧化碳排放点的偏远地区设立了两个监测站。一个在南极，那里远离尘嚣，没有工业活动，而且一片荒芜，几乎没有植被生长；另一个在夏威夷的莫纳罗亚山顶。监测发现，每年的二氧化碳浓度都高于前一年，被释放到大气中的二氧化碳不会全部被植物和海洋吸收，有相当部分残留在大气中，且被海洋吸收的二氧化碳数量非常巨大。

海洋与大气在不断进行着气体交换，排放到大气中的任何一种成分最终都会溶于海洋。在工业时代到来之前，大气中碳的变化主要是自然因素引起的，这种自然变化造成了全球气候的自然波动。但工业革命以后，人类开采使用大量的煤、石油和天然气等化石燃料，并砍伐了大片的森林，至21世纪初，已排出超过5000亿t的二氧化碳。这使得大气中的碳含量逐年上升。

受海风的影响，大气成分最先溶入几百米深的海洋表层，在随后的数个世纪中，这些成分会逐渐扩散到海底的各个角落。研究表明，19世纪和20世纪海洋已吸收了人类排放的二氧化碳中的30%，且现在仍以约每小时100万t的速度吸收着。2012年，美国和欧洲科学家发布了一项研究成果，证明海洋正经历3亿年来最快速的酸化，这一酸化速度甚至超过了5500万年前那场生物灭绝时的酸化速度。人类活动使得海水在不断酸化，预计到2100年海水表层酸度将下降到7.8，到那时海水酸度将比1800年高150%。

第二节　主要全球环境变化事件对渔业的影响

一、富营养化对渔业的影响

水体富营养化的危害主要表现在三个方面：富营养化造成水的透明度降低，阳光难以穿透水层，从而影响水中植物的光合作用和氧气的释放，同时浮游生物的大量繁殖，消耗了水中大量的氧，使水中溶解氧严重不足，而水面植物的光合作用，则可能造成局部溶解氧的过饱和。溶解氧过饱和或者减少，都对水生动物（主要是鱼类）有害，造成鱼类大量死亡；富营养化水体底层堆积的有机物质在厌氧条件下分解产生的有害气体，以及一些浮游生物产生的生物毒素也会伤害水生动物；富营养化水中含有亚硝酸盐和硝酸盐，人畜长期饮用这些水，会中毒致病。

日趋严重的海洋环境污染已不同程度破坏了沿岸和近海渔场的生态环境，使河口及沿岸海域传统渔业资源衰退，渔场外移，鱼类产卵场消失。

二、全球气候变暖对渔业的影响

1. 气候变化的生态和物理影响　随着全球气温的上升，海洋中蒸发的水蒸气量大幅度提高，加剧了海洋变暖现象，但海洋中变暖现象在地理上是不均匀的。气候变暖造成温度和盐度变化的共同影响，降低了海洋表层水密度，从而增加了垂直分层。这些变化可能会减少表层养分的可得性，因此，影响温暖区域的初级和次级生产力。已有证据表明，季节性上升流可能受到气候变化影响，进而影响整个食物网。气候变暖最终可能影响浮游生物和鱼类的群落构成、生产力和季节性进程。随着海洋变暖，向两极范围的海洋鱼类种群数量将增加，而朝赤道范围方向的种群数量将下降。在一般情况下，预计气候变暖将驱动大多数海洋物种的分布范围向两极转移，温水物种分布范围扩大及冷水物种分布范围收缩。鱼类群落变化也将发生在中上层种类，预计它们将会向更深水域转移以抵消表面温度的升高。此外，海洋变暖还将改变捕食-被捕食的匹配关系，进而影响整个海洋生态系统（图7-1）。

已有调查表明，全球变暖导致南极的两大冰架先后坍塌，一个面积达1万km^2的海床显露出来，科学家因此得以发现很多新物种，如类似章鱼、珊瑚和小虾的生物。据美国国家海洋和大气管理局报道，过去十年里美洲大鱿鱼在美国西海岸的搁浅死亡事件有所上升，该巨型鱿鱼一般生

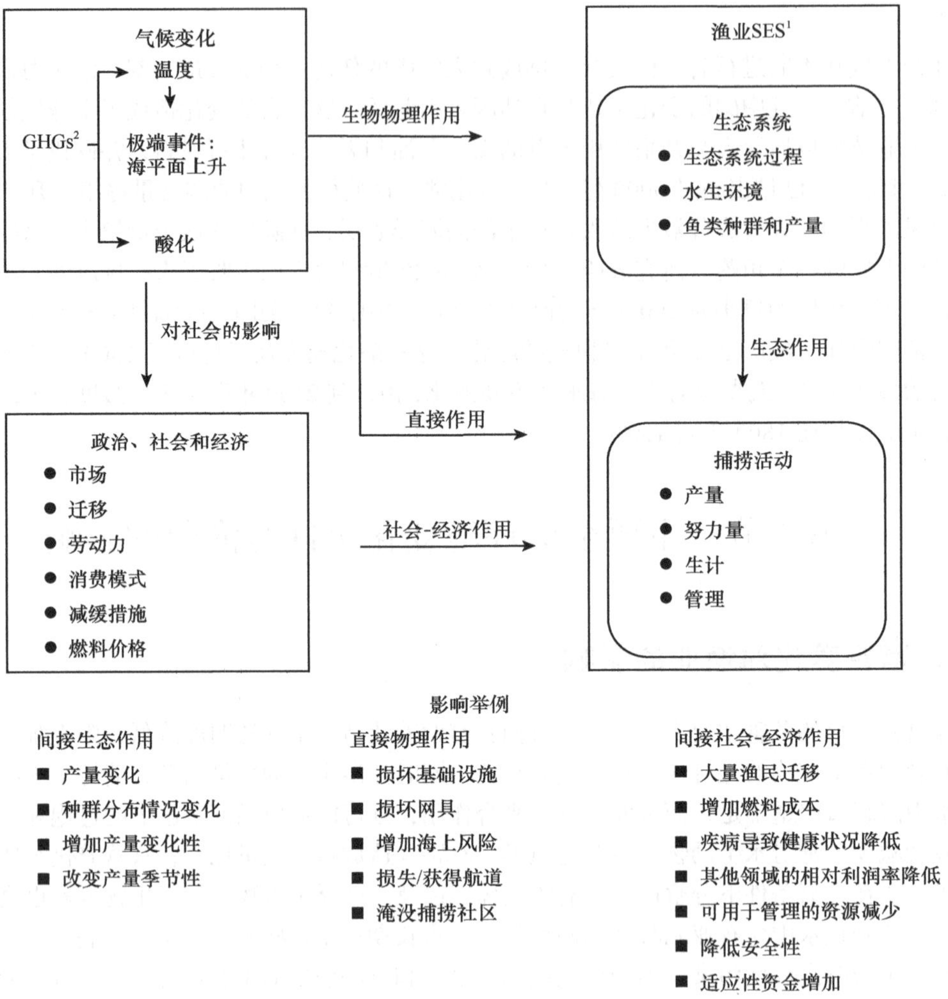

图 7-1　气候变化对渔业的直接和间接影响示意图

资料来源：《粮农组织渔业和水产养殖技术论文》第 530 号

1. 社会-生态系统；2. 温室气体

活在加利福尼亚海湾以南和秘鲁沿海的温暖水域。但随着海水变暖，它们向北部游动，并发生了大量个体搁浅在沙滩上死亡的事件。其北限分布范围也从 20 世纪的 80 年代 40°N 扩展到 60°N 海域。

有证据表明，内陆水域也在变暖，气候变化对流入这些水域的河流径流有不同影响。一般而言，高纬度和高海拔湖泊将经历冰盖减少、更温暖水温、较长生长季节，因而，会增加藻类丰度和生产力。相反，热带区域的一些深湖将经历藻类丰量减少和生产力下降的过程，可能的原因是营养物质供应减少。对于一般淡水系统而言，鉴于气候变化的结果，还要特别关注洪水发生时间、强度和持续时间的变化，这些是许多鱼类物种在洄游、产卵和产卵材料运送方面要适应的。

联合国政府间气候变化专门委员会认为，在 20 世纪，由于温室效应的影响，地球平均气温已上升 0.5～1℃，包括渔业在内的地球生态圈的结构与功能都受到极为显著的影响。未来 50 或 100 年间，气候变化对世界渔业的影响甚至可能超过过度捕捞。鱼是一种变温动物，它们适应环境温度变化的方法是改变栖息水域。如果其原有栖息水域水温升高，鱼类往往会选择向水温较低的更高纬度或外海水域迁移。但是全球温暖化对生活在中、低纬度鱼群的产量影响较小，这是因为：①在全球变暖过程中，中、低纬度温度变化幅度相对较小。②中、低纬度渔业产量的限制因子主要是饵料、赤潮和病害。相比而言，以光和温度作为主要限制因子的高纬地区的渔业生产受到的影响要大得多，这也与在全球变暖过程中高纬度水域的水温、风、流、盐等物理因子的变化更为显著有关。加拿大、日本、英国和美国等国的科学家，分析了 20 世纪后半期近 40 年来北半球寒温带海水温度与红大马哈鱼（*Oncorhynchus nerka*）栖息范围的动态关系，发现未来海洋表层水温变暖的趋势将使其从北太平洋的绝大部分水域消失。如果到 21 世纪中叶，海水表面温度上升 1～2℃，那么红大马哈鱼的栖息水域将缩小到只剩下白令海。栖息范围的缩小同时意味着这种洄游性鱼类的繁殖洄游距离将大幅度延长，结果会使产卵亲鱼的个体变小，产卵数量下降。

水温的升高使鱼类时空分布范围和地理种群数量发生变化，同样也会使水域基础生产者的浮游植物和浮游动物的时空分布和地理群落构成发生长期趋势性的变化，最终导致以浮游动植物为饵的上层食物网发生结构性的改变，从而对渔业产生深远的影响。

2. 气候变化对渔民及其社区影响 依赖渔业的经济、沿海社区和渔民将以不同方式受到气候变化的影响，其中包括：造成人口移居和迁移，原因是海平面上升和热带风暴频率、分布或强度变化对沿海社区和基础设施的影响，以及生计不如以前稳定和食用鱼可获得性和数量的变化。

渔业和捕鱼社区的脆弱性取决于其暴露于变化的程度和敏感度，还取决于个体或系统预测和适应的能力。适应能力依靠不同的社区资产，这些受到文化、目前体制和治理框架或被排斥利用适应性资源的影响。国家和社区之间、社区内人群之间的脆弱性不同。总体上，较穷和权力不大的国家和个人更容易受气候变化的影响，在资源已受过度捕捞影响、生态系统退化及面临贫困和缺少适当社会服务及必需基础设施的社区，渔业的脆弱性可能更高。

渔业是富有活力的社会-生态系统，经历着市场、开发和治理的快速变化。这些变化加上气候变化对自然和人的联合作用使得很难预测气候变化对渔业社会-生态系统的未来影响。

人类对气候变化的适应包括个人或公共机构的反应或预测行动。范围从为替代的职业完全放弃渔业到确立安全保障和警告系统及改变捕捞生产。渔业治理将需要灵活处理种群分布和丰量的变化。旨在确立合理和可持续渔业、接受固有的不确定性，并基于生态系统的办法，一般被认为是改进渔业适应性能力的最好办法。

三、臭氧层破坏对渔业的影响

臭氧层被大量损耗后，吸收紫外辐射的能力大大减弱，导致到达地球表面的紫外线 B 明显增加，给人类健康和生态环境带来多方面的危害，对人体健康、陆生植物、水生生态系统、生物化学循环、材料及平流层大气组成和空气质量等方面的影响已受到普遍关注。

臭氧层空洞的危机，虽然不像环境污染那样显而易见，但是少了臭氧层就等于让太阳光线中的紫外线轻易地入侵地球，对自然生态甚至于人类本身造成一场大灾难。例如，紫外线辐射的能量相当强，会对植物的生长造成致命的伤害，影响陆地上的生态；过强的紫外线辐射还会杀死海洋表层的浮游生物，而这些位于食物链底层的生物一旦死亡，也会影响整个海洋生态系的平衡。

紫外线会使农作物减产，造成粮食短缺问题。科学家曾观察发现，臭氧层浓度减少 1%时，紫外线的辐射量增加，大豆的产量将减产 1%，产出的大豆品质也会较差。所以，紫外线破坏陆地和海洋中植物基础生产的能力，使得赖以为生的动物因缺乏食物而死亡，进而造成生态系统失衡。

研究人员已经测定了南极地区紫外线 B 辐射及其穿透水体的量的增加，有足够证据证实天然浮游植物群落与臭氧的变化直接相关。对臭氧层空洞范围内和臭氧层空洞以外地区的浮游植物生产力进行比较，结果表明，浮游植物生产力下降与臭氧减少造成的紫外线 B 辐射增加直接有关。一项研究显示，在冰川边缘地区的生产力下降了 6%～12%。由于浮游生物是海洋食物链的基础，浮游生物种类和数量的减少还会影响鱼类和贝类生物的产量。另一项科学研究的结果表明，如果平流层臭氧减少25%，浮游生物的初级生产力将下降10%，这将导致水面附近的生物减少35%。

研究发现，阳光中的紫外线B辐射对鱼、虾、蟹、两栖动物和其他动物的早期发育都有危害。最严重的影响是繁殖力下降和幼体发育不全。即使在现有的水平下，阳光紫外线B已是限制因子。紫外线B的照射量少量增加就会导致消费者生物数量的显著减少。

长此以往，那些对紫外辐射敏感的生物种群数量必然受到抑制，而不敏感或修复能力强的生物的种间竞争能力将会得到加强，最终导致水生生态群落发生结构性的变化。目前尚不知这种改变对渔业生产的影响有多大，但从长期趋势来看，完全可能超过紫外辐射对基础生产力的直接抑制作用。

四、海洋酸化对渔业的影响

1. 对浮游植物的影响 由于浮游植物构成了海洋食物网的基础和初级生产力，它们的“重新洗牌”很可能导致从小鱼、小虾到鲨鱼、巨鲸的众多海洋动物都面临冲击。此外，在pH较低的海水中，营养盐的饵料价值会有所下降，浮游植物吸收各种营养盐的能力也会发生变化，且越来越酸的海水还会腐蚀海洋生物的身体。研究表明，钙化藻类、珊瑚虫类、贝类、甲壳类和棘皮动物在酸化环境下形成碳酸钙外壳和骨架的效率明显下降。由于全球变暖，从大气中吸收CO_2的海洋上表层也由于温度上升而密度变小，从而减弱了表层与中深层海水的物质交换，并使海洋上部混合层变薄，不利于浮游植物的生长。

2. 对珊瑚礁的影响 近25%的鱼类靠热带珊瑚礁提供庇护、食物及繁殖场所，其产量占全球渔获量的12%。研究小组发现，当海水pH平均为8.1的时候，珊瑚生长状态最好。当pH为7.8时，就变为以海鸡冠为主。如果pH降至7.6以下，两者都无法生存。天然海水的pH稳定在7.9～8.4，而未受污染的海水pH在8.0～8.3。海水的弱碱性有利于海洋生物利用碳酸钙形成介壳。日本研究小组指出，海水pH预计到21世纪末将达到7.8左右，酸度比正常状态下大幅升高，届时珊瑚有可能消失。

3. 对软体动物的影响 一些研究认为，到2030年南半球的海洋将对蜗牛壳产生腐蚀作用，这些软体动物是太平洋中三文鱼的重要食物来源，如果它们的数量减少或在一些海域消失，那么对于捕捞三文鱼的行业将造成影响。此外，在酸化的海洋中，乌贼类的内壳将变厚、密度增加，这会使得乌贼类游动变得缓慢，进而影响其摄食和生长等。

4. 对鱼类的影响 实验表明，同样一批鱼在其他条件都相同的环境下，处于在现实的海水酸度中，30h仅有10%被捕获；但是当把它们放置在大堡礁附近酸化的实验水域，它们便会在30h内被附近的捕食者斩尽杀绝。《美国国家科学院院刊》的最新报道，模拟了未来50～100年海水酸度后发现，在酸度最高的海水里，鱼仔起初会本能地避开捕食者，但它们很快就会被捕食者的气味所吸引，这是因为它们的嗅觉系统遭到了破坏。

5. 对海洋渔业的影响 海洋酸化直接影响海洋生物资源的数量和质量，导致商业渔业资源的永久改变，最终会影响到海洋捕捞业的产量和产值，威胁数百万人口的粮食安全。虽然海水化学性质变化会给渔业生产带来多大影响目前还没有令人信服的预测，但是可以肯定的是海洋酸化会造成渔业产量下降和渔业生产成本升高。

海洋酸化使得鱼类栖息地减少。在太平洋地区，珊瑚礁是鱼类和其他海洋动物的主要栖息地，这些生物为太平洋岛屿国家提供了约90%的蛋白质。据估计，珊瑚和珊瑚生态系统每年为人类创造的价值超过3750亿美元。如果珊瑚礁大量减少，则将对环境和社会经济产生重大影响。

海洋酸化使得鱼类食物减少。海洋酸化会阻碍某些在食物链最底层、数量庞大的浮游生物形成碳酸钙的能力，使这些生物难以生长，从而导致处于食物链上层的鱼类产量降低。

联合国粮食及农业组织估计，全球有5亿多人依靠捕鱼和水产养殖来摄入蛋白质和作为经济来源。其中最贫穷的4亿人，鱼类为他们提供了每日所需大约一半的动物蛋白和微量元素。海水的酸化对海洋生物的影响必然危及这些贫困人口的生计。

第三节　全球气候变化与海洋生态系统

全球气候变化，如恩索（ENSO）及极端天气事件，影响渔业资源的丰度与分布，以及水产养殖系统地理位置的适宜性。影响全球海洋（包括沿岸）及淡水系统的因素包括化学因子（如盐度、含氧量、碳吸收及酸化等）和物理因子（如温度、水平面、海洋循环、风系统等）。对不同水域系统中的生物而言，其驱动因子也不同。在海洋系统中，主要影响因素包括温度、海平面、环流、波浪、盐度、含氧量、碳及酸化；在淡水系统中，主要影响因素包括蒸发与降水量、温度、风暴。在不同的生态系统中，气候变化下的鱼类和贝类会做出不同反应，全球海表变暖、缺氧区扩散、pH下降会导致生物系统变化，如影响丰度组成、个体大小、营养联系及相互作用动力学。

全球主要的海洋生态系统可分为高纬度春季水华系统、沿岸边界系统、西边界上升流系统、赤道上升流系统、半封闭海及副热带环流。海洋是全球粮食安全的主要贡献者，80%以上的海洋渔获物来自北半球高纬度春季水华系统、沿岸边界系统及西边界上升流系统。海洋物种及生态系统受到气候变化的影响，包括海洋生物移动到更高纬度，在高纬度系统中鱼类和浮游动物的移动速度加快等。气候的改变能影响鱼类种群丰度，主要是影响补充群体。在不同的海洋生态系统中，鱼类受到的影响因素和机制均有所不同。气候变化对鱼类的影响主要包括：①直接影响，改变鱼类代谢或繁殖进程；②间接影响，对鱼类生物环境的改变，包括与相关的被捕食者、捕食者、物种相互作用及疾病等。

一、高纬度春季水华系统

高纬度春季水华系统主要包括北大西洋、北太平洋、南半球。在高纬度地区，影响海洋渔业的主要气候变化包括厄尔尼诺和拉尼娜现象、南北极涛动、海冰变化、海水酸化、臭氧层空洞、气候变暖、海平面上升等。这些变化产生的主要影响包括：①变暖使浮游生物、无脊椎动物、鱼类向极地扩张，高纬度边缘鱼类生物量增加；②高纬度边缘随着经济发展及管辖扩张，渔获量增加；③海水文石饱和度下降减少生物钙化及浮游生物群落转变。气候变化驱动物种向北极移动，导致北极海洋食物网结构和生态系统的基本功能发生变化，这些物种一般具有高度的广生性，生境为食物网模块形成自然的边界，广生性物种在连接中上层和栖息模块中起重要作用。

高纬度主要经济鱼种包括鳕形目（Gadiformes）、鲱、鲑、鲽等。大西洋鳕是北大西洋生态系统中重要的捕食者，20世纪，大西洋鳕经历了在它们整个地理范围丰度的急剧下降，导致这种变化的主要原因是气候变暖及过度捕捞，温度影响种群层面的进程，包括通过增强补充群体生长和活动的直接影响，以及通过幼体食物来源变化的间接影响。在更加温暖的北大西洋，重建鳕的历史种群规模和结构的可能性仍然不确定。在巴伦支海和拉布拉多海域，大西洋鳕的资源丰度受到北大西洋涛动（NAO）引起的水温和盐度变化的影响，在高NAO年，强西风增加了从西南方向流来的北大西洋暖流和挪威暖流，使巴伦支海水温升高，同时携带了大量的浮游动物饵料，而且水温升高提高了大西洋鳕幼体的主要饵料飞马哲水蚤（*Calanus finmarchicus*）的数量，有利于大西洋鳕幼体的存活和生长。

与鳕科种类相反的是，鲱科种类数量呈现增长趋势，其他北部生态系统物种的表现不尽相同。研究认为，东北大西洋鱼类随着全球变暖，其丰度和分布在纬度和深度上会发生改变。大洋性物种表现出明显的季节迁移模式，这与气候变化引起浮游动物生产力变化有关。卢西塔尼亚物种（鲱、鳀、竹筴鱼）数量在近十年提高，特别是其分布区的北界，而北方物种在其分布的南界降低（鳕、鲽），在北界增加（鳕）。虽然基本的机制并不明确，但现有证据表明，与气候变化相关的补充群体在进程中起到了关键作用。研究认为，西北太平洋和东北大西洋（欧洲）水域的鳀和沙丁鱼资源量随温度的变化，小型中上层鱼类由于种群特征及营养动态作用，可成为海洋生态系统中气候变化的生物指标。

气候变化对该系统中的洄游性鱼类具有负面影响。研究认为，气候变化会对北极淡水鱼类和溯河产卵鱼类的洄游产生影响，对洄游性鱼类产生 3 种后果：局部群体灭绝；分布范围向北迁移；通过自然选择发生基因变化。太平洋鲑由于其捕捞、生境丧失和人为干扰过多而受到威胁，气候变化也对这些物种具有进一步的负面影响，多个资源机构利用人工繁殖在哥伦比亚河流域保护鲑，以使其种群和数量增加，包括在西北太平洋国家鱼类孵化场，每年生产超过 6000 万尾太平洋鲑稚鱼。

在南半球高纬度地区，气候变化对海洋渔业的负面影响较大。在东南澳大利亚，研究者采用不同来源的数据（公布账目、科学调查等）进行分析，结果显示鱼表现出明显的极向运动，一些鱼类已经灭绝。研究认为，南极海洋生态系统受气候变化的威胁越来越严重，并且特别敏感，其中大多数生物适应寒冷而稳定的环境条件。鱼类在南极海洋食物网中发挥了核心作用，并以不同的方式应对气候变化的影响。伴随着气候变化而发生的非生物改变及食物网结构的变化，其影响是负面的，甚至导致栖息地丧失。大多数种群存活的主要瓶颈是早期发育阶段的生存，从长远来看，如果科学家对气候的预测成为现实，物种损失似乎是不可避免的，在底层鱼类群落中，某个物种的衰退或丧失可能会由其他物种补偿，相比之下，中上层鱼类则相反，物种方面会变得极为贫乏，南极银鱼将占主导。这种关键物种损失，会严重影响食物网结构和整个生态系统的运作。

二、沿岸边界系统

沿岸边界系统主要是指西北太平洋、印度洋、大西洋边缘海，包括渤海、黄海、东中国海、南中国海、东南亚海域、波斯湾、索马里海流、东非海岸、马达加斯加共和国、墨西哥湾、加勒比海流。该系统初级生产力占全球海洋初级生产力的 10.6%，渔业产量占全球渔业产量的 28%。沿岸边界生态系统通常受渔业过度捕捞、污染及沿海开发影响。沿岸系统相对复杂，并与人类系统息息相关。主要影响包括：①热分层及富营养化，导致季节性缺氧水域扩大；②温度升高，大量珊瑚白化事件导致珊瑚礁的退化及相关生物多样性的丧失；③含氧量下降，最小含氧区域扩大；④海平面上升导致海岸线丧失，影响水产养殖；⑤鱼类、珊瑚退化，导致粮食短缺。除此之外，气候变化将导致野生鱼类病原体传播。研究者认为沿岸海洋生态中非生物变化和生物反应将更加复杂，表现为：①海洋化学的变化可能比温度变化对生物体的性能改变更重要；②驱动幼体运输的海洋循环发生改变，会对种群动态产生重要影响；③气候变化对一个或几个“杠杆物种”的影响可能会导致群落层面的变化；④气候和人为活动的协调效应，特别是捕捞压力，将可能加剧气候变化引起的变化。

西北太平洋沿岸边界系统中，温度对鱼类分布影响显著，物种有向北移动的趋势。已有研究认为，黑潮、中国沿岸附近海域的渔业，随着海面温度（SST）增加，鱼类在冷水区及暖水区的出现和捕捞季节的时间发生波动，低纬度鱼类向北扩张，高纬度鱼类向极地扩张。济州岛附近渔业，温度、盐度、对马暖流及朝鲜海峡底部冷水与鱼类群落的长期变化显著相关。捕捞和气候变化对对马暖流海域的鱼类群落的影响表明，更温暖的水使大型掠食性鱼类和冷水底栖物种在对马暖流区域增加，日本沙丁鱼减少。

在印度洋沿岸边界系统中，不同鱼类对气候变化的响应差异明显。已有的研究将印度洋沿岸边界系统分为 7 个不同生物地理区域，定性描述了气候变化对非洲南部沿岸鱼类的洄游、栖息地、河口依赖性及洄游的可能影响。非洲南部地区在许多方面是气候变率及沿岸生境的缩影。基于广泛的气候变化影响及不同生活史模式的沿岸鱼类来预测气候变化对鱼类的影响，结果是不同的，基于过程的基础研究需要进一步加强。人们利用支持向量机方法研究了印度洋潮间带鱼类对气候变化的响应，由于气候变化模式异常，印度洋传统鱼类，如沙丁鱼、中上层及底层鱼类季节性富集区在减少，如果继续下去，在不久的将来，鱼类富集区缺乏、捕捞过度等问题会出现。

在大西洋沿岸边界系统中，部分物种向北移动，部分物种栖息地变化不明显。人们利用物理模型，即栖息地适宜性指数模型，结合海平面变化、蒸发、降水率、沿海径流量和水温数据，研究了佛罗里达湾各种幼鱼和龙虾渔业，发现所有物种在不同情况下栖息地适宜性变化都较小，只有一个物种（菱体兔牙鲷）在不同情况下最优生境有较大的减少，表明佛罗里达湾河口动物群可能不易受到气候变化的影响。

三、西边界上升流系统

西边界上升流系统主要是指加那利海流、本格拉海流、加利福尼亚海流、秘鲁海流。该系统占 2%的海洋面积，提供 7%的海洋初级生产力。西边界上升流系统往往产生较好的渔场，影响渔业的主要气候变化，包括海洋温度、O_2浓度、厄尔尼诺和拉尼娜现象、海洋酸化、风压变化、分层等。这些变化产生的主要影响包括：①季节性上升水域酸化，影响贝类水产养殖；②气候变量，如风压改变，导致上升流变化，引起生产力改变；③上升流变化率增加，使渔业管理不确定性增加。脆弱性的程度主要取决于当地的情况，如地理位置、营养径流量和捕捞压力。渔获量主要为以浮游生物为生的沙丁鱼、鳀、竹筴鱼等中上层鱼类，以及由中上层鱼类汇集的食鱼性鱼类，如鳕。该系统目前比较有争议的是气候变化是否会加剧上升流，以及上升流水体是否会日益酸化，季节性上升流水体酸化影响加利福尼亚贝类养殖，但不确定其是否是由气候变化引起的。

中上层鱼类在上升流系统中起关键作用，中上层鱼类被称为“黄蜂腰”物种，因其在中营养级中占主导地位，物种数量较少，但丰度较大，其尺寸大小也可发生很大的改变。气候变化影响中上层鱼类的空间分布、丰度、生活史及其食物网。人们利用渔获物营养级、捕捞平衡指数、中上层鱼类比例数据综合营养模型和生态模型，研究了上升流系统（本格拉北部和南部、秘鲁南部、加那利海南部、亚得里亚海北部和中部）中上层鱼类，本格拉北部和秘鲁海流南部生态系统的渔获物营养级水平增加，反映在最近几年这些地区的小型中上层渔业或其他渔业崩溃，中上层鱼类数量减少将对高营养级和低营养级食物网产生不利影响，导致食肉动物和其他物种猎物减少，竞争者增加，但不构成初级生产力向高营养级流动途径的转变。营养模型认为，凝胶动物可能增加。秘鲁海流系统维持着世界上最大的小型中上层渔业，大气二氧化碳增加，海洋分层可能增加，秘鲁以外的上升流风可能几乎不变，智利增加，这种气候条件影响卵和幼鱼的扩散，这是小型中上层鱼类繁殖的关键阶段，由于当地变暖，分层增加，幼体将保留在大陆架海域并且数量增加。结果表明，在秘鲁海流生态系统中，未来气候变化可能会大大减少鱼类的生态经济和社会的容纳能力。

四、赤道上升流系统

最大的赤道上升流系统是东太平洋和大西洋。该系统的自然年度和年代际变化明显，最突出的是厄尔尼诺和拉尼娜事件。随着温度、氧溶解度、海洋通量或环流变化，含氧量下降。这对依赖于生态系统的珊瑚、海带及有机体有负面影响。碳酸盐的化学变化对海洋钙化也有负面影响。预测结果表明，该系统鱼类，特别是小型中上层物种，由于低 O_2 变化（太平洋副热带环流空间扩展），脆弱性增加。

赤道东太平洋上升流系统提供 10%的海洋初级生产力，是地球大气和海洋碳收支的重要组成部分。在东太平洋上升流低氧水体中会不定时有缺氧区出现，这是个体动物最大体重增长减少的主要驱动力，这会造成沿海鱼类和无脊椎动物的死亡事件。南赤道逆流强烈影响美国萨摩亚专属经济区和季节变化强度及 ENSO 循环，强大的南赤道逆流与反气旋涡流场及弱泳生物量和长鳍金枪鱼单位捕捞努力量渔获量（CPUE）有关，强大的南赤道逆流导致弱泳生物量增加，这些生物为长鳍金枪鱼饵料，相对稳定的反气旋涡流使弱泳生物量进一步增加。厄尔尼诺发生时，季节性信号增强，南赤道逆流特强，对应的专属经济区内具有较高的长鳍金枪鱼 CPUE。

五、半封闭海

半封闭海主要包括阿拉伯海、红海、黑海、地中海和波罗的海。该系统主要的变化包括：①极端温度事件使底栖动植物大量死亡事件频率增加。②热分层及富营养化使溶解氧减少，影响鱼类种群。半封闭海生态系统的风险与海水的连续分层、升温及 pH 变化、O_2 浓度减少有关，随后影响珊瑚、初级生产力及商业性价值大的鱼种。阿拉伯海记录珊瑚白化和相关无脊椎动物减少程度较大，同时，食草动物和食浮游生物鱼类增加；对红海珊瑚群落结构的长期监测揭示了群落规模整体下降，在红海北部，珊瑚群落被发现似乎受益于气候变暖，这表明它们生活在比之前更优的条件下；黑海受气候影响及非气候压力影响极大，缺氧区不断扩大，初级生产力水平下降及鱼类种群崩溃；地中海观测到气候升高、藻类水华、浮游动物多样性变化及热带物种出现；波罗的海是该系统温度升高最大的，盐度下降、过度捕捞对商业性主要物种具有负面影响，如鳕。

地中海是生物多样性的热点，气候变暖对其特有种类有重要影响。有学者研究预测，到 2041～2060 年，地中海有 25 种生物将符合《世界自然保护联盟濒危物种红色名录》（IUCN），6 个物种将灭绝；2070～2099 年，地中海表面温度预计升温 3.1℃，45 种生物将符合 IUCN，14 个物种将灭绝；到 21 世纪中叶，地中海最冷地区（亚得里亚海和狮子湾）将成为冷水物种的避难所，但到 21 世纪末，这些地区将成为一个“死胡同”，将这些物种推向灭绝。此外，地方物种的范围大小预计将进行广泛的碎片化，25%的地中海大陆架特有物种到 21 世纪末将经历一个完全的改变，可能减少海洋保护区，加速捕捞压力及外来鱼类的竞争。

波罗的海是一个大的苦咸水半封闭海，其贫乏的鱼类物种群落支撑着商业和休闲渔业。气候变化对鱼类物种及渔业都有很大影响。人们利用区域尺度气候-海洋模式，预计北欧气候变化会影响波罗的海温度和盐度，使其变得更暖、更淡，作为一个具有大的水平和垂直盐度梯度的河口生态系统，生物多样性对盐度变化特别敏感，耐海洋物种在波罗的海的分布范围将变小，而淡水物种栖息地可能会扩大，一些新的物种可能会因为海温增加而移入，但只有少数几个物种因为其低盐度而成功地在波罗的海扩大分布范围，并占主导，渔船目标海洋物种（鳕、鲱、鲽、鳎）分布区域和种类也可能改变。

六、副热带环流

副热带环流系统主要包括太平洋副热带环流、印度洋副热带环流、大西洋副热带环流。该系统是世界上最大的贫营养区，贡献了 8.3%的渔获量。该系的主要变化包括：①由于热分层及风压改变，低生产力海域扩大。②变暖导致了初级生产力减少及渔获量的减少。温度升高导致的热膨胀严重影响副热带环流内的小岛国，风速减小、海温和分层增加使营养垂直输送减少，从而导致初级生产力减少，渔业减产。北太平洋和南太平洋副热带环流自 1993 年来扩张，海温增加导致关键大洋性渔业捕捞对象如鲣、黄鳍金枪鱼、大眼金枪鱼和南太平洋长鳍金枪鱼分布发生改变。大量大洋性鱼类物种由于海表温度的升高，在太平洋将持续东移。副热带环流系统内主要的珊瑚生态系统可能会在 21 世纪消失。

在气候变化下，北太平洋中部总生物量下降，南太平洋和大西洋物种有向极地移动的趋势，印度洋生物分布与丰度随气候变化发生改变。人们利用 Ecopath with Ecosin（EwE）模型及耦合 NOAA 地球物理流体动力学实验室气候和生物地球化学模型研究了北太平洋中部生态系统夏威夷远洋延绳钓渔业，气候变化引起初级生产力变化，从 2010～2100 年，模拟小型和大型浮游植物生物量分别下降了 10%和 20%，导致更高营养级水平组的总生物量下降了 10%。气候变化影响夏威夷延绳钓渔业，模拟的目标物种产卵减少了 25%～29%。在 CPUE 减少 50%的情况下，延绳钓目标物种产量部分恢复到目前水平，非目标物种产量减少。也有人利用基于规模的生态系统模型和基于物种的生态系统模型研究了北太平洋中部气候变化和捕捞对生态系统的影响，结果显示，两种模型在应对气候变化时，所有大小生物量均下降，增加捕捞死亡率时，大型鱼类生物量下降，相同气候下，21 世纪末，基于物种模型预测的渔获量下降了 15%，而基于规模模型预测的渔获量下降了 30%。

气候变化会使渔业脆弱，进一步对社会经济、粮食安全等产生较大影响。IPCC 专家预测，相比于 2005 年，2055 年的海洋渔业分布将发生较大的变化，高纬度地区海洋捕捞渔业平均增加 30%～70%，热带地区减少 40%。对热带沿海国、岛国或依赖渔业较高的国家而言，渔业生产力的下降会直接影响其国民生计和社会稳定。高纬度渔业生产力的增加，会增加部分国家的国民生产总值，为全世界提供更多的蛋白质来源，但高纬度渔业生产力的增加及低纬度渔业生产力的减少所产生的社会经济效益还有待进一步评估。

第四节 全球气候变化对水产养殖业的影响

一、概述

水产养殖产品现在占人类水产品消费的近 50%，预计这一比例将会进一步增加来满足进一步的需求。全球水产养殖集中在世界的热带和亚热带区域，亚洲内陆淡水产量占总产量的 65%。大量的水产养殖活动发生在主要河流的三角洲。气候变化将对水产养殖业产生一系列影响，为此，在制定该行业适应战略时，必须了解气候变化（生物物理变化）带来的各项驱动因素及其影响途径、多变性和所带来的风险。

人们已经对可能给水产养殖业带来直接或间接影响的主要因素及这些影响的相关实证依据

做了充分描述。这些因素包括水体变暖、海平面上升、海洋酸化、天气规律变化和极端天气事件。IPCC《第五次评估报告》就确定全球变暖及其对海洋、沿海和内陆水体的影响提供了相关实证。人们坚信，沿海系统和地势较低地带将面临越来越严重的水淹、海水倒灌、沿海侵蚀和咸水入侵等风险的影响。沿海系统面临的风险最为严重。

每项因素及其对水产养殖业造成的影响之间的关联已经通过多次研究得到了粗略确定，其中一些已经明确，其关联度强弱不一。例如，对海水中二氧化碳浓度升高的预测及所造成的酸化问题将对双壳类在生长和繁殖方面造成生理影响，可能会影响壳的质量。然而，气候变暖也会增加贝苗附着和加快生长速度，扩大水产养殖的纬度范围，因此气候变化也可能带来好处。曾有水产养殖者和研究人员报告称，孵化场有大量牡蛎幼苗因水酸度升高而死亡。有关酸化对海洋有鳍鱼的影响仍需要开展更多研究，但胚胎和仔鱼似乎比稚鱼和成鱼对二氧化碳浓度升高更敏感，可能会产生亚致死影响，如生长速度放慢。人们已发现，气候造成的气温变化和生长速度、疾病易感性、产卵时间、生命周期特定阶段死亡率及对养殖过程的直接影响所造成的经济影响之间均存在关联。最后，极端天气事件会通过盐分和温度的变化对代谢反应产生影响，造成生理影响和更长期的生理变化。它还会造成各种社会经济影响，如从水产养殖场逃逸，对基础设施和其他生计资产造成破坏等。

气候变化也会对水产养殖业造成间接影响，主要通过直接影响饲料、种苗、淡水和其他投入物等，其中包括对鱼粉渔业、野生种苗源、大豆、玉米、稻米、小麦等陆地饲料源的影响。疾病可能是另一种间接影响。《第五次评估报告》指出，在气候变化背景下，疾病对水产养殖业的威胁正在不断加大，很多研究人员已对气候变化对疾病在水产养殖生物中的传播和暴发及寄生虫和病原体分布情况的变化展开了研究。例如，弧菌是可能受气候变化严重影响的一种疾病，因为弧菌类喜欢生长在温暖（>15℃）、盐分较低（<25ppm①）的水体中。温带和寒带地区软体贝类中弧菌爆发事件一直与气候变暖相关联。由于鱼及贝类的养殖环境可以在一定范围内加以调节，尤其在池塘或循环系统中，因此可能通过人工调控环境来应对气候相关风险，但需要附加成本。然而，全球水产养殖业主要由中小规模养殖户主导，而他们对养殖系统的调控能力相对有限。

二、气候变化对各区域、各国家和不同种类水产养殖业的脆弱性的影响

1. 对各区域、各国家水产养殖业的脆弱性的影响　《第五次评估报告》中的预测表明，热带生态系统在面对气候变化时表现出较高的脆弱性，对以热带生态系统为生的社区造成负面影响。到21世纪中期，气候变化将对亚洲的粮食安全造成影响，其中对南亚的影响最为严重。世界上近90%的水产养殖活动集中在亚洲，且多数集中在热带和亚热带。有一项研究曾采用一个地理信息系统模型中的暴露程度、敏感度和适应能力等一系列指标，将孟加拉国、柬埔寨、中国、印度、菲律宾和越南确定为水产养殖业最脆弱的国家。最近，另一项研究采用更先进的建模和数据再次进行了此项评估，得出的结论是，亚洲多数水产养殖国家都十分脆弱，但考虑到所有环境（淡水、半咸水和海洋）后，孟加拉国、中国、泰国和越南相比之下最为脆弱。在其他区域，哥斯达黎加、洪都拉斯和乌干达在淡水养殖类中属于最脆弱的类别，厄瓜多尔和埃及在半咸水养殖类中属于十分脆弱类别，而智利和挪威则在海水养殖类中属于脆弱类别。在这些脆弱性模型中，敏感度是通过水产养殖产量和对国内生产总值的贡献估计出来的，但对于那些水产养殖业刚刚起步，但潜力较大的国家而言，如非洲国家，研究人员则忽略了敏感度，又提出了相对脆弱性估计值。

① 1ppm=10^{-6}。

2. 对各物种、各系统的脆弱性的影响　在设计渔民层面和地方层面机构和结构性适应战略时，可以采用几种不同方法对各物种和系统的脆弱性进行评估。但最实用的方法可能是按地理因素对水产养殖活动进行分类，如内陆、沿海、干旱热带等，随后按养殖场密度和生产强度进行分类。对同一地点、同一养殖物种而言，影响系统脆弱性的因素包括技术、养殖管理措施和区域管理。

贫困和小规模利益相关方与大型商业化相关方相比，在抓住机遇、应对威胁方面处于相对劣势。因此，应大力度注重培养整体适应能力，支持贫困和小规模水产养殖户和价值链各行为方最大程度利用新机遇，应对气候变化带来的挑战。

三、减少气候变化对水产养殖业影响的国际行动

一些实用适应措施能有效地应对养殖场、地方、国家甚至全球层面的气候多变性和气候趋势。有了这些措施，水产养殖户和其他当地相关方就能在应对长期变化/趋势和突发变化（如极端天气事件）方面发挥积极作用：开展水产养殖区划，以最大限度降低风险（对新开办养殖场而言），向风险较小地区搬迁（对现有养殖场而言）；进行适当的鱼类健康管理；提高水资源利用效率、水资源循环利用、鱼菜共生等；提高饲喂效率，以降低对饲料资源的压力和依赖；开发更具适应能力的品种（如具备耐低 pH、更具有耐盐性、生长速度快等特性的品种）；保证鱼苗孵化生产优质、可靠，便于鱼苗之后在更艰苦的条件下生长，促进灾后恢复；改进监测和早期预警系统；强化养殖系统，包括改进养殖设施（如更牢固的网箱、深度可调节的网箱以适应水位上下变动、更深的养殖池）和管理措施；改进捕捞方法和增殖活动。

有些国家已开始采取行动。例如，越南已采取行动选育耐盐性较好的鲇品种，孟加拉国政府及其伙伴方正探索各种方案，如采用耐盐性好的品种、加深养殖池、采用深度可调节的网箱、鱼和农作物混养等。

为监测《负责任渔业行为守则》的实施情况，FAO 向成员国发放了一份专门针对水产养殖业的问卷。评估包括与机构气候变化适应方法和恢复力治理相关的各项内容（表 7-1）。最新的评估凸显出了应对气候变化过程中机构和治理方面的多项弱点，尤其在水产养殖业尚处于起步阶段的地方。要想让各国政府在减缓气候变化风险方面做好防备，就必须首先充分了解该行业在地方和全国层面的脆弱性。这仍是一项全球性空白，应被视为一项重点，以加强防备，促进适应措施的开发。

表 7-1　水产养殖问卷中有关为减少气候变化相关脆弱性而采取的各项措施的平均得分情况

区域	非洲	亚洲	欧洲	拉丁美洲及加勒比	近东	北美洲	西南太平洋	全球
国家数量	14	10	18	19	5	2	2	70
管理好气候变化相关风险的整体防备工作	1.7	2.7	2.9	1.6	2.6	3.5	3.0	2.3
应对灾害的整体防备工作	2.2	2.9	3.1	2.2	2.6	4.0	3.0	2.6
应对生产、环境和社会风险的水产养殖区划工作	2.6	3.0	2.6	2.4	3.0	3.5	4.0	2.5
发生灾害时政府为养殖场提供援助计划	2.3	1.9	1.1	1.3	2.0	0.0	1.5	1.2
养殖户能获得商业保险	1.3	1.3	1.1	1.3	0.3	0.0	1.0	0.8
已落实鱼类卫生管理	2.7	3.5	4.0	3.2	3.2	4.5	3.5	3.3

续表

区域	非洲	亚洲	欧洲	拉丁美洲及加勒比	近东	北美洲	西南太平洋	全球
养殖户能获得机构信贷和小额贷款	2.8	1.3	1.2	1.5	2.5	0.0	1.0	1.2
已将水产养殖纳入沿海管理计划	2.8	3.7	2.9	2.5	2.6	3.5	3.5	2.6
已将水产养殖纳入集水区管理或土地利用开发计划	2.4	3.3	2.9	2.1	3.6	3.5	2.0	2.5
在水产养殖规划和发展过程中考虑到生态系统功能	2.4	3.8	3.6	2.6	2.4	4.0	3.0	2.9
已设立激励机制鼓励养殖户努力恢复生态系统服务和资源	1.8	2.7	1.7	1.8	2.0	4.0	3.0	1.5
已实施最佳管理措施（BMP）	2.5	4.0	3.0	3.0	2.8	4.5	3.0	3.0

注：每项得分介于0分（不存在该项措施）至5分（已在全国各地确立、完全实施和落实该项措施）

一项关键措施即水产养殖区划，其实施情况在全球范围内均十分薄弱，尤其在水产养殖业尚处于起步阶段的地方。水产养殖设施的物理条件直接决定着对风险的暴露程度，也决定着其脆弱性。例如，选择养鱼网箱在沿海地区所在位置时，需要考虑的因素包括：受天气事件的影响程度；水流变化或上游淡水突发涌入；长期趋势，如气温、盐分上升和氧气水平下降。此类信息对于确定水产养殖区划和确定养殖场位置都至关重要。在世界上很多地方，人们在决定内陆和沿海养殖池的空间分布时，考虑更多的是土地和水资源的获取是否方便，而不是避免外来威胁的影响。对于水产养殖业尚处于起步阶段的地区和国家而言，将气候变化和其他风险纳入空间规划和水产养殖区划工作是一项紧迫任务。在水产养殖系统已经难以搬迁的地区，基于风险的区域管理概念就变得至关重要。另外两项措施——灾害发生时的政府援助及养殖户对商业化保险的获取，在亚洲这个水产养殖业最为脆弱的区域和水产养殖主产区却极为有限。

鱼类疾病是导致水产养殖业遭受重大损失的常见原因之一，因此充分的鱼类健康管理和生物安全工作对于该行业的恢复能力十分关键。全球范围内，该项措施得分高于其他措施，说明实施情况良好。然而，由于气候变化可能会提高疾病发生率及影响，因此必须进一步加强实施工作，尤其在亚洲，因为那里的水产养殖活动更加集中，单位面积内养殖场密度较高。

养殖户对机构信贷的获取是一项得分极低的相关措施或“加选”措施。这可能是小规模养殖户在改善养殖条件和投资加强气候应对能力的技术（如更加坚固的网箱、更深的养殖池、更好的水系统或改良品种）时所面临的主要障碍。

从得分中还可以看出，在将水产养殖纳入沿海区域和集水区管理计划方面所取得的进展十分有限。这会阻碍各方提高恢复能力，其他行业（如农业）的适应措施也可能对水产养殖业造成破坏（如调水工程、沿海海堤甚至道路）。

为生态系统功能相关考虑（如红树林保护）的实施和执行，以及为生态系统的恢复设立激励机制，两项的得分分别为“低”和“极低”。这突出表明，水产养殖用户和该行业发展规划人员有必要进一步了解气候变化背景下存在的各项威胁因素，以及生态系统服务对水产养殖获得长期成功所具有的重要性。

最佳管理措施（BMP）也是一项“加选”措施，能提高养殖产品和养殖系统的恢复能力，其得分略高于前几项，是提高恢复能力的良好起点。然而，最佳管理措施应在更广泛范围内加以评价，气候变化带来的威胁则应被纳入最佳管理措施并加以调整。

四、未来展望

虽然在了解水产养殖业在面对气候变化时的脆弱性方面已取得进展，但仍需开展更多研究，以确定其中的驱动进程，并在此基础上开发替代性水产养殖方法和措施。但决策和规划工作不能坐等知识进步，必须在现有知识的基础上积极应对主要挑战，制定适应战略来最大程度降低面对气候变化时的脆弱性。很多措施都是水产养殖现有最佳措施中的一部分。因此，对利益相关方而言，在大方向问题上不会带来重大改变，只需将重点更多地放在优先领域。例如，必须加大力度关注能更好地应对气候变化的水产养殖区划工作，确保将养殖场建在风险暴露程度低的地方，或促使位于高风险地区的养殖场采取应对措施（更深的养殖池、更具恢复能力的品种等）。

地方层面的一项实用适应措施是当地环境监测。水产养殖业对突发气候变化和长期趋势均极为敏感。但除一些工业化水产养殖外，目前几乎没有任何综合监测系统能为养殖户提供决策过程中可以利用的信息。长期收集简单数据（如鱼类行为、盐分、水温、透明度和水位）就能提供对决策非常有用的信息，尤其是在变化可能会带来严重后果的情况下。当地收集和共享的信息能帮助养殖户更好地了解生物物理过程，参与解决方案的寻找过程，如快速适应措施、早期预警、长期行为和投资变化等。为实施此类监测系统，需要开展的活动包括就监测工作的价值和如何利用监测结果指导决策，为地方利益相关方提供培训。另外，还有必要建立一个简单的网络/平台，用于接收、共享和分析信息，与其他预报工作开展协调和相互连接，为地方利益相关方提供及时反馈。

第五节　气候变化影响海洋渔业情况下的粮食安全脆弱性评价

一、概述

传统上，渔业管理一直注重从就业、收入和出口各方面实现捕捞渔业收益的最大化，同时确保渔业资源的可持续性。但近年来，人们开始将注意力转向鱼作为食品和一种必要营养素来源的重要性，同时确保保护生态系统。FAO 渔业委员会的水产养殖分委员会和鱼品贸易分委员会在最近几次会议上选择鱼与营养作为议题，就是对这种转变的一个证明。开展气候变化影响海洋渔业情况下的脆弱性评价，能够识别出受气候变化危害最大的国家，粮食安全、就业和经济高度依赖渔业部门的国家，以及资源和社会能力有限的低适应能力国家，从而有助于采取措施以降低脆弱性。脆弱性评价在识别最需要采取措施的区域从而优先执行气候适应计划方面发挥着核心作用，且脆弱性评价目前已越来越受到决策者和学术界的重视。

自 2009 年首次对渔业开展全球脆弱性评价以来，许多学者在不同尺度上开展了渔业脆弱性评价。在国家水平上开展脆弱性评价能够识别出脆弱性最高的国家，从而为国家层面的政策响应和适应性管理策略提供指导。统计数据表明，2013 年全球鱼类、甲壳类和软体动物总产量中，57%的产量来自捕捞业，43%的产量来自水产养殖业。在 2013 年全球总捕捞量中，87%的捕捞量来自海洋水域，13%来自内陆水域。由于全球各国海洋捕捞量占总产量的比例差异显著，因此，尽管某些国家气候变化的脆弱性处于相同等级，但对不同国家粮食安全的影响程度不同。Ding 等（2017）运用对海洋渔业具有更直接和显著影响的 4 个环境指标：①海表面温度异常值（sea surface temperature anomaly）；②紫外线辐射（ultraviolet radiation）；③海洋酸化（ocean acidification）；④海平面上升（sea-level rise），评估了各沿海国对气候变化的脆弱性。

二、全球渔业的脆弱性评价

Ding 等（2017）在国家尺度上评估了气候变化影响海洋渔业造成的国家粮食安全脆弱性，研究发现，气候变化与海洋渔业相关的粮食安全脆弱性与国家发展状况关系密切。非洲、亚洲、大洋洲和南美洲的发展中国家脆弱性最高。脆弱性与适应性的相关性最高（$R^2 = 0.64$），其次是敏感性（$R^2 = 0.57$），而脆弱性与暴露度的相关性较低（$R^2 = 0.42$）。在 27 个高脆弱性国家中，23 个国家也属于高敏感性国家。与脆弱性相关性最高的自变量是人类发展指数 HDI（$R^2 = 0.64$），之后是全球治理指数（$R^2 = 0.50$）和出生时的预期寿命（$R^2 = 0.49$）（表 7-2）。这表明，发展水平越高、治理能力越强及人口寿命越长的国家，气候变化对其造成的粮食安全风险越小。

表 7-2　各指标预测气候变化影响下国家粮食安全脆弱性的决定系数

指标	R^2 值	指标	R^2 值
暴露度	0.42	就业依赖度	0.30
海表面温度异常	0.07	经济依赖度	0.26
海洋酸化	0.26	适应性	0.64
紫外线辐射	0.09	人均 GDP	0.46
海平面上升	0.19	出生时的预期寿命	0.49
敏感性	0.57	全球治理指数	0.50
食物依赖度	0.31	人类发展指数	0.64

海洋渔业面对气候冲击时的粮食安全脆弱性是暴露度、敏感性和适应性综合作用的结果，由于欧洲国家较低的暴露度和敏感性，以及较高的适应能力，因此，欧洲未出现气候变化的高脆弱性国家。冰岛对气候变化的高敏感性主要是由于其海洋渔业对国家 GDP 具有较高的贡献率。保加利亚、希腊、冰岛和罗马尼亚的中等暴露度被其较低的渔业依赖度和较高的适应能力所补偿，使得这些国家脆弱性处于低或极低水平。

北美洲国家的海洋渔业依赖度相对较低，高敏感性国家未出现在北美洲。巴巴多斯、多米尼加，以及特立尼达和多巴哥的中等适应性（具有相对较高的出生时的预期寿命、全球治理指数和经济发展水平）部分抵消了其高暴露度。洪都拉斯的极低适应性和中等暴露度导致其具有中等脆弱性。此外，还有 7 个北美洲国家也具有中等脆弱性，但造成各国脆弱性的潜在因素不同。古巴、牙买加及圣文森特和格林纳丁斯具有中等脆弱性，主要是因为其高暴露度和严重依赖海洋渔业提供就业机会；而伯利兹、洪都拉斯和尼加拉瓜具有中等脆弱性则主要是其较高暴露度水平下的低水平人均 GDP 所导致。

高暴露度、高敏感性（主要由于高就业依赖度）和极低适应性导致南美洲的圭亚那具有高脆弱性。尽管委内瑞拉也处于高暴露度，但低敏感性和中等适应性使其气候变化的脆弱性处于中度等级。秘鲁海洋渔业产值占其国家 GDP 的 11%，这导致秘鲁具有高敏感性。

非洲国家大多处于高脆弱性等级。Ding 等（2017）研究认为，在 27 个高脆弱性国家中，15 个来自非洲。在研究包含的 109 个国家中，毛里塔尼亚和莫桑比克的脆弱性最高。非洲国家的高脆弱性主要由于其高水平的暴露度和渔业依赖度，以及低水平的适应能力。非洲国家严重依赖海洋渔业提供就业机会、创造收入及供应食物。例如，几内亚比绍海洋渔业从业人数占经济活动人口总数的 59%；毛里塔尼亚海洋渔业产值占其国家 GDP 的 23%；刚果民主共和国人均动物蛋白日摄入量仅为 4.3g，而 38%的动物蛋白来自鱼类。此外，在 27 个极低适应性国家中，20 个位于非洲。

多个亚洲国家，如孟加拉国、柬埔寨、马尔代夫、菲律宾、越南、泰国和印度尼西亚处于高脆弱等级。在上述国家中，孟加拉国、柬埔寨、马尔代夫、菲律宾、越南高度依赖海洋渔业提供就业机会、创造收入及供应动物蛋白。在 25 个亚洲国家中，10 个国家具有高暴露度，而塞浦路斯和以色列的高暴露度被其低渔业依赖性和高适应性所部分抵消。

除新西兰外，其他大洋洲国家的暴露度均处于相对较高的等级。澳大利亚的高暴露度被其极低的敏感性和高适应性所补偿。但是，斐济、萨摩亚、所罗门群岛和瓦努阿图具有高暴露度，且高度依赖海洋渔业提供蛋白质和生计来源，而适应能力较弱。

三、展望

掌握气候变化影响海洋渔业将对哪些国家产生重大社会影响及造成其气候变化脆弱性的原因为指导未来研究和制定降低气候变化脆弱性的措施提供了非常有用的切入点。研究发现，气候变化造成的国家粮食安全脆弱性（渔业相关）与国家发展状态密切相关，非洲、亚洲、大洋洲和南美洲的发展中国家脆弱性最高。对于气候变化影响海洋渔业造成粮食安全脆弱性最高的国家，非洲国家（佛得角、冈比亚、几内亚、几内亚比绍、毛里塔尼亚和塞内加尔），亚洲国家（马尔代夫），大洋洲国家（斐济、萨摩亚、所罗门群岛和瓦努阿图）和南美洲国家（圭亚那）高度依赖海洋渔业以满足其人口对营养的需求，其国内水产品产量作为鱼类蛋白供应的主要来源，且海洋捕捞量占总产量的 85%以上。

适应性对于降低粮食安全风险具有重要作用，具有高适应性的国家受环境波动的影响较小，且能够更好地把握机会确保国家粮食安全。脆弱性指数与人类发展指数、全球治理指数和出生时的预期寿命关系密切，因此，从发展上述三方面入手制定的促进粮食安全政策可能获得的收益最大。具体的措施包括加大对教育的投资，改善治理水平，降低贫困以及提高渔民的适应能力和健康水平。

稳固水产品贸易、粮食生产和粮食安全的政策通常在国家水平上制定和实施，因此，在国家水平上开展脆弱性评估具有重要意义。Ding 等（2017）在全球范围内首次系统地评估了全球 109 个国家海洋渔业面对气候冲击时的粮食安全脆弱性。研究表明，非洲、亚洲、大洋洲和南美洲的发展中国家脆弱性等级最高，且造成各国高脆弱性的因素显著不同。在气候变化影响海洋渔业造成粮食安全高度脆弱的国家中，超过 2/3 的国家以海洋渔业作为其水产品供应的主要来源。制定适宜的适应策略和管理措施以降低气候变化的影响对于维持具有高脆弱性且高度依赖海洋渔业的国家粮食安全具有极为重要的意义。开展气候变化影响海洋渔业情况下的脆弱性评价，获得气候变化下的高脆弱性国家，对于采取适宜的管理措施以降低气候变化的影响从而促使国家粮食营养安全具有极为重要的意义。

思 考 题

1. 简述全球环境变化的概念及其主要问题。
2. 用案例说明全球环境变化与渔业的关系。
3. 全球气候变化是如何影响海洋生态系统的？
4. 气候变化对水产养殖业的影响主要表现在哪些方面？国际社会正在采取哪些行动？

主要参考文献

巴尧骥, 唐峰华, 张胜茂, 等. 2024. 无人船技术发展现状及其在渔业中的应用. 大连海洋大学学报, 39(5): 888-904.

操建华. 2014. 中国渔业经济学的研究进展与展望. 生态经济, 30(12): 88-92.

陈炳卿. 1997. 营养与食品卫生学. 3 版. 北京: 人民卫生出版社.

陈慧, 葛迎港, 周德庆, 等. 2024. 预制水产品加工技术研究进展. 食品研究与开发, 45(14): 179-186.

陈欣然, 钱妤, 张晓琴, 等. 2019. 基于文献计量的渔业资源学领域研究现状分析. 中国农学通报, 35(31): 153-164.

陈新军. 2004. 渔业资源可持续利用评价理论和方法. 北京: 中国农业出版社.

陈新军. 2014. 渔业资源经济学. 2 版. 北京: 中国农业出版社.

陈新军. 2015. 渔情预报学. 北京: 海洋出版社.

陈新军. 2020. 渔业资源经济学. 3 版. 北京: 中国农业出版社.

陈新军. 2021. 渔场学. 北京: 科学出版社.

陈新军, 刘必林. 2024. 渔业资源生物学. 2 版. 北京: 科学出版社.

陈新军, 刘金立, 林东明, 等. 2022. 渔业资源学研究发展现状及趋势. 上海海洋大学学报, 31(5): 1168-1179.

陈新军, 刘连为, 方舟. 2017. 大洋性经济柔鱼类分子系统地理学. 北京: 海洋出版社.

陈新军, 周应祺. 2018. 渔业导论. 北京: 科学出版社.

《当代中国》丛书编委会. 1991. 当代中国的水产业. 北京: 当代中国出版社.

丁琪, 陈新军. 2017. 基于渔获统计的全球海洋渔业资源可持续利用评价. 北京: 科学出版社.

董双林, 董云伟, 黄六一, 等. 2023. 迈向远海的中国水产养殖: 机遇、挑战和发展策略. 水产学报, 47(3): 3-13.

冯志哲. 2001. 水产品冷藏学. 北京: 中国轻工业出版社.

高福成. 1999. 新型海洋食品. 北京: 中国轻工业出版社.

勾维民. 2004. 渔业经济学科的研究领域和体系架构. 高等农业教育, (9): 49-51.

韩立民, 张红智. 2005. 渔业经济的产业特性及相关研究范畴. 中国海洋大学学报(社会科学版), (5): 7-11.

何珊, 陈新军. 2016. 渔业管理策略评价及应用研究进展. 广东海洋大学学报, 36(5): 29-39.

黄洪亮, 冯超, 李灵智, 等. 2022. 当代海洋捕捞的发展现状和展望. 中国水产科学, 29(6): 938-949.

黄硕琳. 1993. 海洋法与渔业法规. 北京: 中国农业出版社.

纪家笙, 黄志斌, 杨运华, 等. 1999. 水产品工业手册. 北京: 中国轻工业出版社.

金显仕, 窦硕增, 单秀娟, 等. 2015. 我国近海渔业资源可持续产出基础研究的热点问题. 渔业科学进展, (1): 124-131.

金显仕, 田洪林, 单秀娟. 2023. 我国近海渔业资源研究历程及展望. 水产学报, 47(11): 122-131.

李道亮, 刘畅. 2020. 人工智能在水产养殖中研究应用分析与未来展望. 智慧农业(中英文), 2(3): 1-20.

李娇, 李梦迪, 公丕海, 等. 2022. 海洋牧场渔业碳汇研究进展. 渔业科学进展, 43(5): 142-150.

李来好. 2001. 水产品质量保证体系(HACCP)建立与审核. 广州: 广东经济出版社.

李明, 谈名名, 蒋朝伟, 等. 2024. 无人船在渔业智慧监管领域的研究与应用综述. 农业工程学报, 40(23): 15-25.

李雪, 刘子飞, 赵明军, 等. 2022. 我国水产养殖与捕捞业“双碳”目标及实现路径. 中国农业科技导报, 24(11): 13-26.

李雅飞. 1996. 水产食品罐藏工艺学. 北京: 中国农业出版社.

林洪, 张瑾, 熊正河. 2001. 水产品保鲜技术. 北京: 中国轻工业出版社.

林明森, 邹斌, 石立坚, 等. 2023. 大洋渔场卫星遥感技术及应用. 北京: 海洋出版社.

刘世晶, 李国栋, 刘晃, 等. 2023. 中国水产养殖装备发展现状. 水产学报, 47(11): 190-203.

刘学浩. 1982. 水产品冷加工工艺. 北京: 中国展望出版社.

刘阳, 田浩, 李春霖, 等. 2024. 卫星遥感在海洋渔业的应用与展望. 中国海洋大学学报(自然科学版), 54(10): 90-103.

马文琪, 孙传恒, 罗娜, 等. 2024. 基于区块链的远洋捕捞产品新鲜度评价与可信追溯模型研究. 农业机械学报, 55(9): 428-441.

荞琦, 徐钢春, 朱健, 等. 2022. 中国水产养殖发展现状与前景展望. 渔业现代化, 49(2): 1-9.
彭秋珺, 李蔚然, 李振波. 2023. 基于人工智能的鱼类行为识别研究综述. 农业机械学报, 54(S1): 283-295.
曲国欣, 王帮高. 2024. 渔业装备数字化、智能化推动水产养殖高质量发展. 当代农机, (1): 9-10.
茹小尚, 邓贝妮, 冯其明, 等. 2023. 中外海洋牧场建设之比较. 水产学报, 47(11): 97-106.
史磊, 秦宏, 刘龙腾. 2018. 世界海洋捕捞业发展概况、趋势及对我国的启示. 海洋科学, 42(11): 126-134.
史磊, 宋毅宁, 秦宏. 2021. 我国海洋捕捞业政策变迁、结构特征及优化研究——基于政策文本的量化分析. 海洋科学, 45(4): 40-50.
孙满昌. 2004. 渔具选择性. 北京: 农业出版社.
孙琴霞. 2023. 信息网络及信息技术在渔业通信领域的应用. 中国高新科技, (13): 46-47+80.
汤勇. 2023. 中国渔业资源声学评估研究与进展. 大连海洋大学学报, 38(2): 185-195.
唐启升, 陈镇东, 余克服, 等. 2013. 海洋酸化及其与海洋生物及生态系统的关系. 科学通报, (14): 1307-1314.
唐启升, 丁晓明, 刘世禄, 等. 2014. 我国水产养殖业绿色、可持续发展保障措施与政策建议. 中国渔业经济, (2): 5-11.
唐启升, 刘慧. 2016. 海洋渔业碳汇及其扩增战略. 中国工程科学, (3): 68-73.
唐启升, 水产养殖业可持续发展战略研究课题组. 2012. 水产养殖业可持续发展战略研究. 中国家禽, (11): 13-15.
汪之和. 2003. 水产品工业与利用. 北京: 化学工业出版社.
王鲁民, 王忠秋. 2023. 海洋捕捞技术、渔具渔法研究进展与趋势. 水产学报, 47(11): 204-214.
王武. 2000. 鱼类增养殖学. 北京: 中国农业出版社.
王锡昌, 汪之和. 1997. 鱼糜制品加工技术. 北京: 中国轻工业出版社.
王旭旭. 2016. 信息技术在渔业生产中的应用. 北京农业, (4): 139-140.
2024. 我国首套金枪鱼智慧渔情预报系统发布. 农村新技术, (6): 42-43.
吴立冬. 2024. ChatGPT 助推渔业新质生产力的发展与展望. 大连海洋大学学报, 39(2): 185-192.
解明阳, 陈新军, 柳彬. 2024. 深度学习在海洋遥感及渔业中的研究进展. 海洋湖沼通报(中英文), 46(6): 184-192.
解明阳, 柳彬, 陈新军. 2024. 基于深度学习的西北太平洋柔鱼渔场预测. 水产学报, 48(11): 61-72.
许柳雄. 2004. 渔具理论与设计学. 北京: 中国农业出版社.
许婷婷, 王颖. 2020. 基于人工智能技术的海洋渔业生态自动化监测. 制造业自动化, 42(7): 153-156.
薛长湖, 翟毓秀, 李来好, 等. 2016. 水产养殖产品精制加工与质量安全发展战略研究. 中国工程科学, (3): 43-48.
薛长湖, 李兆杰. 2023. 我国水产品加工和流通产业科技现状与发展趋势. 水产学报, 47(11): 215-224.
杨红生, 丁德文. 2022. 海洋牧场 3.0: 历程、现状与展望. 中国科学院院刊, 37(6): 832-839.
杨震飞, 曹海月, 王建国, 等. 2022. 水产养殖智慧渔业研究进展. 农业工程技术, 42(24): 44-45.
杨正勇. 2020. 关于构建中国特色渔业经济学科体系的几点思考. 中国渔业经济, 38(6): 1-6.
杨子江, 刘龙腾, 李明爽. 2018. 40 年来我国渔业改革发展成效与基本经验. 中国水产, (11): 5.
叶桐封. 1991. 淡水鱼加工技术. 北京: 农业出版社.
殷艳慧, 蒋万胜, 潘晓赋, 等. 2020. 水产养殖鱼类生长性状研究进展. 中国水产科学, 27(4): 463-484.
曾庆孝, 许喜林. 2000. 食品生产的危害分析与关键控制点(HACCP)原理与应用. 广州: 华南理工大学出版社.
张波, 孙珊, 唐启升. 2013. 海洋捕捞业的碳汇功能. 渔业科学进展, (1): 70-74.
张崇良, 徐宾铎, 薛莹, 等. 2022. 渔业资源增殖评估研究进展与展望. 水产学报, 46(8): 1509-1524.
张帆, 陈新军. 2022. 非静态种群动力学过程影响下的渔业资源评估与管理. 上海海洋大学学报, 31(3): 612-619.
张胜茂, 孙永文, 樊伟, 等. 2022. 面向海洋渔业捕捞生产的深度学习方法应用研究进展. 大连海洋大学学报, 37(4): 683-695.
张文兵, 解绶启, 徐皓, 等. 2023. 我国水产业高质量发展战略研究. 中国工程科学, 25(4): 137-148.
赵依凡, 迟海. 2024. 干燥技术及其在水产品加工中的应用研究进展. 现代农业科技, (24): 132-136.
《中国农业百科全书》总编委会. 1994. 中国农业百科全书: 水产卷. 北京: 中国农业出版社.
《中国渔业经济》编委会. 1993～2006 年中国渔业经济(双月刊).
《中国渔业资源调查和区划》编委会. 1990a. 中国海洋渔业资源. 杭州: 浙江科技出版社.
《中国渔业资源调查和区划》编委会. 1990b. 中国内陆水域渔业区划. 杭州: 浙江科技出版社.
周为峰, 陈雪忠, 樊伟, 等. 2015. 基于位置的信息服务在海洋渔业中的应用与展望. 世界科技研究与发展, 37(5): 611-617.

周文英, 史文祟. 2022. 机器学习在渔业研究中的应用进展与展望. 渔业研究, 44(4): 407-414.

周应祺. 2000. 渔具力学. 北京: 中国农业出版社.

朱蓓薇, 董秀萍. 2019. 水产品加工学. 北京: 化学工业出版社.

FAO. 1988. Proceeding of Fishing gear and Fishing vessels Design of the World. St. Johns, Cananda.

FAO. 2022. The State of World Fisheries and Aquaculture—2022.

FAO. 2023. 渔业统计年鉴(捕捞、养殖、贸易).

FAO. 2024. The State of World Fisheries and Aquaculture—2024.

Lehner B, Doll P. 2004. 湖泊、水库和湿地全球数据库的确立和确认. 水文地理学期刊, 296(1-4): 1- 22.